数据库技术丛书

PostgreSQL实战

谭峰 张文升 编著

机械工业出版社
China Machine Press

图书在版编目（CIP）数据

PostgreSQL 实战 / 谭峰，张文升编著 . —北京：机械工业出版社，2018.6
（数据库技术丛书）

ISBN 978-7-111-60346-7

I. P… II. ① 谭… ② 张… III. 关系数据库系统 IV. TP311.138

中国版本图书馆 CIP 数据核字（2018）第 133645 号

PostgreSQL 实战

出版发行：机械工业出版社（北京市西城区百万庄大街 22 号 邮政编码：100037）
责任编辑：陈佳媛
责任校对：殷 虹
印　　刷：三河市宏图印务有限公司
版　　次：2018 年 7 月第 1 版第 1 次印刷
开　　本：186mm×240mm 1/16
印　　张：26
书　　号：ISBN 978-7-111-60346-7
定　　价：89.00 元

凡购本书，如有缺页、倒页、脱页，由本社发行部调换
客服热线：（010）88379426 88361066
投稿热线：（010）88379604
购书热线：（010）68326294 88379649 68995259
读者信箱：hzit@hzbook.com

Preface 序　言

很高兴看到 Postgres 中国用户会（以下简称：PG 用户会）核心组成员谭峰和张文升的新书，书名《PostgreSQL 实战》可以说是对本书最好的解读。多少次，我也试着总结经验，列出目录想要将自己所学所悟整理成书，与读者进行分享，但最终还是没能坚持。感谢两位作者为中国 PostgreSQL 技术推广所作出的贡献，谨代表 PG 用户会向广大开源技术爱好者推荐此书。

谭峰是 PG 用户会最早的成员之一，2011 年我们在一次小聚会中，与另外 6 位志同道合的小伙伴决定一同成立 PG 用户会以促进中国 PostgreSQL 的应用及发展。同年，在暨南大学我们举行了第一届“Postgres 中国用户大会（大象会）”。

张文升曾经是我的同僚，在共事的短短 2 年里，我们东征西伐，带着对 PostgreSQL 的热爱与执着，将 PostgreSQL 部署到了民航、金融、制造、交通等行业，多少个不眠之夜依然历历在目。

自 2011 年 PostgreSQL 中国用户会成立以来，我们持续推动 PostgreSQL 在中国的应用，并促进与全球 PostgreSQL 社区的互动。7 年来我们邀请了众多业界大拿来到中国进行技术分享，他们包括：

社区核心 Leader：Bruce Momjian、Oleg Bartunov、Simon Riggs、Magnus Hagander

Postgres-XC Leader：铃木幸一

Postgres-XL Leader：Mason Sharp

PGPool Leader：石井达夫

PGStrom Leader：海外浩平……

同时，就职于阿里、腾讯、瀚高、探探、平安科技等企业的多位中国 PostgreSQL 专家也积极参加到海外的社区大会并进行主题分享，已经开始形成全球交流态势。我们都有一个共同的名字：PGer，我们是一群随时愿意与你进行 PostgreSQL 经验分享的志愿者，我们爱大象，我们爱 PostgreSQL。

回到本书，本书基于最新的 PostgreSQL 10 进行编写，重点在于通过实际操作为读者全方位解读 PostgreSQL 的强大能力。从安装配置、连接使用、数据管理、体系架构，到

NoSQL 操作、性能优化、集群部署、分布式、分片、地理信息，面面俱到。

如果你是一位 PostgreSQL 的初学者，建议你可以先参考其他入门类 PostgreSQL 书籍，夯实基础；在工作过程中，按企业及业务的需求，再参考本书各个章节来解决实际问题，本书中的实际操作演示将大大缩短参考官方文档进行摸索的时间。当然在两位作者的精心编排下，本书所规划的学习路线，也正适合有一定 PostgreSQL 基础的人自行学习及提高，为日后的数据库管理工作做好准备。

本书绝对是一本值得存放于身旁的 PostgreSQL 参考书，特别是性能分析、集群、分片、地理信息等高技术含量的章节，可以作为日常工作的有效参考。

最后，在此祝愿本书读者开卷有益，也期待看到更多 PostgreSQL 作品在中国面世，PostgreSQL 的发展离不开每一位 PGer 的贡献。

中国开源软件推进联盟 Postgres 分会　会长
Postgres 中国用户会 2015-2018 届　主席
萧少聪
2018 年 4 月 25 日

Preface 前　言

PostgreSQL 拥有近三十年的历史，是目前最先进的开源数据库，PostgreSQL 具备丰富的企业级特性，尽管在欧美、日本使用非常广泛，但在国内并没有得到广泛使用，产生这种情形的原因是多样的，其中与 PostgreSQL 中文资料匮乏有较大关系，目前市场上 PostgreSQL 中文书籍非常少。

笔者从 2010 年开始从事 PostgreSQL DBA 工作，在 PostgreSQL 数据库运维工程中积累了一些经验，因此想系统编写一本 PostgreSQL 书籍，一方面总结自己在 PostgreSQL 数据库运维方面的经验，另一方面希望对 PostgreSQL 从业者有所帮助，同时希望给 PostgreSQL 在国内的发展贡献一份力量；本书的另一位作者张文升拥有丰富的 PostgreSQL 运维经验，目前就职于探探科技任首席 PostgreSQL DBA，他的加入极大地丰富了此书的内容。

近几年 PostgreSQL 在国内得到较快的发展，平安科技、去哪儿网、探探科技、斯凯网络等公司都在逐步使用 PostgreSQL，目前阿里云、腾讯云、华为云等主流云服务提供商也提供了基于 PostgreSQL 数据库的云服务，相信 PostgreSQL 在国内将有更广阔的发展。

本书主要内容

本书系统介绍 PostgreSQL 的丰富特性，以及生产实践运维中的技巧，全书分为基础篇、核心篇、进阶篇。基础篇包括第 1～4 章，主要介绍 PostgreSQL 基础知识，例如安装与配置、客户端工具、数据类型、SQL 高级特性等，为读者阅读核心篇和进阶篇做好准备；核心篇包括第 5～9 章，主要介绍 PostgreSQL 核心内容，例如体系结构、并行查询、事务与并发控制、分区表等；进阶篇包括第 10～18 章，主要介绍 PostgreSQL 进阶内容，相比前两篇进阶篇的难度有一定程度增加，例如性能优化、物理复制、逻辑复制、备份与恢复、高可用、版本升级、扩展模块、Oracle 数据库迁移 PostgreSQL 实战、PostGIS 等。本书 18 章主要内容如下。

第 1 章：介绍 PostgreSQL 起源、安装、数据库实例创建、数据库配置、数据库的启动和停止等。

第 2 章：介绍 psql 命令行客户端工具的使用和特性，例如 psql 元命令、psql 导入导出数据、使用 psql 执行脚本、psql 的亮点功能等。

第 3 章：介绍 PostgreSQL 各种数据类型，包括字符类型、时间 / 日期类型、布尔类型、网络地址类型、数组类型、范围类型、json/jsonb 类型等；同时介绍了数据类型相关函数、操作符、数据类型转换。

第 4 章：主要介绍 PostgreSQL 支持的一些高级 SQL 特性，例如 WITH 查询、批量插入、RETURNING 返回 DML 修改的数据、UPSERT、数据抽样、聚合函数、窗口函数等。

第 5 章：简单介绍 PostgreSQL 的逻辑结构和物理结构，以及 PostgreSQL 的守护进程、服务进程和辅助进程。

第 6 章：介绍 PostgreSQL 并行查询相关配置与应用，以及多表关联中并行的使用。

第 7 章：介绍事务的基本概念、性质和事务隔离级别，以及 PostgreSQL 多版本并发控制的原理和机制。

第 8 章：介绍传统分区表和内置分区表的部署、分区维护和性能测试。

第 9 章：介绍 PostgreSQL 的 NoSQL 特性，以及 PostgreSQL 全文检索。

第 10 章：简单介绍了服务器硬件、操作系统配置对性能的影响，介绍了一些常用的 Linux 性能监控工具，并着重介绍了对性能影响较大的几个方面，以及性能优化方案。

第 11 章：着重介绍 PostgreSQL 内置的测试工具 pgbench，以及如何使用 pgbench 的内置脚本和自定义脚本进行基准测试。

第 12 章：主要介绍 PostgreSQL 物理复制和逻辑复制，并结合笔者在数据库维护过程中的实践经验分享了三个典型的流复制维护生产案例。

第 13 章：重点介绍 PostgreSQL 物理备份、增量备份，同时演示了数据库恢复的几种场景。

第 14 章：介绍两种高可用方案，一种是基于 Pgpool-II 和异步流复制的高可用方案，另一种是基于 Keepalived 和异步流复制的高可用方案。

第 15 章：介绍 PostgreSQL 版本命名规则、支撑策略、历史版本演进，介绍了小版本升级，最后重点介绍了大版本升级的三种方式。

第 16 章：主要介绍一些常见的外部扩展，例如 file_fdw、pg_stat_statements、auto_explain、postgres_fdw，并重点介绍 Citus 外部扩展。

第 17 章：从实际案例出发，分享了一个 Oracle 数据库迁移到 PostgreSQL 数据库的实际项目。

第 18 章：简单介绍 PostGIS 部署、几何对象的输入、输出、存储、运算，最后介绍了 PostGIS 的一个典型应用场景：圈人与地理围栏。

本书特点

本书不是PostgreSQL入门书籍，不会介绍PostgreSQL每个基础知识点，本书从PostgreSQL生产实践运维出发，对PostgreSQL重点内容进行详细讲解并给出演示示例，是一本PostgreSQL数据库运维实战书籍。

本书基于PostgreSQL 10编写，书中涵盖了大量PostgreSQL 10重量级新特性，例如内置分区表、逻辑复制、并行查询增强、同步复制优选提交等，通过阅读此书，读者能够学习到PostgreSQL 10重量级新特性。

本书共18章，如果你对PostgreSQL有一定的运维经验，完全可以不按章节顺序，而是选择比较关注的章节进行阅读。如果你完全没有PostgreSQL数据库基础，建议先通过其他资料大致掌握PostgreSQL基础知识，再来阅读本书，相信你在此书的阅读过程中能有收获。

读者对象

本书适合有一定PostgreSQL数据库基础的人员阅读，特别适合以下读者：

- PostgreSQL初、中级DBA：初、中级PostgreSQL DBA通过阅读此书能够提升PostgreSQL运维经验。
- 非PostgreSQL DBA：有Oracle、MySQL或其他关系型数据库经验的DBA，并且对PostgreSQL有一定程度的了解，通过阅读此书很容易上手PostgreSQL。
- 开发人员：以PostgreSQL为后端数据库的开发者，通过阅读本书能够了解PostgreSQL的丰富特性，提升PostgreSQL数据库应用水平。
- 云数据库从业人员：私有云、公有云数据库从业人员通过阅读此书能够更深入了解PostgreSQL特性，并提升PostgreSQL数据库运维能力。

勘误和支持

由于作者水平有限，编写时间仓促，书中难免出现错误，欢迎广大读者批评指正，读者可将书中的错误或疑问发送到francs.tan@postgres.cn，我将尽量及时给出回复，最后，衷心地希望此书能够给大家带来帮助。

致谢

首先要感谢本书另一作者张文升，他的加入极大地丰富了本书的内容，并提升了质量，我们在完成此书的全部内容后互相校对彼此编写的章节，校对过程中对有争议的内容反复交流讨论。感谢本书的策划编辑吴怡老师，她在审稿过程中提出了很多宝贵的意见。

感谢萧少聪、周正中、李海翔、周彦伟、赵振平、唐成、彭煜玮先生推荐此书。

最后感谢我的妻子，计划编写此书时妻子刚怀孕不久，当我把编写此书的想法和她沟通时她豪不犹豫地支持我，写作过程中占用了较多的家庭时间，她的支持与鼓励使我能够长期沉下心来编写直至此书完稿。

谭峰（francs）

2018年4月于杭州

Contents 目录

核　心　篇

进 阶 篇

基　础　篇

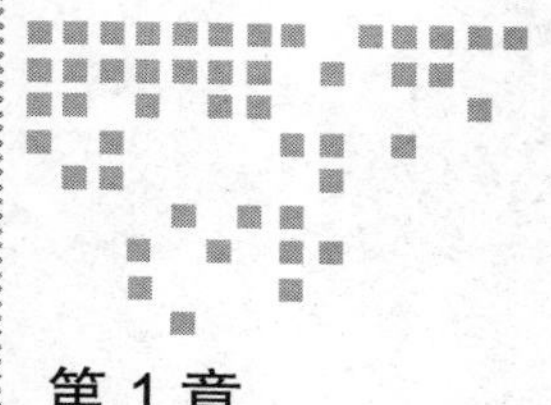

Chapter 1 第 1 章

安装与配置基础

本章介绍 PostgreSQL 起源、安装部署、基本参数配置、服务管理等方面的内容。

1.1 初识 PostgreSQL

PostgreSQL 是由 PostgreSQL 社区全球志愿者开发团队开发的开源对象 - 关系型数据库。它源于 UC Berkeley 大学 1977 年的 Ingres 计划，这个项目是由著名的数据库科学家 Michael Stonebraker（2015 年图灵奖获得者）领导的。在 1994 年，两个 UC Berkeley 大学的研究生 Andrew Yu 和 Jolly Chen 增加了一个 SQL 语言解释器来替代早先的基于 Ingres 的 QUEL 系统，建立了 Postgres95。为了反映数据库的新 SQL 查询语言特性，Postgres95 在 1996 年重命名为 PostgreSQL，并第一次发行了以 PostgreSQL 命名的 6.0 版本，在 2005 年，PostgreSQL 发行了以原生方式运行在 Windows 系统下的 8.0 版本。随着 2010 年 PostgreSQL 9.0 的发行，PostgreSQL 进入了黄金发展阶段，目前，PostgreSQL 最新的稳定版是 PostgreSQL 10。

PostgreSQL 是目前可免费获得的最高级的开源数据库。它非常稳定可靠，有很多前沿的技术特性，并且性能卓越，在数据完整性和正确性方面赢得了良好的声誉。目前主流的云服务提供商如亚马逊云、微软云、腾讯云、阿里云、百度云都提供了 PostgreSQL 的 RDS 服务。

提示 PostgreSQL 开发者把它拼读为 "Post-Gres-Q-L"（发音：`[/ˈpoʊst ɡ rɛs ˌkju: ˈɛl/]，`），更多人愿意称 PostgreSQL 为 Postgres。有趣的是由于绕口的名字，常有人读错它，下面的网址有一个 PostgreSQL 社区提供的发音文件：http://www.postgresql.org/files/postgresql.mp3

1.1.1　PostgreSQL 的特点

PostgreSQL 几乎支持多种操作系统，包括各种 Linux 发行版及多种 UNIX、类 UNIX 系统以及 Windows 系统，例如 AIX、BSD、HP-UX、SGI IRIX、Mac OS X、Solaris、Tru64。它有丰富的编程接口，如 C、C++、Go、Java、Perl、Python、Ruby、Tcl 和开放数据库连接（ODBC）的编程接口。

支持广泛的数据类型，数组、json、jsonb 及几何类型，还可以使用 SQL 命令 CREATE TYPE 创建自定义类型。

支持大部分的 SQL 标准，可以支持复杂 SQL 查询、支持 SQL 子查询、Window Function，有非常丰富的统计函数和统计语法支持；支持主键、外键、触发器、视图、物化视图，还可以用多种语言来编写存储过程，例如 C、Java、python、R 语言等。

支持并行计算和基于 MVCC 的多版本并发控制，支持同步、半同步、异步的流复制，支持逻辑复制和订阅，Hot Standby，支持多种数据源的外部表（Foreign data wrappers），可以将其他数据源当作自己的数据表使用，例如 Oracle、MySQL、Informix、SQLite、MS SQL Server 等。

1.1.2　许可

PostgreSQL 使用 PostgreSQL License 声明，它是类似于 BSD 或 MIT 的软件授权许可。由于这个经 OSI 认证的版权不限制 PostgreSQL 在商业环境和有版权的应用程序中使用，因此被公认为是灵活和对商业应用友好的。加上有多个公司的支持和源代码版权归公共所有，因此 PostgreSQL 广泛流行于在自己的产品里嵌入数据库的厂商中，因为厂商不用担心费用、嵌入软件的版权及版权条款的改变。

完整的许可请参考：https://www.postgresql.org/about/licence/。

1.1.3　邮件列表和讨论区

PostgreSQL 社区有各类邮件列表组，关注这些邮件列表可以获得最新的技术资料，和使用 PostgreSQL 的用户增进交流，也可以提交自己的问题和想法。PostgreSQL 社区还专门为中国的用户定制了 pgsql-zh-general 中文邮件组。

PostgreSQL 用户可通过下面的网址订阅：https://www.postgresql.org/list。

1.2　安装 PostgreSQL

PostgreSQL 数据库几乎支持市面上可见的所有操作系统，并支持 32 位和 64 位架构。本书主要基于 64 位的 CentOS 6 和 PostgreSQL 10 讲解，其他平台和版本请参考官方文档。

安装 PostgreSQL 有多种方法，例如通过 yum 源安装、下载官方或第三方商业公司提供的二进制包安装、通过源码编译安装。

1.2.1 通过 yum 源安装

通过 yum 源安装是最便捷的方式。这需要你的数据库服务器能够连接互联网，或者能够连接到内部网络的 yum 源服务器。通常数据库服务器都是与公网物理隔离的，所以常见的情况是连接到内部网络的 yum 源服务器进行安装，这属于运维和安全性相关的话题，这里不展开讨论了，我们以从官方 yum 源安装为例进行讲解。

1. 安装 PostgreSQL 的 repository RPM

访问 PostgreSQL 官方主页 https://www.postgresql.org/download 的下载区选择你的服务器操作系统，由于我们使用 CentOS，所以这里我们选择“ Binary packages ”中的“ Red Hat family Linux ”；进入链接页面之后，Select version 选择“10”，Select platform 选择“CentOS 6”，Select architecture 选择“x86_64”；选择完成后页面会动态输出安装命令，执行命令安装 PostgreSQL 的 repository RPM：

```
[root@pghost1 ~]$ yum install
https://download.postgresql.org/pub/repos/yum/10/redhat/rhel-6-x86_64/pgdg-
      centos10-10-1.noarch.rpm
```

执行结束后，在 /etc/yum.repos.d 目录中可以看到名称为 pgdg-10-centos.repo 的源配置文件。

2. 安装 PostgreSQL

安装完 PostgreSQL 的 repository RPM 后，通过 yum 的 search 命令可以看到有很多 postgresql10 的包：

```
[root@pghost1 ~]$ yum search postgresql10
```

其中：

- postgresql10-debuginfo.x86_64 ：postgresql10 的调试信息，如果需要进行 DEBUG，可以安装它，生产环境中一般不需要安装；
- postgresql10.x86_64 ：这个包只包含 PostgreSQL 的 client 端程序和库文件，不会安装数据库服务器；
- postgresql10-contrib.x86_64：PostgreSQL 的附加模块，包括常用的扩展等；
- postgresql10-devel.x86_64 ：PostgerSQL 的 C 和 C++ 头文件，如果开发 libpq 程序，它是必需的；
- postgresql10-docs.x86_64：文档；
- postgresql10-server.x86_64 ：PostgreSQL server 端程序，作为数据库服务器，它是最核心的包；

作为专有的数据库服务器来说，通常安装 server 和 contrib 两个包就足够了，client 包会随它们一起被安装。通过如下命令安装它们：

```
[root@pghost1 ~]$ yum install postgresql10-server postgresql10-contrib
```

提示　如果使用脚本安装时，可以使用 yum 的“-y”参数进行安装，这样可以避免安装途中出现确认安装的提示。

```
[root@pghost1 ~]$ yum install -y postgresql10-server postgresql10-contrib
```

如果网络状况较好，大约几秒钟就可以完成安装。使用官方 yum 源安装的位置在 /usr/pgsql-10 目录，可执行文件位于 /usr/pgsql-10/bin 目录，并且会自动创建一个 postgres 账户，它的 home 目录在 /var/lib/pgsql。

3. 卸载通过 yum 源安装的 PostgreSQL

可执行如下命令，查看已经安装的 PostgreSQL 软件包：

```
[root@pghost1 ~]$ rpm -qa | grep postgresql
postgresql10-10.0-1PGDG.rhel6.x86_64
postgresql10-libs-10.0-1PGDG.rhel6.x86_64
postgresql10-contrib-10.0-1PGDG.rhel6.x86_64
postgresql10-server-10.0-1PGDG.rhel6.x86_64
```

可以使用 yum remove 命令逐个卸载，最简单粗暴的办法是卸载 libs 包即可，因为其他几个包都会依赖它，卸载 libs 包会将其他包一并卸载：

```
yum remove postgresql10-libs-10.0-1PGDG.rhel6.x86_64
```

由于安装的时候已经将 PostgreSQL 作为服务安装，所以还需要删除服务管理脚本：

```
[root@pghost1 ~]$ rm -f /etc/init.d/postgresql-10
```

1.2.2　通过源码编译安装

通过源码编译安装 PostgreSQL 和编译其他的开源工具一样简单方便。

1. 下载源码

在 PostgreSQL 官方主页 https://www.postgresql.org/ftp/latest 下载区选择所需格式的源代码包下载；

```
[root@pghost1 ~]$ wget https://ftp.postgresql.org/pub/source/v10.0/postgresql-10.0.tar.gz
```

下载之后解压：

```
[root@pghost1 ~]$ tar -xvf postgresql-10.0.tar.gz
```

2. 运行 configure 程序配置编译选项

运行 configure 程序之前，需要先准备好编译环境和安装必要的包：

```
[root@pghost1 ~]$ yum groupinstall "Development tools"
[root@pghost1 ~]$ yum install -y bison flex readline-devel zlib-devel
```

在源代码目录中运行 configure --help 命令查看支持的配置编译选项：

```
[root@pghost1 ~]$ cd postgresql-10.0
[root@pghost1 ~]$ ./configure --help | less
```

PostgreSQL 支持的编译选项众多，常用的编译选项有：

- --prefix=PREFIX：指定安装目录，默认的安装目录为“/usr/local/pgsql”。
- --includedir=DIR：指定 C 和 C++ 的头文件目录，默认的安装目录为“PREFIX/include”。
- --with-pgport=PORTNUM：指定初始化数据目录时的默认端口，这个值可以在安装之后进行修改（需要重启数据库），修改它只在自行制作 RPM 包时有用，其他时候意义并不大。
- --with-blocksize=BLOCKSIZE：指定数据文件的块大小，默认的是 8kB，如果在 OLAP 场景下可以适当增加这个值到 32kB，以提高 OLAP 的性能，但在 OLTP 场景下建议使用 8kB 默认值。
- --with-segsize=SEGSIZE：指定单个数据文件的大小，默认是 1GB。
- --with-wal-blocksize=BLOCKSIZE：指定 WAL 文件的块大小，默认是 8kB。
- --with-wal-segsize=SEGSIZE：指定单个 WAL 文件的大小，默认是 16MB。

由于“--with-xxx-size”这 4 个参数都只能在编译的时候指定，所以在修改它们之前，请提前做好规划和严格的测试，否则后期想再做调整，只能将数据导出重新导入，如果数据量很大会令人抓狂。

运行 configure 配置编译选项如下所示：

```
[root@pghost1 postgresql-10.0]$ ./configure --prefix=/opt/pg10/ --with-pgport=1921
checking build system type... x86_64-pc-linux-gnu
checking host system type... x86_64-pc-linux-gnu
...
checking for bison... /usr/bin/bison
configure: using bison (GNU Bison) 2.4.1
checking for flex... /usr/bin/flex
configure: using flex 2.5.35
...
configure: using CPPFLAGS= -D_GNU_SOURCE
configure: using LDFLAGS=  -Wl,--as-needed
configure: creating ./config.status
...
config.status: linking src/include/port/linux.h to src/include/pg_config_os.h
config.status: linking src/makefiles/Makefile.linux to src/Makefile.port
```

在运行 configure 程序的过程中，如果遇到类似“configure: error: readline library not found”的错误，说明缺少所需的包或开发包，通过 yum 进行安装即可。

3. 编译安装

在 Linux 中，PostgreSQL 的编译和安装使用 GNU make 程序，编译使用 gmake 命令，安装使用 gmake install 命令。如果希望在编译和安装时，一次性将文档及附加模块全部进行编译和安装，可以使用 gmake world 命令和 gmake install-world 命令。对于已经安装的数据库，再单独对文档和附加模块进行编译和安装也是可以的，但仍然推荐使用带有 world 的编译和安装命令一次做完这些事情，这样可以保证网络中所有数据库软件的一致性，也避免给后期维护工作带来麻烦。

执行 gmake 或 gmake world 程序进行编译，如下所示：

```
[root@pghost1 ~]$ gmake
```

如果使用 gmake 进行编译，当看到最后一行的输出为“ All of PostgreSQL successfully made. Ready to install.”说明已经编译成功。

如果使用 gmake world 进行编译，当看到最后一行的输出为“ PostgreSQL, contrib, and documentation successfully made. Ready to install.”说明已经编译成功。

执行 gmake install 或 gmake install-world 程序进行安装，如下所示：

```
[root@pghost1 ~]$ gmake install
```

如果使用 gmake install 进行安装，当看到最后一行的输出为“ PostgreSQL installation complete.”说明已经成功安装。

如果使用 gmake install-world 进行安装，当看到最后一行的输出为“ PostgreSQL, contrib, and documentation installation complete.”说明已经安装成功。

查看安装的 PostgreSQL 版本的命令如下所示：

```
[root@pghost1 ~]# /opt/pg10/bin/postgres --version
postgres (PostgreSQL) 10.0
```

1.2.3　设置一个软链接

有时候我们为了方便工作，会自己写一些 shell 或 Python 脚本处理一些定时任务，经常会通过类似 /opt/pg9.x 这样的全路径调用一些工具，使用环境变量也会有一些其他的问题存在，如何尽可能地避免这种麻烦？很简单。

创建一个 /opt/pgsql 的软链接指向当前版本即可，命令如下所示：

```
[root@pghost1 opt]$ ln -s /opt/pg10 /opt/pgsql
[root@pghost1 ~]$ ll /opt/
drwxr-xr-x  6 root    root    4096 Oct 11 14:32 pg96
drwxr-xr-x  6 root    root    4096 Oct 13 17:43 pg10
lrwxrwxrwx  1 root    root      10 Oct 13 11:25 pgsql -> /opt/pg10/
```

当进行了版本变更之后，不需要调整大量的脚本，只需要修改这个软链接即可，在下文中我们都会使用它。

1.3 客户端程序和服务器程序

经过上面的安装步骤，已经成功安装了PostgreSQL数据库：

```
[postgres@pghost1 ~]$ tree -L 1 /opt/pgsql/
/opt/pgsql/
├── bin
├── include
├── lib
└── share
4 directories, 0 files
```

share目录存放着PostgreSQL的文档、man、示例文件以及一些扩展，include目录是PostgreSQL的C、C++的头文件，bin目录就是PostgreSQL的应用程序了。PostgreSQL本身是一个C/S架构的程序，这些应用程序可以分为两类：客户端程序和服务器程序，本章先介绍这些应用程序的功能，并讲解其中比较基础的一部分，其他的会在后续章节详细讲解。

1.3.1 客户端程序

客户端程序也可分为几大类，下面分别介绍。

1. 封装SQL命令的客户端程序

clusterdb

clusterdb是SQL CLUSTER命令的一个封装。PostgreSQL是堆表存储的，clusterdb通过索引对数据库中基于堆表的物理文件重新排序，它在一定场景下可以节省磁盘访问，加快查询速度。

举例如下：

```
[postgres@pghost1 ~]$ /opt/pgsql/bin/clusterdb -h pghost1 -p 1921 -d mydb
```

reindexdb

reindexdb是SQL REINDEX命令的一个封装。在索引物理文件发生损坏或索引膨胀等情况发生时，可以使用reindexdb命令对指定的表或者数据库重建索引并且删除旧的索引。

举例如下：

```
[postgres@pghost1 ~]$ /opt/pgsql/bin/reindexdb -e -h pghost1 -p 1921 -d mydb
```

vacuumdb

vacuumdb是PostgreSQL数据库独有的VACUUM、VACUUM FREEZE和VACUUM FULL，VACUUM ANALYZE这几个SQL命令的封装。VACUUM系列命令的主要职责是对数据的物理文件等的垃圾回收，是PostgreSQL中非常重要的一系列命令。

举例如下：

```
[postgres@pghost1 ~]$ /opt/pgsql/bin/vacuumdb -h pghost1 -p 1921 mydb
```

vacuumlo

vacuumlo 用来清理数据库中未引用的大对象。

举例如下：

```
[postgres@pghost1 ~]$ /opt/pgsql/bin/vacuumlo -h pghost1 -p 1921 mydb
```

createdb 和 dropdb

它们分别是 SQL 命令 CREATE DATABAS 和 DROP DATABASE 的封装。

例如在名为 pghost1 的主机，端口为 1921 的实例中创建一个名为 newdb 的数据库，并且加上注释，命令如下所示：

```
[postgres@pghost1 ~]$ /opt/pgsql/bin/createdb -h pghost1 -p 1921 newdb "New database."
```

删除名为 newdb 的数据库的命令如下所示：

```
[postgres@pghost1 ~]$ /opt/pgsql/bin/dropdb -h pghost1 -p 1921 newdb
```

createuser 和 dropuser

它们分别是 SQL 命令 CREATE USER 和 DROP USER 的封装。可以通过帮助查看它们的参数说明。

例如创建一个名为 newuser 的非超级用户，newuser 继承自 pg_monitor 系统角色，只能有 1 个连接，没有创建数据库的权限，没有创建用户的权限，并且立即给它设置密码，命令如下所示：

```
[postgres@pghost1 ~]$ /opt/pgsql/bin/createuser -h pghost1 -p 1921 -c 1 -g pg_
    monitor -D -R -S -P -e newuser
Enter password for new role:
Enter it again:
CREATE ROLE newuser PASSWORD 'md518b2c3ec6fb3de0e33f5612ed3998fa4' NOSUPERUSER
    NOCREATEDB NOCREATEROLE INHERIT LOGIN CONNECTION LIMIT 1 IN ROLE pg_monitor;
```

是否超级用户、是否允许创建数据库、是否允许创建用户这三个权限可以使用 --interactive 参数提供交互界面，使用更简单，举例如下：

```
[postgres@pghost1 ~]$ /opt/pgsql/bin/createuser -h pghost1 -p 1921 -c 1 -g pg_
    monitor --interactive -e -P newuser
Enter password for new role:
Enter it again:
Shall the new role be a superuser? (y/n) n
Shall the new role be allowed to create databases? (y/n) n
Shall the new role be allowed to create more new roles? (y/n) n
CREATE ROLE newuser PASSWORD 'md545c93e6e78f597d46a41cfb08dea5ae3' NOSUPERUSER
    NOCREATEDB NOCREATEROLE INHERIT LOGIN CONNECTION LIMIT 1 IN ROLE pg_monitor;
```

删除名为 newuser 的用户的命令如下所示：

```
[postgres@pghost1 ~]$ /opt/pgsql/bin/dropuser -h pghost1 -p 1921 newuser
```

2. 备份与恢复的客户端程序

pg_basebackup 取得一个正在运行中的 PostgreSQL 实例的基础备份。

pg_dump 和 pg_dumpall 都是以数据库转储方式进行备份的工具。

pg_restore 用来从 pg_dump 命令创建的非文本格式的备份中恢复数据。

这部分内容我们在第 13 章中详细讲解。

3. 其他客户端程序

ecpg 是用于 C 程序的 PostgreSQL 嵌入式 SQL 预处理器。它将 SQL 调用替换为特殊函数调用，把带有嵌入式 SQL 语句的 C 程序转换为普通 C 代码。输出文件可以被任何 C 编译器工具处理。

- oid2name 解析一个 PostgreSQL 数据目录中的 OID 和文件结点，在文件系统章节会详细讲解它。
- pgbench 是运行基准测试的工具，平常我们可以用它模拟简单的压力测试。
- pg_config 获取当前安装的 PostgreSQL 应用程序的配置参数。
- PostgreSQL 包装了 pg_isready 工具用来检测数据库服务器是否已经允许接受连接。
- pg_receivexlog 可以从一个运行中的实例获取事务日志的流。
- pg_recvlogical 控制逻辑解码复制槽以及来自这种复制槽的流数据。
- psql 是连接 PostgreSQL 数据库的客户端命令行工具，是使用频率非常高的工具，在客户端工具一章会专门讲解它的使用。使用 psql 客户端工具连接数据库的命令如下所示：

```
[postgres@pghost2 ~]$ /opt/pgsql/bin/psql -h pghost1 -p 1921 mydb
psql (10.0)
Type "help" for help.
mydb=#
```

其中的参数含义如下：

- -h 参数指定需要连接的主机。
- -p 参数指定数据库实例的端口。
- -d 参数指定连接哪一个数据库，默认的是和连接所使用的用户的用户名同名的数据库。

连接到数据库之后，就进入 PostgreSQL 的 shell 界面，如果是用数据库超级用户连接，提示符由数据库名称和“=#”组成，如果是普通的数据库用户，提示符则由数据库名称和“=>”组成。

使用“\q”或 CTRL+D 退出，命令如下所示：

```
[postgres@pghost2 ~]$ /opt/pgsql/bin/psql -h pghost1 -p 1921 mydb
psql (10.0)
Type "help" for help.
mydb=# \q
[postgres@pghost2 ~]$
```

psql 是非常强大的客户端连接工具，功能丰富，在客户端工具一章会对 psql 做详细讲解。

1.3.2　服务器程序

服务器程序包括：

- initdb 用来创建新的数据库目录。
- pg_archivecleanup 是清理 PostgreSQL WAL 归档文件的工具。
- pg_controldata 显示数据库服务器的控制信息，例如目录版本、预写日志和检查点的信息。
- pg_ctl 是初始化、启动、停止、控制数据库服务器的工具。
- pg_resetwal 可以清除预写日志并且有选择地重置存储在 pg_control 文件中的一些控制信息。当服务器由于控制文件损坏，pg_resetwal 可以作为最后的手段。
- pg_rewind 是在 master、slave 角色发生切换时，将原 master 通过同步模式恢复，避免重做基础备份的工具。
- pg_test_fsync 可以通过一个快速的测试，了解系统使用哪一种预写日志的同步方法（wal_sync_method）最快，还可以在发生 I/O 问题时提供诊断信息。
- pg_test_timing 是一种度量系统计时开销以及确认系统时间绝不会回退的工具。
- pg_upgrade 是 PostgreSQL 的升级工具，在版本升级的章节会详细讲解。
- pg_waldump 用来将预写日志解析为可读的格式。
- postgres 是 PostgreSQL 的服务器程序。
- postmaster 可以从 bin 目录中看到，是指向 postgres 服务器程序的一个软链接。

1.4　创建数据库实例

在 PostgreSQL 中一个数据库实例和一组使用相同配置文件和监听端口的数据库集关联，它由数据目录组成，数据目录中包含了所有的数据文件和配置文件。一台数据库服务器可以管理多个数据库实例，PostgreSQL 通过数据目录的位置和这个数据集合实例的端口号引用它。

1.4.1　创建操作系统用户

在创建数据库实例之前要做的第一件事是先创建一个独立的操作系统用户，也可以称为本地用户。创建这个账号的目的是为了防止因为应用软件的 BUG 被攻击者利用，对系统造成破坏。它拥有该数据库实例管理的所有数据，是这个数据库实例的超级用户。你可以使用你喜欢的用户名作为这个数据库实例超级用户，例如 pger 等，但通常我们使用 postgres 作为这个操作系统超级用户的用户名，这个用户将被用来对数据库实例进行 start、stop、restart 操作。如果使用 yum 安装，且操作系统中不存在 postgres 本地用户，安装程序会自动创建名为 postgres 的操作系统用户和名为 postgres 的数据库超级用户，尽管如此，仍然建议在 yum 安装之前预先手动创建 postgres 用户。

当一个黑客利用一个软件的 BUG 进入一台计算机时，他就获得了这个软件运行所使用的用户账号的权限。目前我们不知道 PostgreSQL 是否有这样的 BUG，我们坚持使用非管理员账号运行 PostgreSQL 的目的就是为了减少 (万一) 黑客利用在 PostgreSQL 发现的 BUG 对系统造成的可能损害。

创建系统用户组和用户的命令如下所示：

```
[root@pghost1 ~]$ groupadd -g 1000 postgres
[root@pghost1 ~]$ useradd -g 1000 -u 1000 postgres
[root@pghost1 ~]$ id postgres
uid=1000(postgres) gid=1000(postgres) groups=1000(postgres)
```

注意事项：

1）出于安全考虑，这个操作系统用户不能是 root 或具有操作系统管理权限的账号，例如拥有 sudo 权限的用户。

2）如果是部署集群，建议配置 NTP 服务，统一集群中每个节点的操作系统用户的 uid 和 gid，如果集群中某些节点的数据库操作系统用户的 uid 和 gid 与其他节点不一致，可以通过 groupmod 命令和 usermod 命令进行修改，例如：

```
[root@pghost1 ~]$ groupmod -g 1000 postgres
[root@pghost1 ~]$ usermod -u 1000 -g 1000 postgres
```

1.4.2 创建数据目录

接下来，给我们的数据一个安身立命之所，也就是在磁盘上初始化一个数据的存储区域，在 SQL 标准中称为目录集簇，通常我们也口语化地称它为数据目录。它用来存放数据文件和数据库实例的配置文件，可以把这个目录创建到任何你认为合适的位置。作为数据库专有服务器，一般都会有一个或多个分区来存储数据，通常我们把数据目录放在这样的分区中。

有的时候我们可能会遇到多实例并存的情况，为了区分不同版本的数据，我们通常会建立形如 /pgdata/9.x/xxx_data 的目录作为数据库实例的数据目录，其中 9.x 或 10 为大版本号，xxx_data 中的 xxx 为业务线名称，这样在进行大版本升级或多版本并存、多业务线数据并存的环境下，目录条理更清晰，同时可以减少出错的可能。作为例子，这里我们不考虑多实例并存的情况，创建 /pgdata/10/data 目录作为数据目录，在 data 的同级目录创建 backups、scripts、archive_wals 目录，这几个目录的作用后续章节再详述。创建目录的命令如下所示：

```
[root@pghost1 ~]$ mkdir -p /pgdata/10/{data,backups,scripts,archive_wals}
```

将数据目录的属主修改为我们创建的操作系统用户，并且修改数据目录的权限为 0700。修改目录权限这一步其实并不需要，因为 initdb 会回收除 PostgreSQL 用户之外所有用户的访问权限。但我们应该明确知道数据目录包含所有存储在数据库里的数据，保护这个目录不受未授权的访问非常重要。修改权限的命令如下所示：

```
[root@pghost1 ~]$ chown -R postgres.postgres /pgdata/10
[root@pghost1 ~]$ chmod 0700 /pgdata/10/data
```

1.4.3　初始化数据目录

实例化数据目录使用 initdb 工具。initdb 工具将创建一个新的数据库目录（这个目录包括存放数据库数据的目录），创建 template1 和 postgres 数据库，初始化该数据库实例的默认区域和字符集编码。initdb 命令的语法如下所示：

```
[postgres@pghost1 ~]$ /opt/pgsql/bin/initdb --help
initdb initializes a PostgreSQL database cluster.
Usage:
    initdb [OPTION]... [DATADIR]
Options:
    -A, --auth=METHOD         为本地用户指定pg_hba.conf文件中的认证方法，可以为md5、
                              trust、password等，为了安装方便，默认的值是trust，但
                              是除非你信任数据库实例所在服务器上的所有本地用户；
        --auth-host=METHOD    指定通过TCP/IP连接的本地用户在pg_hba.conf中使用的认证
                              方法；
        --auth-local=METHOD   指定通过UNIX Socket连接的本地用户在pg_hba.conf文件中的
                              认证方法；
   [-D, --pgdata=]DATADIR     将要初始化的数据目录；其他选项都可以省略，只有这个选项是必需的；
    -E, --encoding=ENCODING   设置数据库的默认编码，实际它是设置了template1的编码，因为
                              其他新创建的数据库都是以template1为模板克隆的。
        --locale=LOCALE       设置区域
        --lc-collate=, --lc-ctype=, --lc-messages=LOCALE
        --lc-monetary=, --lc-numeric=, --lc-time=LOCALE
                              为指定的分类设置区域
        --no-locale           等价于 --locale=C
        --pwfile=FILE         从一个文件读取第一行作为数据库超级用户的口令。
    -T, --text-search-config=CFG
                              设置默认的文本搜索配置。
    -U, --username=NAME       设置数据库超级用户的用户名，默认是postgres。
    -W, --pwprompt            在initdb的过程中为数据库超级用户设置一个密码。
    -X, --waldir=WALDIR       指定预写日志（WAL）的存储目录。
```

知道了这些选项的意义，我们开始初始化上一步创建好的数据目录，如下所示：

```
[postgres@pghost1 ~]$ /opt/pgsql/bin/initdb -D /pgdata/10/data -W
The files belonging to this database system will be owned by user "postgres".
This user must also own the server process.
The database cluster will be initialized with locale "en_US.UTF-8".
The default database encoding has accordingly been set to "UTF8".
The default text search configuration will be set to "english".
Data page checksums are disabled.
Enter new superuser password:
Enter it again:
```

```
fixing permissions on existing directory /export/pg10_data ... ok
creating subdirectories ... ok
selecting default max_connections ... 100
selecting default shared_buffers ... 128MB
selecting dynamic shared memory implementation ... posix
creating configuration files ... ok
running bootstrap script ... ok
performing post-bootstrap initialization ... ok
syncing data to disk ... ok
WARNING: enabling "trust" authentication for local connections
You can change this by editing pg_hba.conf or using the option -A, or
--auth-local and --auth-host, the next time you run initdb.
Success. You can now start the database server using:
    /opt/pgsql/bin/pg_ctl -D /pgdata/10/data -l logfile start
[postgres@pghost1 ~]$
```

因为我们指定了 -W 参数，所以在初始化的过程中，initdb 工具会要求为数据库超级用户创建密码。在 initdb 的输出中可以看到系统自动创建了 template1 数据库和 postgres 数据库，template1 是生成其他数据库的模板，postgres 数据库是一个默认数据库，用于给用户、工具或者第三方应用提供默认数据库。 输出的最后一行还告诉了你如何启动刚才初始化的数据库。

需要注意一点的是：不要在将要初始化的数据目录中手动创建任何文件，如果数据目录中已经有文件，会有如下错误提示：

```
initdb: directory "/pgdata/10/data" exists but is not empty
If you want to create a new database system, either remove or empty
the directory "/pgdata/10/data" or run initdb
with an argument other than "/pgdata/10/data".
```

这样做的目的是为了防止无意中覆盖已有的数据目录。

除了使用 initdb 来初始化数据目录，还可以使用 pg_ctl 工具进行数据库目录的初始化，用法如下所示：

```
[postgres@pghost1 ~]$ /opt/pgsql/bin/pg_ctl init -D /pgdata/10/data -o "-W"
```

至此，数据库目录初始化完成。

使用官方 yum 源安装 PostgreSQL 时会自动创建 /var/lib/pgsql/10 目录和它的两个子目录：data 目录和 backups 目录。通过 service postgresql-10 init 命令会初始化 /var/lib/pgsql/10/data 目录作为数据目录。这样很方便，但是可定制性并不好，建议按照上面的步骤初始化数据目录。

1.5 启动和停止数据库服务器

在使用数据库服务器之前，必须先启动数据库服务器。可以通过 service 方式、PostgreSQL 的命令行工具启动或停止数据库。

1.5.1 使用 service 方式

启动数据库服务的命令如下所示：

```
[root@pghost1 ~]$ service postgresql-10 start
```

查看数据库运行状态的命令如下所示：

```
[root@pghost1 ~]$ service postgresql-10 status
```

停止数据库的命令如下所示：

```
[root@pghost1 ~]$ service postgresql-10 stop
```

1.5.2 使用 pg_ctl 进行管理

pg_ctl 是 PostgreSQL 中初始化数据目录，启动、停止、重启、重加载数据库服务，或者查看数据库服务状态的工具，相比 service 或 systemctl 的管理方式，pg_ctl 提供了丰富的控制选项，执行 pg_ctl 命令需要操作系统用户使用 su 命令切换到 postgres 用户。

1. 启动数据库

代码如下所示：

```
[root@pghost1 ~]# su - postgres
[postgres@pghost1 ~]$ /opt/pgsql/bin/pg_ctl -D /pgdata/10/data start
server started
```

2. 查看数据库运行状态

代码如下所示：

```
[root@pghost1 ~]# su - postgres
[postgres@pghost1 ~]$ /opt/pgsql/bin/pg_ctl -D /pgdata/10/data status
pg_ctl: no server running
```

或者：

```
pg_ctl: server is running (PID: 43965)
/opt/pgsql/bin/postgres "-D" "/pgdata/10/data"
```

还可以使用 pg_isready 工具来检测数据库服务器是否已经允许接受连接：

```
[postgres@pghost1 ~]$ /opt/pgsql/bin/pg_isready -p 1921
/tmp:1921 - accepting connections
```

或者：

```
/tmp:1921 - no response
```

3. 停止数据库

使用 pg_ctl 停止数据库的命令为：

```
pg_ctl stop      [-D DATADIR] [-m SHUTDOWN-MODE] [-W] [-t SECS] [-s]
```

“-s”参数开启和关闭屏幕上的消息输出；“-t SECS”参数设置超时时间，超过 SECS 值设置的超时时间自动退出。其中的“-m”参数控制数据库用什么模式停止，PostgreSQL 支持三种停止数据库的模式：smart、fast、immediate，默认为 fast 模式。

- smart 模式会等待活动的事务提交结束，并等待客户端主动断开连接之后关闭数据库。
- fast 模式则会回滚所有活动的事务，并强制断开客户端的连接之后关闭数据库。
- immediate 模式立即终止所有服务器进程，当下一次数据库启动时它会首先进入恢复状态，一般不推荐使用。

在写命令的时候，这三个值可以分别简写为“-ms”“-mf”“-mi”，例如使用 smart 模式停止数据库的命令如下所示：

```
[root@pghost1 ~]# su - postgres
[postgres@pghost1 ~]$ /opt/pgsql/bin/pg_ctl -D /pgdata/10/data -ms stop
```

1.5.3 其他启动和关闭数据库服务器的方式

还有其他一些启动和停止数据库的方式，例如使用 postmaster 或 postgres 程序启动数据库，命令如下所示：

```
[root@pghost1 ~]# su - postgres
[postgres@pghost1 ~]$ /opt/pgsql/bin/postgres -D /pgdata/10/data/
```

这样将在前台运行数据库服务器，通常加上“&”符号让它在后台运行。

在 PostgreSQL 的守护进程 postmaster 的入口函数中注册了信号处理程序，对 SIGINT、SIGTERM、SIGQUIT 的处理方式分别对应 PostgreSQL 的三种关闭方式 smart、fast、immediate。因此我们还可以使用 kill 命令给 postgres 进程发送 SIGTERM、SIGINT、SIGQUIT 信号停止数据库，例如使用 smart 方式关闭数据库的命令如下所示：

```
[postgres@pghost1 ~]$ kill -sigterm `head -1 /pgdata/10/data/postmaster.pid`
received smart shutdown request
shutting down
database system is shut down
```

通过日志输出可以看到该命令是通过 smart 关闭数据库的。它内部的原理可以查看 PostgreSQL 内核相关的书籍或者阅读源码中 pqsignal 和 pmdie 相关的代码进行了解。

因为 PostgreSQL 的安装程序已经包装好了 pg_ctl 工具，所以通过 kill 发送信号的方法一般不常用。

1.5.4 配置开机启动

如果使用官方 yum 源安装，会自动配置服务脚本；如果通过源码编译安装，则需要手动配置。

1. 配置服务脚本

在源码包的 contrib 目录中有 Linux、FreeBSD、OSX 适用的服务脚本，如下所示：

```
[root@pghost1 ~]$ ls postgresql-10.0/contrib/start-scripts/
freebsd  linux  osx
```

我们将名称为 linux 的脚本拷贝到 /etc/init.d/ 目录中，将脚本重命名为 postgresql-10，并赋予可执行权限，命令如下所示：

```
[root@pghost1 ~]$ cp postgresql-10.0/contrib/start-scripts/linux /etc/init.d/
    postgresql-10
[root@pghost1 ~]$ chmod +x /etc/init.d/postgresql-10
[root@pghost1 ~]$ ls -lh /etc/init.d/postgresql-10
-rwxr-xr-x 1 root root 3.5K Oct 13 16:30 /etc/init.d/postgresql-10
```

2. 设置开机启动

chkconfig --list 命令可以查看 PostgreSQL 是否是开机启动的，如下所示：

```
[root@pghost1 ~]$ chkconfig --list | grep postgresql-10
postgresql-10   0:off   1:off   2:off   3:off   4:off   5:off   6:off
```

chkconfig 命令将启用或禁用 PostgreSQL 开机启动，如下所示：

```
[root@pghost1 ~]$ chkconfig postgresql-10 on/off
```

1.6　数据库配置基础

在一个数据库实例中，有些配置会影响到整个实例，这些我们称为全局配置；有些配置只对一个数据库实例中的单个 Database 生效，或只对当前会话或者某个数据库用户生效，这一类的配置我们称为非全局配置。

PostgreSQL 有两个重要的全局配置文件：postgresql.conf 和 pg_hba.conf。它们提供了很多可配置的参数，这些参数从不同层面影响着数据库系统的行为，postgresql.conf 配置文件主要负责配置文件位置、资源限制、集群复制等，pg_hba.conf 文件则负责客户端的连接和认证。这两个文件都位于初始化数据目录中。

1.6.1　配置文件的位置

在实例化数据目录之后，在数据目录的根目录下会有 postgresql.conf、postgresql.auto.conf、pg_hba.conf 和 pg_ident.conf 这几个配置文件。除身份认证以外的数据库系统行为都由 postgresql.conf 文件配置。

1.6.2　pg_hba.conf

pg_hba.conf 是它所在数据库实例的“防火墙”，文件格式如下：

```
TYPE  DATABASE        USER            ADDRESS                 METHOD
local database user auth-method [auth-options]
host database user address auth-method [auth-options]
hostssl database user address auth-method [auth-options]
hostnossl database user address auth-method [auth-options]
host database user IP-address IP-mask auth-method [auth-options]
hostssl database user IP-address IP-mask auth-method [auth-options]
hostnossl database user IP-address IP-mask auth-method [auth-options]
```

这些配置看起来复杂，实际上简单来说每一行的作用就是：允许哪些主机可以通过什么连接方式和认证方式通过哪个数据库用户连接哪个数据库。也就是允许 ADDRESS 列的主机通过 TYPE 方式以 METHOD 认证方式通过 USER 用户连接 DATABASE 数据库。

1. 连接方式

TYPE 列标识允许的连接方式，可用的值有：local、host、hostssl、hostnossl，说明如下：

- local 匹配使用 Unix 域套接字的连接。如果没有 TYPE 为 local 的条目则不允许通过 Unix 域套接字连接。
- host 匹配使用 TCP/IP 建立的连接，同时匹配 SSL 和非 SSL 连接。默认安装只监听本地环回地址 localhost 的连接，不允许使用 TCP/IP 远程连接，启用远程连接需要修改 postgresql.conf 中的 listen_addresses 参数。
- hostssl 匹配必须是使用 SSL 的 TCP/IP 连接。配置 hostssl 有三个前提条件：
  1. 客户端和服务端都安装 OpenSSL；
  2. 编译 PostgreSQL 的时候指定 configure 参数 --with-openssl 打开 SSL 支持；
  3. 在 postgresql.conf 中配置 ssl = on。
- hostnossl 和 hostssl 相反，它只匹配使用非 SSL 的 TCP/IP 连接。

2. 目标数据库

DATABASE 列标识该行设置对哪个数据库生效；

3. 目标用户

USER 列标识该行设置对哪个数据库用户生效；

4. 访问来源

ADDRESS 列标识该行设置对哪个 IP 地址或 IP 地址段生效；

5. 认证方法

METHOD 列标识客户端的认证方法，常见的认证方法有 trust、reject、md5 和 password 等。

reject 认证方式主要应用在这样的场景中：允许某一网段的大多数主机访问数据库，但拒绝这一网段的少数特定主机。

md5 和 password 认证方式的区别在于 md5 认证方式为双重 md5 加密，password 指明文密码，所以不要在非信任网络使用 password 认证方式。

scram-sha-256 是 PostgreSQL 10 中新增的基于 SASL 的认证方式，是 PostgreSQL 目前提供的最安全的认证方式。使用 scram-sha-256 认证方式不支持旧版本的客户端库。如果使用 PostgreSQL 10 以前的客户端库连接数据库，会有如下错误：

```
[postgres@pghost2 ~]$ /usr/pgsql-9.6/bin/psql -h pghost1 -p 1921 -U postgres mydb
psql: SCRAM authentication requires libpq version 10 or above
```

更多认证方式的详细说明参考官方文档：https://www.postgresql.org/docs/current/static/auth-methods.html。

1.6.3 postgresql.conf

postgresql.conf 配置文件的文件结构很简单，由多个 configparameter = value 形式的行组成，“#”开头的行为注释。value 支持的数据类型有布尔、整数、浮点数、字符串、枚举，value 的值还支持各种单位，例如 MB、GB 和 ms、min、d 等。postgresql.conf 文件还支持 include 和 include_if_exists 指令，并且允许嵌套。

在配置项末尾标记了“# (change requires restart)”的配置项是需要重启数据库实例才可以生效的，其他没有标记的配置项只需要 reload 即可生效。

1. 全局配置的修改方法

修改全局配置的方法有：

- 修改 postgresql.conf 配置文件。
- 使用 vim、nano 类的文本编辑器或者 sed 命令编辑它们。
- 通过 ALTER SYSTEM 命令修改全局配置，例如：

```
mydb=# ALTER SYSTEM SET listen_addresses = '*';
```

通过 ALTER SYSTEM SQL 命令修改的全局配置参数，会自动编辑 postgresql.auto.conf 文件，在数据库启动时会加载 postgresql.auto.conf 文件，并用它的配置覆盖 postgresql.conf 中已有的配置。这个文件不要手动修改它。

- 启动数据库时进行设置，例如：

```
[postgres@pghost1 ~]$ /opt/pgsql/bin/postgres -D /pgdata/10/data -c port=1922
```

2. 非全局配置的修改方法

- 设置和重置 Database 级别的配置，例如：

```
ALTER DATABASE name SET configparameter { TO | = } { value | DEFAULT }
ALTER DATABASE name RESET configuration
```

- 设置和重置 Session 级别的配置。
- 通过 SET 命令设置当前 Session 的配置，例如：

```
SET configparameter { TO | = } { value | 'value' | DEFAULT }
SET configparameter TO DEFAULT;
```

- 更新 pg_settings 视图，例如：

```
UPDATE `pg_settings` SET setting = new_value WHERE name = 'configparameter';
UPDATE `pg_settings` SET setting = reset_val WHERE name = 'configparameter';
```

- 使用 set_config 函数更新会话配置，例如：

```
SELECT set_config('configparameter',new_value,false);
```

- 设置和重置 Role 级别的配置，例如：

```
ALTER ROLE name IN DATABASE database_name SET configparameter { TO |= } { value
    | DEFAULT }
    ALTER ROLE name IN DATABASE database_name RESET configparameter
```

3. 如何查看配置

查询 pg_settings 系统表，例如：

```
SELECT name,setting FROM pg_settings where name ~  'xxx' ;
SELECT current_setting(name);
```

通过 show (show all) 命令查看。

4. 使配置生效的方法

如果是不需要重启的参数，reload 一次就可以生效，命令如下所示：

```
mydb=# SELECT pg_reload_conf();
pg_reload_conf
----------------
t
(1 row)
```

也可以使用 pg_ctl 命令 reload 配置，命令如下所示：

```
[root@pghost1 ~]# su - postgres
[postgres@pghost1 ~]$ /opt/pgsql/bin/pg_ctl -D /pgdata/10/data reload
```

1.6.4 允许远程访问数据库

在默认情况下，PostgreSQL 实例是不允许通过远程访问数据库的，如下所示：

```
[postgres@pghost1 ~]$ netstat -nlt | grep 1921
Active Internet connections (only servers)
Proto Recv-Q Send-Q Local Address           Foreign Address         State
tcp        0      0 127.0.0.1:1921           0.0.0.0:*               LISTEN
tcp        0      0 ::1:1921                 :::*                    LISTEN
```

从其他主机访问数据库端口，将会被拒绝，如下所示：

```
[postgres@pghost2 ~]$ telnet pghost1 1921
Trying pghost1...
```

```
telnet: connect to address pghost1: Connection refused
```

通过以下配置方法，允许从远程访问数据库。

1. 修改监听地址

PostgreSQL 管理监听地址的配置项为 postgresql.conf 文件中的 listen_addresses。默认安装只监听本地环回地址 localhost 的连接，不允许使用 TCP/IP 建立远程连接，启用远程连接需要修改 postgresql.conf 中的 listen_addresses 参数。用文本编辑器打开 postgresql.conf 配置文件，命令如下所示：

```
[postgres@pghost1 ~]$ vim /pgdata/10/data/postgresql.conf
```

找到名称为 listen_addresses 的配置项，如下所示：

```
#listen_addresses = 'localhost'    # what IP address(es) to listen on;
    # comma-separated list of addresses;
    # defaults to 'localhost'; use '*' for all
    # (change requires restart)
```

关于 listen_addresses 参数的 4 行注释，的含义如下：

- ❑ what IP address(es) to listen on——监听什么 IP 地址？也就是允许用哪些 IP 地址访问，可以是一个 IP，也可以是多个 IP 地址。
- ❑ comma-separated list of addresses;——以逗号分隔地址列表。
- ❑ defaults to 'localhost'; use '*' for all——默认是“localhost”，使用“*”允许所有地址；大多数的高可用架构都使用 VIP 的方式访问数据库，所以我们一般设置为“*”。
- ❑ (change requires restart)——修改这个参数需要重新启动数据库。

去掉 listen_addresses 这一行开头的“#”号，并把它的值修改为“*”，即允许所有地址访问数据库，如下所示：

```
listen_addresses = '*'
```

修改完成之后重启数据库使配置生效，如下所示：

```
[root@pghost1 ~]$ service postgresql-10 restart
```

2. 修改 pg_hba.conf 文件

修改监听地址之后，还需要修改 pg_hba.conf 文件，回答 pg_hba.conf 的问题：允许哪些主机可以通过什么连接方式和认证方式通过哪个数据库用户连接哪个数据库？假设我们允许所有主机通过 TCP/IP 建立的连接，同时匹配 SSL 和非 SSL 连接，通过 md5 口令认证，使用 pguser 用户，连接 mydb 数据库，那么我们只需要在 pg_hba.conf 文件中增加一行，如下所示：

```
[postgres@pghost1 ~]$ echo "host mydb pguser 0.0.0.0/0 md5" >> /pgdata/10/data/pg_hba.
    conf
```

修改 pg_hba.conf 文件之后需要 reload 使它生效，如下所示：

```
[postgres@pghost1 ~]$ /opt/pgsql/bin/pg_ctl -D /pgdata/10/data/ reload
server signaled
2017-10-18 10:16:00.405 CST [36171] LOG:  received SIGHUP, reloading configuration
    files
```

现在就可以通过远程访问数据库了。

通常 Windows 防火墙和 Linux 系统的 selinux 和 iptables 也会影响远程访问，在 Linux 中一般可以关闭 selinux，添加 iptables 项允许远程访问数据库服务器或关闭 iptables，这部分内容可以根据操作系统的文档管理配置。

1.7 本章小结

本章介绍了 PostgreSQL 的历史和特点，介绍了如何获得 PostgreSQL 的学习资料以及如何与技术社区进行沟通交流。还介绍了如何安装部署 PostgreSQL 数据库服务器，以及 PostgreSQL 的应用程序大致功能。了解了如何配置 PostgreSQL 服务器，如何创建、管理数据库实例，以及基础的数据库配置项。通过本章的学习，读者已经可以独立创建 PostgreSQL 的数据库环境，进行简单的配置，可以在一个数据库实例中创建用户以及数据库了。

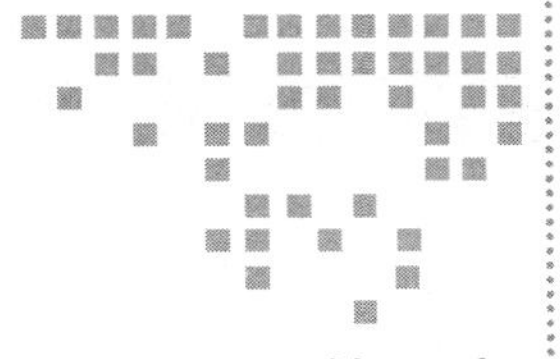

第 2 章 Chapter 2

客户端工具

本章将介绍 PostgreSQL 客户端工具，例如 pgAdmin 和 psql。pgAdmin 是一款功能丰富、开源免费的 PostgreSQL 图形化客户端工具，psql 是 PostgreSQL 自带的命令行客户端工具，功能全面，是 PostgreSQL 数据库工程师必须熟练掌握的命令行工具之一，本章将会详细介绍它的独特之处。

2.1 pgAdmin 4 简介

pgAdmin 是最流行的 PostgreSQL 图形化客户端工具，项目主页为：https://www.pgadmin.org/，由于 pgAdmin 4 工具使用比较简单，这里仅简单介绍。

2.1.1 pgAdmin 4 安装

pgAdmin 支持 Linux、Unix、Mac OS X 和 Windows，由于编写此书时 pgAdmin 最新的大版本为 4，后面提到 pgAdmin 时我们都称为 pgAdmin 4，本节以在 Windows 7 上安装 pgAdmin 4 为例，简单介绍 pgAdmin 4。

安装包下载地址为：https://www.postgresql.org/ftp/pgadmin/pgadmin4/v1.6/windows/，下载完后根据提示安装即可，安装完打开 pgAdmin 4 的界面如图 2-1 所示。

2.1.2 pgAdmin 4 使用

pgAdmin 4 的使用非常简单，这一小节将演示如何使用 pgAdmin 4 连接 PostgreSQL 数据库以及日常数据库操作。

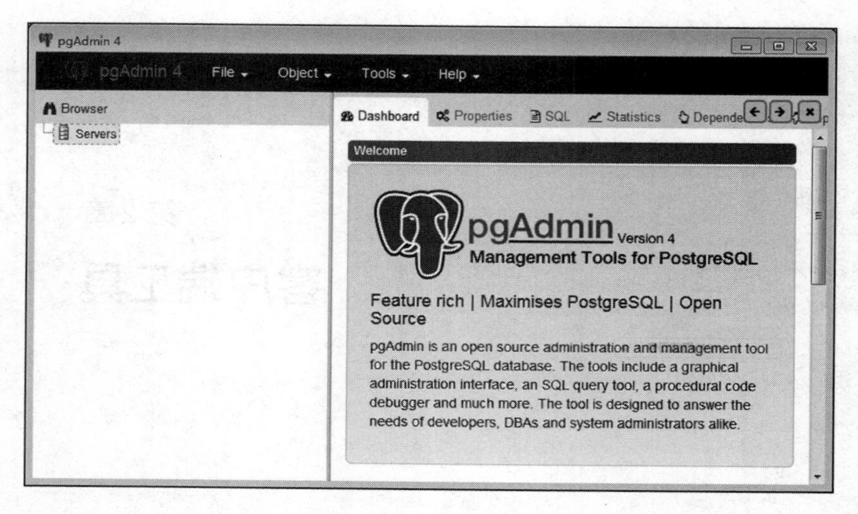

图 2-1 pgAdmin 4 界面

1. pgAdmin 4 连接数据库

打开 pgAdmin 4 界面并创建服务，填写界面上的表单，如图 2-2 所示。

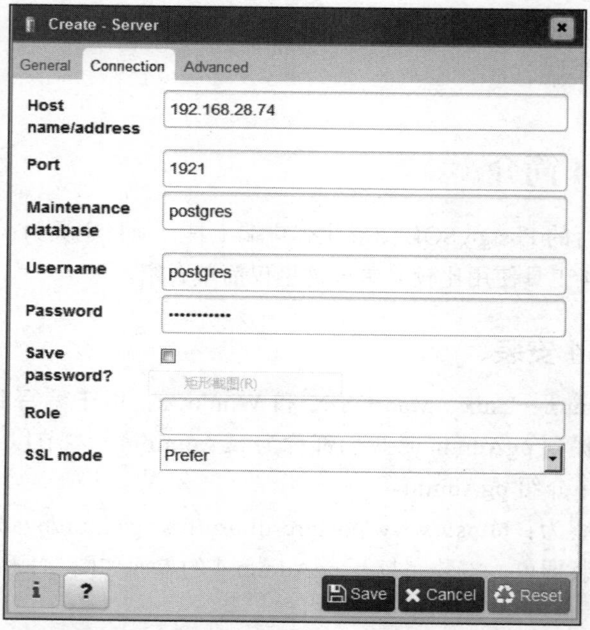

Create - Server
General Connection Advanced
Host name/address 192.168.28.74
Port 1921
Maintenance database postgres
Username postgres
Password ••••••••••
Save password?
Role
SSL mode Prefer
i ? Save Cancel Reset

图 2-2 使用 pgAdmin 4 连接数据库

图 General 界面用于配置数据库连接别名，这里配置成 db1，Connection 配置页完成之后连接数据库如图 2-3 所示。

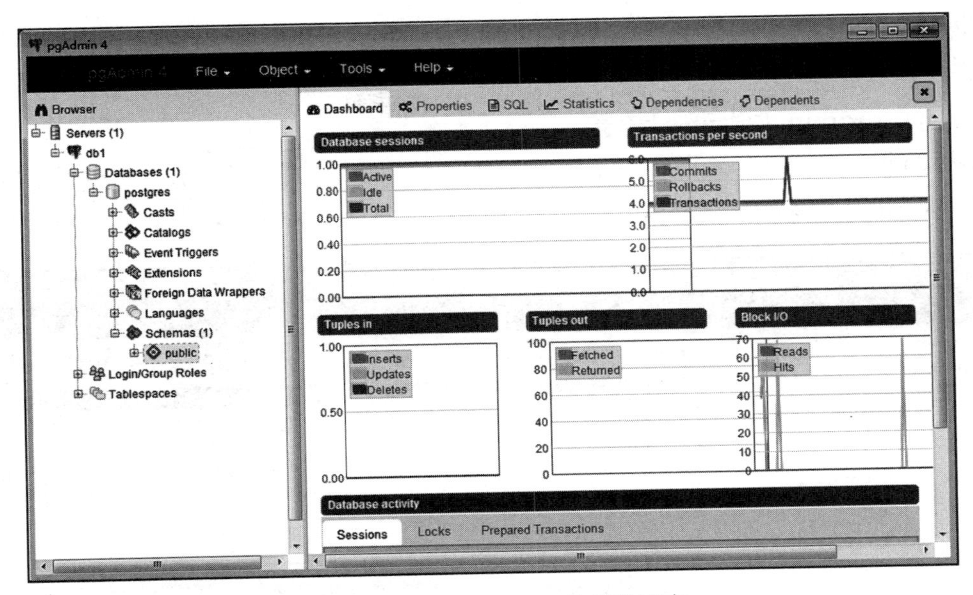

图 2-3　使用 pgAdmin 4 连接数据库

2. pgAdmin 4 查询工具的使用

在 pgAdmin 4 面板上点击 Tools 菜单中的 Query Tool，在弹出的窗口中可以进行日常的数据库 DDL、DML 操作，例如创建一张测试表，如图 2-4 所示。

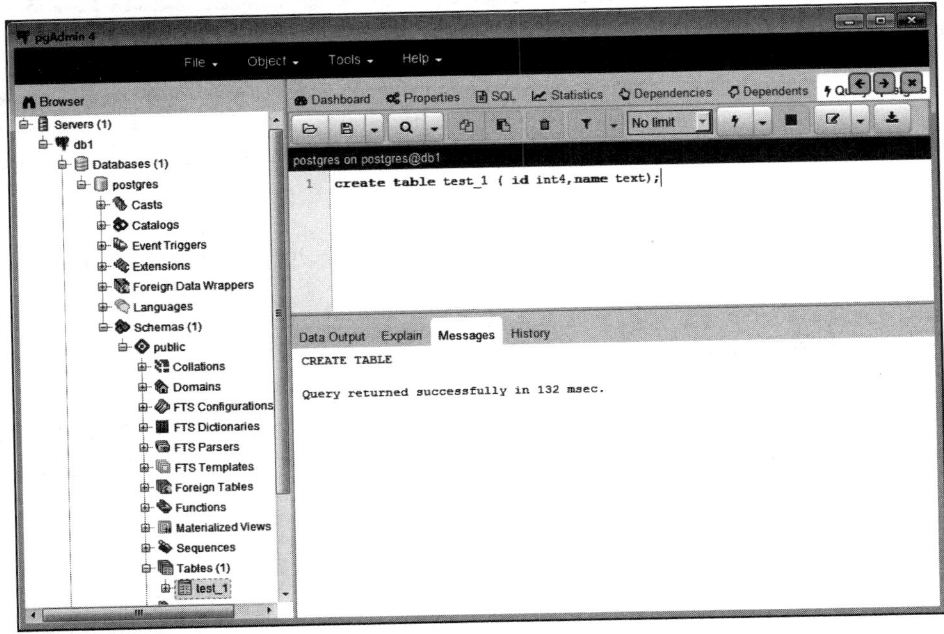

图 2-4　使用 pgAdmin 4 创建表

以上演示了使用 pgAdmin 4 连接数据库并创建测试表。由于篇幅有限，创建函数、序列、视图、DDL 等操作这里不再演示。

3. 用 pgAdmin 4 显示统计信息

pgAdmin 4 具有丰富的监控功能，如图 2-5 所示，显示了数据库进程、每秒事务数、记录数变化等相关信息。

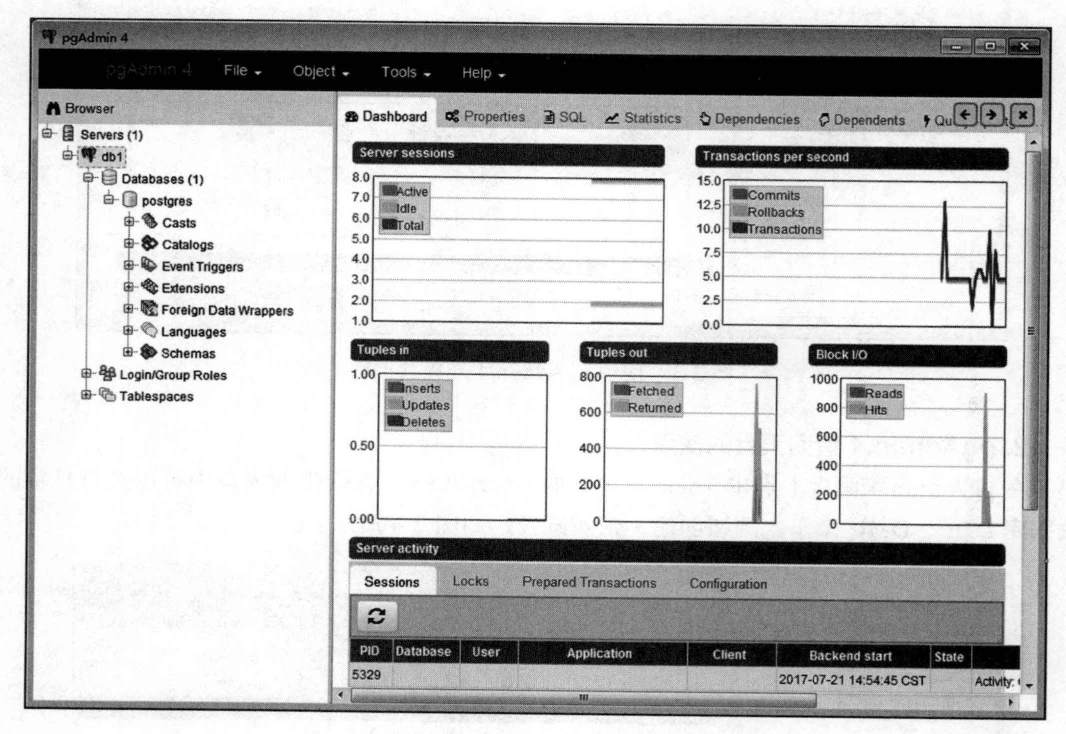

图 2-5　使用 pgAdmin 4 显示数据库统计信息

pgAdmin 4 工具先介绍到这里，pgAdmin 4 其他图形化功能读者可自行测试。

2.2　psql 功能及应用

psql 是 PostgreSQL 自带的命令行客户端工具，具有非常丰富的功能，类似于 Oracle 命令行客户端工具 sqlplus，这一节将介绍 psql 常用功能和少数特殊功能，熟练掌握 psql 能便捷处理 PostgreSQL 日常维护工作。

2.2.1　使用 psql 连接数据库

用 psql 连接数据库非常简单，可以在数据库服务端执行，也可以远程连接数据库，在数据库服务端连接本地库示例如下所示：

```
[postgres@pghost1 ~]$ psql postgres postgres
psql (10.0)
Type "help" for help.
postgres=#
```

psql 后面的第一个 postgres 表示库名，第二个 postgres 表示用户名，端口号默认使用变量 $PGPORT 配置的数据库端口号，这里是 1921 端口，为了后续演示方便，创建一个测试库 mydb，归属为用户 pguser，同时为 mydb 库分配一个新表空间 tbs_mydb，如下所示：

```
--创建用户
postgres=# CREATE ROLE pguser WITH ENCRYPTED PASSWORD 'pguser';
CREATE ROLE

--创建表空间目录
[postgres@pghost1 ~]$ mkdir -p /database/pg10/pg_tbs/tbs_mydb

--创建表空间
postgres=# CREATE TABLESPACE tbs_mydb OWNER pguser LOCATION '/database/pg10/pg_
    tbs/tbs_mydb';
CREATE TABLESPACE

--创建数据库
postgres=# CREATE DATABASE mydb
             WITH  OWNER = pguser
             TEMPLATE = template0
             ENCODING = 'UTF8'
             TABLESPACE = tbs_mydb;
CREATE DATABASE

--赋权
GRANT ALL ON DATABASE  mydb TO pguser WITH GRANT OPTION;
GRANT ALL ON TABLESPACE tbs_mydb TO pguser;
```

CREATE DATABASE 命令中的 OWNER 选项表示数据库属主，TEMPLATE 表示数据库模板，默认有 template0 和 template1 模板，也能自定义数据库模板，ENCODING 表示数据库字符集，这里设置成 UTF8，TABLESPACE 表示数据库的默认表空间，新建数据库对象将默认创建在此表空间上，通过 psql 远程连接数据库的语法如下所示：

```
psql [option...] [dbname [username]]
```

服务器 pghost1 的 IP 为 192.168.28.74，pghost2 的 IP 为 192.168.28.75，在 pghost2 主机上远程连接 pghost1 上的 mydb 库命令如下：

```
[postgres@pghost2 ~]$ psql -h 192.168.28.74 -p 1921 mydb pguser
Password for user pguser:
psql (10.0)
Type "help" for help.
```

断开 psql 客户端连接使用 \q 元命令或 CTRL+D 快捷键即可，如下所示：

```
[postgres@pghost1 ~]$ psql mydb pguser
psql (10.0)
Type "help" for help.
mydb=> \q
```

下一小节将详细介绍 psql 支持的元命令。

2.2.2 psql 元命令介绍

psql 中的元命令是指以反斜线开头的命令，psql 提供丰富的元命令，能够便捷地管理数据库，比如查看数据库对象定义、查看数据库对象占用空间大小、列出数据库各种对象名称、数据导入导出等，比如查看数据库列表，如下所示：

```
postgres=# \l
                              List of databases
   Name    |  Owner   | Encoding | Collate | Ctype |   Access privileges
-----------+----------+----------+---------+-------+-----------------------
 mydb      | postgres | UTF8     | C       | C     | =Tc/postgres         +
           |          |          |         |       | postgres=CTc/postgres+
           |          |          |         |       | pguser=C/postgres
 postgres  | postgres | UTF8     | C       | C     |
 template0 | postgres | UTF8     | C       | C     | =c/postgres          +
           |          |          |         |       | postgres=CTc/postgres
 template1 | postgres | UTF8     | C       | C     | =c/postgres          +
           |          |          |         |       | postgres=CTc/postgres
(4 rows)
```

1 .\db 查看表空间列表

使用元命令 \db 查看表空间，如下所示：

```
postgres=# \db
              List of tablespaces
   Name     |  Owner   |           Location
------------+----------+---------------------------------
pg_default  | postgres |
pg_global   | postgres |
tbs_mydb  | pguser    | /database/pg10/pg_tbs/tbs_mydb
(3 rows)查看表定义
```

2. \d 查看表定义

先创建一张测试表，如下所示：

```
mydb=> CREATE TABLE test_1(id int4,name text,
    create_time timestamp without time zone default clock_timestamp());
CREATE TABLE

mydb=> ALTER TABLE test_1 ADD PRIMARY KEY (id);
ALTER TABLE
```

generate_series 函数产生连续的整数，使用这个函数能非常方便地产生测试数据，查看表 test_1 定义只需要执行元命令 \d 后接表名，如下所示：

```
mydb=> \d test_1
                          Table "pguser.test_1"
   Column    |            Type             | Collation | Nullable |     Default
-------------+-----------------------------+-----------+----------+-----------------
id           | integer                     |           | not null |
name         | text                        |           |          |
create_time  | timestamp without time zone |           |          | clock_timestamp()
Indexes:
    "test_1_pkey" PRIMARY KEY , btree (id)
```

3. 查看表、索引占用空间大小

给测试表 test_1 插入 500 万数据，如下所示：

```
mydb=> INSERT INTO test_1(id,name)
       SELECT n,n || '_francs'
       FROM generate_series(1,5000000) n;
INSERT 0 5000000
```

查看表大小执行 \dt+ 后接表名，如下所示：

```
mydb=> \dt+ test_1
                 List of relations
Schema |  Name  | Type  | Owner  |  Size  | Description
-------+--------+-------+--------+--------+-------------
pguser | test_1 | table | pguser | 287 MB |
(1 row)
```

查看索引大小执行 \di+ 后接索引名，如下所示：

```
mydb=> \di+ test_1_pkey
                          List of relations
Schema |    Name     | Type  | Owner  | Table  |  Size  | Description
-------+-------------+-------+--------+--------+--------+-------------
pguser | test_1_pkey | index | pguser | test_1 | 107 MB |
(1 row)
```

4. \sf 查看函数代码

元命令 \sf 后接函数名可查看函数定义，如下所示：

```
mydb=> \sf random_range
CREATE OR REPLACE FUNCTION pguser.random_range(integer, integer)
    RETURNS integer
    LANGUAGE sql
AS $function$
    SELECT ($1 + FLOOR(($2 - $1 + 1) * random() ))::int4;
    $function$
```

上述 \sf 命令后面可以只接函数的名称，或者函数名称及输入参数类型，例如 random_

range(integer,integer)，PostgreSQL 支持名称相同但输入参数类型不同的函数，如果有同名函数，\sf 必须指定函数的参数类型。

5. \x 设置查询结果输出

使用 \x 可设置查询结果输出模式，如下所示：

```
mydb=> SELECT * FROM test_1 LIMIT 1;
    id |   name    |         create_time
-------+-----------+----------------------------
     1 | 1_pguser  | 2017-07-22 11:16:15.97559
(1 row)

mydb=> \x
Expanded display is on.
mydb=> SELECT * FROM test_1 LIMIT 1;
-[ RECORD 1 ]--------------------------
id          | 1
name        | 1_francs
create_time | 2017-07-22 11:16:15.97559
```

6. 获取元命令对应的 SQL 代码

psql 提供的元命令实质上向数据库发出相应的 SQL 查询，当使用 psql 连接数据库时，-E 选项可以获取元命令的 SQL 代码，如下所示：

```
[postgres@pghost1 ~]$ psql -E mydb  pguser
psql (10.0)
Type "help" for help.

mydb=> \db
********* QUERY **********
SELECT spcname AS "Name",
pg_catalog.pg_get_userbyid(spcowner) AS "Owner",
pg_catalog.pg_tablespace_location(oid) AS "Location"
FROM pg_catalog.pg_tablespace
ORDER BY 1;
**************************

                   List of tablespaces
       Name    |  Owner    |              Location
---------------+-----------+-----------------------------------
    pg_default | postgres |
    pg_global  | postgres |
    tbs_mydb | pguser    | /database/pg10/pg_tbs/tbs_mydb
(3 rows)
```

7. \? 元命令

PostgreSQL 支持的元命令很多，当忘记具体的元命令名称时可以查询手册，另一种便捷的方式是执行 \? 元命令列出所有的元命令，如下所示：

```
mydb=> \?
General
    \copyright              show PostgreSQL usage and distribution terms
    \crosstabview [COLUMNS] execute query and display results in crosstab
    \errverbose             show most recent error message at maximum verbosity
    \g [FILE] or ;          execute query (and send results to file or |pipe)
    \gexec                  execute query, then execute each value in its result
    \gset [PREFIX]          execute query and store results in psql variables
    \gx [FILE]              as \g, but forces expanded output mode
    \q                      quit psql
    \watch [SEC]            execute query every SEC seconds

Help
    \? [commands]           show help on backslash commands
    \? options              show help on psql command-line options
    \? variables            show help on special variables
    \h [NAME]               help on syntax of SQL commands, * for all commands
```

\? 元命令可以迅速列出所有元命令以及这些元命令的说明及语法，给数据库维护管理带来很大的便利。

8. 便捷的 HELP 命令

psql 的 HELP 命令非常方便，使用元命令 \h 后接 SQL 命令关键字能将 SQL 命令的语法列出，对日常的数据库管理工作带来了极大的便利，例如 \h CREATE TABLESPACE 能显示此命令的语法，如下所示：

```
postgres=# \h CREATE TABLESPACE
Command:     CREATE TABLESPACE
Description: define a new tablespace
Syntax:
CREATE TABLESPACE tablespace_name
    [ OWNER { new_owner | CURRENT_USER | SESSION_USER } ]
    LOCATION 'directory'
    [ WITH ( tablespace_option = value [, ... ] ) ]
```

\h 元命令后面不接任何 SQL 命令则会列出所有的 SQL 命令，为不完全记得 SQL 命令语法时提供了检索的途径。

2.2.3 psql 导入、导出表数据

psql 支持文件数据导入到数据库，也支持数据库表数据导出到文件中。COPY 命令和 \copy 命令都支持这两类操作，但两者有以下区别：

1）COPY 命令是 SQL 命令，\copy 是元命令。

2）COPY 命令必须具有 SUPERUSER 超级权限（将数据通过 stdin、stdout 方式导入导出情况除外），而 \copy 元命令不需要 SUPERUSER 权限。

3）COPY 命令读取或写入数据库服务端主机上的文件，而 \copy 元命令是从 psql 客户

端主机读取或写入文件。

4）从性能方面看，大数据量导出到文件或大文件数据导入数据库，COPY 比 \copy 性能高。

1. 使用 COPY 命令导入导出数据

先来看看 COPY 命令如何将文本文件数据导入到数据库表中，首先在 mydb 库中创建测试表 test_copy，如下所示：

```
mydb=> CREATE TABLE test_copy(id int4,name text);
CREATE TABLE
```

之后编写数据文件 test_copy_in.txt，字段分隔符用 TAB 键，也可设置其他分隔符，导入时再指定已设置的字段分隔符。test-copy-in.txt 文件如下所示：

```
[pg10@pghost1 script]$ cat test_copy_in.txt
1       a
2       b
3       c
```

之后以 postgres 用户登录 mydb 库，并将 test_copy_in.txt 文件中的数据导入到 test_copy 表中。导入命令如下所示：

```
[pg10@pghost1 script]$ psql mydb postgres
psql (10.0)
Type "help" for help.

mydb=# COPY pguser.test_copy FROM '/home/postgres/script/test_copy_in.txt';
COPY 3
mydb=# SELECT * FROM pguser.test_copy ;
   id | name
-------+------
     1 | a
     2 | b
     3 | c
(3 rows)
```

如果使用普通用户 pguser 导入文件数据，则报以下错误。

```
[pg10@pghost1 script]$ psql mydb pguser
psql (10.0)
Type "help" for help.

mydb=> COPY test_copy FROM '/home/postgres/script/test_copy_in.txt';
ERROR:  must be superuser to COPY to or from a file
HINT:  Anyone can COPY to stdout or from stdin. psql's \copy command also works for anyone.
```

报错信息示很明显，COPY 命令只有超级用户才能使用，而 \copy 元命令普通用户即可使用。接下来演示通过 COPY 命令将表 test_copy 中的数据导出到文件，同样使用 postgres 用户登录到 mydb 库，如下所示。

```
[pg10@pghost1 script]$ psql mydb postgres
psql (10.0)
Type "help" for help.
mydb=# COPY pguser.test_copy TO '/home/postgres/test_copy.txt';
COPY 3
```

查看 test_copy.txt 文件，如下所示：

```
[postgres@pghost1 ~]$ cat test_copy.txt
1       a
2       b
3       c
```

也可以将表数据输出到标准输出，而且不需要超级用户权限，如下所示：

```
[postgres@pghost1 ~]$ psql mydb pguser
psql (10.0)
Type "help" for help.

mydb=> COPY test_copy TO stdout;
1       a
2       b
3       c
```

也能从标准输入导入数据到表中，有兴趣的读者自行测试。

经常有运营或开发人员要求 DBA 提供生产库运营数据，为了显示方便，这时需要将数据导出到 csv 格式。

```
[postgres@pghost1 ~]$ psql mydb postgres
psql (10.0)
Type "help" for help.

mydb=# COPY pguser.test_copy TO '/home/postgres/test_copy.csv' WITH csv header;
COPY 4
```

上述命令中的 with csv header 是指导出格式为 csv 格式并且显示字段名称，以 csv 为后缀的文件可以使用 office excel 打开。以上数据导出示例都是基于全表数据导出的，如何仅导出表的一部分数据呢？如下代码仅导出表 test_copy 中 ID 等于 1 的数据记录。

```
mydb=# COPY (SELECT * FROM pguser.test_copy WHERE id=1) TO '/home/postgres/1.txt';
COPY 1
mydb=# \q
[postgres@pghost1 ~]$ cat 1.txt
1       a
```

关于 COPY 命令更多说明详见手册 https://www.postgresql.org/docs/10/static/sql-copy.html。

2. 使用 \copy 元命令导入导出数据

COPY 命令是从数据库服务端主机读取或写入文件数据，而 \copy 元命令从 psql 客户端主机读取或写入文件数据，并且 \copy 元命令不需要超级用户权限，下面在 pghost2 主机上以普通用户 pguser 远程登录 pghost1 主机上的 mydb 库，并且使用 \copy 元命令导出表 test_copy 数据，如下所示：

```
[postgres@pghost2 ~]$ psql -h 192.168.28.74 -p 1921 mydb pguser
Password for user pguser:
psql (10.0)
Type "help" for help.

mydb=> \copy test_copy to '/home/postgres/test_copy.txt';
COPY 3
```

查看 test_copy.txt 文件，数据已导出，如下所示：

```
[postgres@pghost2 ~]$ cat test_copy.txt
1       a
2       b
3       c
```

\copy 导入文件数据和 copy 命令类似，首先编写 test_copy_in.txt 文件，如下所示：

```
[postgres@pghost2 ~]$ cat test_copy_in.txt
4       d
```

使用 \copy 命令导入文本 test_copy_in.txt 数据，如下所示：

```
[postgres@pghost2 ~]$ psql -h 192.168.28.74 -p 1921 mydb pguser
Password for user pguser:
psql (10.0)
Type "help" for help.

mydb=> \copy test_copy from '/home/postgres/test_copy_in.txt';
COPY 1
mydb=> SELECT * FROM test_copy WHERE id=4;
    id | name
-------+------
     4 | d
(1 row)
```

没有超级用户权限的情况下，需要导出小表数据，通常使用 \copy 元命令，如果是大表数据导入导出操作，建议在数据库服务器主机使用 COPY 命令，效率更高。

2.2.4 psql 的语法和选项介绍

psql 连接数据库语法如下：

```
psql [option...] [dbname [username]]
```

其中 dbname 指连接的数据库名称，username 指登录数据库的用户名，option 有很多参数选项，这节列出重要的参数选项。

1. -A 设置非对齐输出模式

psql 执行 SQL 的输出默认是对齐模式，例如：

```
[postgres@pghost1 ~]$ psql -c "SELECT * FROM user_ini WHERE id=1" mydb pguser
   id | user_id | user_name |          create_time
-------+---------+-----------+-------------------------------
     1 |  186536 | KTU89H    | 2017-08-05 15:59:25.359148+08
(1 row)
--注意返回结果，这里有空行
```

注意以上输出，格式是对齐的，psql 加上 -A 选项如下所示：

```
[postgres@pghost1 ~]$ psql -A -c "SELECT * FROM user_ini WHERE id=1" mydb pguser
id|user_id|user_name|create_time
1|186536|KTU89H|2017-08-05 15:59:25.359148+08
(1 row)       --注意返回结果，没有空行
```

加上 -A 选项后以上输出的格式变成不对齐的了，并且返回结果中没有空行，接着看 -t 选项。

2. -t 只显示记录数据

另一个 psql 重要选项参数为 -t，-t 参数设置输出只显示数据，而不显示字段名称和返回的结果集行数，如下所示：

```
[postgres@pghost1 ~]$ psql -t -c "SELECT * FROM user_ini WHERE id=1" mydb pguser
     1 |  186536 | KTU89H    | 2017-08-05 15:59:25.359148+08
--注意返回结果，这里有空行
```

注意以上结果，字段名称不再显示，返回的结果集行数也没有显示，但尾部仍然有空行，因此 -t 参数通常和 -A 参数结合使用，这时仅返回数据本身，如下所示：

```
[postgres@pghost1 ~]$ psql -At -c "SELECT * FROM user_ini WHERE id=1" mydb pguser
1|186536|KTU89H|2017-08-05 15:59:25.359148+08
```

以上结果仅返回了数据本身，在编写 shell 脚本时非常有效，特别是只取一个字段的时候，如下所示：

```
[postgres@pghost1 ~]$ psql -At -c "SELECT user_name FROM user_ini WHERE id=1" mydb
    pguser
KTU89H
```

3. -q 不显示输出信息

默认情况下，使用 psql 执行 SQL 命令时会返回多种消息，使用 -q 参数后将不再显示这些信息，下面通过一个例子进行演示，首先创建 test_q.sql，并输入以下 SQL：

```
DROP TABLE if exists test_q;
CREATE TABLE test_q(id int4);
TRUNCATE TABLE test_q;
INSERT INTO test_q values (1);
INSERT INTO test_q values (2);
```

执行脚本 test_q.sql，如下所示：

```
[postgres@pghost1 ~]$ psql mydb pguser -f test_q.sql
DROP TABLE
CREATE TABLE
TRUNCATE TABLE
INSERT 0 1
INSERT 0 1
```

执行脚本 test_q.sql 后返回了大量信息，加上 -q 参数后，这些信息不再显示，如下所示：

```
[postgres@pghost1 ~]$ psql -q mydb pguser -f test_q.sql
--这里不再显示输出信息
```

-q 选项通常和 -c 或 -f 选项使用，在执行维护操作过程中，当输出信息不重要时，这个特性非常有用。

2.2.5 psql 执行 sql 脚本

psql 的 -c 选项支持在操作系统层面通过 psql 向数据库发起 SQL 命令，如下所示：

```
[postgres@pghost1 ~]$ psql  -c "SELECT current_user;"
current_user
--------------
postgres
(1 row)
```

-c 后接执行的 SQL 命令，可以使用单引号或双引号，同时支持格式化输出，如果想仅显示命令返回的结果，psql 加上 -At 选项即可，上一小节也有提到，如下所示：

```
[postgres@pghost1 ~]$ psql -At -c "SELECT current_user;"
postgres
```

上述内容演示了在操作系统层面通过 psql 执行 SQL 命令，那么如何导入数据库脚本文件呢？首先编写以下文件，文件名称为 test_2.sql：

```
CREATE TABLE test_2(id int4);
INSERT INTO test_2 VALUES (1);
INSERT INTO test_2 VALUES (2);
INSERT INTO test_2 VALUES (3);
```

通过 -f 参数导入此脚本，命令如下：

```
[postgres@pghost1 ~]$ psql mydb pguser -f script/test_2.sql
CREATE TABLE
INSERT 0 1
INSERT 0 1
INSERT 0 1
```

以上命令的输出结果没有报错，表示文件中所有 SQL 正常导入。

注意　psql 的 -single-transaction 或 -1 选项支持在一个事务中执行脚本，要么脚本中的所有 SQL 执行成功，如果其中有 SQL 执行失败，则文件中的所有 SQL 回滚。

2.2.6　psql 如何传递变量到 SQL

如何通过 psql 工具将变量传递到 SQL 中？例如以下 SQL：

```
SELECT * FROM table_name WHERE column_name = 变量;
```

下面演示两种传递变量的方式。

1 .\set 元命令方式传递变量

\set 元子命令可以设置变量，格式如下所示，name 表示变量名称，value 表示变量值，如果不填写 value，变量值为空。

```
\set name value
```

test_copy 表有四条记录，设置变量 v_id 值为 2，查询 id 值等于 2 的记录，如下所示：

```
mydb=> \set v_id 2
mydb=> SELECT * FROM test_copy WHERE id=:v_id;
    id | name
-------+------
     2 | b
(1 row)
```

如果想取消之前变量设置的值，\set 命令后接参数名称即可，如下所示：

```
mydb=> \set v_id
```

通过 \set 元命令设置变量的一个典型应用场景是使用 pgbench 进行压力测试时使用 \set 元命令为变量赋值。

2. psql 的 -v 参数传递变量

另一种方法是通过 psql 的 -v 参数传递变量，首先编写 select_1.sql 脚本，脚本内容如下所示：

```
SELECT * FROM test_3 WHERE id=:v_id;
```

通过 psql 接 -v 传递变量，并执行脚本 select_1.sql，如下所示：

```
[postgres@pghost1 ~]$ psql -v v_id=1 mydb pguser -f select_1.sql
    id | name
-------+------
     1 | a
(1 row)
```

以上设置变量 v_id 值为 1。

2.2.7 使用 psql 定制日常维护脚本

编写数据库维护脚本以提高数据库排障效率是 DBA 的工作职责之一，当数据库异常时，能够迅速发现问题并解决问题将为企业带来价值，当然数据库的健康检查和监控也要加强。这里主要介绍通过 psql 元命令定制日常维护脚本，预先将常用的数据库维护脚本配置好，数据库排障时直接使用，从而提高排障效率。

1. 定制维护脚本：查询活动会话

先来介绍 .psqlrc 文件，如果 psql 没有带 -X 选项，psql 尝试读取和执行用户 ~/.psqlrc 启动文件中的命令，结合这个文件能够方便地预先定制维护脚本，例如，查看数据库活动会话的 SQL 如下所示：

```
SELECT pid,usename,datname,query,client_addr
FROM pg_stat_activity
WHERE pid <> pg_backend_pid() AND state='active' ORDER BY query;
```

pg_stat_activity 视图显示 PostgreSQL 进程信息，每一个进程在视图中存在一条记录，pid 指进程号，usename 指数据库用户名称，datname 指数据库名称，query 显示进程最近执行的 SQL，如果 state 值为 active 则 query 显示当前正在执行的 SQL，client_addr 是进程的客户端 IP，state 指进程的状态，主要值为：

- active：后台进程正在执行 SQL。
- idle：后台进程为空闲状态，等待后续客户端发出命令。
- idle in transaction：后台进程正在事务中，并不是指正在执行 SQL。
- idle in transaction (aborted)：和 idle in transaction 状态类似，只是事务中的部分 SQL 异常。

关于此视图更多信息请参考手册 https://www.postgresql.org/docs/10/static/monitoring-stats.html#pg-stat-activity-view。

首先找到 ~/.psqlrc 文件，如果没有此文件则手工创建，编写以下内容，注意 \set 这行命令和 SQL 命令在一行中编写。

```
--查询活动会话
\set active_session 'select pid,usename,datname,query,client_addr from pg_stat_
    activity where pid <> pg_backend_pid() and state=\'active\' order by query;'
```

之后，重新连接数据库，执行 active_session 命令，冒号后接变量名即可，如下所示：

```
postgres=# :active_session
  pid  | usename | datname |                    query                     | client_addr
-------+---------+---------+----------------------------------------------+
 14351 | pguser  | mydb    | update test_per1 set create_time=now() WHERE id=$1; |
 14352 | pguser  | mydb    | update test_per1 set create_time=now() WHERE id=$1; |
 14353 | pguser  | mydb    | update test_per1 set create_time=now() WHERE id=$1; |
 14354 | pguser  | mydb    | update test_per1 set create_time=now() WHERE id=$1; |
 14355 | pguser  | mydb    | update test_per1 set create_time=now() WHERE id=$1; |
(5 rows)
```

通过以上设置，数据库排障时不需要临时手工编写查询活动会话的 SQL，只需输入：active_session 即可，方便了日常维护操作。

2. 定制维护脚本：查询等待事件

PostgreSQL 也有等待事件的概念，对于问题诊断有较大参考作用，查询等待事件 SQL 如下所示：

```
SELECT pid,usename,datname,query,client_addr,wait_event_type,wait_event
FROM pg_stat_activity
WHERE pid <> pg_backend_pid() AND wait_event is not null
ORDER BY wait_event_type;
```

同样，通过 \set 元命令将上述代码追加到 ~/.psqlrc 文件，注意 \set 命令和 SQL 命令在同一行中编写，如下所示：

```
--查看会话等待事件
\set wait_event 'select pid,usename,datname,query,client_addr,wait_event_
type,wait_event from pg_stat_activity where pid <> pg_backend_pid() and wait_
event is not null order by wait_event_type;
```

之后，重新连接数据库，执行 wait_event 命令，冒号后接变量名即可，如下所示：

```
postgres=# :wait_event
  pid  | usename  | datname | query | client_addr | wait_event_type |     wait_event
-------+----------+---------+-------+-------------+-----------------+--------------------
  2652 |          |         |       |             | Activity        | AutoVacuumMain
  2655 | postgres |         |       |             | Activity        | LogicalLauncherMain
  2650 |          |         |       |             | Activity        | BgWriter Hibernate
  2649 |          |         |       |             | Activity        | CheckpointerMain
  2651 |          |         |       |             | Activity        | WalWriterMain
(5 rows)
```

以上介绍了查询活动会话和会话等待事件，其他维护脚本可根据实际情况定制，比如查看数据库连接数，如下所示：

```
--查看数据库连接数
\set connections 'select datname,usename,client_addr,count(*) from pg_stat_
    activity where pid <> pg_backend_pid() group by 1,2,3 order by 1,2,4 desc;'
```

通过元命令 \set 变量定制维护脚本只能在一定程度上方便数据库日常维护操作，工具化的监控工具不能少，比如 Zabbix 或 Nagios，这些监控工具可以非常方便地定制数据库各维度监控告警，并以图表形式展现性能数据。

2.2.8　psql 亮点功能

psql 还有其他非常突出的功能，比如显示 SQL 执行时间、反复执行当前 SQL、自动补全、历史命令上下翻动、客户端提示符等，这节主要介绍 psql 的这些常用的亮点功能。

1. \timing 显示 SQL 执行时间

\timing 元命令用于设置打开或关闭显示 SQL 的执行时间，单位为毫秒，例如：

```
mydb=> \timing
Timing is on.
mydb=> SELECT count(*) FROM user_ini;
   count
---------
    1000000
(1 row)


Time: 47.114 ms
```

以上显示 count 语句的执行时间为 47.114 毫秒，这个特性在调试 SQL 性能时非常有用，如果需要关闭这个选项，再次执行 \timing 元命令即可，如下所示：

```
mydb=> \timing
Timing is off.
```

2. \watch 反复执行当前 SQL

\watch 元命令会反复执行当前查询缓冲区的 SQL 命令，直到 SQL 被中止或执行失败，语法如下：

```
\watch [ seconds ]
```

seconds 表示两次执行间隔的时间，以秒为单位，默认为 2 秒，例如，每隔一秒反复执行 now() 函数查询当前时间：

```
mydb=> SELECT now();
              now
--------------------------------
 2017-08-14 11:20:02.157567+08
(1 row)

mydb=> \watch 1
Mon 14 Aug 2017 11:20:04 AM CST (every 1s)

              now
--------------------------------
 2017-08-14 11:20:04.299584+08
(1 row)

Mon 14 Aug 2017 11:20:05 AM CST (every 1s)

              now
--------------------------------
 2017-08-14 11:20:05.300991+08
```

以上设置是每秒执行一次 now() 命令。

3. Tab 键自动补全

psql 对 Tab 键自动补全功能的支持是一个很赞的特性，能够在没有完全记住数据库对象名称或者 SQL 命令语法的情况下使用，帮助用户轻松地完成各项数据库维护工作。例如，查询 mydb 库中某个 test 打头的表，但不记得具体表名，可以输入完 test 字符后按 Tab 键，psql 会提示以字符 test 打头的表，如下所示：

```
mydb=> SELECT * FROM test_
test_1      test_2      test_copy   test_perl
mydb=> SELECT * FROM test_
```

DDL 也是支持 Tab 键自动补全的，如下所示：

```
mydb=> ALTER TABLE test_1 DROP CO
COLUMN      CONSTRAINT
mydb=> ALTER TABLE test_1 DROP CO
```

4. 支持箭头键上下翻历史 SQL 命令

psql 支持箭头键上下翻历史 SQL 命令，非常方便，如下所示：

```
[postgres@pghost1 ~]$ psql mydb pguser
psql (10.0)
Type "help" for help.

mydb=> SELECT count(*) FROM pg_stat_activity ; --这里使用箭头键上下翻历史命令
```

想要 psql 支持箭头键上下翻历史 SQL 命令，在编译安装 PostgreSQL 时需打开 readline 选项，这个选项在编译 PostgreSQL 时默认打开，也可以在编译时加上 --without-readline 选项关闭 readline，但不推荐。

5. psql 客户端提示符

以下命令显示了 psql 客户端提示符，“postgres=#”是默认的客户端提示符：

```
[postgres@pghost1 ~]$ psql
psql (10.0)
Type "help" for help.

postgres=#
```

用户可根据喜好设置 psql 客户端提示符，psql 提供一系列选项供用户选择并设置，常用选项如下：

- %M：数据库服务器别名，不是指主机名，显示的是 psql 的 -h 参数设置的值；当连接建立在 Unix 域套接字上时则是 [local]。
- %>：数据库服务器的端口号。
- %n：数据库会话的用户名，在数据库会话期间，这个值可能会因为命令 SET SESSION AUTHORIZATION 的结果而改变。
- %/：当前数据库名称。

- %#：如果是超级用户则显示“#”，其他用户显示“>”，在数据库会话期间，这个值可能会因为命令 SET SESSION AUTHORIZATION 的结果而改变。
- %p：当前数据库连接的后台进程号。
- %R：在 PROMPT1 中通常显示“=”，如果进程被断开则显示“!”。

上面仅介绍了主要的提示符，后面的演示示例可参考以上选项的解释。先来看 psql 客户端默认 prompt1 的配置，如下所示：

```
[postgres@pghost1 ~]$ psql
psql (10.0)
Type "help" for help.

postgres=# \echo :PROMPT1
%/%R%#
```

元命令 \echo 是指显示变量值，PROMPT1 是系统提示符的变量，PROMPT1 是指当 psql 等待新命令发出时的常规提示符，它的默认设置为 %/%R%#，根据以上选项参数的解释很容易理解 %/ 指当前数据库名称 postgres，%R 指显示字符“=”，%# 显示字符“#”，下面看下 %M 选项，在数据库服务器主机通过 Unix 套接字连接，并设置 PROMPT1 值为 %M%R%#，如下所示：

```
[postgres@pghost1 ~]$ psql
psql (10.0)
Type "help" for help.

postgres=# \set PROMPT1 '%M%R%#'
[local]=#
```

这时，psql 客户端显示 [local]，接下来在 pghost2 主机上远程连接 pghost1 上的库测试，并设置 PROMPT1 变量值为“%M%R%#”，如下所示：

```
[postgres@pghost2 ~]$ psql -h 192.168.28.74 mydb pguser -p 1921
Password for user pguser:
psql (10.0)
Type "help" for help.

mydb=> \set PROMPT1  '%M%R%#'
192.168.28.74=>
```

从上面看到，设置 PROMPT1 变量值为“%M%R%#”字符后，显示了 192.168.28.74 的 IP 地址，正好为 psql 参数 -h 的值。接下来演示稍复杂点的设置，如下所示：

```
[postgres@pghost2 ~]$ psql -h 192.168.28.74 mydb pguser -p 1921
Password for user pguser:
psql (10.0)
Type "help" for help.

mydb=> \set PROMPT1  '%/@%M:%>%R%#'
mydb@192.168.28.74:1921=>
```

这里将PROMPT1设置成"%/@%M:%>%R%#"，"%>"是指数据库端口号，其他选项之前已介绍过，根据实践也非常好理解，设置好PROMPT1的格式后，可以将PROMPT1的设置命令写到客户端主机操作系统用户家目录的.psqlrc文件中，关于.psqlrc文件在2.2.7节中有详细介绍，在客户端主机操作系统用户家目录创建.psqlrc文件并写入以下代码，如下所示：

```
[postgres@pghost2 ~]$ touch .psqlrc
 [postgres@pghost2 ~]$ vim .psqlrc
\set PROMPT1  '%/@%M:%>%R%#'
```

再次登录验证，代码已生效，如下所示：

```
[postgres@pghost2 ~]$ psql -h 192.168.28.74 mydb pguser -p 1921
Password for user pguser:
psql (10.0)
Type "help" for help.

mydb@192.168.28.74:1921=>
```

用户可根据自己的喜好设置PROMPT1并写入.psqlrc文件，psql连接数据库时会读取.psqlrc文件并执行里面的命令。

提示　psql默认有三个提示符：PROMPT1、PROMPT2、PROMPT3，PROMPT1是指当psql等待新命令发出时的常规提示符，这个提示符使用得最多；PROMPT2是指在命令输入过程中等待更多输入时发出的提示符，例如当命令没有使用分号终止或者引用没有被关闭时就会发出这个提示符，PROMPT2的默认设置值与PROMPT1一样；PROMPT3指在运行一个SQL COPY FROM STDIN命令并且需要在终端上输入一个行值时发出的提示符。

2.3　本章小结

本章介绍了PostgreSQL客户端连接工具pgAdmin 4和psql命令行工具，其中重点介绍了psql命令行工具的强大功能。通过学习本章内容，读者一方面了解到pgAdmin 4的基本用法，另一方面了解到psql工具的主要功能，比如元命令、数据导入导出、执行SQL脚本、带参数执行脚本、定制维护脚本等，熟练掌握psql能够提高数据库管理工作效率，对本书后续核心篇、进阶篇章节的阅读奠定了基础。

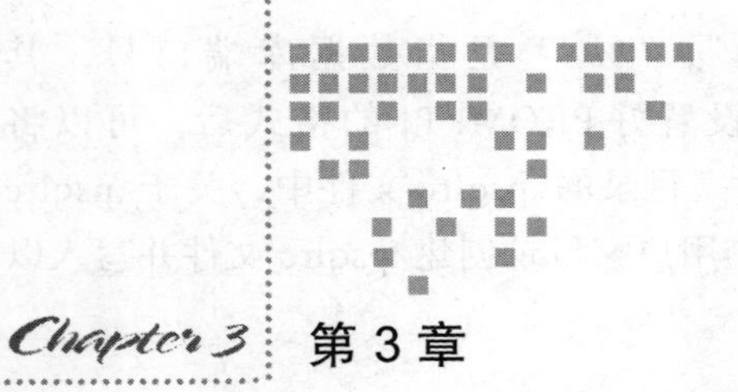

Chapter 3 第 3 章

数据类型

本章将介绍 PostgreSQL 的数据类型。PostgreSQL 的数据类型非常丰富，本章将介绍常规数据类型和一些非常规数据类型，比如常规数据类型中的数字类型、字符类型、日期 / 时间类型等，非常规数据类型中的布尔类型、网络地址类型、数组类型、范围类型、json/jsonb 类型等。介绍数据类型的同时也介绍数据类型相关操作符和函数，以及数据类型转换。

3.1 数字类型

PostgreSQL 支持的数字类型有整数类型、用户指定精度类型、浮点类型、serial 类型。

3.1.1 数字类型列表

PostgreSQL 支持的数字类型如表 3-1 所示。

表 3-1 数字类型列表

类型名称	存储长度	描 述	范 围
smallint	2 字节	小范围整数类型	32 768 到 +32 767
integer	4 字节	整数类型	–2 147 483 648 到 +2 147 483 647
bigint	8 字节	大范围整数类型	–9 223 372 036 854 775 808 到 +9 223 372 036 854 775 807
decimal	可变	用户指定精度	小数点前 131 072 位；小数点后 16 383 位
numeric	可变	用户指定精度	小数点前 131 072 位；小数点后 16 383 位
real	4 字节	变长，不精确	6 位十进制精度

（续）

类型名称	存储长度	描 述	范 围
double precision	8字节	变长，不精确	15位十进制精度
smallserial	2字节	smallint 自增序列	1到32 767
serial	4字节	integer 自增序列	1到2 147 483 647
bigserial	8字节	bigint 自增序列	1到9 223 372 036 854 775 807

smallint、integer、bigint 都是整数类型，存储一定范围的整数，超出范围将会报错。smallint 存储 2 字节整数，字段定义时可写成 int2，integer 存储 4 字节整数，支持的数值范围比 smallint 大，字段定义时可写成 int4，是最常用的整数类型，bigint 存储 8 字节整数，支持的数值范围比 integer 大，字段定义时可写成 int8。对于大多数使用整数类型的场景使用 integer 就够了，除非 integer 范围不够用的情况下才使用 bigint。定义一张使用 integer 类型的表如下所示：

```
mydb=> CREATE TABLE test_integer (id1 integer,id2 int4) ;
CREATE TABLE
```

decimal 和 numeric 是等效的，可以存储指定精度的多位数据，比如带小数位的数据，适用于要求计算准确的数值运算，声明 numeric 的语法如下所示：

```
NUMERIC(precision, scale)
```

precision 是指 numeric 数字里的全部位数，scale 是指小数部分的数字位数，例如 18.222 的 precision 为 5，而 scale 为 3；precision 必须为正整数，scale 可以是 0 或整数，由于 numeric 类型上的算术运算相比整数类型性能低，因此，如果两种数据类型都能满足业务需求，从性能上考虑不建议使用 numeric 数据类型。

real 和 double precision 是指浮点数据类型，real 支持 4 字节，double precision 支持 8 字节，浮点数据类型在实际生产案例的使用相比整数类型会少些。

smallserial、serial 和 bigserial 类型是指自增 serial 类型，严格意义上不能称之为一种数据类型，如下代码创建一张测试表，定义 test_serial 表的 id 字段为 serial 类型：

```
mydb=> CREATE TABLE test_serial (id serial,flag text);
CREATE TABLE
```

查看表 test_serial 的表结构，如下所示：

```
mydb=> \d test_serial
                        Table "pguser.test_serial"
 Column | Type    | Collation | Nullable |               Default
--------+---------+-----------+----------+-------------------------------------
 id     | integer |           | not null | nextval('test_serial_id_seq'::regclass)
 flag   | text    |           |          |
```

以上显示 id 字段使用了序列 test_serial_id_seq，插入表数据时可以不指定 serial 字段名称，将自动使用序列值填充，如下所示：

```
mydb=> INSERT INTO test_serial(flag) VALUES ('a');
INSERT 0 1
mydb=> INSERT INTO test_serial(flag) VALUES ('b');
INSERT 0 1
mydb=> INSERT INTO test_serial(flag) VALUES ('c');
INSERT 0 1
mydb=> SELECT * FROM test_serial;
    id | flag
-------+------
     1 | a
     2 | b
     3 | c
(3 rows)
```

3.1.2 数字类型操作符和数学函数

PostgreSQL 支持数字类型操作符和丰富的数学函数，例如支持加、减、乘、除、模取余操作符，如下所示：

```
mydb=> SELECT 1+2,2*3,4/2,8%3;
    ?column? | ?column? | ?column? | ?column?
-------------+----------+----------+----------
           3 |        6 |        2 |        2
```

按模取余如下所示：

```
mydb=> SELECT mod(8,3);
 mod
-----
 2
(1 row)
```

四舍五入函数如下所示：

```
mydb=> SELECT round(10.2),round(10.9);
    round | round
----------+-------
       10 |    11
(1 row)
```

返回大于或等于给出参数的最小整数，如下所示：

```
mydb=> SELECT ceil(3.6),ceil(-3.6);
    ceil | ceil
---------+------
       4 |   -3
(1 row)
```

返回小于或等于给出参数的最大整数，如下所示：

```
mydb=> SELECT floor(3.6), floor(-3.6);
    floor | floor
----------+-------
        3 |    -4
(1 row)
```

3.2 字符类型

本节介绍 PostgreSQL 支持的字符类型，并且介绍常用的字符类型函数。

3.2.1 字符类型列表

PostgreSQL 支持的字符类型如表 3-2 所示。

表 3-2 字符数据类型列表

字符类型名称	描　述
character varying(n), varchar(n)	变长，字符最大数有限制
character(n), char(n)	定长，字符数没达到最大值则使用空白填充
text	变长，无长度限制

character varying(n) 存储的是变长字符类型，n 是一个正整数，如果存储的字符串长度超出 n 则报错；如果存储的字符串长度比 n 小，character varying(n) 仅存储字符串的实际位数。character(n) 存储定长字符，如果存储的字符串长度超出 n 则报错；如果存储的字符串长度比 n 小，则用空白填充。为了验证此特性，下面做个实验，创建一张测试表，并插入一条测试数据，代码如下所示：

```
mydb=> CREATE TABLE test_char(col1 varchar (4),col2 character(4));
CREATE TABLE
mydb=> INSERT INTO test_char(col1,col2) VALUES ('a','a');
INSERT 0 1
```

表 test_char 的字段 col1 类型为 character varying(4)，col2 类型为 character(4)，接下来计算两个字段值的字符串长度，代码如下所示：

```
mydb=> SELECT char_length(col1),char_length(col2) FROM test_char ;
    char_length | char_length
----------------+-------------
              1 |           1
(1 row)
```

char_length(string) 显示字符串字符数，从上面结果可以看出字符串长度都为 1，接着查看两字段实际占用的物理空间大小，代码如下所示：

```
mydb=> SELECT octet_length(col1),octet_length(col2) FROM test_char ;
    octet_length | octet_length
```

```
-----------------+--------------
               1 |            4
(1 row)
```

octet_length(string) 显示字符串占用的字节数，col2 字段占用了 4 个字节，正好是 col2 字段定义的 character 长度。

值得一提的是 character varying(n) 类型如果不声明长度，将存储任意长度的字符串，而 character(n) 如果不声明长度则等效于 character(1)。

text 字符类型存储任意长度的字符串，和没有声明字符长度的 character varying 字符类型几乎没有差别。

提示 PostgreSQL 支持最大的字段大小为 1GB，虽然文档上说没有声明长度的 character varying 和 text 都支持任意长度的字符串，但仍受最大字段大小 1GB 的限制；此外，从性能上考虑这两种字符类型几乎没有差别，只是 character(n) 类型当存储的字符串长度不够时会用空白填充，这将带来存储空间一定程度的浪费，使用时需注意。

3.2.2 字符类型函数

PostgreSQL 支持丰富的字符函数，下面举例说明。

计算字符串中的字符数，如下所示：

```
mydb=> SELECT char_length('abcd');
 char_length
-------------
           4
(1 row)
```

计算字符串占用的字节数，如下所示：

```
mydb=> SELECT octet_length('abcd');
 octet_length
--------------
            4
(1 row)
```

指定字符在字符串的位置，如下所示：

```
mydb=> SELECT position('a' in 'abcd');
 position
----------
        1
(1 row)
```

提取字符串中的子串，如下所示：

```
mydb=> SELECT substring('francs' from 3 for 4);
 substring
-----------
```

```
 ancs
(1 row)
```

拆分字符串，split_part 函数语法如下：

```
split_part(string text, delimiter text, field int)
```

根据 delimiter 分隔符拆分字符串 string，并返回指定字段，字段从 1 开始，如下所示：

```
mydb=> SELECT split_part('abc@def1@nb','@',2);
 split_part
------------
 def1
(1 row)
```

3.3 时间 / 日期类型

PostgreSQL 对时间、日期数据类型的支持丰富而灵活，本节介绍 PostgreSQL 支持的时间、日期类型，及其操作符和常用函数。

3.3.1 时间 / 日期类型列表

PostgreSQL 支持的时间、日期类型如表 3-3 所示。

表 3-3 时间、日期数据类型列表

字符类型名称	存储长度	描述
timestamp [(p)] [without time zone]	8 字节	包括日期和时间，不带时区，简写成 timestamp
timestamp [(p)] with time zone	8 字节	包括日期和时间，带时区，简写成 timestamptz
date	4 字节	日期，但不包含一天中的时间
time [(p)] [without time zone]	8 字节	一天中的时间，不包含日期，不带时区
time [(p)] with time zone	12 字节	一天中的时间，不包含日期，带时区
interval [fields] [(p)]	16 字节	时间间隔

我们通过一个简单的例子理解这几个时间、日期数据类型，先来看看系统自带的 now() 函数，now() 函数显示当前时间，返回的类型为 timestamp [(p)] with time zone，如下所示：

```
mydb=> SELECT now();
              now
-------------------------------
 2017-07-29 09:44:25.493425+08
(1 row)
```

这里提前介绍下类型转换，本章最后一节将专门介绍数据类型转换的常用方法，以下 SQL 中的两个冒号是指类型转换，转换成 timestamp without time zone 格式如下，注意返回的数据变化：

```
mydb=> SELECT now()::timestamp without time zone;
            now
----------------------------
    2017-07-29 09:44:55.804403
(1 row)
```

转换成 date 格式，如下所示：

```
mydb=> SELECT now()::date;
   now
------------
 2017-07-29
(1 row)
```

转换成 time without time zone，如下所示：

```
mydb=> SELECT now()::time without time zone;
    now
-----------------
09:45:49.390428
(1 row)
```

转换成 time with time zone，如下所示：

```
mydb=> SELECT now()::
time with time zone;
        now
-------------------
 09:45:57.13139+08
(1 row)
```

interval 指时间间隔，时间间隔单位可以是 hour、day、month、year 等，举例如下：

```
mydb=> SELECT now(),now()+interval'1 day';
              now              |          ?column?
-------------------------------+-------------------------------
 2017-07-29 09:47:26.026418+08 | 2017-07-30 09:47:26.026418+08
(1 row)
```

通过以上几个示例读者应该对时间、日期数据类型有了初步的了解，值得一提的是时间类型中的 (p) 是指时间精度，具体指秒后面小数点保留的位数，如果没声明精度默认值为 6，以下示例声明精度为 0：

```
mydb=> SELECT now(), now()::timestamp(0);
              now              |         now
-------------------------------+---------------------
 2017-07-29 09:59:42.688445+08 | 2017-07-29 09:59:43
(1 row)
```

3.3.2 时间 / 日期类型操作符

时间、日期数据类型支持的操作符有加、减、乘、除，下面举例说明。

日期相加，如下所示：

```
mydb=> SELECT date '2017-07-29' +  interval'1 days';
        ?column?
---------------------
    2017-07-30 00:00:00
(1 row)
```

日期相减，如下所示：

```
mydb=> SELECT date '2017-07-29' -  interval'1 hour';
        ?column?
---------------------
    2017-07-28 23:00:00
(1 row)
```

日期相乘，如下所示：

```
mydb=> SELECT 100* interval '1 second';
    ?column?
----------
    00:01:40
(1 row)
```

日期相除，如下所示：

```
mydb=> SELECT interval '1 hour' / double precision '3';
    ?column?
----------
    00:20:00
(1 row)
```

3.3.3 时间 / 日期类型常用函数

接下来演示时间、日期常用函数。

显示当前时间，如下所示：

```
mydb=> SELECT current_date, current_time;
    current_date |     current_time
-----------------+--------------------
    2017-07-29   | 10:53:10.375374+08
(1 row)
```

另一个非常重要的函数为EXTRACT函数，可以从日期、时间数据类型中抽取年、月、日、时、分、秒信息，语法如下所示：

```
EXTRACT(field FROM source)
```

field值可以为century、year、month、day、hour、minute、second等，source类型为timestamp、time、interval的值的表达式，例如取年份，代码如下所示：

```
mydb=> SELECT EXTRACT( year FROM now());
```

```
    date_part
-----------
        2017
(1 row)
```

对于 timestamp 类型，取月份和月份里的第几天，代码如下所示：

```
mydb=> SELECT EXTRACT( month FROM now()),EXTRACT(day FROM now());
    date_part | date_part
--------------+-----------
            7 |        29
(1 row)
```

取小时、分钟，如下所示：

```
mydb=> SELECT EXTRACT( hour FROM now()), extract (minute FROM now());
    date_part | date_part
--------------+-----------
           11 |        14
```

取秒，如下所示：

```
mydb=> SELECT EXTRACT( second FROM now());
    date_part
-----------
    43.031366
(1 row)
```

取当前日期所在年份中的第几周，如下所示：

```
mydb=> SELECT EXTRACT( week FROM now());
    date_part
-----------
         30
(1 row)
```

当天属于当年的第几天，如下所示：

```
mydb=> SELECT EXTRACT( doy FROM now());
    date_part
-----------
        210
(1 row)
```

3.4 布尔类型

前三小节介绍了 PostgreSQL 支持的数字类型、字符类型、时间日期类型，这些数据类型是关系型数据库的常规数据类型，此外 PostgreSQL 还支持很多非常规数据类型，比如布尔类型、网络地址类型、数组类型、范围类型、json/jsonb 类型等，从这一节开始将介绍 PostgreSQL 支持的非常规数据类型，本节介绍布尔类型，PostgreSQL 支持的布尔类型如表3-4所示。

表3-4 布尔数据类型

字符类型名称	存储长度	描述
boolean	1字节	状态为true或false

true状态的有效值可以是TRUE、t、true、y、yes、on、1；false状态的有效值为FALSE、f、false、n、no、off、0，首先创建一张表来进行演示，如下所示：

```
mydb=> CREATE TABLE test_boolean(cola boolean,colb boolean);
CREATE TABLE
mydb=> INSERT INTO test_boolean (cola,colb) VALUES ('true','false');
INSERT 0 1
mydb=> INSERT INTO test_boolean (cola,colb) VALUES ('t','f');
INSERT 0 1
mydb=> INSERT INTO test_boolean (cola,colb) VALUES ('TRUE','FALSE');
INSERT 0 1
mydb=> INSERT INTO test_boolean (cola,colb) VALUES ('yes','no');
INSERT 0 1
mydb=> INSERT INTO test_boolean (cola,colb) VALUES ('y','n');
INSERT 0 1
mydb=> INSERT INTO test_boolean (cola,colb) VALUES ('1','0');
INSERT 0 1
mydb=> INSERT INTO test_boolean (cola,colb) VALUES (null,null);
INSERT 0 1
```

查询表test_boolean数据，尽管有多样的true、false状态输入值，查询表布尔类型字段时true状态显示为t，false状态显示为f，并且可以插入NULL字符，查询结果如下所示：

```
mydb=> SELECT * FROM test_boolean ;
    cola | colb
---------+------
    t    | f
    t    | f
    t    | f
    t    | f
    t    | f
    t    | f
         |
(7 rows)
```

3.5 网络地址类型

当有存储IP地址需求的业务场景时，对于PostgreSQL并不很熟悉的开发者可能会使用字符类型存储，实际上PostgreSQL提供用于存储IPv4、IPv6、MAC网络地址的专有网络地址数据类型，使用网络地址数据类型存储IP地址要优于字符类型，因为网络地址类型一方面会对数据合法性进行检查，另一方面也提供了网络数据类型操作符和函数方便应用程序开发。

3.5.1 网络地址类型列表

PostgreSQL 支持的网络地址数据类型如表 3-5 所示。

表 3-5 网络地址数据类型列表

字符类型名称	存储长度	描 述
cidr	7 或 19 字节	IPv4 和 IPv6 网络
inet	7 或 19 字节	IPv4 和 IPv6 网络
macaddr	6 字节	MAC 地址
macaddr8	8 字节	MAC 地址（EUI-64 格式）

inet 和 cidr 类型存储的网络地址格式为 address/y，其中 address 表示 IPv4 或 IPv6 网络地址，y 表示网络掩码位数，如果 y 省略，则对于 IPv4 网络掩码为 32，对于 IPv6 网络掩码为 128，所以该值表示一台主机。

inet 和 cidr 类型都会对数据合法性进行检查，如果数据不合法会报错，如下所示：

```
mydb=> SELECT '192.168.2.1000'::inet;
ERROR:  invalid input syntax for type inet: "192.168.2.1000"
LINE 1: select '192.168.2.1000'::inet;
```

inet 和 cidr 网络类型存在以下差别。

1）cidr 类型的输出默认带子网掩码信息，而 inet 不一定，如下所示：

```
mydb=> SELECT '192.168.1.100'::cidr;
      cidr
-------------------
  192.168.1.100/32
(1 row)

mydb=> SELECT '192.168.1.100/32'::inet;
      inet
---------------
  192.168.1.100
(1 row)

mydb=> SELECT '192.168.0.0/16'::inet;
      inet
----------------
  192.168.0.0/16
(1 row)
```

2）cidr 类型对 IP 地址和子网掩码合法性进行检查，而 inet 不会，如下所示：

```
mydb=> SELECT '192.168.2.0/8'::cidr;
ERROR:  invalid cidr value: "192.168.2.0/8"
LINE 1: select '192.168.2.0/8'::cidr;
DETAIL:  Value has bits set to right of mask.

mydb=> SELECT '192.168.2.0/8'::inet;
       inet
---------------
   192.168.2.0/8
(1 row)

mydb=> SELECT '192.168.2.0/24'::cidr;
       cidr
----------------
   192.168.2.0/24
(1 row)
```

因此，从这个层面来说 cidr 比 inet 网络类型更严谨。macaddr 和 macaddr8 存储 MAC 地址，这里不做介绍。

3.5.2 网络地址操作符

PostgreSQL 支持丰富的网络地址数据类型操作符，如表 3-6 所示。

表 3-6 网络地址数据类型操作符

操 作 符	描 述	举 例
<	小于	inet '192.168.1.5' < inet '192.168.1.6'
<=	小于等于	inet '192.168.1.5' <= inet '192.168.1.5'
=	等于	inet '192.168.1.5' = inet '192.168.1.5'
>=	大于等于	inet '192.168.1.5' >= inet '192.168.1.5'
>	大于	inet '192.168.1.5' > inet '192.168.1.4'
<>	不等于	inet '192.168.1.5' <> inet '192.168.1.4'
<<	被包含	inet '192.168.1.5' << inet '192.168.1/24'
<<=	被包含或等于	inet '192.168.1/24' <<= inet '192.168.1/24'
>>	包含	inet '192.168.1/24' >> inet '192.168.1.5'
>>=	包含或等于	inet '192.168.1/24' >>= inet '192.168.1/24'
&&	包含或被包含	inet '192.168.1/24' && inet '192.168.1.80/28'
~	按位取反	~ inet '192.168.1.6'
&	按位与	inet '192.168.1.6' & inet '0.0.0.255'
|	按位或	inet '192.168.1.6' | inet '0.0.0.255'
+	加	inet '192.168.1.6' + 25
-	减	inet '192.168.1.43' - 36
-	减	inet '192.168.1.43' - inet '192.168.1.19

3.5.3 网络地址函数

PostgreSQL 网络地址类型支持一系列内置函数，下面举例说明。

取 IP 地址，返回文本格式，如下所示：

```
mydb=> SELECT host(cidr '192.168.1.0/24');
     host
-------------
 192.168.1.0
(1 row)
```

取 IP 地址和网络掩码，返回文本格式，如下所示：

```
mydb=> SELECT text(cidr '192.168.1.0/24');
     text
----------------
 192.168.1.0/24
(1 row)
```

取网络地址子网掩码，返回文本格式，如下所示：

```
mydb=> SELECT netmask(cidr '192.168.1.0/24');
     netmask
---------------
 255.255.255.0
```

3.6 数组类型

PostgreSQL 支持一维数组和多维数组，常用的数组类型为数字类型数组和字符型数组，也支持枚举类型、复合类型数组。

3.6.1 数组类型定义

先来看看数组类型的定义，创建表时在字段数据类型后面加方括号“[]”即可定义数组数据类型，如下所示：

```
CREATE TABLE test_array1 (
    id          integer,
    array_i     integer[],
    array_t     text[]
);
```

以上 integer[] 表示 integer 类型一维数组，text[] 表示 text 类型一维数组。

3.6.2 数组类型值输入

数组类型的插入有两种方式，第一种方式使用花括号方式，如下所示：

```
'{ val1 delim val2 delim ... }'
```

将数组元素值用花括号“{}”包围并用delim分隔符分开，数组元素值可以用双引号引用，delim分隔符通常为逗号，如下所示：

```
mydb=> SELECT '{1,2,3}';
    ?column?
----------
    {1,2,3}
(1 row)
```

往表test_array1中插入一条记录的代码如下所示：

```
mydb=> INSERT INTO test_array1(id,array_i,array_t)
VALUES (1,'{1,2,3}','{"a","b","c"}');
INSERT 0 1
```

数组类型插入的第二种方式为使用ARRAY关键字，例如：

```
mydb=> SELECT array[1,2,3];
        array
---------
    {1,2,3}
(1 row)
```

往test_array2表中插入另一条记录，代码如下所示：

```
mydb=> INSERT INTO test_array1(id,array_i,array_t)
    VALUES (2,array[4,5,6],array['d','e','f']);
INSERT 0 1
```

表test_array2的数据如下所示：

```
mydb=> SELECT * FROM test_array1;
    id | array_i | array_t
-------+---------+---------
     1 | {1,2,3} | {a,b,c}
     2 | {4,5,6} | {d,e,f}
(2 rows)
```

3.6.3 查询数组元素

如果想查询数组所有元素值，只需查询数组字段名称即可，如下所示：

```
mydb=> SELECT array_i FROM test_array1 WHERE id=1;
    array_i
---------
    {1,2,3}
(1 row)
```

数组元素的引用通过方括号“[]”方式，数据下标写在方括号内，编号范围为1到n，n为数组长度，如下所示：

```
mydb=> SELECT array_i[1],array_t[3] FROM test_array1 WHERE id=1;
```

```
      array_i | array_t
    ------------+---------
            1 | c
    (1 row)
```

3.6.4 数组元素的追加、删除、更新

PostgreSQL 数组类型支持数组元素的追加、删除与更新操作，数组元素的追加使用 array_append 函数，用法如下所示：

```
array_append(anyarray, anyelement)
```

array_append 函数向数组末端追加一个元素，如下所示：

```
mydb=> SELECT array_append(array[1,2,3],4);
    array_append
--------------
    {1,2,3,4}
(1 row)
```

数据元素追加到数组也可以使用操作符 ||，如下所示：

```
mydb=> SELECT array[1,2,3] || 4;
    ?column?
-----------
    {1,2,3,4}
(1 row)
```

数组元素的删除使用 array_remove 函数，array_remove 函数用法如下所示：

```
array_remove(anyarray, anyelement)
```

array_remove 函数将移除数组中值等于给定值的所有数组元素，如下所示：

```
mydb=> SELECT array[1,2,2,3],array_remove(array[1,2,2,3],2);
    array    | array_remove
------------+--------------
  {1,2,2,3} | {1,3}
(1 row)
```

数组元素的修改代码如下所示：

```
mydb=> UPDATE test_array1 SET array_i[3]=4 WHERE id=1 ;
UPDATE 1
```

整个数组也能被更新，如下所示：

```
mydb=> UPDATE test_array1 SET array_i=array[7,8,9] WHERE id=1;
UPDATE 1
```

3.6.5 数组操作符

PostgreSQL 数组元素支持丰富操作符，如表 3-7 所示。

表 3-7 数组操作符

操作符	描述	举例	结果
=	等于	ARRAY[1.1,2.1,3.1]::int[] = ARRAY[1,2,3]	t
<>	不等于	ARRAY[1,2,3] <> ARRAY[1,2,4]	t
<	小于	ARRAY[1,2,3] < ARRAY[1,2,4]	t
>	大于	ARRAY[1,4,3] > ARRAY[1,2,4]	t
<=	小于等于	ARRAY[1,2,3] <= ARRAY[1,2,3]	t
>=	大于等于	ARRAY[1,4,3] >= ARRAY[1,4,3]	t
@>	包含	ARRAY[1,4,3] @> ARRAY[3,1]	t
<@	被包含	ARRAY[2,7] <@ ARRAY[1,7,4,2,6]	t
&&	重叠（具有公共元素）	ARRAY[1,4,3] && ARRAY[2,1]	t
||	数组和数组串接	ARRAY[1,2,3] || ARRAY[4,5,6]	{1,2,3,4,5,6}
||	数组和数组串接	ARRAY[1,2,3] || ARRAY[[4,5,6],[7,8,9]]	{{1,2,3},{4,5,6},{7,8,9}}
||	元素和数组串接	3 || ARRAY[4,5,6]	{3,4,5,6}
||	数组和元素串接	ARRAY[4,5,6] || 7	{4,5,6,7}

3.6.6 数组函数

PostgreSQL 支持丰富的数组函数，给数组添加元素或删除元素，如下所示：

```
mydb=> SELECT array_append(array[1,2],3),array_remove(array[1,2],2);
 array_append | array_remove
--------------+--------------
 {1,2,3}      | {1}
(1 row)
```

获取数组维度，如下所示：

```
mydb=> SELECT array_ndims(array[1,2]);
 array_ndims
-------------
           1
(1 row)
```

获取数组长度，如下所示：

```
mydb=> SELECT array_length(array[1,2],1);
 array_length
--------------
            2
(1 row)
```

返回数组中某个数组元素第一次出现的位置，如下所示：

```
mydb=> SELECT array_position(array['a','b','c','d'],'d');
 array_position
```

```
---------------
         4
(1 row)
```

数组元素替换可使用函数 array_replace，语法如下：

```
array_replace(anyarray, anyelement, anyelement)
```

函数返回值类型为 anyarray，使用第二个 anyelement 替换数组中的相同数组元素，如下所示：

```
mydb=> SELECT array_replace(array[1,2,5,4],5,10);
    array_replace
---------------
    {1,2,10,4}
(1 row)
```

将数组元素输出到字符串，可以使用 array_to_string 函数，语法如下：

```
atray_to_string(anyarray, text [, text])
```

函数返回值类型为 text，第一个 text 参数指分隔符，第二个 text 表示将值为 NULL 的元素使用这个字符串替换，示例如下：

```
mydb=> SELECT array_to_string(array[1,2,null,3],',','10');
    array_to_string
----------------
    1,2,10,3
(1 row)
```

3.7 范围类型

范围类型包含一个范围内的数据，常见的范围数据类型有日期范围类型、整数范围类型等；范围类型提供丰富的操作符和函数，对于日期安排、价格范围应用场景比较适用。

3.7.1 范围类型列表

PostgreSQL 系统提供内置的范围类型如下：

- int4range ——integer 范围类型
- int8range——bigint 范围类型
- numrange——numeric 范围类型
- tsrange——不带时区的 timestamp 范围类型
- tstzrange——带时区的 timestamp 范围类型
- daterange——date 范围类型

用户也可以通过 CREATE TYPE 命令自定义范围数据类型，integer 范围类型举例如下：

```
mydb=> SELECT int4range(1,5);
```

```
   int4range
-----------
   [1,5)
(1 row)
```

以上定义 1 到 5 的整数范围，date 范围类型举例如下：

```
mydb=> SELECT daterange('2017-07-01','2017-07-30');
        daterange
-------------------------
   [2017-07-01,2017-07-30)
```

3.7.2 范围类型边界

每一个范围类型都包含下界和上界，方括号“[”表示包含下界，圆括号“(”表示排除下界，方括号“]”表示包含上界，圆括号“)”表示排除上界，也就是说方括号表示边界点包含在内，圆括号表示边界点不包含在内，范围类型值的输入有以下几种模式：

```
(lower-bound,upper-bound)
(lower-bound,upper-bound]
[lower-bound,upper-bound)
[lower-bound,upper-bound]
empty
```

注意 empty 表示空范围类型，不包含任何元素，看下面这个例子：

```
mydb=> SELECT int4range(4,7);
   int4range
-----------
   [4,7)
(1 row)
```

以上表示包含 4、5、6，但不包含 7，标准的范围类型为下界包含同时上界排除，如下所示：

```
mydb=> SELECT int4range(1,3);
   int4range
-----------
   [1,3)
(1 row)
```

以上没有指定数据类型边界模式，指定上界为“]”，如下所示：

```
mydb=> SELECT int4range(1,3,'[]');
   int4range
-----------
   [1,4)
(1 row)
```

虽然指定上界“]”，但上界依然显示为“)”，这是范围类型标准的边界模式，即下界包含同时上界排除，这点需要注意。

3.7.3 范围类型操作符

本节介绍常见的范围类型操作符。

包含元素操作符，如下所示：

```
mydb=> SELECT int4range(4,7) @> 4;
    ?column?
----------
    t
(1 row)
```

包含范围操作符，如下所示：

```
mydb=> SELECT int4range(4,7)@>int4range(4,6);
    ?column?
----------
    t
(1 row)
```

等于操作符，如下所示：

```
mydb=> SELECT int4range(4,7)=int4range(4,6,'[]');
    ?column?
----------
    t
(1 row)
```

其中“@>”操作符在范围数据类型中比较常用，常用来查询范围数据类型是否包含某个指定元素，由于篇幅关系，其他范围数据类型操作符这里不演示了。

3.7.4 范围类型函数

以下列举范围类型常用函数，例如，取范围下界，如下所示：

```
mydb=> SELECT lower(int4range(1,10));
    lower
-------
    1
(1 row)
```

取范围上界，如下所示：

```
mydb=> SELECT upper(int4range(1,10));
    upper
-------
    10
(1 row)
```

范围是否为空？示例如下：

```
mydb=> SELECT isempty(int4range(1,10));
    isempty
---------
```

```
 f
(1 row)
```

3.7.5 给范围类型创建索引

范围类型数据支持创建 GiST 索引，GiST 索引支持的操作符有“=”“&&”“<@”“@>”“<<”“>>”“-|-”“&<”“&>”等，GiST 索引创建举例如下：

```
CREATE INDEX idx_ip_address_range ON ip_address USING gist ( ip_range);
```

3.8 json/jsonb 类型

PostgreSQL 不只是一个关系型数据库，同时它还支持非关系数据类型 json (JavaScript Object Notation)，json 属于重量级的非常规数据类型，本节将介绍 json 类型、json 与 jsonb 差异、json 与 jsonb 操作符和函数，以及 jsonb 键值的追加、删除、更新。

3.8.1 json 类型简介

PostgreSQL 早在 9.2 版本已经提供了 json 类型，并且随着大版本的演进，PostgreSQL 对 json 的支持趋于完善，例如提供更多的 json 函数和操作符方便应用开发，一个简单的 json 类型例子如下：

```
mydb=> SELECT '{"a":1,"b":2}'::json;
      json
---------------
  {"a":1,"b":2}
```

为了更好地演示 json 类型，接下来创建一张表，如下所示：

```
mydb=> CREATE TABLE test_json1 (id serial primary key,name json);
CREATE TABLE
```

以上示例定义字段 name 为 json 类型，插入表数据，如下所示：

```
mydb=> INSERT INTO test_json1 (name)
VALUES ('{"col1":1,"col2":"francs","col3":"male"}');
INSERT 0 1

mydb=> INSERT INTO test_json1 (name)
VALUES ('{"col1":2,"col2":"fp","col3":"female"}');
INSERT 0 1
```

查询表 test_json1 数据，如下所示：

```
mydb=> SELECT * FROM test_json1;
 id |                  name
----+-----------------------------------------
  1 | {"col1":1,"col2":"francs","col3":"male"}
  2 | {"col1":2,"col2":"fp","col3":"female"}
```

3.8.2 查询json数据

通过“->”操作符可以查询json数据的键值，如下所示：

```
mydb=> SELECT  name -> 'col2' FROM test_json1 WHERE id=1;
   ?column?
----------
   "francs"
(1 row)
```

如果想以文本格式返回json字段键值可以使用“->>”操作符，如下所示：

```
mydb=> SELECT  name ->> 'col2' FROM test_json1 WHERE id=1;
   ?column?
----------
   francs
(1 row)
```

3.8.3 jsonb与json差异

PostgreSQL支持两种JSON数据类型：json和jsonb，两种类型在使用上几乎完全相同，两者主要区别为以下：json存储格式为文本而jsonb存储格式为二进制，由于存储格式的不同使得两种json数据类型的处理效率不一样，json类型以文本存储并且存储的内容和输入数据一样，当检索json数据时必须重新解析，而jsonb以二进制形式存储已解析好的数据，当检索jsonb数据时不需要重新解析，因此json写入比jsonb快，但检索比jsonb慢，后面会通过测试验证两者读写性能的差异。

除了上述介绍的区别之外，json与jsonb在使用过程中还存在差异，例如jsonb输出的键的顺序和输入不一样，如下所示：

```
mydb=> SELECT '{"bar": "baz", "balance": 7.77, "active":false}'::jsonb;
        jsonb
--------------------------------------------------
   {"bar": "baz", "active": false, "balance": 7.77}
(1 row)
```

而json的输出键的顺序和输入完全一样，如下所示：

```
mydb=> SELECT '{"bar": "baz", "balance": 7.77, "active":false}'::json;
        json
-------------------------------------------------
   {"bar": "baz", "balance": 7.77, "active":false}
(1 row)
```

另外，jsonb类型会去掉输入数据中键值的空格，如下所示：

```
mydb=> SELECT ' {"id":1,     "name":"francs"}'::jsonb;
        jsonb
-----------------------------
   {"id": 1, "name": "francs"}
(1 row)
```

上例中 id 键与 name 键输入时是有空格的，输出显示空格键被删除，而 json 的输出和输入一样，不会删掉空格键：

```
mydb=> SELECT ' {"id":1,     "name":"francs"}'::json;
             json
-------------------------------
        {"id":1,     "name":"francs"}
(1 row)
```

另外，jsonb 会删除重复的键，仅保留最后一个，如下所示：

```
mydb=> SELECT ' {"id":1,
"name":"francs",
"remark":"a good guy!",
"name":"test"
}'::jsonb;
                    jsonb
-----------------------------------------------------
    {"id": 1, "name": "test", "remark": "a good guy!"}
(1 row)
```

上面 name 键重复，仅保留最后一个 name 键的值，而 json 数据类型会保留重复的键值。

在大多数应用场景下建议使用 jsonb，除非有特殊的需求，比如对 json 的键顺序有特殊的要求。

3.8.4 jsonb 与 json 操作符

以文本格式返回 json 类型的字段键值可以使用“->>”操作符，如下所示：

```
mydb=> SELECT  name ->> 'col2' FROM test_json1 WHERE id=1;
    ?column?
----------
    francs
(1 row)
```

字符串是否作为顶层键值，如下所示：

```
mydb=> SELECT '{"a":1, "b":2}'::jsonb ? 'a';
    ?column?
----------
    t
(1 row)
```

删除 json 数据的键 / 值，如下所示：

```
mydb=> SELECT '{"a":1, "b":2}'::jsonb - 'a';
    ?column?
----------
    {"b": 2}
(1 row)
```

3.8.5 jsonb 与 json 函数

json 与 jsonb 相关的函数非常丰富，下面举例说明。

扩展最外层的 json 对象成为一组键 / 值结果集，如下所示：

```
mydb=> SELECT * FROM json_each('{"a":"foo", "b":"bar"}');
    key | value
--------+-------
    a   | "foo"
    b   | "bar"
(2 rows)
```

以文本形式返回结果，如下所示：

```
mydb=> SELECT * FROM json_each_text('{"a":"foo", "b":"bar"}');
    key | value
--------+-------
    a   | foo
    b   | bar
(2 rows)
```

一个非常重要的函数为 row_to_json() 函数，能够将行作为 json 对象返回，此函数常用来生成 json 测试数据，比如将一个普通表转换成 json 类型表，代码如下所示：

```
mydb=> SELECT * FROM test_copy WHERE id=1;
    id | name
-------+------
     1 | a
(1 row)

mydb=> SELECT row_to_json(test_copy) FROM test_copy WHERE id=1;
    row_to_json
---------------------
    {"id":1,"name":"a"}
(1 row)
```

返回最外层的 json 对象中的键的集合，如下所示：

```
mydb=> SELECT * FROM json_object_keys('{"a":"foo", "b":"bar"}');
    json_object_keys
------------------
    a
    b
(2 rows)
```

3.8.6 jsonb 键 / 值的追加、删除、更新

jsonb 键 / 值追加可通过“||”操作符，例如增加 sex 键 / 值，如下所示：

```
mydb=> SELECT '{"name":"francs","age":"31"}'::jsonb ||
'{"sex":"male"}'::jsonb;
```

```
                    ?column?
------------------------------------------------
    {"age": "31", "sex": "male", "name": "francs"}
(1 row)
```

jsonb 键 / 值的删除有两种方法，一种是通过操作符“-”删除，另一种通过操作符“#-”删除指定键 / 值，通过操作符“-”删除键 / 值的代码如下所示：

```
mydb=> SELECT '{"name": "James", "email": "james@localhost"}'::jsonb
    - 'email';
    ?column?
-------------------
    {"name": "James"}
(1 row)

mydb=> SELECT '["red","green","blue"]'::jsonb - 0;
    ?column?
-------------------
    ["green", "blue"]
```

第二种方法是通过操作符“#-”删除指定键 / 值，通常用于有嵌套 json 数据删除的场景，如下代码删除嵌套 contact 中的 fax 键 / 值：

```
mydb=> SELECT '{"name": "James", "contact": {"phone": "01234 567890", "fax":
    "01987 543210"}}'::jsonb #- '{contact,fax}'::text[];
                        ?column?
---------------------------------------------------------
    {"name": "James", "contact": {"phone": "01234 567890"}}
(1 row)
```

删除嵌套 aliases 中的位置为 1 的键 / 值，如下所示：

```
mydb=> SELECT '{"name": "James", "aliases": ["Jamie","The Jamester","J Man"]}'::jsonb
    #- '{aliases,1}'::text[];
                     ?column?
-------------------------------------------------
    {"name": "James", "aliases": ["Jamie", "J Man"]}
(1 row)
```

键 / 值的更新也有两种方式，第一种方式为“||”操作符，“||”操作符可以连接 json 键，也可覆盖重复的键值，如下代码修改 age 键的值：

```
mydb=> SELECT '{"name":"francs","age":"31"}'::jsonb ||
'{"age":"32"}'::jsonb;
            ?column?
---------------------------------
    {"age": "32", "name": "francs"}
(1 row)
```

第二种方式是通过 jsonb_set 函数，语法如下：

```
jsonb_set(target jsonb, path text[], new_value jsonb[, create_missing boolean])
```

target 指源 jsonb 数据，path 指路径，new_value 指更新后的键值，create_missing 值为 true 表示如果键不存在则添加，create_missing 值为 false 表示如果键不存在则不添加，示例如下：

```
mydb=> SELECT jsonb_set('{"name":"francs","age":"31"}'::jsonb,'{age}','"32"'::jsonb,false);
             jsonb_set
----------------------------------
    {"age": "32", "name": "francs"}
(1 row)

mydb=> SELECT jsonb_set('{"name":"francs","age":"31"}'::jsonb,'{sex}','"male"'::jsonb,true);
                    jsonb_set
---------------------------------------------------
    {"age": "31", "sex": "male", "name": "francs"}
(1 row)
```

3.9 数据类型转换

前面几小节介绍了 PostgreSQL 常规数据类型和非常规数据类型，这一小节将介绍数据类型转换，PostgreSQL 数据类型转换主要有三种方式：通过格式化函数、CAST 函数、:: 操作符，下面分别介绍。

3.9.1 通过格式化函数进行转换

PostgreSQL 提供一系列函数用于数据类型转换，如表 3-8 所示。

表 3-8 数据类型转换函数

函 数	返回类型	描 述	示 例
to_char(timestamp, text)	text	把时间戳转换成字符串	to_char(current_timestamp, 'HH12:MI:SS')
to_char(interval, text)	text	把间隔转换成字符串	to_char(interval '15h 2m 12s', 'HH24:MI:SS')
to_char(int, text)	text	把整数转换成字符串	to_char(125, '999')
to_char(numeric, text)	text	把数字转换成字符串	to_char(-125.8, '999D99S')
to_date(text, text)	date	把字符串转换成日期	to_date('05 Dec 2000', 'DD Mon YYYY')
to_number(text, text)	numeric	把字符串转换成数字	to_number('12,454.8-', '99G999D9S')
to_timestamp(text, text)	timestamp with time zone	把字符串转换成时间戳	to_timestamp('05 Dec 2000', 'DD Mon YYYY')

3.9.2 通过 CAST 函数进行转换

将 varchar 字符类型转换成 text 类型，如下所示：

```
mydb=> SELECT CAST(varchar'123' as text);
    text
```

```
------
    123
(1 row)
```

将 varchar 字符类型转换成 int4 类型，如下所示：

```
mydb=> SELECT CAST(varchar'123' as int4);
    int4
------
    123
```

3.9.3 通过 :: 操作符进行转换

以下例子转换成 int4 或 numeric 类型，如下所示：

```
mydb=> SELECT 1::int4, 3/2::numeric;
 int4 |       ?column?
------+--------------------
    1 | 1.5000000000000000
(1 row)
```

另一个例子，通过 SQL 查询给定表的字段名称，先根据表名在系统表 pg_class 找到表的 OID，其中 OID 为隐藏的系统字段：

```
mydb=> SELECT oid,relname FROM pg_class WHERE relname='test_json1';
     oid   |   relname
----------+------------
    16509 | test_json1
(1 row)
```

之后根据 test_json1 表的 OID，在系统表 pg_attribute 中根据 attrelid（即表的 OID）找到表的字段，如下所示：

```
mydb=> SELECT attname FROM pg_attribute WHERE attrelid='16509' AND attnum >0;
    attname
---------
    id
    name
(2 rows)
```

上述操作需通过两步完成，但通过类型转换可一步到位，如下所示：

```
mydb=> SELECT attname
        FROM pg_attribute
        WHERE attrelid='test_json1'::regclass AND attnum >0;
    attname
---------
    id
    name
(2 rows)
```

这节介绍了三种数据类型转换方法，第一种方法兼容性相对较好，第三种方法用法简捷。

提示 pg_class 系统表存储 PostgreSQL 对象信息，比如表、索引、序列、视图等，OID 是隐藏字段，唯一标识 pg_class 中的一行，可以理解成 pg_class 系统表的对象 ID；pg_attribute 系统表存储表的字段信息，数据库表的每一个字段在这个视图中都有相应一条记录，pg_attribute.attrelid 是指字段所属表的 OID，正好和 pgclass.oid 关联。

3.10 本章小结

本章介绍了 PostgreSQL 常规数据类型和非常规数据类型，常规数据类型如数字类型、字符类型、时间 / 日期类型，非常规数据类型如布尔类型、网络地址类型、数组类型、范围类型、json/jsonb 类型，同时介绍了数据类型相关函数、操作符，最后介绍数据类型转换的几种方法。此外 PostgreSQL 还支持 XML 类型、复合类型、对象标识类型等，由于篇幅关系，本书不做介绍，有兴趣读者可参考手册 https://www.postgresql.org/docs/10/static/datatype.html，了解 PostgreSQL 数据类型对于开发人员和 DBA 都非常重要。

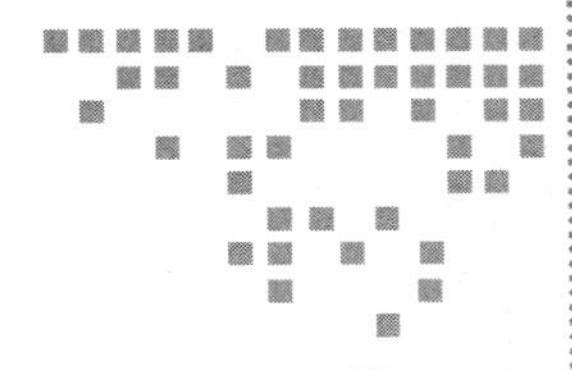

第 4 章 Chapter 4

SQL 高级特性

本章将介绍 PostgreSQL 在 SQL 方面的高级特性，例如 WITH 查询、批量插入、RETURNING 返回修改的数据、UPSERT、数据抽样、聚合函数、窗口函数。

4.1 WITH 查询

WITH 查询是 PostgreSQL 支持的高级 SQL 特性之一，这一特性常称为 CTE(Common Table Expressions)，WITH 查询在复杂查询中定义一个辅助语句（可理解成在一个查询中定义的临时表），这一特性常用于复杂查询或递归查询应用场景。

4.1.1 复杂查询使用 CTE

先通过一个简单的 CTE 示例了解 WITH 查询，如下所示：

```
WITH t as (
    SELECT generate_series(1,3)
)
SELECT * FROM t;
```

执行结果如下：

```
generate_series
-----------------
               1
               2
               3
(3 rows)
```

这个简单的 CTE 示例中，一开始定义了一条辅助语句 t 取数，之后在主查询语句中查询 t，定义的辅助语句就像是定义了一张临时表，对于复杂查询如果不使用 CTE，可以通过创建视图方式简化 SQL。

CTE 可以简化 SQL 并且减少嵌套，因为可以预先定义辅助语句，之后在主查询中多次调用。接着看一个稍复杂 CTE 例子，这个例子来自手册，如下所示：

```
WITH regional_sales AS (
        SELECT region, SUM(amount) AS total_sales
        FROM orders
        GROUP BY region
    ), top_regions AS (
        SELECT region
        FROM regional_sales
        WHERE total_sales > (SELECT SUM(total_sales)/10 FROM regional_sales)
    )
SELECT region,
        product,
        SUM(quantity) AS product_units,
        SUM(amount) AS product_sales
FROM orders
WHERE region IN (SELECT region FROM top_regions)
GROUP BY region, product;
```

这个例子首先定义了 regional_sales 和 top_regions 两个辅助语句，regional_sales 算出每个区域的总销售量，top_regions 算出销售量占总销售量 10% 以上的所有区域，主查询语句通过辅助语句与 orders 表关联，算出了顶级区域每件商品的销售量和销售额。

4.1.2 递归查询使用 CTE

WITH 查询的一个重要属性是 RECURSIVE，使用 RECURSIVE 属性可以引用自己的输出，从而实现递归，一般用于层次结构或树状结构的应用场景，一个简单的 RECURSIVE 例子如下所示：

```
WITH recursive t (x) as (
    SELECT 1
    UNION
    SELECT x + 1
    FROM t
    WHERE x < 5
)
SELECT sum(x) FROM t;
```

输出结果为：

```
sum
-----
   15
(1 row)
```

上述例子中 x 从 1 开始，union 加 1 后的值，循环直到 x 小于 5 结束，之后计算 x 值的总和。

接着分享一个递归查询的案例，这个案例来自 PostgreSQL 社区论坛一位朋友的问题，他的问题是这样的，存在一张包含如下数据的表：

```
id name fatherid
1 中国 0
2 辽宁 1
3 山东 1
4 沈阳 2
5 大连 2
6 济南 3
7 和平区 4
8 沈河区 4
```

当给定一个 id 时能得到它完整的地名，例如当 id=7 时，地名是：中国辽宁沈阳和平区，当 id=5 时，地名是：中国辽宁大连，这是一个典型的层次数据递归应用场景，恰好可以通过 PostgreSQL 的 WITH 查询实现，首先创建测试表并插入数据，如下所示：

```
CREATE TABLE test_area(id int4,name varchar(32),fatherid int4);

INSERT INTO test_area VALUES (1, '中国'   ,0);
INSERT INTO test_area VALUES (2, '辽宁'   ,1);
INSERT INTO test_area VALUES (3, '山东'   ,1);
INSERT INTO test_area VALUES (4, '沈阳'   ,2);
INSERT INTO test_area VALUES (5, '大连'   ,2);
INSERT INTO test_area VALUES (6, '济南'   ,3);
INSERT INTO test_area VALUES (7, '和平区' ,4);
INSERT INTO test_area VALUES (8, '沈河区' ,4);
```

使用 PostgreSQL 的 WITH 查询检索 ID 为 7 以及以上的所有父节点，如下所示：

```
WITH RECURSIVE r AS (
        SELECT * FROM test_area WHERE id = 7
    UNION   ALL
        SELECT test_area.* FROM test_area, r WHERE test_area.id = r.fatherid
    )
SELECT * FROM r ORDER BY id;
```

查询结果如下：

```
id |  name   | fatherid
------+--------+----------
    1 | 中国   |         0
    2 | 辽宁   |         1
    4 | 沈阳   |         2
    7 | 和平区 |         4
(4 rows)
```

查询结果正好是 ID=7 节点以及它的所有父节点，接下来将输出结果的 name 字段合并成“中国辽宁沈阳和平区”，方法很多，这里通过 string_agg 函数实现，如下所示：

```
mydb=> WITH RECURSIVE r AS (
```

```
        SELECT * FROM test_area WHERE id = 7
    UNION   ALL
        SELECT test_area.* FROM test_area, r WHERE test_area.id = r.fatherid
    )
SELECT string_agg(name,'') FROM ( SELECT name FROM r ORDER BY id) n;
    string_agg
--------------------
中国辽宁沈阳和平区
```

以上是查找当前节点以及当前节点的所有父节点，也可以查找当前节点以及其下的所有子节点，需更改 where 条件，如查找沈阳市及管辖的区，代码如下所示。

```
mydb=> WITH RECURSIVE r AS (
        SELECT * FROM test_area WHERE id = 4
    UNION  ALL
        SELECT test_area.* FROM test_area, r WHERE test_area.fatherid = r.id
    )
 SELECT * FROM r ORDER BY id;
 id |  name   | fatherid
----+--------+----------
  4 | 沈阳    |        2
  7 | 和平区  |        4
  8 | 沈河区  |        4
(3 rows)
```

以上给出了 CTE 的两个应用场景：复杂查询中的应用和递归查询中的应用，通过示例很容易知道 CTE 具有以下优点：

- ❑ CTE 可以简化 SQL 代码，减少 SQL 嵌套层数，提高 SQL 代码的可读性。
- ❑ CTE 的辅助语句只需要计算一次，在主查询中可以多次使用。
- ❑ 当不需要共享查询结果时，相比视图更轻量。

4.2 批量插入

批量插入是指一次性插入多条数据，主要用于提升数据插入效率，PostgreSQL 有多种方法实现批量插入。

4.2.1 方式一：INSERT INTO...SELECT...

通过表数据或函数批量插入，语法如下：

```
INSERT INTO table_name SELECT...FROM source_table
```

比如创建一张表结构和 user_ini 相同的表并插入 user_ini 表的全量数据，代码如下所示：

```
mydb=> CREATE TABLE tbl_batch1(user_id int8,user_name text);
CREATE TABLE
```

```
mydb=> INSERT INTO tbl_batch1(user_id,user_name)
SELECT user_id,user_name FROM user_ini;
INSERT 0 1000000
```

以上示例将表 user_ini 的 user_id、user_name 字段所有数据插入表 tbl_batch1，也可以插入一部分数据，插入时指定 where 条件即可。

通过函数进行批量插入，如下所示：

```
mydb=> CREATE TABLE tbl_batch2 (id int4,info text);
CREATE TABLE

mydb=> INSERT INTO tbl_batch2(id,info)
SELECT generate_series(1,5),'batch2';
INSERT 0 5
```

通过 SELECT 表数据批量插入的方式大多关系型数据库都支持，接下来看看 PostgreSQL 支持的其他批量插入方式。

4.2.2　方式二：INSERT INTO VALUES (),(),...()

PostgreSQL 的另一种支持批量插入的方法为在一条 INSERT 语句中通过 VALUES 关键字插入多条记录，通过一个例子就很容易理解，如下所示：

```
mydb=> CREATE TABLE tbl_batch3(id int4,info text);
CREATE TABLE

mydb=> INSERT INTO tbl_batch3(id,info) VALUES (1,'a'),(2,'b'),(3,'c');
INSERT 0 3
```

数据如下所示：

```
mydb=> SELECT * FROM tbl_batch3;
    id | info
-------+------
     1 | a
     2 | b
     3 | c
(3 rows)
```

这种批量插入方式非常独特，一条 SQL 插入多行数据，相比一条 SQL 插入一条数据的方式能减少和数据库的交互，减少数据库 WAL（Write-Ahead Logging）日志的生成，提升插入效率，通常很少有开发人员了解 PostgreSQL 的这种批量插入方式。

4.2.3　方式三：COPY 或 \COPY 元命令

2.2.3 节介绍了 psql 导入、导出表数据，使用的是 COPY 命令或 \copy 元命令，copy 或 \copy 元命令能够将一定格式的文件数据导入到数据库中，相比 INSERT 命令插入效率更高，通常大数据量的文件导入一般在数据库服务端主机通过 PostgreSQL 超级用户使用

COPY 命令导入，下面通过一个例子简单看看 COPY 命令的效率，测试机为一台物理机上的虚机，配置为 4 核 CPU，8GB 内存。

首先创建一张测试表并插入一千万数据，如下所示：

```
mydb=> CREATE TABLE tbl_batch4(
id int4,
info text,
create_time timestamp(6) with time zone default clock_timestamp());
CREATE TABLE

mydb=> INSERT INTO tbl_batch4(id,info) SELECT n,n||'_batch4'
FROM generate_series(1,10000000) n;
INSERT 0 10000000
```

以上示例通过 INSERT 插入一千万数据，将一千万数据导出到文件，如下所示：

```
[postgres@pghost1 ~]$ psql mydb postgres
psql (10.0)
Type "help" for help.

mydb=# \timing
Timing is on.

mydb=# COPY pguser.tbl_batch4 TO '/home/pg10/tbl_batch4.txt';
COPY 10000000
Time: 6575.787 ms (00:06.576)
```

一千万数据导出花了 6575 毫秒，之后清空表 tbl_batch4 并将文件 tbl_batch4.txt 的一千万数据导入到表中，如下所示：

```
mydb=# TRUNCATE TABLE pguser.tbl_batch4;
TRUNCATE TABLE
mydb=# COPY pguser.tbl_batch4 FROM '/home/pg10/tbl_batch4.txt';
COPY 10000000
Time: 15663.834 ms (00:15.664)
```

一千万数据通过 COPY 命令导入执行时间为 15 663 毫秒。

4.3 RETURNING 返回修改的数据

PostgreSQL 的 RETURNING 特性可以返回 DML 修改的数据，具体为三个场景：INSERT 语句后接 RETURNING 属性返回插入的数据；UPDATE 语句后接 RETURNING 属性返回更新后的新值；DELETE 语句后接 RETURNING 属性返回删除的数据。这个特性的优点在于不需要额外的 SQL 获取这些值，能够方便应用开发，下面通过示例演示。

4.3.1 RETURNING 返回插入的数据

INSERT 语句后接 RETURNING 属性返回插入的值，下面的代码创建测试表，并返回已插入的整行数据。

```
mydb=> CREATE TABLE test_r1(id serial,flag char(1));
CREATE TABLE

mydb=> INSERT INTO test_r1(flag) VALUES ('a') RETURNING *;
    id | flag
-------+------
     1 | a
(1 row)
INSERT 0 1
```

RETURNING * 表示返回表插入的所有字段数据，也可以返回指定字段，RETURNING 后接字段名即可，如下代码仅返回插入的 id 字段：

```
mydb=> INSERT INTO test_r1(flag) VALUES ('b') RETURNING id;
    id
----
     2
(1 row)
INSERT 0 1
```

4.3.2　RETURNING 返回更新后数据

UPDATE 后接 RETURNING 属性返回 UPDATE 语句更新后的值，如下所示：

```
mydb=> SELECT * FROM test_r1 WHERE id=1;
    id | flag
-------+------
     1 | a
(1 row)

mydb=> UPDATE test_r1 SET flag='p' WHERE id=1 RETURNING *;
    id | flag
-------+------
     1 | p
(1 row)
UPDATE 1
```

4.3.3　RETURNING 返回删除的数据

DELETE 后接 RETURNING 属性返回删除的数据，如下所示：

```
mydb=> DELETE FROM test_r1 WHERE id=2 RETURNING *;
    id | flag
-------+------
     2 | b
(1 row)
DELETE 1
```

4.4 UPSERT

PostgreSQL 的 UPSERT 特性是指 INSERT ... ON CONFLICT UPDATE，用来解决在数据插入过程中数据冲突的情况，比如违反用户自定义约束，在日志数据应用场景中，通常会在事务中批量插入日志数据，如果其中有一条数据违反表上的约束，则整个插入事务将会回滚，PostgreSQL 的 UPSERT 特性能解决这一问题。

4.4.1 UPSERT 场景演示

接下来通过例子来理解 UPSERT 的功能，定义一张用户登录日志表并插入一条数据，如下所示：

```
mydb=> CREATE TABLE user_logins(user_name text primary key,
login_cnt int4,
last_login_time timestamp(0) without time zone);
CREATE TABLE

mydb=> INSERT INTO user_logins(user_name,login_cnt) VALUES ('francs',1);
INSERT 0 1
```

在 user_logins 表 user_name 字段上定义主键，批量插入数据中如有重复会报错，如下所示：

```
mydb=> INSERT INTO user_logins(user_name,login_cnt)
VALUES ('matiler',1),('francs',1);
ERROR:  duplicate key value violates unique constraint "user_logins_pkey"
DETAIL:  Key (user_name)=(francs) already exists.
```

上述 SQL 试图插入两条数据，其中 matiler 这条数据不违反主键冲突，而 francs 这条数据违反主键冲突，结果两条数据都不能插入。PostgreSQL 的 UPSERT 可以处理冲突的数据，比如当插入的数据冲突时不报错，同时更新冲突的数据，如下所示：

```
mydb=> INSERT INTO user_logins(user_name,login_cnt)
VALUES ('matiler',1),('francs',1)
ON CONFLICT(user_name)
DO UPDATE SET
login_cnt=user_logins.login_cnt+EXCLUDED.login_cnt,last_login_time=now();
INSERT 0 2
```

上述 INSERT 语句插入两条数据，并设置规则：当数据冲突时将登录次数字段 login_cnt 值加 1，同时更新最近登录时间 last_login_time，ON CONFLICT(user_name) 定义冲突类型为 user_name 字段，DO UPDATE SET 是指冲突动作，后面定义了一个 UPDATE 语句。注意上述 SET 命令中引用了 user_loins 表和内置表 EXCLUDED，引用原表 user_loins 访问表中已存在的冲突记录，内置表 EXCLUDED 引用试图插入的值，再次查询表 user_login，如下所示：

```
mydb=> SELECT * FROM user_logins ;
```

```
    user_name | login_cnt |    last_login_time
--------------+-----------+---------------------
    matiler   |         1 |
    francs    |         2 | 2017-08-08 15:23:13
(2 rows)
```

一方面冲突的 francs 这条数据被更新了 login_cnt 和 last_login_time 字段，另一方面新的数据 matiler 记录已正常插入。

也可以定义数据冲突后啥也不干，这时需指定 DO NOTHING 属性，如下所示：

```
mydb=> INSERT INTO user_logins(user_name,login_cnt)
VALUES ('tutu',1),('francs',1)
ON CONFLICT(user_name) DO NOTHING;
INSERT 0 1
```

再次查询表数据，新的数据 tutu 这条已插入到表中，冲突的数据 francs 这行啥也没变，结果如下所示：

```
mydb=> SELECT * FROM user_logins ;
    user_name | login_cnt |    last_login_time
--------------+-----------+---------------------
    matiler   |         1 |
    francs    |         2 | 2017-08-08 15:23:13
    tutu      |         1 |
(3 rows)
```

4.4.2　UPSERT 语法

PostgreSQL 的 UPSERT 语法比较复杂，通过以上演示后再来查看语法会轻松些，语法如下：

```
INSERT INTO table_name [ AS alias ] [ ( column_name [, ...] ) ]
    [ ON CONFLICT [ conflict_target ] conflict_action ]

where conflict_target can be one of:
    ( { index_column_name | ( index_expression ) } [ COLLATE collation ] [ opclass ]
      [, ...] ) [ WHERE index_predicate ]
    ON CONSTRAINT constraint_name

and conflict_action is one of:
    DO NOTHING
    DO UPDATE SET { column_name = { expression | DEFAULT } |
                    ( column_name [, ...] ) = [ ROW ] ( { expression | DEFAULT }
                        [, ...] ) |
                    ( column_name [, ...] ) = ( sub-SELECT )
                } [, ...]
          [ WHERE condition ]
```

以上语法主要注意 [ON CONFLICT [conflict_target] conflict_action] 这行，conflict_target 指选择仲裁索引判定冲突行为，一般指定被创建约束的字段；conflict_action 指冲突

动作，可以是 DO NOTHING，也可以是用户自定义的 UPDATE 语句。

4.5 数据抽样

数据抽样（TABLESAMPLE）在数据处理方面经常用到，特别是当表数据量比较大时，随机查询表中一定数量记录的操作很常见，PostgreSQL 早在 9.5 版时就已经提供了 TABLESAMPLE 数据抽样功能，9.5 版前通常通过 ORDER BY random() 方式实现数据抽样，这种方式虽然在功能上满足随机返回指定行数据，但性能很低，如下所示：

```
mydb=> SELECT * FROM user_ini ORDER BY random() LIMIT 1;
      id    | user_id | user_name |          create_time
-------------+---------+-----------+-------------------------------
  500449    | 768810 | 2TY6P4    | 2017-08-05 15:59:32.294761+08
(1 row)

mydb=> SELECT * FROM user_ini ORDER BY random() LIMIT 1;
      id    | user_id | user_name |          create_time
-------------+---------+-----------+-------------------------------
     324823 |  740720 | 07SKCU    | 2017-08-05 15:59:29.913984+08
(1 row)
```

执行计划如下所示：

```
mydb=> EXPLAIN ANALYZE SELECT * FROM user_ini ORDER BY random() LIMIT 1;
                                                QUERY PLAN
---------------------------------------------------------------------------------
 Limit  (cost=25599.98..25599.98 rows=1 width=35) (actual time=367.867..367.868 rows=1
     loops=1)
    ->  Sort   (cost=25599.98..28175.12  rows=1030056  width=35)  (actual  time=
          367.866..367.866 rows=1 loops=1)
          Sort Key: (random())
          Sort Method: top-N heapsort  Memory: 25kB
              ->  Seq Scan on user_ini  (cost=0.00..20449.70 rows=1030056 width=35)
                  (actual time=0.012..159.569 rows=1000000 loops=1)
 Planning time: 0.083 ms
 Execution time: 367.909 ms
(7 rows)
```

表 user_ini 数据量为 100 万，从 100 万随机取一条上述 SQL 的执行时间为 367ms，这种方法进行了全表扫描和排序，效率非常低，当表数据量大时，性能几乎无法接受。

9.5 版本以后 PostgreSQL 支持 TABLESAMPLE 数据抽样，语法如下所示：

```
SELECT ...
FROM table_name
TABLESAMPLE sampling_method ( argument [, ...] ) [ REPEATABLE ( seed ) ]
```

sampling_method 指抽样方法，主要有两种：SYSTEM 和 BERNOULLI，接下来详细介绍这两种抽样方式，argument 指抽样百分比。

注意 explain analyze 命令表示实际执行这条 SQL，同时显示 SQL 执行计划和执行时间，Planning time 表示 SQL 语句解析生成执行计划的时间，Execution time 表示 SQL 的实际执行时间。

4.5.1 SYSTEM 抽样方式

SYSTEM 抽样方式为随机抽取表上数据块上的数据，理论上被抽样表的每个数据块被检索的概率是一样的，SYSTEM 抽样方式基于数据块级别，后接抽样参数，被选中的块上的所有数据将被检索，下面使用示例进行说明。

创建 test_sample 测试表，并插入 150 万数据，如下所示：

```
mydb=> CREATE TABLE test_sample(id int4,message text,
create_time timestamp(6) without time zone default clock_timestamp());
CREATE TABLE

mydb=> INSERT INTO test_sample(id,message)
SELECT n, md5(random()::text) FROM generate_series(1,1500000) n;
INSERT 0 1500000

mydb=>  SELECT * FROM test_sample LIMIT 1;
   id |              message              |         create_time
-------+----------------------------------+---------------------------
     1 | 58f2506410be948963d6d9adf4b4e0c2 | 2017-08-08 21:17:20.984481
(1 row)
```

抽样因子设置成 0.01，意味着返回 1 500 000×0.01%=150 条记录，执行如下 SQL：

```
EXPLAIN ANALYZE SELECT * FROM test_sample TABLESAMPLE SYSTEM(0.01);
```

执行计划如下所示：

```
mydb=> EXPLAIN ANALYZE SELECT * FROM test_sample TABLESAMPLE SYSTEM(0.01);
                                    QUERY PLAN
--------------------------------------------------------------------------------
    Sample Scan on test_sample  (cost=0.00..3.50 rows=150 width=45) (actual
        time=0.099..0.146 rows=107 loops=1)
        Sampling: system ('0.01'::real)
    Planning time: 0.053 ms
    Execution time: 0.166 ms
(4 rows)
```

以上执行计划主要有两点，一方面进行了 Sample Scan 扫描（抽样方式为 SYSTEM），执行时间为 0.166 毫秒，性能较好，另一方面优化器预计访问 150 条记录，实际返回 107 条，为什么会返回 107 条记录呢？接着查看表占用的数据块数量，如下所示：

```
mydb=> SELECT relname,relpages FROM pg_class WHERE relname='test_sample';
       relname | relpages
----------------+----------
```

```
    test_sample |     14019
(1 row)
```

表 test_sample 物理上占用 14 019 个数据块，也就是说每个数据块存储 1 000 000/14 019=107 条记录。

查看抽样数据的 ctid，如下所示：

```
mydb=> SELECT ctid,* FROM test_sample TABLESAMPLE SYSTEM(0.01);
    ctid     | id     |            message               |         create_time
------------+--------+----------------------------------+---------------------------
 (5640,1)    | 603481 | 385484b3452b245e46388d71ce4ea928 | 2017-08-08 21:17:23.32394
 (5640,2)    | 603482 | e09c526118f1d4b3c391d59ae915c4e8 | 2017-08-08 21:17:23.323964
….省略很多行
(5640,107) | 603587 | c33875a052f4ca63c4b38c649fb6bcc3 | 2017-08-08 21:17:23.324336
(107 rows)
```

ctid 是表的隐藏列，括号里的第一位表示逻辑数据块编号，第二位表示逻辑块上的数据的逻辑编号，从以上看出，这 107 条记录都存储在逻辑编号为 5640 的数据块上，也就是说抽样查询返回了一个数据块上的所有数据，抽样因子固定为 0.01，多次执行以下查询，如下所示：

```
mydb=>  SELECT count(*) FROM test_sample TABLESAMPLE SYSTEM(0.01);
    count
-------
    214
(1 row)

mydb=>  SELECT count(*) FROM test_sample TABLESAMPLE SYSTEM(0.01);
    count
-------
    107
(1 row)
```

再次查询发现返回的记录为 214 或 107，由于一个数据块存储 107 条记录，因此查询结果有时返回了两个数块上的所有数据，这是因为抽样因子设置成 0.01，意味着返回 1 500 000×0.01%=150 条记录，150 条记录需要两个数据块存储，这也验证了 SYSTEM 抽样方式返回的数据以数据块为单位，被抽样的块上的所有数据被检索。

4.5.2 BERNOULLI 抽样方式

BERNOULLI 抽样方式随机抽取表的数据行，并返回指定百分比数据，BERNOULLI 抽样方式基于数据行级别，理论上被抽样表的每行记录被检索的概率是一样的，因此 BERNOULLI 抽样方式抽取的数据相比 SYSTEM 抽样方式具有更好的随机性，但性能上相比 SYSTEM 抽样方式低很多，下面演示下 BERNOULLI 抽样方式，同样基于 test_sample 测试表。

设置抽样方式为 BERNOULLI，抽样因子为 0.01，如下所示：

```
mydb=> EXPLAIN ANALYZE SELECT * FROM test_sample TABLESAMPLE BERNOULLI (0.01);
                                          QUERY PLAN
---------------------------------------------------------------------------------
    Sample Scan on test_sample  (cost=0.00..14020.50 rows=150 width=45) (actual
        time=0.025..22.541 rows=152 loops=1)
        Sampling: bernoulli ('0.01'::real)
    Planning time: 0.063 ms
    Execution time: 22.569 ms
(4 rows)
```

从以上执行计划看出进行了 Sample Scan 扫描（抽样方式为 BERNOULLI），执行计划预计返回 150 条记录，实际返回 152 条，从返回的记录数来看，非常接近 150 条（1 000 000×0.01%），但执行时间却要 22.569 毫秒，性能相比 SYSTEM 抽样方式 0.166 毫秒差了 136 倍。

多次执行以下查询，查看返回记录数的变化，如下所示：

```
mydb=>  SELECT count(*) FROM test_sample TABLESAMPLE BERNOULLI(0.01);
    count
-------
    151
(1 row)

mydb=>  SELECT count(*) FROM test_sample TABLESAMPLE BERNOULLI(0.01);
    count
-------
    147
(1 row)
```

从以上看出，BERNOULLI 抽样方式返回的数据量非常接近抽样数据的百分比，而 SYSTEM 抽样方式数据返回以数据块为单位，被抽样的块上的所有数据都被返回，因此 SYSTEM 抽样方式返回的数据量偏差较大。

由于 BERNOULLI 抽样基于数据行级别，猜想返回的数据应该位于不同的数据块上，通过查询表的 ctid 进行验证，如下所示：

```
mydb=>  SELECT ctid,id,message
        FROM test_sample TABLESAMPLE BERNOULLI(0.01) lIMIT 3;
    ctid    |  id   |              message
-----------+-------+----------------------------------
  (55,30)   |  5915 | f3803f234f6cf6cdd276d9d027487582
  (240,23)  | 25703 | c04af69ac76f6465832e0cd87939a1af
  (318,3)   | 34029 | dd35438b24980d1a8ed2d3f5edd5ca1c
```

从以上三条记录的 ctid 信息看出，三条数据分别位于数据块 55、240、318 上，因此 BERNOULLI 抽样方式随机性相比 SYSTEM 抽样方式更好。

本节演示了 SYSTEM 和 BERNOULLI 抽样方式，SYSTEM 抽样方式基于数据块级别，随机抽取表数据块上的记录，因此这种方式抽取的记录的随机性不是很好，但返回的数据以数据块为单位，抽样性能很高，适用于抽样效率优先的场景，例如抽样大小为上百 GB 的日志表；而 BERNOULLI 抽样方式基于数据行，相比 SYSTEM 抽样方式所抽样的数据随机性更好，但性能相比 SYSTEM 差很多，适用于抽样随机性优先的场景。读者可根据实际应用场景选择抽样方式。

4.6 聚合函数

聚合函数可以对结果集进行计算，常用的聚合函数有 avg()、sum()、min()、max()、count() 等，本节将介绍 PostgreSQL 两个特殊功能的聚合函数并给出测试示例。

在介绍两个聚合函数之前，先来看一个应用场景，假如一张表有以下数据：

```
中国                台北
中国                香港
中国                上海
日本                东京
日本                大阪
```

要求得到如下结果集：

```
中国      台北，香港，上海
日本      东京，大阪
```

读者想想这个 SQL 如何写？

4.6.1 string_agg 函数

首先介绍 string_agg 函数，此函数语法如下所示：

```
string_agg(expression, delimiter)
```

简单地说 string_agg 函数能将结果集某个字段的所有行连接成字符串，并用指定 delimiter 分隔符分隔，expression 表示要处理的字符类型数据；参数的类型为 (text, text) 或 (bytea, bytea)，函数返回的类型同输入参数类型一致，bytea 属于二进制类型，使用情况不多，我们主要介绍 text 类型输入参数，本节开头的场景正好可以用 string_agg 函数处理。

首先创建测试表并插入以下数据：

```
CREATE TABLE city (country character varying(64),city character varying(64));
INSERT INTO city VALUES ('中国','台北');
INSERT INTO city VALUES ('中国','香港');
INSERT INTO city VALUES ('中国','上海');
INSERT INTO city VALUES ('日本','东京');
INSERT INTO city VALUES ('日本','大阪');
```

数据如下所示：

```
mydb=> SELECT * FROM city;
    country | city
------------+------
    中国    | 台北
    中国    | 香港
    中国    | 上海
    日本    | 东京
    日本    | 大阪
(5 rows)
```

将 city 字段连接成字符串的代码如下所示：

```
mydb=> SELECT string_agg(city,',') FROM city;
        string_agg
--------------------------
    台北,香港,上海,东京,大阪
(1 row)
```

可见 string_agg 函数将输出的结果集连接成了字符串，并用指定的逗号分隔符分隔，回到本文开头的问题，通过 SQL 实现，如下所示：

```
mydb=> SELECT country,string_agg(city,',') FROM city GROUP BY country;
    country |   string_agg
------------+----------------
    日本    | 东京,大阪
    中国    | 台北,香港,上海
(2 rows)
```

4.6.2　array_agg 函数

array_agg 函数和 string_agg 函数类似，最主要的区别为返回的类型为数组，数组数据类型同输入参数数据类型一致，array_agg 函数支持两种语法，第一种如下所示：

```
array_agg(expression)  --输入参数为任何非数组类型
```

输入参数可以是任何非数组类型，返回的结果是一维数组，array_agg 函数将结果集某个字段的所有行连接成数组，例如执行以下查询：

```
mydb=> SELECT country,array_agg(city) FROM city GROUP BY country;
    country |    array_agg
------------+------------------
    日本    | {东京,大阪}
    中国    | {台北,香港,上海}
```

array_agg 函数输出的结果为字符类型数组，其他无明显区别，使用 array_agg 函数主要优点在于可以使用数组相关函数和操作符。

第二种 array_agg 函数语法如下所示：

```
array_agg(expression)  --输入参数为任何数组类型
```

第一种 array_agg 函数的输入参数为任何非数组类型，这里输入参数为任何数组类型，返回类型为多维数组：

首先创建数组表。

```
mydb=> CREATE TABLE test_array3(id int4[]);
CREATE TABLE
mydb=> INSERT INTO test_array3(id) VALUES (array[1,2,3]);
INSERT 0 1
mydb=> INSERT INTO test_array3(id) VALUES (array[4,5,6]);
INSERT 0 1
```

数据如下所示：

```
mydb=> SELECT * FROM test_array3;
        id
---------
    {1,2,3}
    {4,5,6}
(2 rows)
```

使用 array_agg 函数，如下所示：

```
mydb=> SELECT  array_agg(id) FROM test_array3;
        array_agg
-------------------
    {{1,2,3},{4,5,6}}
(1 row)
```

也可以将 array_agg 函数输出类型转换成字符串，并用指定分隔符分隔，使用 array_to_string 函数，如下所示：

```
mydb=> SELECT array_to_string( array_agg(id),',') FROM test_array3;
    array_to_string
-----------------
    1,2,3,4,5,6
(1 row)
```

4.7 窗口函数

上一节介绍了聚合函数，聚合函数将结果集进行计算并且通常返回一行。窗口函数也是基于结果集进行计算，与聚合函数不同的是窗口函数不会将结果集进行分组计算并输出一行，而是将计算出的结果合并到输出的结果集上，并返回多行。使用窗口函数能大幅简化 SQL 代码。

4.7.1 窗口函数语法

PostgreSQL 提供内置的窗口函数，例如 row_num()、rank()、lag() 等，除了内置的窗口函数外，聚合函数、自定义函数后接 OVER 属性也可作为窗口函数。

窗口函数的调用语法稍复杂，如下所示：

```
function_name ([expression [, expression ... ]]) [ FILTER ( WHERE filter_clause ) ]
    OVER ( window_definition )
```

其中 window_definition 语法如下：

```
[ existing_window_name ]
[ PARTITION BY expression [, ...] ]
[ ORDER BY expression [ ASC | DESC | USING operator ] [ NULLS { FIRST | LAST } ] [, ...] ]
[ frame_clause ]
```

说明如下：

- OVER 表示窗口函数的关键字。
- PARTITON BY 属性对查询返回的结果集进行分组，之后窗口函数处理分组的数据。
- ORDER BY 属性设定结果集的分组数据排序。

后续小节将介绍常用窗口函数的使用。

4.7.2 avg() OVER()

聚合函数后接 OVER 属性的窗口函数表示在一个查询结果集上应用聚合函数，本节将演示 avg() 聚合函数后接 OVER 属性的窗口函数，此窗口函数用来计算分组后数据的平均值。

创建一张成绩表并插入测试数据，如下所示：

```
CREATE TABLE score ( id serial primary key,
                      subject character varying(32),
                      stu_name character varying(32),
                      score numeric(3,0) );

INSERT INTO score ( subject,stu_name,score ) VALUES ('Chinese','francs',70);
INSERT INTO score ( subject,stu_name,score ) VALUES ('Chinese','matiler',70);
INSERT INTO score ( subject,stu_name,score) VALUES ('Chinese','tutu',80);
INSERT INTO score ( subject,stu_name,score ) VALUES ('English','matiler',75);
INSERT INTO score ( subject,stu_name,score ) VALUES ('English','francs',90);
INSERT INTO score ( subject,stu_name,score ) VALUES ('English','tutu',60);
INSERT INTO score ( subject,stu_name,score ) VALUES ('Math','francs',80);
INSERT INTO score ( subject,stu_name,score ) VALUES ('Math','matiler',99);
INSERT INTO score ( subject,stu_name,score ) VALUES ('Math','tutu',65);
```

查询每名学生学习成绩并且显示课程的平均分，通常是先计算出课程的平均分，然后用 score 表与平均分表关联查询，如下所示：

```
mydb=> SELECT s.subject, s.stu_name,s.score, tmp.avgscore
    FROM score s
    LEFT JOIN (SELECT subject, avg(score) avgscore FROM score GROUP BY subject) tmp
        ON s.subject = tmp.subject;
    subject | stu_name | score |       avgscore
```

```
------------+----------+-------+--------------------
 Chinese | francs   |    70 | 73.3333333333333333
 Chinese | matiler  |    70 | 73.3333333333333333
 Chinese | tutu     |    80 | 73.3333333333333333
 English | matiler  |    75 | 75.0000000000000000
 English | francs   |    90 | 75.0000000000000000
 English | tutu     |    60 | 75.0000000000000000
 Math    | francs   |    80 | 81.3333333333333333
 Math    | matiler  |    99 | 81.3333333333333333
 Math    | tutu     |    65 | 81.3333333333333333
(9 rows)
```

使用窗口函数很容易实现以上需求，如下所示：

```
mydb=> SELECT subject,stu_name, score, avg(score) OVER(PARTITION BY subject) FROM score;
 subject | stu_name | score |         avg
------------+----------+-------+--------------------
 Chinese | francs   |    70 | 73.3333333333333333
 Chinese | matiler  |    70 | 73.3333333333333333
 Chinese | tutu     |    80 | 73.3333333333333333
 English | matiler  |    75 | 75.0000000000000000
 English | francs   |    90 | 75.0000000000000000
 English | tutu     |    60 | 75.0000000000000000
 Math    | francs   |    80 | 81.3333333333333333
 Math    | matiler  |    99 | 81.3333333333333333
 Math    | tutu     |    65 | 81.3333333333333333
(9 rows)
```

以上查询前三列来源于表 score，第四列表示取课程的平均分，PARTITION BY subject 表示根据字段 subject 进行分组。

4.7.3 row_number()

row_number() 窗口函数对结果集分组后的数据标注行号，从 1 开始，如下所示：

```
mydb=> SELECT row_number() OVER (partition by subject ORDER BY score desc),* FROM score;
 row_number| id | subject | stu_name | score
--------------+----+---------+----------+-------
            1 |  3 | Chinese | tutu     |    80
            2 |  1 | Chinese | francs   |    70
            3 |  2 | Chinese | matiler  |    70
            1 |  5 | English | francs   |    90
            2 |  4 | English | matiler  |    75
            3 |  6 | English | tutu     |    60
            1 |  8 | Math    | matiler  |    99
            2 |  7 | Math    | francs   |    80
            3 |  9 | Math    | tutu     |    65
(9 rows)
```

以上 row_number() 窗口函数显示的是分组后记录的行号，如果不指定 partition 属性，row_number() 窗口函数显示表所有记录的行号，类似 oracle 里的 ROWNUM，如下所示：

```
mydb=> SELECT  row_number() OVER (ORDER BY id) AS rownum ,* FROM score;
   rownum | id | subject | stu_name | score
-----------+----+---------+----------+-------
         1 |  1 | Chinese | francs   |    70
         2 |  2 | Chinese | matiler  |    70
         3 |  3 | Chinese | tutu     |    80
         4 |  4 | English | matiler  |    75
         5 |  5 | English | francs   |    90
         6 |  6 | English | tutu     |    60
         7 |  7 | Math    | francs   |    80
         8 |  8 | Math    | matiler  |    99
         9 |  9 | Math    | tutu     |    65
(9 rows)
```

4.7.4　rank()

rank() 窗口函数和 row_number() 窗口函数相似，主要区别为当组内某行字段值相同时，行号重复并且行号产生间隙（手册上解释为 gaps），如下所示：

```
mydb=> SELECT rank() OVER(PARTITION BY subject ORDER BY score),* FROM score;
   rank | id | subject | stu_name | score
---------+----+---------+----------+-------
       1 |  2 | Chinese | matiler  |    70
       1 |  1 | Chinese | francs   |    70
       3 |  3 | Chinese | tutu     |    80
       1 |  6 | English | tutu     |    60
       2 |  4 | English | matiler  |    75
       3 |  5 | English | francs   |    90
       1 |  9 | Math    | tutu     |    65
       2 |  7 | Math    | francs   |    80
       3 |  8 | Math    | matiler  |    99
(9 rows)
```

以上示例中，Chinese 课程前两条记录的 score 字段值都为 70，因此前两行的 rank 字段值为 1，而第三行的 rank 字段值为 3，产生了间隙。

4.7.5　dense_rank ()

dense_rank () 窗口函数和 rank () 窗口函数相似，主要区别为当组内某行字段值相同时，虽然行号重复，但行号不产生间隙，如下所示：

```
mydb=> SELECT dense_rank() OVER(PARTITION BY subject ORDER BY score),* FROM score;
   dense_rank | id | subject | stu_name | score
---------------+----+---------+----------+-------
             1 |  2 | Chinese | matiler  |    70
             1 |  1 | Chinese | francs   |    70
             2 |  3 | Chinese | tutu     |    80
             1 |  6 | English | tutu     |    60
             2 |  4 | English | matiler  |    75
             3 |  5 | English | francs   |    90
```

```
          1 |  9 | Math     | tutu     |    65
          2 |  7 | Math     | francs   |    80
          3 |  8 | Math     | matiler  |    99
(9 rows)
```

以上示例中，Chinese 课程前两行的 rank 字段值 1，而第三行的 rank 字段值为 2，没有产生间隙。

4.7.6 lag()

另一重要窗口函数为 lag()，可以获取行偏移 offset 那行某个字段的数据，语法如下：

```
lag(value anyelement [, offset integer [, default anyelement ]])
```

其中：

- value 指定要返回记录的字段。
- offset 指行偏移量，可以是正整数或负整数，正整数表示取结果集中向上偏移的记录，负整数表示取结果集中向下偏移的记录，默认值为 1。
- default 是指如果不存在 offset 偏移的行时用默认值填充，default 值默认为 null。

例如，查询 score 表并获取向上偏移一行记录的 id 值，如下所示：

```
mydb=> SELECT lag(id,1)OVER(),* FROM score;
 lag | id | subject | stu_name | score
-----+----+---------+----------+-------
     |  1 | Chinese | francs   |    70
   1 |  2 | Chinese | matiler  |    70
   2 |  3 | Chinese | tutu     |    80
   3 |  4 | English | matiler  |    75
   4 |  5 | English | francs   |    90
   5 |  6 | English | tutu     |    60
   6 |  7 | Math    | francs   |    80
   7 |  8 | Math    | matiler  |    99
   8 |  9 | Math    | tutu     |    65
(9 rows)
```

查询 score 表并获取向上偏移两行记录的 id 值，并指定默认值，代码如下所示：

```
mydb=> SELECT lag(id,2,1000)OVER(),* FROM score;
 lag  | id | subject | stu_name | score
------+----+---------+----------+-------
 1000 |  1 | Chinese | francs   |    70
 1000 |  2 | Chinese | matiler  |    70
    1 |  3 | Chinese | tutu     |    80
    2 |  4 | English | matiler  |    75
    3 |  5 | English | francs   |    90
    4 |  6 | English | tutu     |    60
    5 |  7 | Math    | francs   |    80
    6 |  8 | Math    | matiler  |    99
    7 |  9 | Math    | tutu     |    65
(9 rows)
```

以上演示了 lag() 窗口函数取向上偏移记录的字段值，将 offset 设置成负整数可以取向下偏移记录的字段值，有兴趣的读者自行测试。

4.7.7　first_value ()

first_value() 窗口函数用来取结果集每一个分组的第一行数据的字段值。

例如 score 表按课程分组后取分组的第一行的分数，如下所示：

```
mydb=> SELECT first_value(score) OVER( PARTITION BY subject ),* FROM score;
 first_value | id | subject | stu_name | score
-------------+----+---------+----------+-------
          70 |  1 | Chinese | francs   |    70
          70 |  2 | Chinese | matiler  |    70
          70 |  3 | Chinese | tutu     |    80
          75 |  4 | English | matiler  |    75
          75 |  5 | English | francs   |    90
          75 |  6 | English | tutu     |    60
          80 |  7 | Math    | francs   |    80
          80 |  8 | Math    | matiler  |    99
          80 |  9 | Math    | tutu     |    65
(9 rows)
```

通过 first_value() 窗口函数很容易查询分组数据的最大值或最小值，例如 score 表按课程分组同时取每门课程的最高分，如下所示：

```
mydb=> SELECT first_value(score) OVER( PARTITION BY subject ORDER BY score
    desc),* FROM score;
 first_value | id | subject | stu_name | score
-------------+----+---------+----------+-------
          80 |  3 | Chinese | tutu     |    80
          80 |  1 | Chinese | francs   |    70
          80 |  2 | Chinese | matiler  |    70
          90 |  5 | English | francs   |    90
          90 |  4 | English | matiler  |    75
          90 |  6 | English | tutu     |    60
          99 |  8 | Math    | matiler  |    99
          99 |  7 | Math    | francs   |    80
          99 |  9 | Math    | tutu     |    65
(9 rows)
```

4.7.8　last_value ()

last_value() 窗口函数用来取结果集每一个分组的最后一行数据的字段值。

例如 score 表按课程分组后取分组的最后一行的分数，如下所示：

```
mydb=> SELECT last_value(score) OVER( PARTITION BY subject ),* FROM score;
 last_value | id | subject | stu_name | score
------------+----+---------+----------+-------
         80 |  1 | Chinese | francs   |    70
```

```
            80 |  2 | Chinese | matiler  |   70
            80 |  3 | Chinese | tutu     |   80
            60 |  4 | English | matiler  |   75
            60 |  5 | English | francs   |   90
            60 |  6 | English | tutu     |   60
            65 |  7 | Math    | francs   |   80
            65 |  8 | Math    | matiler  |   99
            65 |  9 | Math    | tutu     |   65
(9 rows)
```

4.7.9 nth_value ()

nth_value() 窗口函数用来取结果集每一个分组的指定行数据的字段值，语法如下所示：

```
nth_value(value any, nth integer)
```

其中：

- value 指定表的字段。
- nth 指定结果集分组数据中的第几行，如果不存在则返回空。

例如 score 表按课程分组后取分组的第二行的分数，如下所示：

```
mydb=> SELECT nth_value(score,2) OVER( PARTITION BY subject ),* FROM score;
  nth_value | id | subject | stu_name | score
------------+----+---------+----------+-------
         70 |  1 | Chinese | francs   |   70
         70 |  2 | Chinese | matiler  |   70
         70 |  3 | Chinese | tutu     |   80
         90 |  4 | English | matiler  |   75
         90 |  5 | English | francs   |   90
         90 |  6 | English | tutu     |   60
         99 |  7 | Math    | francs   |   80
         99 |  8 | Math    | matiler  |   99
         99 |  9 | Math    | tutu     |   65
(9 rows)
```

4.7.10 窗口函数别名的使用

如果 SQL 中需要多次使用窗口函数，可以使用窗口函数别名，语法如下：

```
SELECT .. FROM .. WINDOW window_name AS ( window_definition ) [, ...]
```

WINDOW 属性指定表的别名为 window_name，可以给 OVER 属性引用，如下所示：

```
mydb=> SELECT avg(score) OVER(r),sum(score) OVER(r),* FROM SCORE WINDOW r as (PARTITION
    BY subject);
        avg          | sum | id | subject | stu_name | score
---------------------+-----+----+---------+----------+-------
 73.3333333333333333 | 220 |  1 | Chinese | francs   |   70
 73.3333333333333333 | 220 |  2 | Chinese | matiler  |   70
 73.3333333333333333 | 220 |  3 | Chinese | tutu     |   80
 75.0000000000000000 | 225 |  4 | English | matiler  |   75
```

```
    75.0000000000000000 | 225 |   5 | English | francs    |     90
    75.0000000000000000 | 225 |   6 | English | tutu      |     60
    81.3333333333333333 | 244 |   7 | Math    | francs    |     80
    81.3333333333333333 | 244 |   8 | Math    | matiler   |     99
    81.3333333333333333 | 244 |   9 | Math    | tutu      |     65
(9 rows)
```

以上介绍了常用的窗口函数，读者可根据实际应用场景使用相应的窗口函数。

4.8 本章小结

本章介绍了 PostgreSQL 支持的一些高级 SQL 特性，了解这些功能可简化 SQL 代码，提升开发效率，并且实现普通查询不容易实现的功能，希望通过阅读本章读者能够在实际工作中应用 SQL 高级特性，同时挖掘 PostgreSQL 的其他高级 SQL 特性。

核 心 篇

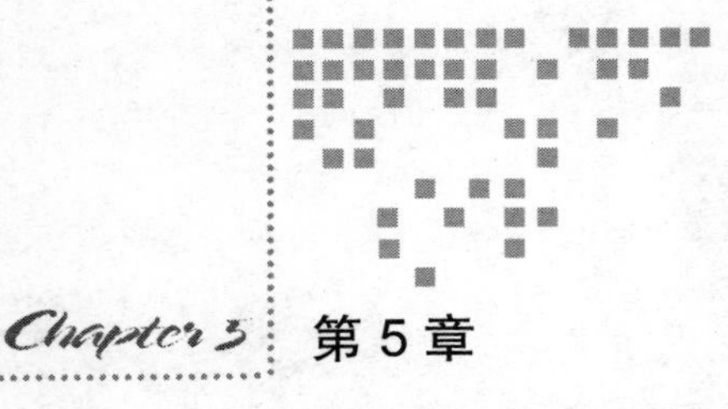

Chapter 5 第5章

体系结构

PostgreSQL 数据库是由一系列位于文件系统上的物理文件组成，在数据库运行过程中，通过整套高效严谨的逻辑管理这些物理文件。通常将这些物理文件称为数据库，将这些物理文件、管理这些物理文件的进程、进程管理的内存称为这个数据库的实例。在 PostgreSQL 的内部功能实现上，可以分为系统控制器、查询分析器、事务系统、恢复系统、文件系统这几部分。其中系统控制器负责接收外部连接请求，查询分析器对连接请求查询进行分析并生成优化后的查询解析树，从文件系统获取结果集或通过事务系统对数据做处理，并由文件系统持久化数据。本章将简单介绍 PostgreSQL 的物理和逻辑结构，同时介绍 PostgreSQL 实例在运行周期的进程结构。

5.1 逻辑和物理存储结构

在 PostgreSQL 中有一个数据库集簇（Database Cluster）的概念，也有一些地方翻译为数据库集群，它是指由单个 PostgreSQL 服务器实例管理的数据库集合，组成数据库集簇的这些数据库使用相同的全局配置文件和监听端口、共用进程和内存结构，并不是指“一组数据库服务器构成的集群”，在 PostgreSQL 中说的某一个数据库实例通常是指某个数据库集簇，这一点和其他常见的关系型数据库有一定差异，请读者注意区分。

5.1.1 逻辑存储结构

数据库集簇是数据库对象的集合，在关系数据库理论中，数据库对象是用于存储或引用数据的数据结构，表就是一个典型的例子，还有索引、序列、视图、函数等这些对象。在 PostgreSQL 中，数据库本身也是数据库对象，并且在逻辑上彼此分离，除数据库之外的其他数据库对象（例如表、索引等）都属于它们各自的数据库，虽然它们隶属同一个数据库集簇，但无法直接从集簇中的一个数据库访问该集簇中的另一个数据库中的对象。

数据库本身也是数据库对象，一个数据库集簇可以包含多个 Database、多个 User，每个 Database 以及 Database 中的所有对象都有它们的所有者：User。图 5-1 显示了数据库集簇的逻辑结构。

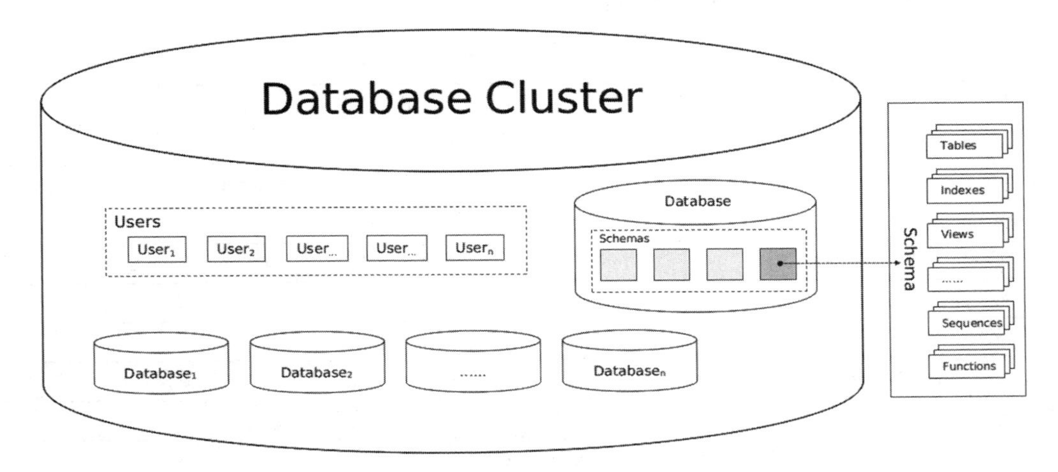

图 5-1　PostgreSQL 数据库集簇逻辑结构

创建一个 Database 时会为这个 Database 创建一个名为 public 的默认 Schema，每个 Database 可以有多个 Schema，在这个数据库中创建其他数据库对象时如果没有指定 Schema，都会在 public 这个 Schema 中。Schema 可以理解为一个数据库中的命名空间，在数据库中创建的所有对象都在 Schema 中创建，一个用户可以从同一个客户端连接中访问不同的 Schema。不同的 Schema 中可以有多个相同名称的 Table、Index、View、Sequence、Function 等数据库对象。

5.1.2　物理存储结构

数据库的文件默认保存在 initdb 时创建的数据目录中。在数据目录中有很多类型、功能不同的目录和文件，除了数据文件之外，还有参数文件、控制文件、数据库运行日志及预写日志等。

1. 数据目录结构

数据目录用来存放 PostgreSQL 持久化的数据，通常可以将数据目录路径配置为 PGDATA 环境变量，查看数据目录有哪些子目录和文件的命令如下所示：

```
[postgres@pghost1 ~]$ tree -L 1 -d /pgdata/10/data
/pgdata/10/data
├── base
```

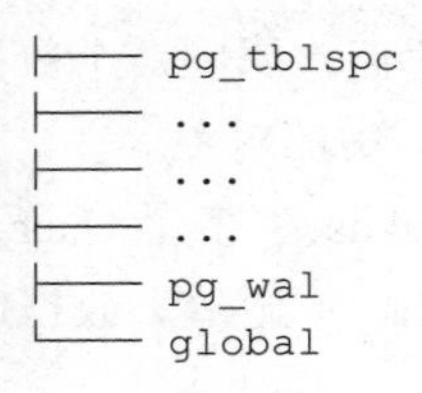

表 5-1 对数据目录中子目录和文件的用途进行了说明。

表 5-1 数据目录中子目录和文件的用途

目 录	用 途
base	包含每个数据库对应的子目录的子目录
global	包含集簇范围的表的子目录，比如 pg_database
pg_commit_ts	包含事务提交时间戳数据的子目录
pg_xact	包含事务提交状态数据的子目录
pg_dynshmem	包含被动态共享内存子系统所使用文件的子目录
pg_logical	包含用于逻辑复制的状态数据的子目录
pg_multixact	包含多事务状态数据的子目录（用于共享的行锁）
pg_notify	包含 LISTEN/NOTIFY 状态数据的子目录
pg_repslot	包含复制槽数据的子目录
pg_serial	包含已提交的可序列化事务信息的子目录
pg_snapshots	包含导出的快照的子目录
pg_stat	包含用于统计子系统的永久文件的子目录
pg_stat_tmp	包含用于统计信息子系统临时文件的子目录
pg_subtrans	包含子事务状态数据的子目录
pg_tblspc	包含指向表空间的符号链接的子目录
pg_twophase	用于预备事务状态文件的子目录
pg_wal	保存预写日志
pg_xact	记录事务提交状态数据
文 件	**用 途**
PG_VERSION	PostgreSQL 主版本号文件
pg_hba.conf	客户端认证控制文件
postgresql.conf	参数文件
postgresql.auto.conf	参数文件，只保存 ALTER SYSTEM 命令修改的参数
postmaster.opts	记录服务器最后一次启动时使用的命令行参数

2. 数据文件布局

数据目录中的 base 子目录是我们的数据文件默认保存的位置，是数据库初始化后的默认表空间。在讨论 base 目录之前，我们先了解两个基础的数据库对象：OID 和表空间。

（1）OID

PostgreSQL 中的所有数据库对象都由各自的对象标识符（OID）进行内部管理，它们是无符号的 4 字节整数。数据库对象和各个 OID 之间的关系存储在适当的系统目录中，具体取决于对象的类型。数据库的 OID 存储在 pg_database 系统表中，可以通过如下代码查询数据库的 OID：

```
SELECT oid,datname FROM pg_database WHERE datname = 'mydb';
    oid   | datname
    ------+---------
    16384 | mydb
    (1 row)
```

数据库中的表、索引、序列等对象的 OID 存储在 pg_class 系统表中，可以通过如下代码查询获得这些对象的 OID：

```
mydb=# SELECT oid,relname,relkind FROM pg_class WHERE relname ~ 'tbl';
    oid   |                relname                | relkind
----------+-----------------------------------+---------
    16385 | tbl_id_seq                        | S
    16387 | tbl                               | r
    16396 | tbl_pkey                          | i
     3455 | pg_class_tblspc_relfilenode_index | i
(4 rows)
```

（2）表空间

在 PostgreSQL 中最大的逻辑存储单位是表空间，数据库中创建的对象都保存在表空间中，例如表、索引和整个数据库都可以被分配到特定的表空间。在创建数据库对象时，可以指定数据库对象的表空间，如果不指定则使用默认表空间，也就是数据库对象的文件的位置。初始化数据库目录时会自动创建 pg_default 和 pg_global 两个表空间。如下所示：

```
mydb=# \db
            List of tablespaces
        Name    |  Owner    | Location
---------------+----------+----------
    pg_default | postgres |
    pg_global  | postgres |
(2 rows)
```

- pg_global 表空间的物理文件位置在数据目录的 global 目录中，它用来保存系统表。
- pg_default 表空间的物理文件位置在数据目录中的 base 目录，是 template0 和 template1 数据库的默认表空间，我们知道创建数据库时，默认从 template1 数据库进行克隆，因此除非特别指定了新建数据库的表空间，默认使用 template1 的表空间，也就是 pg_default。

除了两个默认表空间，用户还可以创建自定义表空间。使用自定义表空间有两个典型的场景：

- ❑ 通过创建表空间解决已有表空间磁盘不足并无法逻辑扩展的问题；
- ❑ 将索引、WAL、数据文件分配在性能不同的磁盘上，使硬件利用率和性能最大化。

由于现在固态存储已经很普遍，这种文件布局方式反倒会增加维护成本。

要创建一个表空间，先用操作系统的 postgres 用户创建一个目录，然后连接到数据库，使用 CREATE TABLESPACE 命令创建表空间，如下所示：

```
[postgres@pghost1 ~]$ mkdir -p /pgdata/10/mytblspc
[postgres@pghost1 ~]$ /usr/pgsql-10/bin/psql -p 1921 mydb
psql (10.2)
Type "help" for help.
mydb=# CREATE TABLESPACE myspc LOCATION '/pgdata/10/mytblspc';
CREATE TABLESPACE
mydb=# \db
           List of tablespaces
     Name    |  Owner   |      Location
-------------+----------+---------------------
  myspc      | postgres | /pgdata/10/mytblspc
  pg_default | postgres |
  pg_global  | postgres |
(3 rows)
```

当创建新的数据库或表时，便可以指定刚才创建的表空间，如下所示：

```
mydb=# CREATE TABLE t(id SERIAL PRIMARY KEY, ival int) TABLESPACE myspc;
CREATE TABLE
```

由于表空间定义了存储的位置，在创建数据库对象时，会在当前的表空间目录创建一个以数据库 OID 命名的目录，该数据库的所有对象将保存在这个目录中，除非单独指定表空间。例如我们一直使用的数据库 mydb，从 pg_database 系统表查询它的 OID，如下所示：

```
mydb=# SELECT oid,datname FROM pg_database WHERE datname = 'mydb';
     oid | datname
----------+---------
   16384 | mydb
(1 row)
```

通过以上查询可知 mydb 的 OID 为 16384，我们就可以知道 mydb 的表、索引都会保存在 $PGDATA/base/16384 这个目录中，如下所示：

```
[postgres@pghost1 ~]$ ll /pgdata/10/data/base/16384/
-rw------- 1 postgres postgres  16384 Nov 28 21:22 3712
...
...
...
-rw------- 1 postgres postgres   8192 Nov 28 21:22 3764_vm
```

（3）数据文件命名

在数据库中创建对象，例如表、索引时首先会为表和索引分配段。在 PostgreSQL 中，每个表和索引都用一个文件存储，新创建的表文件以表的 OID 命名，对于大小超出 1GB 的表数据文件，PostgreSQL 会自动将其切分为多个文件来存储，切分出的文件用 OID.< 顺序号 > 来命名。但表文件并不是总是“ OID.< 顺序号 >”命名，实际上真正管理表文件的是 pg_class 表中的 relfilenode 字段的值，在新创建对象时会在 pg_class 系统表中插入该表的记录，默认会以 OID 作为 relfilenode 的值，但经过几次 VACUUM、TRUNCATE 操作之后，relfilenode 的值会发生变化。

举例如下：

```
mydb=# SELECT oid,relfilenode FROM pg_class WHERE relname = 'tbl';
      oid | relfilenode
----------+-------------
    16387 |       16387
(1 row)
mydb=# \! ls -l /pgdata/10/data/base/16384/16387*
-rw------- 1 postgres postgres 8192 Mar 26 22:22 /pgdata/10/data/base/16384/16387
```

在默认情况下，tbl 表的 OID 为 16387，relfilenode 也是 16387，表的物理文件为“/pgdata/10/data/base/16384/16387”。依次 TRUNCATE 清空 tbl 表的所有数据，如下所示：

```
mydb=# TRUNCATE tbl;
TRUNCATE TABLE
mydb=# CHECKPOINT;
CHECKPOINT
mydb=# \! ls -l /pgdata/10/data/base/16384/16387*
ls: cannot access /pgdata/10/data/base/16384/16387*: No such file or directory
```

通过上述操作之后，tbl 表原先的物理文件“/pgdata/10/data/base/16384/16387”已经不存在了，那么 tbl 表的数据文件是哪一个？

```
postgres@160.40:1922/mydb=# select oid,relfilenode from pg_class where relname = 'tbl';
      oid | relfilenode
----------+-------------
    16387 |       24591
(1 row)
postgres@160.40:1922/mydb=# \! ls -l /pgdata/10/data/base/16384/24591*
-rw------- 1 postgres postgres 0 Apr  2 21:24 /pgdata/10/data/base/16384/24591
```

如上所示，再次查询 pg_class 表得知 tbl 表的数据文件已经成为“/pgdata/10/data/base/16384/24591”，它的命名规则为 <relfilenode>.< 顺序号 >。

在 tbl 测试表中写入一些测试数据，如下所示：

```
mydb=# insert into tbl (ival,description,created_time) select (random()*(2*10^9))::
    integer as ival,substr('abcdefghijklmnopqrstuvwxyz',1,(random()*26)::integ
    er) as description,date(generate_series(now(), now() + '1 week', '1 day')) as
    created_time from generate_series(1,2000000);
INSERT 0 16000000
```

查看表的大小，如下所示：

```
mydb=# SELECT pg_size_pretty(pg_relation_size('tbl'::regclass));
```

```
  pg_size_pretty
----------------
   1068 MB
(1 row)
```

通过上述命令看到 tbl 表的大小目前为 1068MB，执行一些 UPDATE 操作后再次查看数据文件，如下所示：

```
/mydb=# \! ls -lh /pgdata/10/data/base/16384/24591*
-rw------- 1 postgres postgres 1.0G Apr  7 08:44 /pgdata/10/data/base/16384/24591
-rw------- 1 postgres postgres 383M Apr  7 08:44 /pgdata/10/data/base/16384/24591.1
-rw------- 1 postgres postgres 376K Apr  7 08:44 /pgdata/10/data/base/16384/24591_fsm
-rw------- 1 postgres postgres 8.0K Apr  7 08:44 /pgdata/10/data/base/16384/24591_vm
```

如前文所述，数据文件的命名规则为 <relfilenode>.< 顺序号 >，tbl 表的大小超过 1GB，tbl 表的 relfilenode 为 24591，超出 1GB 之外的数据会按每 GB 切割，在文件系统中查看时就是名称为 24591.1 的数据文件。在上述输出结果中，后缀为 _fsm 和 _vm 的这两个表文件的附属文件是空闲空间映射表文件和可见性映射表文件。空闲空间映射用来映射表文件中可用的空间，可见性映射表文件跟踪哪些页面只包含已知对所有活动事务可见的元组，它也跟踪哪些页面只包含未被冻结的元组。图 5-2 显示了 PostgreSQL 数据目录、表空间以及文件的结构概貌。

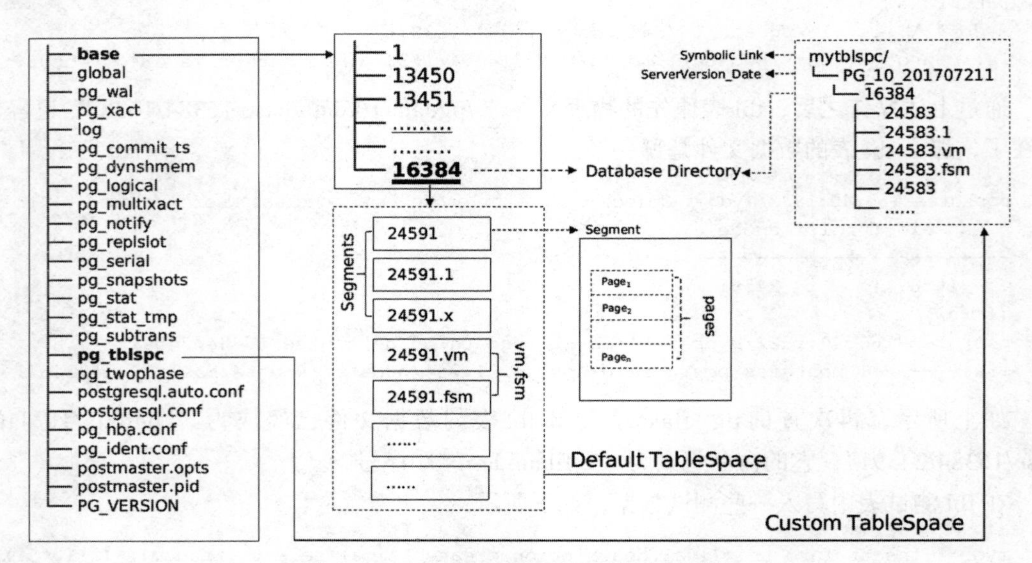

图 5-2　PostgreSQL 数据目录和文件结构

（4）表文件内部结构

在 PostgreSQL 中，将保存在磁盘中的块称为 Page，而将内存中的块称为 Buffer，表和索引称为 Relation，行称为 Tuple，如图 5-3 所示。数据的读写是以 Page 为最小单位，每个 Page 默认大小为 8kB，在编译 PostgreSQL 时指定的 BLCKSZ 大小决定 Page 的大小。每个表文件由多个 BLCKSZ 字节大小的 Page 组成，每个 Page 包含若干 Tuple。对于 I/O 性能较好的硬件，并且以分析为主的数据库，适当增加 BLCKSZ 大小可以小幅提升数据库性能。

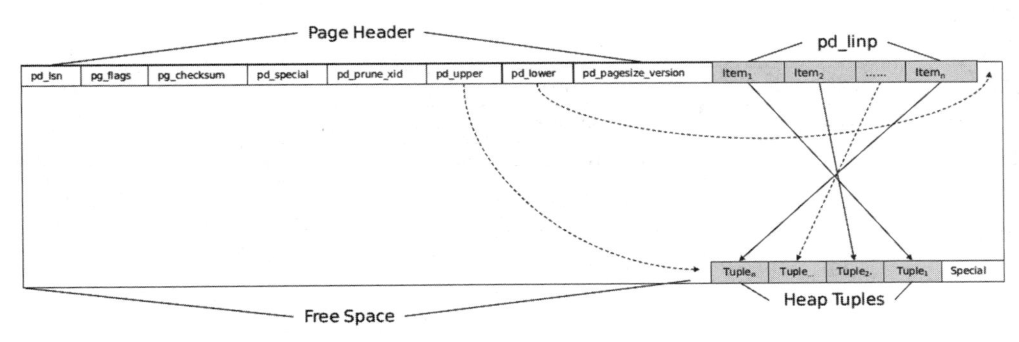

图 5-3 Page 内部结构

PageHeader 描述了一个数据页的页头信息，包含页的一些元信息。它的结构及其结构指针 PageHeader 的定义如下：

- pd_lsn：在 ARIES Recovery Algorithm 的解释中，这个 lsn 称为 PageLSN，它确定和记录了最后更改此页的 xlog 记录的 LSN，把数据页和 WAL 日志关联，用于恢复数据时校验日志文件和数据文件的一致性；pd_lsn 的高位为 xlogid，低位记录偏移量；因为历史原因，64 位的 LSN 保存为两个 32 位的值。
- pg_flags：标识页面的数据存储情况。
- pd_special：指向索引相关数据的开始位置，该项在数据文件中为空，主要是针对不同索引。
- pd_lower：指向空闲空间的起始位置。
- pd_upper：指向空闲空间的结束位置。
- pd_pagesize_version：不同的 PostgreSQL 版本的页的格式可能会不同。
- pd_linp[1]：行指针数组，即图 5-3 中的 Item1，Item2，...，$Item_n$，这些地址指向 Tuple 的存储位置。

如果一个表由一个只包含一个堆元组的页面组成。该页面的 pd_lower 指向第一行指针，并且行指针和 pd_upper 都指向第一个堆元组。当第二个元组被插入时，它被放置在第一个元组之后。第二行指针被压入第一行，并指向第二个元组。pd_lower 更改为指向第二行指针，pd_upper 更改为第二个堆元组。此页面中的其他头数据（例如，pd_lsn、pg_checksum、pg_flag）也被重写为适当的值。

当从数据库中检索数据时有两种典型的访问方法，顺序扫描和 B 树索引扫描。顺序扫描通过扫描每个页面中的所有行指针顺序读取所有页面中的所有元组。B 树索引扫描时，索引文件包含索引元组，每个元组由索引键和指向目标堆元组的 TID 组成。如果找到了正在查找的键的索引元组，PostgreSQL 使用获取的 TID 值读取所需的堆元组。

每个 Tuple 包含两部分的内容，一部分为 HeapTupleHeader，用来保存 Tuple 的元信息，如图 5-4 所示，包含该 Tuple 的 OID、xmin、cmin 等；另一部分为 HeapTuple，用来保存 Tuple 的数据。

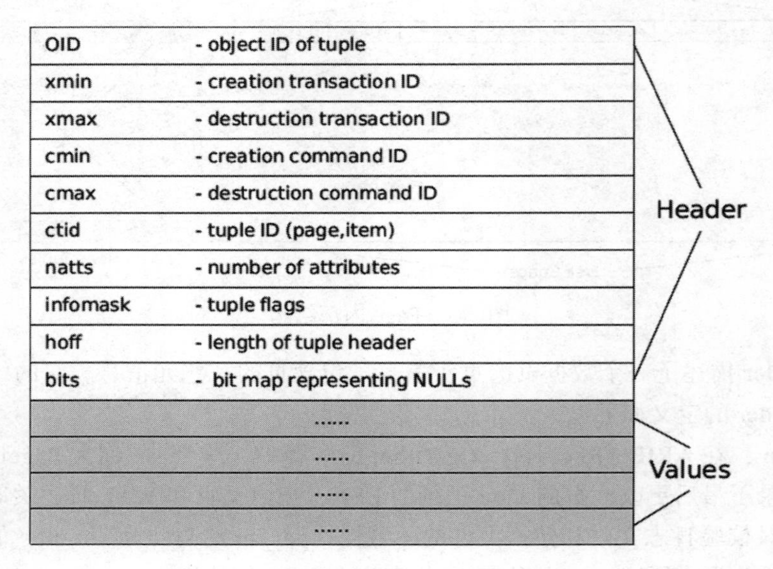

图 5-4　Tupe 内部结构

图 5-5 展示了一个完整的文件布局。

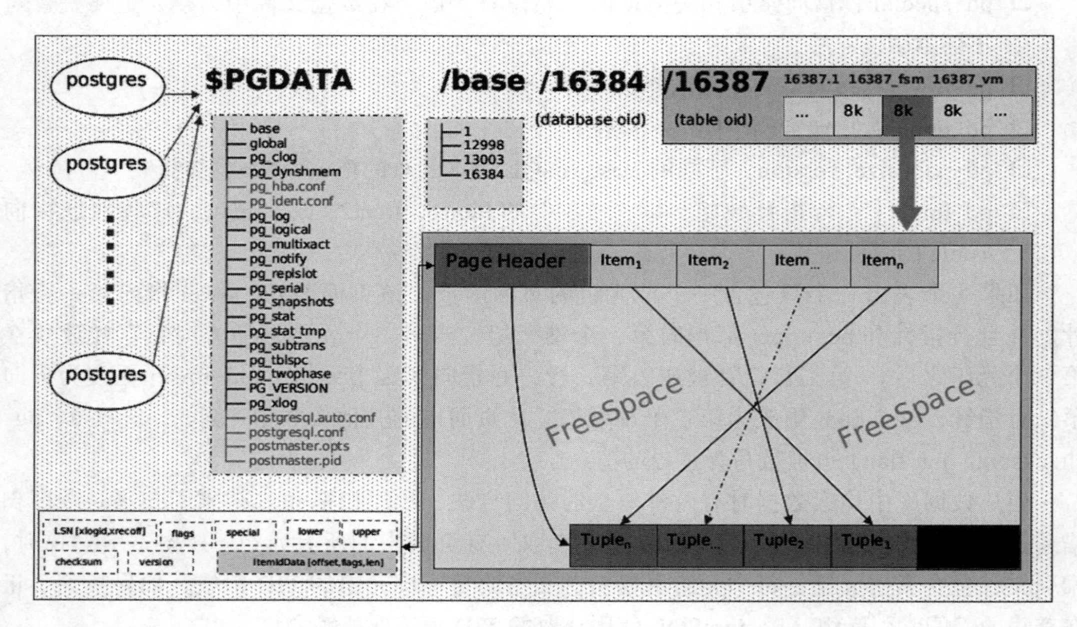

图 5-5　完整文件布局

5.2　进程结构

PostgreSQL 是一用户一进程的客户端 / 服务器的应用程序。数据库启动时会启动若干个进程，其中有 postmaster（守护进程）、postgres（服务进程）、syslogger、checkpointer、bgwriter、walwriter 等辅助进程。

5.2.1　守护进程与服务进程

首先从 postmaster（守护进程）说起。postmaster 进程的主要职责有：

- 数据库的启停。
- 监听客户端连接。
- 为每个客户端连接 fork 单独的 postgres 服务进程。
- 当服务进程出错时进行修复。
- 管理数据文件。
- 管理与数据库运行相关的辅助进程。

当客户端调用接口库向数据库发起连接请求，守护进程 postmaster 会 fork 单独的服务进程 postgres 为客户端提供服务，此后将由 postgres 进程为客户端执行各种命令，客户端也不再需要 postmaster 中转，直接与服务进程 postgres 通信，直至客户端断开连接，如图 5-6 所示。

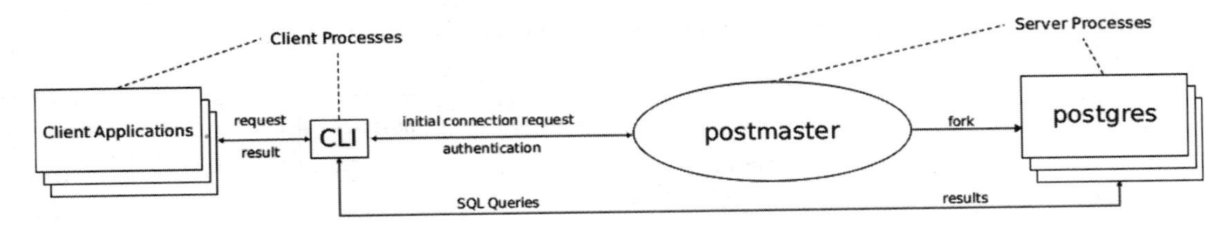

图 5-6　客户端与服务器端进程

PostgreSQL 使用基于消息的协议用于前端和后端（服务器和客户端）之间通信。通信都是通过一个消息流进行，消息的第一个字节标识消息类型，后面跟着的四个字节声明消息剩下部分的长度，该协议在 TCP/IP 和 Unix 域套接字上实现。服务器作业之间通过信号和共享内存通信，以保证并发访问时的数据完整性，如图 5-7 所示。

5.2.2　辅助进程

除了守护进程 postmaster 和服务进程 postgres 外，PostgreSQL 在运行期间还需要一些辅助进程才能工作，这些进程包括：

- background writer：也可以称为 bgwriter 进程，bgwriter 进程很多时候都是在休眠状态，每次唤醒后它会搜索共享缓冲池找到被修改的页，并将它们从共享缓冲池刷出。

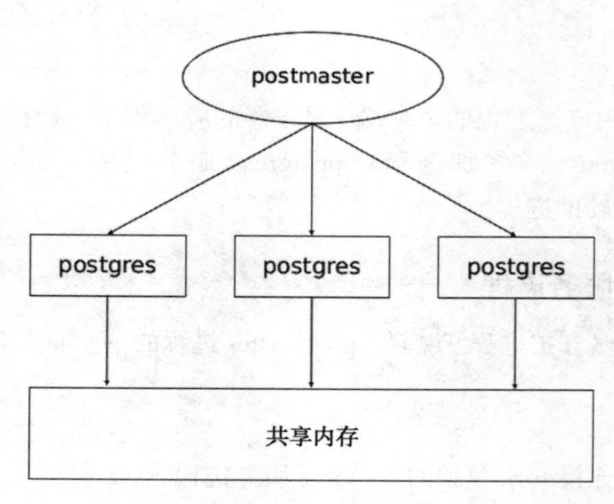

图 5-7　服务端进程与共享内存

- ❑ autovacuum launcher：自动清理回收垃圾进程。
- ❑ WAL writer：定期将 WAL 缓冲区上的 WAL 数据写入磁盘。
- ❑ statistics collector：统计信息收集进程。
- ❑ logging collector：日志进程，将消息或错误信息写入日志。
- ❑ archiver：WAL 归档进程。
- ❑ checkpointer：检查点进程。

图 5-8 显示了服务器端进程与辅助进程和 postmaster 守护进程的关系。

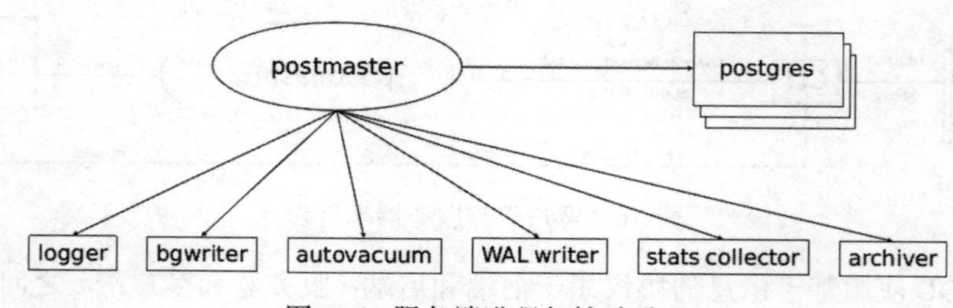

图 5-8　服务端进程与辅助进程

5.3　内存结构

PostgreSQL 的内存分为两大类：本地内存和共享内存，另外还有一些为辅助进程分配的内存等，下面简单介绍本地内存和共享内存的概貌。

5.3.1　本地内存

本地内存由每个后端服务进程分配以供自己使用，当后端服务进程被 fork 时，每个后端进程为查询分配一个本地内存区域。本地内存由三部分组成：work_mem、maintenance_work_mem 和 temp_buffers。

- work_mem：当使用 ORDER BY 或 DISTINCT 操作对元组进行排序时会使用这部分内存。
- maintenance_work_mem：维护操作，例如 VACUUM、REINDEX、CREATE INDEX 等操作使用这部分内存。
- temp_buffers：临时表相关操作使用这部分内存。

5.3.2 共享内存

共享内存在 PostgreSQL 服务器启动时分配，由所有后端进程共同使用。共享内存主要由三部分组成：

- shared buffer pool：PostgreSQL 将表和索引中的页面从持久存储装载到这里，并直接操作它们。
- WAL buffer：WAL 文件持久化之前的缓冲区。
- CommitLog buffer：PostgreSQL 在 Commit Log 中保存事务的状态，并将这些状态保留在共享内存缓冲区中，在整个事务处理过程中使用。

图 5-9 显示了内存的结构概貌。

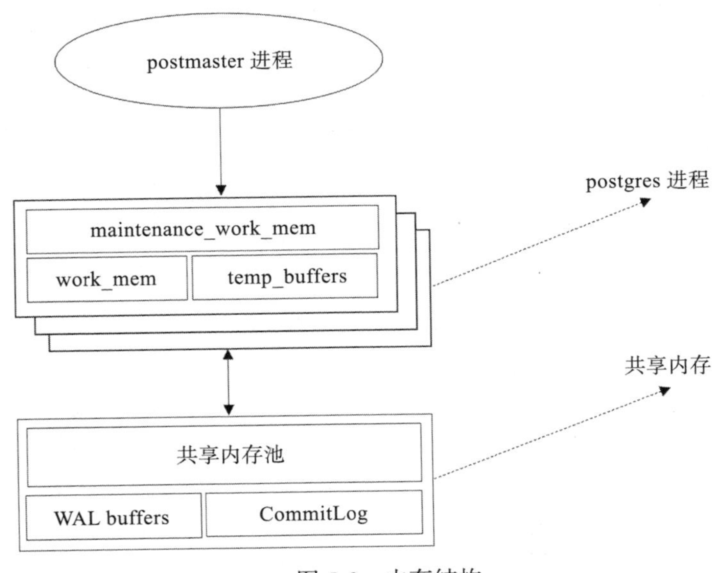

图 5-9　内存结构

5.4 本章小结

本章从全局角度简单讨论了 PostgreSQL 数据库的文件存储，介绍了构成数据库的参数文件、数据文件布局，以及表空间、数据库、数据库对象的逻辑存储结构，简单介绍了PostgreSQL 的守护进程、服务进程和辅助进程，介绍了客户端与数据库服务器连接交互方式，从数据库目录到表文件到最小的数据块，从大到小逐层分析了重要的数据文件。通过这些简单介绍，只能够窥探到 PostgreSQL 体系的冰山一角，PostgreSQL 体系结构中的每一个知识点都有足够丰富的内容，值得深入学习。PostgreSQL 有着多年的技术沉淀，清晰的代码结构，通过源代码深入学习可以事半功倍。

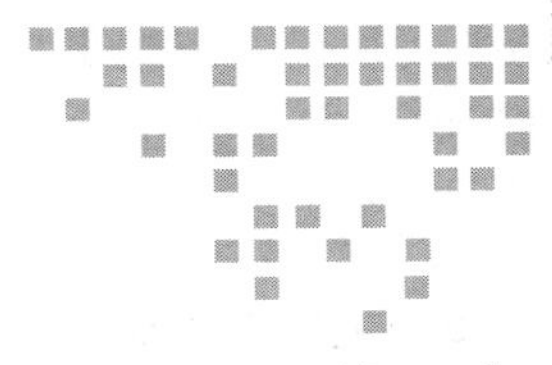

第 6 章 *Chapter 6*

并行查询

了解 Oracle 的朋友应该知道 Oracle 支持并行查询，比如 SELECT、UPDATE、DELETE 大事务开启并行功能后能利用多核 CPU，从而充分发挥硬件性能，提升大事务处理效率，PostgreSQL 在 9.6 版本前还不支持并行查询，SQL 无法利用多核 CPU 提升性能，9.6 版本开始支持并行查询，只是 9.6 版本的并行查询所支持的范围非常有限，例如只在顺序扫描、多表关联、聚合查询中支持并行，10 版本增强了并行查询功能，例如增加了并行索引扫描、并行 index-only 扫描、并行 bitmap heap 扫描等，本章将介绍 PostgreSQL10 的并行查询功能。

6.1 并行查询相关配置参数

介绍 PostgreSQL 并行查询之前先来介绍并行查询的几个重要参数。

1. max_worker_processes(integer)

设置系统支持的最大后台进程数，默认值为 8，如果有备库，备库上此参数必须大于或等于主库上的此参数配置值，此参数调整后需重启数据库生效。

2. max_parallel_workers (integer)

设置系统支持的并行查询进程数，默认值为 8，此参数受 max_worker_processes 参数限制，设置此参数的值比 max_worker_processes 值高将无效。

当调整这个参数时建议同时调整 max_parallel_workers_per_gather 参数值。

3. max_parallel_workers_per_gather (integer)

设置允许启用的并行进程的进程数，默认值为 2，设置成 0 表示禁用并行查询，此参数受 max_worker_processes 参数和 max_parallel_workers 参数限制，因此并行查询的实际进程数可能比预期的少，并行查询比非并行查询消耗更多的CPU、IO、内存资源，对生产系统有一定影响，使用时需考虑这方面的因素，这三个参数的配置值大小关系通常如下所示：

```
max_worker_processes > max_parallel_workers > max_parallel_workers_per_gather
```

4. parallel_setup_cost(floating point)

设置优化器启动并行进程的成本，默认为1000。

5. parallel_tuple_cost(floating point)

设置优化器通过并行进程处理一行数据的成本，默认为0.1。

6. min_parallel_table_scan_size(integer)

设置开启并行的条件之一，表占用空间小于此值将不会开启并行，并行顺序扫描场景下扫描的数据大小通常等于表大小，默认值为8MB。

7. min_parallel_index_scan_size(integer)

设置开启并行的条件之一，实际上并行索引扫描不会扫描索引所有数据块，只是扫描索引相关数据块，默认值为512kb。

8. force_parallel_mode (enum)

强制开启并行，一般作为测试目的，OLTP生产环境开启需慎重，一般不建议开启。

本章节中postgresql.conf配置文件设置了以下参数：

```
max_worker_processes = 16
max_parallel_workers_per_gather = 4        # taken from max_parallel_workers
max_parallel_workers = 8
parallel_tuple_cost = 0.1
parallel_setup_cost = 1000.0
min_parallel_table_scan_size = 8MB
min_parallel_index_scan_size = 512kB
force_parallel_mode = off
```

本章节将演示并行查询相关测试，测试环境为一台4CPU、8GB内存的虚拟机。

注意 并行查询进程数预估值由参数max_parallel_workers_per_gather控制，并行进程数预估值是指优化器解析SQL时执行计划预计会启用的并行进程数，而实际执行查询时的并行进程数受参数max_parallel_workers、max_worker_processes的限制，也就是说SQL实际获得的并行进程数不会超过这两个参数设置的值，比如max_worker_processes参数设置成2，max_parallel_workers_per_gather参数设置成4，不考虑其他因素的情况下，并行查询实际的并行进程数将会是2，另一方面并行进程数据会受min_parallel_table_scan_size参数的影响，即表的大小会影响并行进程数。并行查询执行计划中的Workers Planned表示执行计划预估的并行进程数，Worker Launched表示并行查询实际获得的并行进程数。

6.2 并行扫描

上一小节介绍了PostgreSQL并行查询相关参数，接下来通过示例演示并行扫描，包括并行顺序扫描、并行索引扫描、并行index-only扫描、并行bitmap heap扫描场景，测试过程中会对上一小节提到的部分参数进行设置，通过实验了解这些参数的含义。

6.2.1 并行顺序扫描

介绍并行顺序扫描之前先介绍顺序扫描(sequential scan)，顺序扫描通常也称之为全表扫描，全表扫描会扫描整张表数据，当表很大时，全表扫描会占用大量CPU、内存、IO资源，对数据库性能有较大影响，在OLTP事务型数据库系统中应当尽量避免。

首先创建一张测试表，并插入5000万数据，如下所示：

```
CREATE TABLE test_big1(
id int4,
name character varying(32),
create_time timestamp without time zone default clock_timestamp());

INSERT INTO test_big1(id,name)
SELECT n, n|| '_test' FROM generate_series(1,50000000) n ;
```

一个顺序扫描的示例如下所示：

```
mydb=> EXPLAIN SELECT * FROM test_big1 WHERE name='1_test';
              QUERY PLAN
----------------------------------------------------------------
   Seq Scan on test_big1  (cost=0.00..991664.00 rows=1 width=25)
       Filter: ((name)::text = '1_test'::text)
(2 rows)
```

以上执行计划Seq Scan on test_big1说明表test_big1上进行了顺序扫描，这是一个典型的顺序扫描执行计划，PostgreSQL中的顺序扫描在9.6版本开始支持并行处理，并行顺序扫描会产生多个子进程，并利用多个逻辑CPU并行全表扫描，一个并行顺序扫描的执行计划如下所示：

```
mydb=> EXPLAIN ANALYZE SELECT * FROM test_big1 WHERE name='1_test';
                                        QUERY PLAN
----------------------------------------------------------------------------------
 Gather  (cost=1000.00..523914.10 rows=1 width=25) (actual time=0.440..1362.675
rows=1 loops=1)
   Workers Planned: 4
   Workers Launched: 4
   ->  Parallel Seq Scan on test_big1  (cost=0.00..522914.00 rows=1 width=25) (actual
       time=1083.280..1355.685 rows=0 loops=5)
         Filter: ((name)::text = '1_test'::text)
         Rows Removed by Filter: 10000000
 Planning time: 0.085 ms
```

```
 Execution time: 1367.248 ms
(8 rows)
```

注意以上执行计划加粗的三行，Workers Planned 表示执行计划预估的并行进程数，Worker Launched 表示查询实际获得的并行进程数，这里 Workers Planned 和 Worker Launched 值都为 4，Parallel Seq Scan on test_big1 表示进行了并行顺序扫描，Planning time 表示生成执行计划的时间，Execution time 表示 SQL 实际执行时间，从以上可以看出，开启 4 个并行时 SQL 实际执行时间为 1367 毫秒。接下来测试不开启并行的 SQL 性能，由于 max_parallel_workers_per_gather 参数设置成了 4，设置成 0 表示关闭并行，在会话级别设置此参数值为 0，如下所示：

```
mydb=> SET max_parallel_workers_per_gather =0;
SET
```

不开启并行，执行计划如下所示：

```
mydb=> EXPLAIN ANALYZE SELECT * FROM test_big1 WHERE name='1_test';
                                    QUERY PLAN
--------------------------------------------------------------------------------
 Seq Scan on test_big1  (cost=0.00..991664.00 rows=1 width=25)
      (actual time=0.022. .5329.100 rows=1 loops=1)
    Filter: ((name)::text = '1_test'::text)
    Rows Removed by Filter: 49999999
 Planning time: 0.163 ms
 Execution time: 5329.136 ms
(5 rows)
```

不开启并行时此 SQL 执行时间为 5329 毫秒，比开启并行查询性能低了 3 倍左右。

6.2.2 并行索引扫描

介绍并行索引扫描之前，先简单介绍下索引扫描（index scan），在表上创建索引后，进行索引扫描的执行计划如下所示：

```
mydb=> EXPLAIN SELECT * FROM test_1 WHERE id=1;
                                    QUERY PLAN
--------------------------------------------------------------------------------
 Index Scan using test_1_pkey on test_1  (cost=0.43..4.45 rows=1 width=26)
    Index Cond: (id = 1)
(2 rows)
```

Index Scan using 表示执行计划预计进行索引扫描，索引扫描也支持并行，称为并行索引扫描（Parallel index scan），本节演示并行索引扫描，首先在表 test_big1 上创建索引，如下所示：

```
mydb=> CREATE INDEX idx_test_big1_id ON test_big1 USING btree (id);
CREATE INDEX
```

执行以下 SQL，统计 ID 小于 1 千万的记录数，如下所示：

```
mydb=> EXPLAIN ANALYZE SELECT count(name) FROM test_big1 WHERE id<10000000;
                                   QUERY PLAN
--------------------------------------------------------------------------------
Finalize Aggregate  (cost=236183.98..236183.99 rows=1 width=8)
    (actual time=753.392. .753.392 rows=1 loops=1)
    ->  Gather  (cost=236183.96..236183.97 rows=4 width=8)
         (actual time=750. 133..753.384 rows=5 loops=1)
        Workers Planned: 4
        Workers Launched: 4
        ->  Partial Aggregate  (cost=235183.96..235183.97 rows=1 width=8) (actual
              time=746.344..746.344 rows=1 loops=5)
               ->  Parallel Index Scan using idx_test_big1_id on test_big1
                     (cost=0.56. .228921.05 rows=2505162 width=13) (actual tim
                     e=0.029..566.830 rows=2000000 loops=5)
                     Index Cond: (id < 10000000)
 Planning time: 0.116 ms
 Execution time: 762.351 ms
(9 rows)
```

根据以上执行计划可以看出，进行了并行索引扫描，开启了 4 个并行进程，执行时间为 762 毫秒，在会话级别关闭并行查询 ，如下所示：

```
mydb=> SET max_parallel_workers_per_gather =0;
SET
```

再次执行以上查询，如下所示：

```
mydb=> EXPLAIN ANALYZE SELECT count(name) FROM test_big1 WHERE id<10000000;
                                QUERY PLAN
--------------------------------------------------------------------------------
Aggregate  (cost=329127.54..329127.55 rows=1 width=8) (actual time=2636.859..2636.859
    rows=1 loops=1)
    ->  Index  Scan  using  idx_test_big1_id  on  test_big1   (cost=0.56..304075.92
         rows= 10020649 width=13) (actual time=0.031..1654.500 ro
ws=9999999 loops=1)
         Index Cond: (id < 10000000)
 Planning time: 0.132 ms
 Execution time: 2636.920 ms
(5 rows)
```

从执行计划看出进行了索引扫描，没有开启并行，执行时间为 2636 毫秒，比并行索引扫描性能低很多。

注意 PostgreSQL10 对并行扫描的支持将提升范围扫描 SQL 的性能，由于开启并行将消耗更多的 CPU、内存、IO 资源，设置并行进程数时得合理考虑，另一方面，目前 PostgreSQL 10 暂不支持非 btree 索引类型的并行索引扫描。

6.2.3 并行 index-only 扫描

了解并行 index-only 扫描之前首先介绍下 index-only 扫描，顾名思义，index-only 扫描是指只需扫描索引，也就是说 SQL 仅根据索引就能获得所需检索的数据，而不需要通过索引回表查询数据。例如，使用 SQL 统计 ID 小于 100 万的记录数，在开始测试之前，先在会话级别关闭并行，如下所示

```
mydb=> SET max_parallel_workers_per_gather =0;
SET
```

之后执行以下 SQL，查看执行计划，如下所示：

```
mydb=> EXPLAIN SELECT count(*) FROM test_big1 WHERE id<1000000;
                                      QUERY PLAN
-------------------------------------------------------------------------------------
    Aggregate  (cost=36060.91..36060.92 rows=1 width=8)
        ->  Index Only Scan using idx_test_big1_id on test_big1  (cost=0.56..33313.99
              rows=1098767 width=0)
            Index Cond: (id < 1000000)
(3 rows)
```

以上执行计划主要看 Index Only Scan 这一行，由于 ID 字段上建立了索引，统计记录数不需要再回表查询其他信息，因此进行了 index-only 扫描，接下来使用 EXPLAIN ANALYZE 执行此 SQL，如下所示：

```
mydb=> EXPLAIN ANALYZE SELECT count(*) FROM test_big1 WHERE id<1000000;
                                  QUERY PLAN
-------------------------------------------------------------------------------------
    Aggregate  (cost=35969.89..35969.90 rows=1 width=8)
        (actual time=253.571..253. 571 rows=1 loops=1)
        ->  Index Only Scan using idx_test_big1_id on test_big1  (cost=0.56..33232.22
              rows=1095066 width=0) (actual time=0.038..179.005 rows=999999 loops=1)
            Index Cond: (id < 1000000)
            Heap Fetches: 999999
    Planning time: 0.103 ms
    Execution time: 253.617 ms
(6 rows)
```

执行时间为 253 毫秒，index-only 扫描支持并行，称为并行 index-only 扫描，接着测试并行 index-only 扫描，在会话级别开启并行功能，如下所示：

```
mydb=> SET max_parallel_workers_per_gather TO default;
SET
```

再次执行以下查询，如下所示：

```
mydb=> EXPLAIN ANALYZE SELECT count(*) FROM test_big1 WHERE id<1000000;
                              QUERY PLAN
```

```
------------------------------------------------------------------------------
   Finalize Aggregate  (cost=26703.66..26703.67 rows=1 width=8)
       (actual time=81. 285..81.285 rows=1 loops=1)
       -> Gather  (cost=26703.64..26703.65 rows=4 width=8)
            (actual time=81. 121..81.277 rows=5 loops=1)
           Workers Planned: 4
           Workers Launched: 4
           -> Partial Aggregate  (cost=25703.64..25703.65 rows=1 width=8)
                 (actual time=75.778..75.778 rows=1 loops=5)
               -> Parallel Index Only Scan using idx_test_big1_id on test_big1
                     (cost=0.56..25019.22 rows=273766 width=0)
                     (actual time=0.045..59.398 rows=200000 loops=5)
                   Index Cond: (id < 1000000)
                   Heap Fetches: 183366
   Planning time: 0.113 ms
   Execution time: 83.364 ms
(10 rows)
```

以上执行计划主要看 Parallel Index Only Scan 这段，进行了并行 index-only 扫描，执行时间降为 83 毫秒，开启并行后性能提升了不少。

6.2.4 并行 bitmap heap 扫描

介绍并行 bitmap heap 扫描之前先了解下 Bitmap Index 扫描和 Bitmap Heap 扫描，当 SQL 的 where 条件中出现 or 时很有可能出现 Bitmap Index 扫描，如下所示：

```
mydb=> EXPLAIN SELECT * FROM test_big1 WHERE id=1 OR id=2;
                                     QUERY PLAN
------------------------------------------------------------------------------
Bitmap Heap Scan on test_big1  (cost=5.15..9.17 rows=2 width=25)
    Recheck Cond: ((id = 1) OR (id = 2))
    -> BitmapOr  (cost=5.15..5.15 rows=2 width=0)
        -> Bitmap Index Scan on idx_test_big1_id  (cost=0.00..2.57 rows=1 width=0)
            Index Cond: (id = 1)
        -> Bitmap Index Scan on idx_test_big1_id  (cost=0.00..2.57 rows=1 width=0)
            Index Cond: (id = 2)
(7 rows)
```

从以上执行计划看出，首先执行两次 Bitmap Index 扫描获取索引项，之后将 Bitmap Index 扫描获取的结果合起来回表查询，这时在表 test_big1 上进行了 Bitmap Heap 扫描。Bitmap Heap 扫描也支持并行，执行以下 SQL，在查询条件中将 ID 的选择范围扩大。

```
EXPLAIN ANALYZE SELECT count(*) FROM test_big1 WHERE id <1000000 OR id > 49000000;
```

执行计划如下所示：

```
mydb=> EXPLAIN ANALYZE SELECT count(*) FROM test_big1 WHERE id <1000000 OR id >
    49000000;
```

```
                                   QUERY PLAN
------------------------------------------------------------------------------------
Finalize Aggregate  (cost=406220.88..406220.89 rows=1 width=8)
    (actual time=241. 186..241.186 rows=1 loops=1)
    ->  Gather  (cost=406220.46..406220.87 rows=4 width=8)
          (actual time=241. 033..241.174 rows=5 loops=1)
        Workers Planned: 4
        Workers Launched: 4
        ->  Partial Aggregate  (cost=405220.46..405220.47 rows=1 width=8) (actual
              time=237.266..237.266 rows=1 loops=5)
            ->  Parallel Bitmap Heap Scan on test_big1  (cost=28053.14..403933.27
                  rows=514876 width=0) (actual time=83.059..189.073 rows=400000 loops=5)
                Recheck Cond: ((id < 1000000) OR (id > 49000000))
                Heap Blocks: exact=2982
                ->  BitmapOr  (cost=28053.14..28053.14 rows=2081101 width=0)
                      (actual time=83.657..83.657 rows=0 loops=1)
                    ->  Bitmap Index Scan on idx_test_big1_id  (cost=0.00..
                          14219.03 rows=1094996 width=0)
                          (actual time=42.187..42.187 rows=999999 loops=1)
                        Index Cond: (id < 1000000)
                    ->  Bitmap Index Scan on idx_test_big1_id
                          (cost=0.00.. 12804.35 rows=986105 width=0)
                          (actual time=41.467..41.467 rows=1000000 loops=1)
                        Index Cond: (id > 49000000)
 Planning time: 0.157 ms
 Execution time: 242.824 ms
(15 rows)
```

从以上执行计划看出进行了并行 Bitmap Heap 扫描，并行进程数为 4，执行时间为 242ms。在会话级关闭并行查询，如下所示：

```
mydb=> SET max_parallel_workers_per_gather =0;
SET
```

再次执行以上 SQL，如下所示：

```
mydb=> EXPLAIN ANALYZE SELECT count(*) FROM test_big1 WHERE id <1000000 OR id >
    49000000;
                                   QUERY PLAN
------------------------------------------------------------------------------------
Aggregate  (cost=432494.42..432494.43 rows=1 width=8) (actual time=466.273.. 466.273
    rows=1 loops=1)
    ->  Bitmap Heap Scan on test_big1  (cost=28053.14..427345.66 rows=2059505
          width=0) (actual time=86.859..299.822 rows=1999999 loops=1)
        Recheck Cond: ((id < 1000000) OR (id > 49000000))
        Heap Blocks: exact=13724
        ->  BitmapOr  (cost=28053.14..28053.14 rows=2081101 width=0)
              (actual time=84.782..84.782 rows=0 loops=1)
```

```
            ->  Bitmap Index Scan on idx_test_big1_id  (cost=0.00..14219.03 rows=
                  1094996 width=0) (actual time=42.704..42.704 rows=999999 loops=1)
                Index Cond: (id < 1000000)
            ->  Bitmap Index Scan on idx_test_big1_id  (cost=0.00..12804.35 rows=
                  986105 width=0) (actual time=42.076..42.076 rows=1000000 loops=1)
                Index Cond: (id > 49000000)
 Planning time: 0.152 ms
 Execution time: 466.323 ms
(11 rows)
```

从以上执行计划看出进行了Bitmap Heap扫描，执行时间上升到466毫秒，不开启并行比开启并行性能低了不少。

6.3 并行聚合

上一小节介绍了PostgreSQL并行扫描，这一小节介绍并行聚合，并通过示例演示。聚合操作是指使用count()、sum()等聚合函数的SQL，以下执行count()函数统计表记录总数，执行计划如下所示：

```
mydb=> EXPLAIN ANALYZE SELECT count(*) FROM test_big1;
                                   QUERY PLAN
--------------------------------------------------------------------------------
Finalize Aggregate  (cost=525335.91..525335.92 rows=1 width=8)
    (actual time=2468.593.. 2468.594 rows=1 loops=1)
    ->  Gather  (cost=525335.89..525335.90 rows=4 width=8)
          (actual time=2468. 386..2468.585 rows=5 loops=1)
        Workers Planned: 4
        Workers Launched: 4
        ->  Partial Aggregate  (cost=524335.89..524335.90 rows=1 width=8)
              (actual time=2463.532..2463.532 rows=1 loops=5)
            ->  Parallel Seq Scan on test_big1  (cost=0.00..493083.91
                  rows= 12500791 width=0) (actual time=0.019..1456.506 rows=10000000
                  loops=5)
 Planning time: 0.089 ms
 Execution time: 2474.970 ms
(8 rows)
```

从以上执行计划看出，首先进行Partial Aggregate，开启了四个并行进程，最后进行Finalize Aggregate，此SQL执行时间为2474毫秒，在操作系统层面通过top命令能看到EXPLAIN ANALYZE命令的四个子进程，如图6-1。

这个例子充分验证了聚合查询count()能够支持并行，为了初步测试并行性能，在会话级别关闭并行查询，如下所示：

```
mydb=> SET max_parallel_workers_per_gather = 0 ;
SET
```

```
top - 22:06:57 up 177 days,  8:01,  3 users,  load average: 1.98, 0.60, 0.21
Tasks: 213 total,   6 running, 207 sleeping,   0 stopped,   0 zombie
Cpu(s): 88.3%us,  7.4%sy,  0.0%ni,  4.3%id,  0.0%wa,  0.0%hi,  0.0%si,  0.0%st
Mem:   8062340k total,  6643848k used,  1418492k free,    76912k buffers
Swap:         0k total,         0k used,         0k free,  5949344k cached

  PID USER      PR  NI  VIRT  RES  SHR S %CPU %MEM    TIME+  COMMAND
28940 postgres  20   0 1233m 168m 167m R 84.8  2.1   0:02.55 postgres: bgworker: parallel worker for PID 24988
28939 postgres  20   0 1233m 217m 216m R 81.4  2.8   0:02.45 postgres: bgworker: parallel worker for PID 24988
24988 postgres  20   0 1246m 1.0g 987m R 77.8 12.7   3:06.46 postgres: pguser mydb [local] EXPLAIN
28938 postgres  20   0 1233m 195m 194m R 69.8  2.5   0:02.10 postgres: bgworker: parallel worker for PID 24988
28941 postgres  20   0 1233m 141m 140m R 67.1  1.8   0:02.02 postgres: bgworker: parallel worker for PID 24988
```

图 6-1　top 命令查看并行进程

再次执行以上查询，如下所示：

```
mydb=> EXPLAIN ANALYZE SELECT count(*) FROM test_big1;
                                    QUERY PLAN
--------------------------------------------------------------------------------
Aggregate  (cost=993115.55..993115.56 rows=1 width=8)
  (actual time=8655.614.. 8655.615 rows=1 loops=1)
   ->  Seq Scan on test_big1  (cost=0.00..868107.64 rows=50003164 width=0)
        (actual time=0.019..4898.227 rows=50000000 loops=1)
 Planning time: 0.106 ms
 Execution time: 8655.666 ms
(4 rows)
```

从执行计划看出，关闭并行查询后进行了顺序扫描，执行时间由原来的 2474 毫秒上升为 8865 毫秒，性能降低近 3 倍，尝试将并行进程数更改为 2 再次进行性能对比。首先在会话级别修改以下参数，如下所示：

```
mydb=> SET max_parallel_workers_per_gather =2;
SET
```

再次执行以下 SQL，如下所示：

```
mydb=> EXPLAIN ANALYZE SELECT count(*) FROM test_big1;
                                  QUERY PLAN
--------------------------------------------------------------------------------
Finalize Aggregate  (cost=629509.16..629509.17 rows=1 width=8)
   (actual time=3305. 585..3305.585 rows=1 loops=1)
   ->  Gather  (cost=629509.15..629509.16 rows=2 width=8)
        (actual time=3305. 512..3305.578 rows=3 loops=1)
         Workers Planned: 2
         Workers Launched: 2
         ->  Partial Aggregate  (cost=628509.15..628509.16 rows=1 width=8) (actual
              time=3302.362..3302.362 rows=1 loops=3)
               ->  Parallel Seq Scan on test_big1  (cost=0.00..576422.52 rows= 20834652
                    width=0) (actual time=0.021..2000.427 rows=16666667 loops=3)
 Planning time: 0.112 ms
 Execution time: 3314.371 ms
(8 rows)
```

从执行计划看出，开启了两个并行进程，执行时间为3314毫秒，之后我们测试并行进程数为6、8时此SQL的执行时间，执行时间汇总如表6-1所示。

表6-1 不同并行进程数下的全表扫描执行时间

并行进程数	Count() 执行时间
0	8865 毫秒
2	3314 毫秒
4	2474 毫秒
6	2479 毫秒
8	2446 毫秒

从表6-1可以看出，并行进程数为8时执行时间最短，但与并行进程数据为4、6时执行时间非常接近，当并行进程数设置比4高时，执行时间几乎没有变化，这是受数据库主机CPU核数限制的，本机测试环境为4核CPU。

sum()函数也能支持并行扫描，如下所示：

```
mydb=> EXPLAIN ANALYZE SELECT sum(hashtext(name)) FROM test_big1;
                                          QUERY PLAN
-------------------------------------------------------------------------------
Finalize Aggregate  (cost=555163.25..555163.26 rows=1 width=8)
    (actual time=3307. 939..3307.939 rows=1 loops=1)
    ->  Gather  (cost=555162.83..555163.24 rows=4 width=8)
          (actual time=3307. 694..3307.934 rows=5 loops=1)
        Workers Planned: 4
        Workers Launched: 4
        ->  Partial Aggregate  (cost=554162.83..554162.84 rows=1 width=8) (actual
              time=3303.628..3303.628 rows=1 loops=5)
              >  Parallel Seq Scan on test_big1  (cost=0.00..491663.22 rows=12499922
                 width=13) (actual time=0.045..1837.554 rows=10000000 loops=5)
 Planning time: 0.078 ms
 Execution time: 3308.999 ms
(8 rows)
```

min()、max()聚合函数也支持并行查询，这里不再测试。

6.4 多表关联

多表关联也能用到并行扫描，例如nested loop、merge join、hash join，多表关联场景能够使用并行并不是指多表关联本身使用并行，而是指多表关联涉及的表数据检索时能够使用并行处理，这一小节将分别介绍三种多表关联方式使用并行的场景。

6.4.1 Nested loop 多表关联

多表关联 Nested loop 实际上是一个嵌套循环，伪代码如下所示：

```
for (i = 0; i < length(outer); i++)
    for (j = 0; j < length(inner); j++)
        if (outer[i] == inner[j])
            output(outer[i], inner[j]);
```

接着测试 Nested loop 多表关联场景下使用到并行扫描的情况，创建一张 test_small 小表，如下所示：

```
CREATE TABLE test_small(id int4, name character varying(32));

INSERT INTO test_small(id,name)
SELECT n, n|| '_small' FROM generate_series(1,8000000) n ;
```

创建索引并做表分析，如下所示：

```
mydb=> CREATE INDEX idx_test_small_id ON test_small USING btree (id);
CREATE INDEX

mydb=> ANALYZE test_small;
ANALYZE
```

ANALYZE 命令用于收集表上的统计信息，使优化器能够获得更准确的执行计划，两表关联执行计划如下所示：

```
mydb=> EXPLAIN ANALYZE SELECT test_small.name
        FROM test_big1, test_small
        WHERE test_big1.id = test_small.id
        AND test_small.id < 10000;
                                    QUERY PLAN
--------------------------------------------------------------------------------
Gather  (cost=1138.18..31628.76 rows=10217 width=13) (actual time=1.036..16.207
    rows=9999 loops=1)
    Workers Planned: 3
    Workers Launched: 3
    ->  Nested Loop  (cost=138.18..29607.06 rows=3296 width=13)
          (actual time= 0.244..10.895 rows=2500 loops=4)
        ->  Parallel Bitmap Heap Scan on test_small  (cost=137.61..14796.65
              rows= 3296 width=17) (actual time=0.203..0.653 rows=2500 loops=4)
                Recheck Cond: (id < 10000)
                Heap Blocks: exact=10
                ->  Bitmap  Index  Scan  on  idx_test_small_id   (cost=0.00..135.06
                      rows=10217  width=0)  (actual  time=0.652..0.652  rows=9999
                      loops=1)
                    Index Cond: (id < 10000)
        ->  Index Only Scan using idx_test_big1_id on test_big1  (cost=0.56..4.48
              rows=1 width=4)  (actual time=0.003..0.003 rows=1 loops=9999)
                    Index Cond: (id = test_small.id)
                    Heap Fetches: 1674
```

```
 Planning time: 0.427 ms
 Execution time: 17.548 ms
(14 rows)
```

从以上执行计划可以看出，首先在表test_big1上进行了Index Only扫描，用于检索id小于10000的记录，之后两表进行Nested loop关联同时在表test_small1上进行了并行Bitmap Heap扫描，用于检索id小于10000的记录，开启并行情况下这条SQL执行时间为17.5毫秒。如果关闭并行，如下所示：

```
mydb=> SET max_parallel_workers_per_gather =0;
SET
```

再次查看执行计划，如下所示：

```
mydb=> EXPLAIN ANALYZE SELECT test_small.name
        FROM test_big1, test_small
        WHERE test_big1.id = test_small.id
        AND test_small.id < 10000;
                                        QUERY PLAN
-------------------------------------------------------------------------
Nested Loop  (cost=1.00..46213.80 rows=10217 width=13) (actual time=0.025..29.054
    rows=9999 loops=1)
    ->  Index Scan using idx_test_small_id on test_small   (cost=0.43..304.23
          rows=10217 width=17) (actual time=0.014..2.284 rows=9999 loops=1)
            Index Cond: (id < 10000)
    ->  Index Only Scan using idx_test_big1_id on test_big1   (cost=0.56..4.48
            rows=1 width=4) (actual time=0.002..0.002 rows=1 loops=9999)
            Index Cond: (id = test_small.id)
            Heap Fetches: 9999
 Planning time: 0.262 ms
 Execution time: 29.606 ms
(8 rows)
```

从以上执行计划看出不开启并行此SQL执行时间为29.6毫秒左右，性能差别还是挺大的。

6.4.2 Merge join多表关联

Merge join多表关联首先将两个表进行排序，之后进行关联字段匹配，Merge join示例如下所示：

```
mydb=> EXPLAIN ANALYZE SELECT test_small.name
        FROM test_big1, test_small
        WHERE test_big1.id = test_small.id
        AND test_small.id < 200000;
                                        QUERY PLAN
-------------------------------------------------------------------------
 Gather  (cost=1001.79..195146.04 rows=204565 width=13)
     (actual time=0.308.. 160.192 rows=199999 loops=1)
   Workers Planned: 4
```

```
    Workers Launched: 4
    ->  Merge Join  (cost=1.79..173689.54 rows=51141 width=13)
          (actual time=4.059.. 127.164 rows=40000 loops=5)
            Merge Cond: (test_big1.id = test_small.id)
            ->  Parallel Index Only Scan using idx_test_big1_id on test_big1
                  (cost=0.56..1017275.56 rows=12500000 width=4)
                  (actual time=0.044..16.223 rows=40001 loops=5)
                Heap Fetches: 50875
            ->  Index Scan using idx_test_small_id on test_small  (cost=0.43..6010.32
                rows=204565 width=17) (actual time=0.034..64.427 rows=199999 loops=5)
                Index Cond: (id < 200000)
 Planning time: 0.255 ms
 Execution time: 171.755 ms
(11 rows)
```

开启了四个并行，执行时间为171毫秒左右。下面关闭并行进行比较，如下所示：

```
mydb=> SET max_parallel_workers_per_gather =0;
SET
```

再次查看执行计划，如下所示：

```
mydb=> EXPLAIN ANALYZE SELECT test_small.name
         FROM test_big1, test_small
         WHERE test_big1.id = test_small.id
         AND test_small.id < 200000;
                                         QUERY PLAN
---------------------------------------------------------------------------------
 Merge Join   (cost=1.79..249728.34 rows=204565 width=13) (actual time=0.034..
     198.331 rows=199999 loops=1)
    Merge Cond: (test_big1.id = test_small.id)
    ->  Index Only Scan using idx_test_big1_id on test_big1  (cost=0.56..1392275.56
          rows=50000000 width=4) (actual time=0.018..60.445
          rows=200000 loops=1)
            Heap Fetches: 200000
    ->  Index  Scan  using  idx_test_small_id  on  test_small   (cost=0.43..6010.32
          rows=204565 width=17) (actual time=0.013..50.531 rows=199999 loops=1)
            Index Cond: (id < 200000)
 Planning time: 0.264 ms
 Execution time: 209.387 ms
(8 rows)
```

从以上执行计划看出不开启并行此SQL执行时间为209毫秒左右，执行时间比开启并行略长。

6.4.3 Hash join多表关联

PostgreSQL多表关联也支持Hash join，当关联字段没有索引情况下两表关联通常会进行Hash join，接下来查看Hash join的执行计划，先将两张表上的索引删除，同时关闭并行，如下所示：

```
mydb=> DROP INDEX idx_test_big1_id;
DROP INDEX
mydb=> DROP INDEX idx_test_small_id ;
DROP INDEX

mydb=> SET max_parallel_workers_per_gather =0;
SET
```

两表关联执行计划如下所示：

```
mydb=> EXPLAIN SELECT test_small.name
        FROM test_big1 JOIN test_small ON (test_big1.id = test_small.id)
        AND test_small.id < 100;
                                   QUERY PLAN
--------------------------------------------------------------------------------
 Hash Join  (cost=150871.78..1205043.77 rows=800 width=13)
   Hash Cond: (test_big1.id = test_small.id)
   ->  Seq Scan on test_big1  (cost=0.00..866664.00 rows=50000000 width=4)
   ->  Hash  (cost=150861.78..150861.78 rows=800 width=17)
         ->  Seq Scan on test_small  (cost=0.00..150861.78 rows=800 width=17)
               Filter: (id < 100)
(6 rows)
```

下面实际执行此SQL，查看性能，如下所示：

```
mydb=> EXPLAIN ANALYZE SELECT test_small.name
        FROM test_big1 JOIN test_small ON (test_big1.id = test_small.id)
        AND test_small.id < 100;
                                   QUERY PLAN
--------------------------------------------------------------------------------
 Hash Join  (cost=151317.06..1206944.59 rows=802 width=13)
   (actual time=735. 778..11259.744 rows=99 loops=1)
   Hash Cond: (test_big1.id = test_small.id)
   ->  Seq Scan on test_big1  (cost=0.00..868107.64 rows=50003164 width=4) (actual
         time=0.015..5424.515 rows=50000000 loops=1)
   ->  Hash  (cost=151307.04..151307.04 rows=802 width=17)
         (actual time=735. 750..735.750 rows=99 loops=1)
           Buckets: 1024  Batches: 1  Memory Usage: 13kB
           ->  Seq Scan on test_small  (cost=0.00..151307.04 rows=802 width=17)
               (actual time=0.010..735.731 rows=99 loops=1)
               Filter: (id < 100)
               Rows Removed by Filter: 7999901
 Planning time: 0.134 ms
 Execution time: 11259.789 ms
(10 rows)
```

从以上看出，执行时间为11 259毫秒。如果开启4个并行，如下所示：

```
mydb=> SET max_parallel_workers_per_gather =4;
SET
```

再次执行SQL，如下所示：

```
mydb=> EXPLAIN ANALYZE SELECT test_small.name
        FROM test_big1 JOIN test_small ON (test_big1.id = test_small.id)
        AND test_small.id < 100;
                                    QUERY PLAN
---------------------------------------------------------------------------------
 Gather  (cost=152317.06..692280.94 rows=802 width=13)
     (actual time=1152. 263..4304.757 rows=99 loops=1)
   Workers Planned: 4
   Workers Launched: 4
   ->  Hash  Join   (cost=151317.06..691280.94  rows=200  width=13)  (actual  time=
         3667.973..4298.423 rows=20 loops=5)
           Hash Cond: (test_big1.id = test_small.id)
           ->  Parallel Seq Scan on test_big1  (cost=0.00..493083.91 rows=12500791
                 width=4) (actual time=0.025..1737.558 rows=10000000 loops=5)
           ->  Hash  (cost=151307.04..151307.04 rows=802 width=17)
                 (actual time=1106.665..1106.665 rows=99 loops=5)
               Buckets: 1024  Batches: 1  Memory Usage: 13kB
               ->  Seq Scan on test_small  (cost=0.00..151307.04 rows=802 width=17)
                   (actual time=863.670..1106.624 rows=99 loops=5)
                   Filter: (id < 100)
                   Rows Removed by Filter: 7999901
 Planning time: 0.156 ms
 Execution time: 4315.928 ms
(13 rows)
```

从以上执行计划看出，开启了 4 个并行，执行时间下降为 4315 毫秒。

6.5 本章小结

本章主要介绍了 PostgreSQL 并行查询相关内容，包括并行查询相关配置参数、并行顺序扫描、并行索引扫描、并行 index-only 扫描、并行 bitmap heap 扫描，同时介绍了多表关联场景中并行的使用。从本节测试示例可以看出，大部分能够启用并行的场景对 SQL 性能都有较大幅度提升，甚至是提升 3 到 4 倍，通过阅读本章读者能了解 PostgreSQL 并行查询支持的场景，同时对并行查询相关配置参数有一定理解。

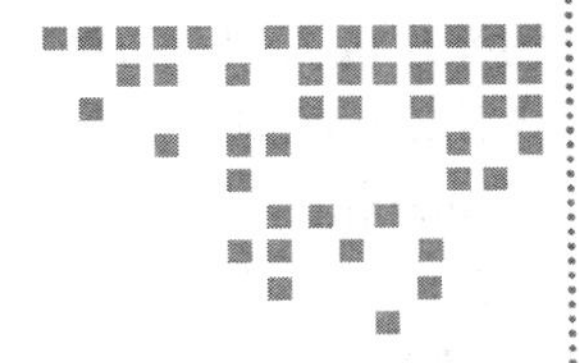

第 7 章 Chapter 7

事务与并发控制

事务是关系型数据库最重要的概念，而并发通常能带来更大的吞吐量、资源利用率和更好的性能。但是当多个事务并发执行时，即使每个单独的事务都正确执行，数据库的一致性也可能被破坏。为了控制并发事务之间的相互影响，解决并发可能带来的资源争用及数据不一致性问题，数据库的并发控制系统引入了基于锁的并发控制机制（Lock-Based Concurrency Control）和基于多版本的并发控制机制 MVCC（Multi-Version Concurrency Control）。本章将简单介绍 PostgreSQL 事务的概念，并重点讨论 PostgreSQL MVCC 的基本知识、工作细节和原理，数据库管理员和应用开发者都应该熟悉它。

7.1 事务和并发控制的概念

7.1.1 事务的基本概念和性质

事务是数据库系统执行过程中最小的逻辑单位。当事务被提交时，数据库管理系统要确保一个事务中的所有操作都成功完成，并且在数据库中永久保存操作结果。如果一个事务中的一部分操作没有成功完成，则数据库管理系统会把数据库回滚到操作执行之前的状态。在 PostgreSQL 中，显式地指定 BEGIN...END/COMMIT/ROLLBACK 包括的语句块或一组语句为一个事务，未指定 BEGIN...END/COMMIT/ROLLBACK 的单条语句也称为一个事务。事务有四个重要的特性：原子性、一致性、隔离性、持久性。

- 原子性（Atomicity）：一个事务的所有操作，要么全部执行，要么全部不执行。
- 一致性（Consistency）：执行事务时保持数据库从一个一致的状态变更到另一个一致的状态。
- 隔离性（Isolation）：即使每个事务都能确保一致性和原子性，如果并发执行时，由于它们的操作以人们不希望的方式交叉运行，就会导致不一致的情况发生。确保事务与事务并发执行时，每个事务都感觉不到有其他事务在并发地执行。

- 持久性（Durability）：一个事务完成之后，即使数据库发生故障，它对数据库的改变应该永久保存在数据库中；

这四个特性分别取它们名称的首字母，通常习惯称之为ACID。其中，事务一致性由主键、外键这类约束保证，持久性由预写日志（WAL）和数据库管理系统的恢复子系统保证，原子性、隔离性则由事务管理器和MVCC来控制。

7.1.2 并发引发的现象

如果所有的事务都按照顺序执行，所有事务的执行时间没有重叠交错就不会存在事务并发性。如果以不受控制的方式允许具有交织操作的并发事务，则可能发生不期望的结果。这些不期望的结果可能被并发地写入和并发地读取而得到非预期的数据。PostgreSQL中可以把这些非预期的现象总结为：脏读（Dirty read）、不可重复读（Non-repeatable read）、幻读（Phantom Read）和序列化异常（Serialization Anomaly）。下面我们会分别举例演示这几种非预期的读现象。

注意 由于PostgreSQL内部将READ UNCOMMITTED设计为和READ COMMITTED一样，在PostgreSQL数据库中无论如何都无法产生脏读，所以读者可以使用能够出现脏读现象的数据库观察脏读现象。由于PostgreSQL在READ COMMITTED隔离级别可能出现不可重复读、幻读的现象，所以例子中都使用PostgreSQL默认的事务隔离级别READ COMMITTED来演示。关于隔离级别的概念后文会有解释。

1. 脏读

当第一个事务读取了第二个事务中已经修改但还未提交的数据，包括INSERT、UPDATE、DELETE，当第二个事务不提交并执行ROLLBACK后，第一个事务所读取到的数据是不正确的，这种读现象称作脏读。下面演示一个脏读的例子。

首先创建一张测试表并插入测试数据，如下所示：

```
CREATE TABLE tbl_mvcc (
    id INT NOT NULL AUTO_INCREMENT,
    ival INT,
    PRIMARY KEY (id)
);
-- 插入一条测试数据
INSERT INTO tbl_mvcc (ival) VALUES (1);
```

按照从上到下的顺序分别执行T1和T2如下所示：

T1	T2
set session transaction isolation level read uncommitted;start transaction; select * from tbl_mvcc where id = 1; /* id=1,ival=1 */	

（续）

T1	T2
	start transaction; update tbl_mvcc set ival = 10 where id = 1;
select * from tbl_mvcc where id = 1; /* id=1,ival=10 */	
	rollback;

上面的例子中，事务 T1 在 tbl_mvcc 表中查询数据，得到 id=1，ival=1 的行，这时事务 T2 更新表中 id=1 的行的 ival 值为 10，此时事务 T1 查询 tbl_mvcc 表，而事务 T2 此时并未提交，ival 预期的值理应等于 1，但是事务 T1 却得到了 ival 等于 10 的值。事务 T2 最终进行了 ROLLBACK 操作，很显然，事务 T1 将得到错误的值，引发了脏读现象。

2. 不可重复读

当一个事务第一次读取数据之后，被读取的数据被另一个已提交的事务进行了修改，事务再次读取这些数据时发现数据已经被另一个事务修改，两次查询的结果不一致，这种读现象称为不可重复读。下面演示一个不可重复读的例子。

首先创建一张测试表并插入测试数据，如下所示：

```
CREATE TABLE tbl_mvcc (
    id SERIAL PRIMARY KEY,
    ival INT
);
-- 插入一条测试数据
INSERT INTO tbl_mvcc (ival) VALUES (1);
```

按照从上到下的顺序分别执行 T1 和 T2，如下所示：

T1	T2
BEGIN TRANSACTION ISOLATION LEVEL READ COMMITTED;	
SELECT id,ival FROM tbl_mvcc WHERE id = 1;	
id | ival ---+------ 1 | 1 (1 row)	
	BEGIN; UPDATE tbl_mvcc SET ival = 10 WHERE id = 1; COMMIT;
SELECT id,ival FROM tbl_mvcc WHERE id = 1; id | ival ---+------ 1 | 10 (1 row)	
END;	

在上面的例子中，事务 T1 在 tbl_mvcc 表中第一次查询数据，得到 id=1，ival=1 的行，这时事务 T2 更新表中 id=1 的行的 ival 值为 10，并且事务 T2 成功地进行了 COMMIT 操作。此时事务 T1 查询 tbl_mvcc 表，得到 ival 的值等于 10，我们的预期是数据库在第二次 SELECT 请求的时候，应该返回事务 T2 更新之前的值，但实际查询到的结果与第一次查询得到的结果不同，由于事务 T2 的并发操作，导致事务 T1 不能重复读取到预期的值，这就是不可重复读的现象。

3. 幻读

指一个事务的两次查询的结果集记录数不一致。例如一个事务第一次根据范围条件查询了一些数据，而另一个事务却在此时插入或删除了这个事务的查询结果集中的部分数据，这个事务在接下来的查询中，会发现有一些数据在它先前的查询结果中不存在，或者第一次查询结果中的一些数据不存在了，两次查询结果不相同，这种读现象称为幻读。幻读可以认为是受 INSERT 和 DELETE 影响的不可重复读的一种特殊场景。

下面演示一个幻读的例子，使用前面创建的测试表 tbl_mvcc 和表中的测试数据，如下所示：

<table>
<tr><th>T1</th><th>T2</th></tr>
<tr><td><pre>BEGIN TRANSACTION ISOLATION LEVEL READ
COMMITTED;
SELECT id,ival FROM tbl_mvcc WHERE id >
3 AND id < 10;
id | ival
---+------
 4 | 4
 5 | 5
(2 rows)</pre></td><td></td></tr>
<tr><td></td><td><pre>BEGIN;
INSERT INTO tbl_mvcc (id , ival) VALUES (6 , 6);
END;</pre></td></tr>
<tr><td><pre>SELECT id,ival FROM tbl_mvcc WHERE id >
3 AND id < 10;
id | ival
---+------
 4 | 4
 5 | 5
 6 | 6
(3 rows)</pre></td><td></td></tr>
<tr><td><pre>END;</pre></td><td></td></tr>
</table>

在上面的例子中，事务 T1 在 tbl_mvcc 表中第一次查询 id 大于 3 并且小于 10 的数据，得到两行数据，这时事务 T2 在表中插入了一条 id 等于 6 的数据，这条数据正好满足事务 T1 的 WHERE 条件中，id 大于 3 并且小于 10 的查询条件，事务 T1 再次查询时，查询结

果会多一条非预期的数据，像产生了幻觉。不可重复读和幻读很相似，它们之间的区别主要在于不可重复读主要受到其他事务对数据的 UPDATE 操作，而幻读主要受到其他事务 INSERT 和 DELETE 操作的影响。

7.1.3 ANSI SQL 标准的事务隔离级别

为了避免事务与事务之间并发执行引发的副作用，最简单的方法是串行化地逐个执行事务，但是串行化地逐个执行事务会严重降低系统吞吐量，降低硬件和系统的资源利用率。为此，ANSI SQL 标准定义了四类隔离级别，每一个隔离级别都包括了一些具体规则，用来限定事务内外的哪些改变对其他事务是可见的，哪些是不可见的，也就是允许或不允许出现脏读、不可重复读，幻读的现象。通过这些事务隔离级别规定了一个事务必须与其他事务所进行的资源或数据更改相隔离的程度。这四类事务隔离级别包括：

- Read Uncommitted（读未提交）：在该隔离级别，所有事务都可以看到其他未提交事务的执行结果，在多用户数据库中，脏读是非常危险的，在并发情况下，查询结果非常不可控，即使不考虑结果的严谨性只追求性能，它的性能也并不比其他事务隔离级别好多少，可以说脏读没有任何好处。所以未提交读这一事务隔离级别很少用于实际应用。
- Read Committed（读已提交）：这是 PostgreSQL 的默认隔离级别，它满足了一个事务只能看见已经提交事务对关联数据所做的改变的隔离需求。
- Repeatable Read（可重复读）：确保同一事务的多个实例在并发读取数据时，会看到同样的数据行。
- Serializable（可序列化）：这是最高的隔离级别，它通过强制事务排序，使之不可能相互冲突，从而解决幻读问题。简言之，它是在每个读的数据行上加上共享锁。在这个级别，可能导致大量的超时现象和锁竞争。

下面的表格是 ANSI SQL 标准定义的事务隔离级别与读现象的关系：

隔离级别	脏读	不可重复读	幻读
Read Uncommitted	可能	可能	可能
Read Committed	不可能	可能	可能
Repeatable Read	不可能	不可能	可能
Serializable	不可能	不可能	不可能

对于同一个事务来说，不同的事务隔离级别执行结果可能会不同。隔离级别越高，越能保证数据的完整性和一致性，但是需要更多的系统资源，增加了事务阻塞其他事务的概率，对并发性能的影响也越大，吞吐量也会更低；低级别的隔离级别一般支持更高的并发处理，并拥有更低的系统开销，但增加了并发引发的副作用的影响。对于多数应用程序，优先考虑 Read Committed 隔离级别。它能够避免脏读，而且具有较好的并发性能。尽管它

会导致不可重复读、幻读和丢失更新这些并发问题，在可能出现这类问题的个别场合，可以由应用程序采用悲观锁或乐观锁来控制。

7.2 PostgreSQL 的事务隔离级别

尽管不同的数据库系统中事务隔离的实现不同，但都会遵循 SQL 标准中“不同事务隔离级别必须避免哪一种读现象发生”的约定。SQL 标准中 Read Uncommitted 的事务隔离级别是允许脏读的，其本意应该是数据库管理系统在这一事务隔离级别能够支持非阻塞的读，即常说的写不阻塞读，但 PostgreSQL 默认就提供了非阻塞读，因此在 PostgreSQL 内部只实现了三种不同的隔离级别，PostgreSQL 的 Read Uncommitted 模式的行为和 Read Committed 相同，并且 PostgreSQL 的 Repeatable Read 实现不允许幻读。而 SQL 标准定义的四种隔离级别只定义了哪种现象不能发生，描述了每种隔离级别必须提供的最小保护，但是没有定义哪种现象必须发生，这是 SQL 标准特别允许的。在 PostgreSQL 中，依然可以使用四种标准事务隔离级别中的任意一种，但是要理解 PostgreSQL 的事务隔离级别有别于其他数据库隔离级别的定义。除此以外，这里还引入了一个新的数据冲突问题：序列化异常。序列化异常是指成功提交的一组事务的执行结果与这些事务按照串行执行方式的执行结果不一致。下面演示一个序列化异常的例子，按照从上到下的顺序分别执行 T1 和 T2，如下所示：

T1	T2
BEGIN TRANSACTION ISOLATION LEVEL REPEATABLE READ ; SELECT id,ival FROM tbl_mvcc WHERE id = 1; id	ival ---+------ 1	1 (1 rows)	
	UPDATE tbl_mvcc SET ival = ival * 10 WHERE id = 1;
UPDATE tbl_mvcc SET ival = ival + 1 WHERE id = 1; ERROR: could not serialize access due to concurrent update	
ROLLBACK	

在上面的例子中，事务 T1 开始时查询出 id=1 的数据，事务 T2 在事务 T1 提交之前对数据做了更新操作，并且在事务 T1 提交之前提交成功；当事务 T1 提交时，如果按照先执行 T2 再执行 T1 的顺序执行，事务 T1 在事务开始时查询到的数据应该是事务 T2 提交之后的结果：ival=10，但由于事务 T1 是可重复读的，当它进行 UPDATE 时，事务 T1 读到的数据却是它开始时读到的数据：ival=1；这时就发生了序列化异常的现象。Serializable 与 Repeatable Read 在 PostgreSQL 里是基本一样的，除了 Serializable 不允许序列化异常。

下面的表格是 PostgreSQL 中不同的事务隔离级别与读现象的关系：

隔离级别	脏　读	不可重复读	幻　读	序列化异常
Read Uncommitted	不可能	可能	可能	可能
Read Committed	不可能	可能	可能	可能
Repeatable Read	不可能	不可能	不可能	可能
Serializable	不可能	不可能	不可能	不可能

下面我们通过一个例子验证在 Repeatable Read 事务隔离级别不可能出现幻读，如下所示：

T1	T2
BEGIN TRANSACTION ISOLATION LEVEL REPEATABLE READ; SELECT id,ival FROM tbl_mvcc WHERE id > 3 AND id < 10; id	ival ---+------ 4	4 5	5 (2 rows)	

	BEGIN;
	INSERT INTO tbl_mvcc (id , ival) VALUES (6 , 6);
	END;

SELECT id,ival FROM tbl_mvcc WHERE id > 3 AND id < 10; id	ival ---+------ 4	4 5	5 (2 rows)	
END;	

在上面的例子中，事务 T1 在 tbl_mvcc 表中第一次查询 id 大于 3 并且小于 10 的数据，得到两行数据，这时事务 T2 在表中插入了一条 id 等于 6 的数据，这条数据正好满足事务 T1 的 WHERE 条件中，id 大于 3 并且小于 10 的查询条件，事务 T1 再次查询时，与第一次查询的结果相同，说明没有出现幻读现象。其他事务隔离级别对读现象的影响这里不再演示，有兴趣的读者可以自行实验。

7.2.1　查看和设置数据库的事务隔离级别

PostgreSQL 默认的事务隔离级别是 Read Committed。查看全局事务隔离级别的代码如下所示：

```
mydb=# SELECT name,setting FROM pg_settings WHERE name = 'default_transaction_isolation';
             name              |     setting
-------------------------------+-----------------
```

```
    default_transaction_isolation | repeatable read
(1 row)
```

或:

```
mydb=# SELECT current_setting('default_transaction_isolation');
    current_setting
-----------------
    repeatable read
(1 row)
```

7.2.2 修改全局的事务隔离级别

方法 1：通过修改 postgresql.conf 文件中的 default_transaction_isolation 参数修改全局事务隔离级别，修改之后 reload 实例使之生效；

方法 2：通过 ALTER SYSTEM 命令修改全局事务隔离级别：

```
mydb=# ALTER SYSTEM SET default_transaction_isolation TO 'REPEATABLE READ';
ALTER SYSTEM
mydb=# SELECT pg_reload_conf();
    pg_reload_conf
----------------
    t
(1 row)
mydb=# SELECT current_setting('transaction_isolation');
    current_setting
-----------------
    repeatable read
(1 row)
```

7.2.3 查看当前会话的事务隔离级别

查看当前会话的事务隔离级别的代码如下所示：

```
mydb=# SHOW transaction_isolation ;
    transaction_isolation
-----------------------
    read committed
(1 row)
```

或:

```
mydb=# SELECT current_setting('transaction_isolation');
    current_setting
-----------------
    read committed
(1 row)
```

7.2.4 设置当前会话的事务隔离级别

设置当前会话的事务隔离级别的代码如下所示：

```
mydb=# SET SESSION CHARACTERISTICS AS TRANSACTION ISOLATION LEVEL READ UNCOMMITTED;
SET
mydb=# SHOW transaction_isolation ;
    transaction_isolation
------------------------
    read uncommitted
(1 row)
```

7.2.5 设置当前事务的事务隔离级别

在启动事务的同时设置事务隔离级别，如下所示：

```
mydb=# START TRANSACTION ISOLATION LEVEL READ UNCOMMITTED;
START TRANSACTION
...
...
...
mydb=# END;
COMMIT
```

或：

```
mydb=# BEGIN ISOLATION LEVEL READ UNCOMMITTED READ WRITE;
...
...
...
mydb=# END/COMMIT/ROLLBACK;
```

START TRANSACTION 和 BEGIN 都是开启一个事务，具有相同的功能。

7.3 PostgreSQL 的并发控制

在多用户环境中，允许多人同时访问和修改数据，为了保持事务的隔离性，系统必须对并发事务之间的相互作用加以控制，在这种情况下既要确保用户以一致的方式读取和修改数据，还要争取尽量多的并发数，这是数据库管理系统的并发控制器需要做的事情。当多个事务同时执行时，即使每个单独的事务都正确执行，数据的一致性也可能被破坏。为了控制并发事务之间的相互影响，应把事务与事务在逻辑上隔离开，以保证数据库的一致性。数据库管理系统中并发控制的任务便是确保在多个事务同时存取数据库中同一数据时不破坏事务的隔离性、数据的一致性以及数据库的一致性，也就是解决丢失更新、脏读、不可重复读、幻读、序列化异常的问题。并发控制模型有基于锁的并发控制 (Lock-Based Concurrency Control) 和基于多版本的并发控制 (Multi-Version Concurrency Control)。封锁、时间戳、乐观并发控制（又名“乐观锁”，Optimistic Concurrency Control，缩写为“OCC”）和悲观并发控制（又名“悲观锁”，Pessimistic Concurrency Control，缩写为“ PCC”）是并发控制采用的主要技术手段。

7.3.1 基于锁的并发控制

为了解决并发问题，数据库引入了“锁”的概念。基本的封锁类型有两种：排它锁（Exclusive locks，X 锁）和共享锁（Share locks，S 锁）。

排它锁：被加锁的对象只能被持有锁的事务读取和修改，其他事务无法在该对象上加其他锁，也不能读取和修改该对象。

共享锁：被加锁的对象可以被持锁事务读取，但是不能被修改，其他事务也可以在上面再加共享锁。

封锁对象的大小称为封锁粒度（Granularity）。封锁的对象可以是逻辑单元，也可以是物理单元。以关系数据库为例子，封锁对象可以是这样一些逻辑单元：属性值、属性值的集合、元组、关系、索引项、整个索引项甚至整个数据库；也可以是这样的一些物理单元：页（数据页或索引页）、物理记录等。封锁的策略是一组规则，这些规则阐明了事务何时对数据项进行加锁和解锁，通常称为封锁协议（Locking Protocol）。由于采用了封锁策略，一次只能执行一个事务，所以只会产生串行调度，迫使事务只能等待前面的事务结束之后才可以开始，所以基于锁的并发控制机制导致性能低下，并发程度低。

关于锁以及 PostgreSQL 特有的 Advisory Lock（咨询锁）的相关书籍和文档都比较丰富，本书不做赘述。

7.3.2 基于多版本的并发控制

基于锁的并发控制机制要么延迟一项操作，要么中止发出该操作的事务来保证可串行性。如果每一数据项的旧值副本保存在系统中，这些问题就可以避免。这种基于多个旧值版本的并发控制即 MVCC。一般把基于锁的并发控制机制称成为悲观机制，而把 MVCC 机制称为乐观机制。这是因为锁机制是一种预防性的机制，读会阻塞写，写也会阻塞读，当封锁粒度较大，时间较长时并发性能就不会太好；而 MVCC 是一种后验性的机制，读不阻塞写，写也不阻塞读，等到提交的时候才检验是否有冲突，由于没有锁，所以读写不会相互阻塞，避免了大粒度和长时间的锁定，能更好地适应对读的响应速度和并发性要求高的场景，大大提升了并发性能，常见的数据库如 Oracle、PostgreSQL、MySQL(Innodb) 都使用 MVCC 并发控制机制。在 MVCC 中，每一个写操作创建一个新的版本。当事务发出一个读操作时，并发控制管理器选择一个版本进行读取。也就是为数据增加一个关于版本的标识，在读取数据时，连同版本号一起读出，在更新时对此版本号加一。

MVCC 通过保存数据在某个时间点的快照，并控制元组的可见性来实现。快照记录 READ COMMITTED 事务隔离级别的事务中的每条 SQL 语句的开头和 SERIALIZABLE 事务隔离级别的事务开始时的元组的可见性。一个事务无论运行多长时间，在同一个事务里都能够看到一致的数据。根据事务开始的时间不同，在同一个时刻不同事务看到的相同表里的数据可能是不同的。

PostgreSQL 为每一个事务分配一个递增的、类型为 int32 的整型数作为唯一的事务 ID，称为 xid。创建一个新的快照时，将收集当前正在执行的事务 id 和已提交的最大事务 id。根据快照提供的信息，PostgreSQL 可以确定事务的操作是否对执行语句是可见的。PostgreSQL 还在系统里的每一行记录上都存储了事务相关的信息，这被用来判断某一行记录对于当前事务是否可见。在 PostgreSQL 的内部数据结构中，每个元组（行记录）有 4 个与事务可见性相关的隐藏列，分别是 xmin、xmax、cmin、cmax，其中 cmin 和 cmax 分别是插入和删除该元组的命令在事务中的命令序列标识，xmin、xmax 与事务对其他事务的可见性相关，用于同一个事务中的可见性判断。可以通过 SQL 直接查询到它们的值，如下所示：

```
mydb=# SELECT xmin,xmax,cmin,cmax,id,ival FROM tbl_mvcc WHERE id = 1;
  xmin | xmax | cmin | cmax | id | ival
---------+------+------+------+----+------
  1930 |    0 |    0 |    0 |  1 |    1
(1 row)
```

其中 xmin 保存了创建该行数据的事务的 xid，xmax 保存的是删除该行的 xid，PostgreSQL 在不同事务时间使用 xmin 和 xmax 控制事务对其他事务的可见性。

1. 通过 xmin 决定事务的可见性

当插入一行数据时，PostgreSQL 会将插入这行数据的事务的 xid 存储在 xmin 中。通过 xmin 值判断事务中插入的行记录对其他事务的可见性有两种情况：

1）由回滚的事务或未提交的事务创建的行对于任何其他事务都是不可见的。例如我们开启一个新的事务，如下所示：

```
mydb=# BEGIN;
mydb=# SELECT txid_current();
  txid_current
--------------
          1937
(1 row)
mydb=# INSERT INTO tbl_mvcc(id,ival) VALUES(7,7);
INSERT 0 1
mydb=# SELECT xmin,xmax,cmin,cmax,id,ival FROM tbl_mvcc WHERE id = 7;
  xmin | xmax | cmin | cmax | id | ival
---------+------+------+------+----+------
  1937 |    0 |    0 |    0 |  7 |    7
(1 row)
```

通过 SELECT txid_current() 语句我们查询到当前的事务的 xid 是 1937，插入一条 id 等于 7 的数据，查询这条新数据的隐藏列可以看到 xmin 的值等于 1937，也就是插入这行数据的事务的 xid。

开启另外一个事务，如下所示：

```
mydb=# BEGIN;
BEGIN
```

```
mydb=# SELECT txid_current();
    txid_current
--------------
        1938
(1 row)

mydb=# SELECT * FROM tbl_mvcc WHERE id = 7;
  id | ival
------+------
(0 rows)

mydb=# END;
COMMIT
```

可以看到由于第一个事务并没有提交，所以第一个事务对第二个事务是不可见的。

2）无论提交成功或回滚的事务，xid 都会递增。对于 Repeatable Read 和 Serializable 隔离级别的事务，如果它的 xid 小于另外一个事务的 xid，也就是元组的 xmin 小于另外一个事务的 xmin，那么另外一个事务对这个事务是不可见的。下面举例说明。

```
mydb=# BEGIN TRANSACTION ISOLATION LEVEL REPEATABLE READ;
BEGIN
mydb=# SELECT txid_current();
    txid_current
--------------
        1939
(1 row)
```

以上语句开启了一个事务，这个事务的 xid 是 1939。再开始另外一个事务如下所示：

```
mydb=# BEGIN;
BEGIN
mydb=# SELECT txid_current();
    txid_current
--------------
        1940
(1 row)

mydb=# INSERT INTO tbl_mvcc (id,ival) VALUES (7,7);
INSERT 0 1
mydb=# SELECT xmin,xmax,cmin,cmax,id,ival FROM tbl_mvcc WHERE id = 7;
  xmin | xmax | cmin | cmax | id | ival
---------+------+------+------+----+------
  1940 |    0 |    0 |    0 |  7 |    7
(1 row)
mydb=# COMMIT;
COMMIT
```

第二个事务的 xid 是 1940，并在这个事务中在表中插入一条新的数据，xmin 记录了第二个事务的 xid，第二个事务提交成功。在第一个事务中查询第二个事务提交的数据，如下所示：

```
mydb=# SELECT xmin,xmax,cmin,cmax,id,ival FROM tbl_mvcc WHERE id = 7;
    xmin | xmax | cmin | cmax | id | ival
---------+------+------+------+----+------
(0 rows)
mydb=# END;
COMMIT
```

从上面的例子可以看到，尽管第二个事务提交成功，但在第一个事务中并未能查询到第二个事务插入的数据，因为第一个事务的 XID 是 1939，第二个事务插入的数据的 xmin 值是 1940，小于第二个事务的 xmin，所以插入的 id 等于 7 的数据对第一个事务是不可见的。

2. 通过 xmax 决定事务的可见性

通过 xmax 值判断事务的更新操作和删除操作对其他事务的可见性有这几种情况：1）如果没有设置 xmax 值，该行对其他事务总是可见的；2）如果它被设置为回滚事务的 xid，该行对其他事务也是可见的；3）如果它被设置为一个正在运行，没有 COMMIT 和 ROLLBACK 的事务的 xid，该行对其他事务是可见的；4）如果它被设置为一个已提交的事务的 xid，该行对在这个已提交事务之后发起的所有事务都是不可见的。

7.3.3 通过 pageinspect 观察 MVCC

通过 PostgreSQL 文件系统的存储格式可以理解得更清晰。在 PostgreSQL 中，可以使用 pageinspect 这个外部扩展来观察数据库页面的内容。 pageinspect 提供了一些函数可以得到数据库的文件系统中页面的详细内容，使用它之前先在数据库中创建扩展，如下所示：

```
mydb=# CREATE EXTENSION pageinspect;
CREATE EXTENSION
mydb=# \dx+ pageinspect
       Objects in extension "pageinspect"
           Object description
-------------------------------------------------------------
    ...
    function get_raw_page(text,integer)
    ...
    function heap_page_items(bytea)
    ...
(19 rows)
```

下面介绍两个会用到的函数。get_raw_page get_raw_page(relname text, fork text, blkno int) 和它的一个重载 get_raw_page(relname text,blkno int)，用于读取 relation 中指定的块的值，其中 relname 是 relation name，参数 fork 可以有 main、vm、fsm、init 这几个值，fork 默认值是 main，main 表示数据文件的主文件，vm 是可见性映射的块文件，fsm 为 free space map 的块文件，init 是初始化的块。get_raw_page 以一个 bytea 值的形式返回一个拷贝。 heap_page_items heap_page_items 显示一个堆页面上所有的行指针。对那些使用中的

行指针，元组头部和元组原始数据也会被显示。不管元组对于拷贝原始页面时的 MVCC 快照是否可见，它们都会被显示。一般使用 get_raw_page 函数获得堆页面映像作为参数传递给 heap_page_items。

我们创建如下的视图以便更清晰地观察 PostgreSQL 的 MVCC 是如何控制并发时的多版本。这个视图来自 BRUCE MOMJIAN 的一篇博客文章，他的博客地址：http://momjian.us/。

```
DROP VIEW IF EXISTS v_pageinspect;
CREATE VIEW v_pageinspect AS
SELECT  '(0,' || lp || ')' AS ctid,
        CASE lp_flags
            WHEN 0 THEN 'Unused'
            WHEN 1 THEN 'Normal'
            WHEN 2 THEN 'Redirect to ' || lp_off
            WHEN 3 THEN 'Dead'
        END,
        t_xmin::text::int8 AS xmin,
        t_xmax::text::int8 AS xmax,
        t_ctid
    FROM heap_page_items(get_raw_page('tbl_mvcc', 0))
    ORDER BY lp;
```

先看不考虑并发的情况：当 INSERT 数据时，事务会将 INSERT 的数据的 xmin 的值设置为当前事务的 xid，xmax 设置为 NULL，如下所示：

```
mydb=# BEGIN;
mydb=# SELECT txid_current();
 txid_current
--------------
          565
(1 row)
-- 当前的事务id为565
mydb=# INSERT INTO tbl_mvcc (ival) VALUES (1);
mydb=# SELECT * FROM v_pageinspect;
  ctid  |  case  | xmin | xmax | t_ctid
--------+--------+------+------+--------
  (0,1) | Normal |  565 |    0 | (0,1)
(1 row)
mydb=# END;
-- 上一条INSERT语句插入的数据xmin的值设置为当前事务的xid，565，xmax设置为NULL。
```

当 DELETE 数据时，将 xmax 的值设置为当前事务的 xid，如下所示：

```
mydb=# BEGIN;
BEGIN
mydb=# SELECT txid_current();
 txid_current
--------------
          561
(1 row)
```

```
mydb=# DELETE FROM tbl_mvcc WHERE id = 1;
DELETE 1
mydb=# SELECT * FROM v_pageinspect;
    ctid   |  case   | xmin | xmax | t_ctid
----------+--------+------+------+--------
    (0,1)  | Normal |  565 |  566 | (0,1)
(1 row)

mydb=# END;
COMMIT
```

当 UPDATE 数据时，对于每个更新的行，首先 DELETE 原先的行，再执行 INSERT，如下所示：

```
mydb=# INSERT INTO tbl_mvcc (ival) VALUES (2); -- 先插入一条准备用来测试UPDATE的数据
mydb=# BEGIN;
mydb=# SELECT txid_current();
    txid_current
--------------
         639
(1 row)
-- 当前的事务id为639
mydb=# SELECT * FROM tbl_mvcc;
    id | ival
-------+------
     2 |    2
(1 row)
-- 现在tbl_mvcc中只有一行记录
mydb=# SELECT * FROM v_pageinspect;
    ctid   |  case   | xmin | xmax | t_ctid
----------+--------+------+------+--------
    (0,1)  | Normal |  567 |    0 | (0,1)
(1 row)
-- 通过pageinspect查看page的内部，这条记录的xmin为当前事务的xid，也就是插入它的那个事务的
   xid，567。
mydb=# UPDATE tbl_mvcc SET ival = 20 WHERE id = 2;
-- 更新这条记录
mydb=# SELECT * FROM v_pageinspect;
    ctid   |  case   | xmin | xmax | t_ctid
----------+--------+------+------+--------
    (0,1)  | Normal |  567 |  639 | (0,2)
    (0,2)  | Normal |  639 |    0 | (0,2)
(2 rows)
mydb=# END;
```

通过 pageinspect 查看 page 的内部，可以看到 UPDATE 实际上是先 DELETE 先前的数据，再 INSERT 一行新的数据，前面验证过插入这条数据的事务的 xid 为 567，可以看到 ctid 为 (0,1) 的这条记录的 xmin 为 567，xmax 等于当前事务的 xid：639，另外在这个 page 中多了一条 ctid 为 (0,2) 的记录，它的 xmin 等于当前事务的 xid：639。这时候数据库中就

存在两个版本了，一个是被 UPDATE 之前的那条数据，另外一个是 UPDATE 之后被重新插入的那条数据。

7.3.4 使用 pg_repack 解决表膨胀问题

尽管 PostgreSQL 的 MVCC 读不阻塞写，写不阻塞读，实现了高性能和高吞吐量，但也有它不足的地方。通过观察数据块的内部结构，我们已经了解到在 PostgreSQL 中数据采用堆表保存，并且 MVCC 的旧版本和新版本存储在同一个地方，如果更新大量数据，将会导致数据表的膨胀。例如一张一万条数据的表，如果对它进行一次全量的更新，根据 PostgreSQL 的 MVCC 的实现方式，在数据文件中每条数据实际会有两个版本存在，一个版本是更新之前的旧版本，一个版本是更新之后的新版本，这两个版本并存必然导致磁盘的使用率是实际数据的一倍，对性能也略有影响。

使用 VACUUM 命令或者 autovacuum 进程将旧版本的磁盘空间标记为可用，尽管 VACUUM 已经被实现得非常高效，但是没有办法把已经利用的磁盘空间释放给操作系统，VACUUM FULL 命令可以回收可用的磁盘空间，但它会阻塞所有其他的操作。

pg_repack 是一个可以在线重建表和索引的扩展。它会在数据库中建立一个和需要清理的目标表一样的临时表，将目标表中的数据 COPY 到临时表，并在临时表上建立与目标表一样的索引，然后通过重命名的方式用临时表替换目标表。

这个小工具使用非常简单，可以下载源码编译安装，也可以通过 yum 源安装，这里以通过 yum 源安装为例。首先安装 pg_repack，如下所示：

```
[root@pghost1 ~]# yum install -y pg_repack10
```

然后在数据库中创建 pg_repack 扩展，如下所示：

```
mydb=# CREATE EXTENSION pg_repack;
```

在命令行中，使用 pg_repack 对 tbl_mvcc 表进行重建，如下所示：

```
[postgres@pghost1 ~]# /usr/pgsql-10/bin/pg_repack -t tbl_mvcc -j 2 -D -k -h pghost1
    -U postgres -d mydb
```

可以使用定时任务的方式，定期对超过一定阈值的表和索引进行重建，达到给数据库瘦身的目的。PostgreSQL 全球开发组在接下来的一两个版本中，将对 MVCC 的实现方式作较大的改进，我们拭目以待。

7.3.5 支持事务的 DDL

PostgreSQL 事务的一个高级功能就是它能够通过预写日志设计来执行事务性的 DDL。也就是把 DDL 语句放在一个事务中，比如创建表、TRUNCATE 表等。举个创建表的例子，如下所示：

```
mydb=# DROP TABLE IF EXISTS tbl_test;
NOTICE:  table "tbl_test" does not exist, skipping
DROP TABLE
mydb=# BEGIN;
BEGIN
mydb=# CREATE TABLE tbl_test (ival int);
CREATE TABLE
mydb=# INSERT INTO tbl_test VALUES (1);
INSERT 0 1
mydb=# ROLLBACK;
ROLLBACK
mydb=# SELECT * FROM tbl_test;
ERROR:  relation "tbl_test" does not exist
```

再举个 TRUNCATE 的例子，如下所示：

```
mydb=# SELECT COUNT(*) FROM tbl_mvcc;
 count
-------
 9
(1 row)
mydb=# BEGIN;
BEGIN
mydb=# TRUNCATE tbl_mvcc ;
TRUNCATE TABLE
mydb=# ROLLBACK;
ROLLBACK
mydb=# SELECT COUNT(*) FROM tbl_mvcc;
 count
-------
 9
(1 row)
```

在上面的例子中，TRUNCATE 命令放在了一个事务中，但最后这个事务回滚了，表中的数据都完好无损。

7.4 本章小结

事务和多版本并发控制是数据库的两个非常重要的概念，本篇提到的内容只是冰山一角，在本章中我们讨论了数据库并发情况下可能发生的脏读、不可重复读和幻读现象以及事务的概念，通过几个例子演示了 PostgreSQL 中这几种读的现象。了解了如何开始一个事务，如何设置数据库、会话、单个事务的事务隔离级别，简单介绍了 PostgreSQL 事务隔离级别的特点，以及 PostgreSQL 如何通过隐藏列控制事务的可见性，并通过 pageinspect 扩展和一个视图观察了 MVCC 的内部信息，最后还介绍了 PostgreSQL 强大的支持事务的 DDL。

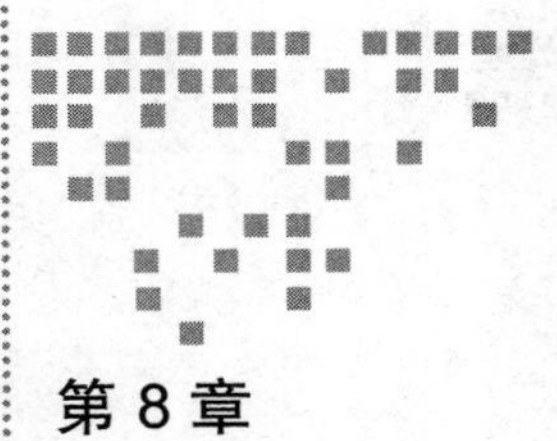

Chapter 8 第8章

分 区 表

分区表是关系型数据库提供的一个亮点特性，比如Oracle对分区表的支持已经非常成熟，广泛使用于生产系统，PostgreSQL也支持分区表，只是道路有些曲折，早在10版本之前PostgreSQL分区表一般通过继承加触发器方式实现，这种分区方式不能算是内置分区表，而且步骤非常烦琐，PostgreSQL10版本一个重量级的新特性是支持内置分区表，在分区表方面前进了一大步，目前支持范围分区和列表分区。为了便于说明，继承加触发器方式实现的分区表称为传统分区表，10版本提供的分区表称为内置分区表，本节将介绍这两种分区表的创建、性能测试和注意点。

8.1 分区表的意义

分区表主要有以下优势：

- 当查询或更新一个分区上的大部分数据时，对分区进行索引扫描代价很大，然而，在分区上使用顺序扫描能提升性能。
- 当需要删除一个分区数据时，通过DROP TABLE删除一个分区，远比DELETE删除数据高效，特别适用于日志数据场景。
- 由于一个表只能存储在一个表空间上，使用分区表后，可以将分区放到不同的表空间上，例如可以将系统很少访问的分区放到廉价的存储设备上，也可以将系统常访问的分区存储在高速存储上。

分区表的优势主要体现在降低大表管理成本和某些场景的性能提升，相比普通表性能有何差异？本章将对传统分区表、内置分区表做性能测试。

8.2 传统分区表

传统分区表是通过继承和触发器方式实现的，其实现过程步骤多，非常复杂，需要定义父表、定义子表、定义子表约束、创建子表索引、创建分区插入、删除、修改函数和触发器等，可以说是在普通表基础上手工实现的分区表。在介绍传统分区表之前先介绍继承，继承是传统分区表的重要组成部分。

8.2.1 继承表

PostgreSQL 提供继承表，简单地说是首先定义一张父表，之后可以创建子表并继承父表，下面通过一个简单的例子来理解。

创建一张日志模型表 tbl_log，如下所示：

```
mydb=> CREATE TABLE tbl_log(id int4,create_date date,log_type text);
CREATE TABLE
```

之后创建一张子表 tbl_log_sql 用于存储 SQL 日志，如下所示：

```
mydb=> CREATE TABLE tbl_log_sql(sql text) INHERITS(tbl_log);
CREATE TABLE
```

通过 INHERITS(tbl_log) 表示表 tbl_log_sql 继承表 tbl_log，子表可以定义额外的字段，以上定义了 sql 为额外字段，其他字段则继承父表 tbl_log，查看 tbl_log_sql 表结构，如下所示：

```
mydb=> \d tbl_log_sql
            Table "pguser.tbl_log_sql"
      Column    |  Type    | Collation | Nullable | Default
----------------+----------+-----------+----------+---------
   id           | integer  |           |          |
   create_date  | date     |           |          |
   log_type     | text     |           |          |
   sql          | text     |           |          |
Inherits: tbl_log
```

从以上看出 tbl_log_sql 表有四个字段，前三个字段和父表 tbl_log 一样，第四个字段 sql 为自定义字段，以上 Inherits: tbl_log 信息表示继承了表 tbl_log。

父表和子表都可以插入数据，接着分别在父表和子表中插入一条数据，如下所示：

```
mydb=> INSERT INTO tbl_log VALUES (1,'2017-08-26',null);
INSERT 0 1
mydb=> INSERT INTO tbl_log_sql VALUES(2,'2017-08-27',null,'select 2');
INSERT 0 1
```

这时如果查询父表 tbl_log 会显示两表的记录，如下所示：

```
mydb=> SELECT * FROM tbl_log;
   id | create_date | log_type
```

```
-------+------------+----------
     1 | 2017-08-26 |
     2 | 2017-08-27 |
(2 rows)
```

尽管查询父表会将子表的记录数也列出，但子表自定义的字段没有显示，如果想确定数据来源于哪张表，可通过以下 SQL 查看表的 OID，如下所示：

```
mydb=> SELECT tableoid, * FROM tbl_log;
   tableoid | id | create_date | log_type
------------+----+-------------+----------
      16854 |  1 | 2017-08-26  |
      16860 |  2 | 2017-08-27  |
(2 rows)
```

tableoid 是表的隐藏字段，表示表的 OID，可通过 pg_class 系统表关联找到表名，如下所示：

```
mydb=> SELECT p.relname,c.*
         FROM tbl_log c, pg_class p
         WHERE c.tableoid = p.oid;
          relname | id | create_date | log_type
---------------+----+-------------+----------
    tbl_log     |  1 | 2017-08-26  |
    tbl_log_sql |  2 | 2017-08-27  |
(2 rows)
```

如果只想查询父表的数据，需在父表名称前加上关键字 ONLY，如下所示：

```
mydb=> SELECT * FROM ONLY tbl_log;
    id | create_date | log_type
-------+-------------+----------
     1 | 2017-08-26  |
(1 row)
```

因此，对于 UPDATE、DELETE、SELECT 操作，如果父表名称前没有加 ONLY，则会对父表和所有子表进行 DML 操作，如下所示：

```
mydb=> DELETE FROM tbl_log;
DELETE 2
mydb=> SELECT count(*) FROM tbl_log;
 count
-------
 0
(1 row)
```

从以上结果可以看出父表和所有子表数据都被删除了。

注意 对于使用了继承表的场景，对父表的 UPDATE、DELETE 的操作需谨慎，因为会对父表和所有子表的数据进行 DML 操作。

8.2.2 创建分区表

接下来介绍传统分区表的创建，传统分区表创建过程主要包括以下几个步骤。

步骤 1 创建父表，如果父表上定义了约束，子表会继承，因此除非是全局约束，否则不应该在父表上定义约束，另外，父表不应该写入数据。

步骤 2 通过 INHERITS 方式创建继承表，也称之为子表或分区，子表的字段定义应该和父表保持一致。

步骤 3 给所有子表创建约束，只有满足约束条件的数据才能写入对应分区，注意分区约束值范围不要有重叠。

步骤 4 给所有子表创建索引，由于继承操作不会继承父表上的索引，因此索引需要手工创建。

步骤 5 在父表上定义 INSERT、DELETE、UPDATE 触发器，将 SQL 分发到对应分区，这步可选，因为应用可以根据分区规则定位到对应分区进行 DML 操作。

步骤 6 启用 constraint_exclusion 参数，如果这个参数设置成 off，则父表上的 SQL 性能会降低，后面会通过示例解释这个参数。

以上六个步骤是创建传统分区表的主要步骤，接下来通过一个示例演示创建一张范围分区表，并且定义年月子表存储月数据。

首先创建父表，如下所示：

```
CREATE TABLE log_ins(id serial,
user_id int4,
create_time timestamp(0) without time zone);
```

创建 13 张子表，如下所示：

```
CREATE TABLE log_ins_history(CHECK ( create_time < '2017-01-01' )) INHERITS(log_ins);
CREATE TABLE log_ins_201701(CHECK ( create_time >= '2017-01-01' and create_time
    < '2017-02-01')) INHERITS(log_ins);
CREATE TABLE log_ins_201702(CHECK ( create_time >= '2017-02-01' and create_time
    < '2017-03-01')) INHERITS(log_ins);
...
CREATE TABLE log_ins_201712(CHECK ( create_time >= '2017-12-01' and create_time
    < '2018-01-01')) INHERITS(log_ins);
```

中间省略了部分脚本，给子表创建索引，如下所示：

```
CREATE INDEX idx_his_ctime ON log_ins_history USING btree (create_time);
CREATE INDEX idx_log_ins_201701_ctime ON log_ins_201701 USING btree (create_time);
CREATE INDEX idx_log_ins_201702_ctime ON log_ins_201702 USING btree (create_time);
...
CREATE INDEX idx_log_ins_201712_ctime ON log_ins_201712 USING btree (create_time);
```

由于父表上不存储数据，可以不用在父表上创建索引。

创建触发器函数，设置数据插入父表时的路由规则，如下所示：

```
CREATE OR REPLACE FUNCTION log_ins_insert_trigger()
    RETURNS trigger
    LANGUAGE plpgsql
AS $function$
BEGIN
    IF    ( NEW. create_time < '2017-01-01' ) THEN
        INSERT INTO log_ins_history VALUES (NEW.*);
    ELSIF ( NEW.create_time>='2017-01-01' and NEW.create_time<'2017-02-01' ) THEN
        INSERT INTO log_ins_201701 VALUES (NEW.*);
    ELSIF ( NEW.create_time>='2017-02-01' and NEW.create_time<'2017-03-01' ) THEN
        INSERT INTO log_ins_201702 VALUES (NEW.*);
    ...
    ELSIF ( NEW.create_time>='2017-12-01' and NEW.create_time<'2018-01-01' ) THEN
        INSERT INTO log_ins_201712 VALUES (NEW.*);
    ELSE
        RAISE EXCEPTION 'create_time out of range.  Fix the log_ins_insert_
            trigger() function!';
    END IF;
    RETURN NULL;
END;
$function$;
```

函数中的 new.* 是指要插入的数据行，在父表上定义插入触发器，如下所示：

```
CREATE TRIGGER insert_log_ins_trigger BEFORE INSERT ON log_ins FOR EACH ROW
    EXECUTE PROCEDURE log_ins_insert_trigger();
```

触发器创建完成后，往父表 log_ins 插入数据时，会执行触发器并触发函数 log_ins_insert_trigger() 将表数据插入到相应分区中。DELETE、UPDATE 触发器和函数创建过程和 INSERT 方式类似，这里不再列出，这步完成之后，传统分区表的创建步骤已全部完成。

注意 父表和子表都可以定义主键约束，但会带来一个问题，由于父表和子表的主键约束是分别创建的，那么可能在父表和子表中存在重复的主键数据，这对整个分区表说来做不到主键唯一，举个简单的例子，假如在父表和所有子表的 user_id 字段上创建主键，父表与子表及子表与子表之间可能存在相同的 user_id，这点需要注意。

8.2.3 使用分区表

往父表 log_ins 插入测试数据，并验证数据是否插入对应分区，如下所示：

```
INSERT INTO log_ins(user_id,create_time)
SELECT round(100000000*random()),generate_series('2016-12-01'::date,
    '2017-12-01'::date, '1 minute');
```

这里通过 round(100000000*random()) 随机生成 8 位整数，generate_series 函数生成时间数据，数据如下所示：

```
mydb=> SELECT * FROM log_ins LIMIT 2;
```

```
        id | user_id  |     create_time
-----------+----------+---------------------
    570242 | 24040985 | 2016-12-01 00:00:00
    570243 | 10814368 | 2016-12-01 00:01:00
(2 rows)
```

查看父表数据，发现父表里没有数据，如下所示。

```
mydb=> SELECT count(*) FROM ONLY log_ins;
 count
-------
  0
(1 row)

mydb=> SELECT count(*) FROM log_ins;
 count
--------
 525601
(1 row)
```

查看子表数据，如下所示：

```
mydb=> SELECT min(create_time),max(create_time) FROM log_ins_201701;
        min            |         max
-----------------------+---------------------
   2017-01-01 00:00:00 | 2017-01-31 23:59:00
(1 row)
```

这说明子表里可查到数据，查看子表大小，如下所示：

```
mydb=> \dt+ log_ins*
                            List of relations
   Schema |       Name       | Type  | Owner  |    Size     | Description
----------+------------------+-------+--------+-------------+-------------
   pguser | log_ins          | table | pguser | 0 bytes     |
   pguser | log_ins_201701   | table | pguser | 1960 kB     |
   pguser | log_ins_201702   | table | pguser | 1768 kB     |
...
pguser | log_ins_201712  | table | pguser | 8192 bytes |
pguser | log_ins_history | table | pguser | 1960 kB    |
(14 rows)
```

由此可见数据都已经插入到子表里。

8.2.4 查询父表还是子表

假如我们检索 2017-01-01 这一天的数据，我们可以查询父表，也可以直接查询子表，两者性能上是否有差异呢？查询父表的执行计划如下所示：

```
mydb=> EXPLAIN ANALYZE SELECT * FROM log_ins WHERE create_time > '2017-01-01' AND
    create_time < '2017-01-02';
                                    QUERY PLAN
```

```
------------------------------------------------------------------------------------------
    Append  (cost=0.00..45.97 rows=1435 width=16) (actual time=0.025..0.425 rows=1439
        loops=1)
        ->  Seq Scan on log_ins  (cost=0.00..0.00 rows=1 width=16) (actual time=0.004..
              0.004 rows=0 loops=1)
              Filter: ((create_time > '2017-01-01 00:00:00'::timestamp without time
                  zone) AND (create_time < '2017-01-02 00:00:00'::times
tamp without time zone))
        ->  Index Scan USING idx_log_ins_201701_ctime on log_ins_201701  (cost=0.29..
              45.97 rows=1434 width=16) (actual time=0.020..0.285
rows=1439 loops=1)
              Index Cond: ((create_time > '2017-01-01 00:00:00'::timestamp without
                  time zone) AND (create_time < '2017-01-02 00:00:00'::t
imestamp without time zone))
    Planning time: 0.581 ms
    Execution time: 0.515 ms
(7 rows)
```

从以上执行计划看出在分区 log_ins_201701 上进行了索引扫描，执行时间为 0.515 毫秒，接着查看直接查询子表 log_ins_201701 的执行计划，如下所示：

```
mydb=> EXPLAIN ANALYZE SELECT * FROM log_ins_201701 WHERE create_time > '2017-01-
    01' AND create_time < '2017-01-02';
                                        QUERY PLAN
------------------------------------------------------------------------------
    Index Scan USING idx_log_ins_201701_ctime on log_ins_201701  (cost=0.29..45.97
        rows=1434 width=16) (actual time=0.017..0.254 rows=1
439 loops=1)
        Index Cond: ((create_time > '2017-01-01 00:00:00'::timestamp without time
            zone) AND (create_time < '2017-01-02 00:00:00'::timestamp
            without time zone))
    Planning time: 0.142 ms
    Execution time: 0.337 ms
(4 rows)
```

从以上执行计划看出，直接查询子表只需要 0.337 毫秒，性能上有一定提升，如果并发量上去的话，这个差异将更明显，因此在实际生产过程中，对于传统分区表分区方式，不建议应用访问父表，而是直接访问子表，也许有人会问，应用如何定位到访问哪张子表呢？可以根据预先的分区约束定义，本节这个例子 log_ins 是根据时间范围分区，那么应用可以根据时间来判断查询哪张子表，当然，以上是根据分区表分区键查询的场景，如果根据非分区键查询则会扫描分区表的所有分区。

8.2.5 constraint_exclusion 参数

constraint_exclusion 参数用来控制优化器是否根据表上的约束来优化查询，参数值为以下值：

- on：所有表都通过约束优化查询；

- off：所有表都不通过约束优化查询；
- partition：只对继承表和UNION ALL子查询通过检索约束来优化查询；

简单地说，如果设置成on或partition，查询父表时优化器会根据子表上的约束判断检索哪些子表，而不需要扫描所有子表，从而提升查询性能，接下来在会话级别将参数constraint_exclusion设置成off，进行测试，如下所示：

```
mydb=> SET constraint_exclusion =off;
SET
```

接下来查询父表，如下所示：

```
mydb=> EXPLAIN ANALYZE SELECT * FROM log_ins WHERE create_time > '2017-01-01' AND
    create_time < '2017-01-02';
                                        QUERY PLAN
--------------------------------------------------------------------------------
    Append  (cost=0.00..94.40 rows=1447 width=16) (actual time=0.029..0.534 rows=1439
        loops=1)
            ->  Seq Scan on log_ins   (cost=0.00..0.00 rows=1 width=16) (actual
                time=0.005..0.005 rows=0 loops=1)
          Filter: ((create_time > '2017-01-01 00:00:00'::timestamp without time
              zone) AND (create_time < '2017-01-02 00:00:00'::timestamp without time
              zone))
            ->  Index Scan USING idx_his_ctime on log_ins_history  (cost=0.29..4.31
                rows=1 width=16) (actual time=0.008..0.008 rows=0 loops=1)
                Index Cond: ((create_time > '2017-01-01 00:00:00'::timestamp
                    without time zone) AND (create_time < '2017-01-02 00:00:00'::
                    timestamp without time zone))
            ->  Index Scan USING idx_log_ins_201701_ctime on log_ins_201701
                (cost=0.29..45.97 rows=1434 width=16) (actual time=0.016..0.293
                rows=1439 loops=1)
                Index Cond: ((create_time > '2017-01-01 00:00:00'::timestamp
                    without time zone) AND (create_time < '2017-01-02 00:00:00'::
                    timestamp without time zone))=0 loops=1)
         ...
            ->  Seq Scan on log_ins_201712  (cost=0.00..1.01 rows=1 width=16) (actual
                time=0.011..0.011 rows=0 loops=1)
                Filter: ((create_time > '2017-01-01 00:00:00'::timestamp without
                    time zone) AND (create_time < '2017-01-02 00:00:00'::
                    timestamp without time zone))
                Rows Removed by Filter: 1
    Planning time: 1.344 ms
    Execution time: 0.685 ms
 (32 rows)
```

从以上执行计划看出，查询父表时扫描了所有分区，执行时间上升到了0.685毫秒，性能下降不少，假如一张分区表有成百上千个分区，扫描所有分区带来的性能下降将会非常大，因此，这个参数建议设置成partition，不建议设置成on，因为优化器通过检查约束来优化查询的方式本身就带来一定开销，如果所有表都启用这个特性，将加重优化器的负担。

8.2.6 添加分区

添加分区属于分区表维护的常规操作之一，比如历史表范围分区到期之前需要扩分区，log_ins 表为日志表，每个分区存储当月数据，假如分区快到期了，可通过以下 SQL 扩分区，首先创建子表，如下所示：

```
CREATE TABLE log_ins_201801(CHECK ( create_time >= '2018-01-01' and create_time
    < '2018-02-01')) INHERITS(log_ins);
...
```

通常会多定义一些分区，这个操作要根据具体场景来进行。

之后创建相关索引，如下所示：

```
CREATE INDEX idx_log_ins_201801_ctime ON log_ins_201801 USING btree
(create_time);
...
```

然后刷新触发器函数 log_ins_insert_trigger()，添加相应代码，将符合路由规则的数据插入新分区，详见之前定义的这个函数，这步完成后，添加分区操作完成，可通过 \d+ log_ins 命令查看 log_ins 的所有分区。

这种方法比较直接，创建分区时就将分区继承到父表，如果中间步骤有错可能对生产系统带来影响，比较推荐的做法是将以上操作分解成以下几个步骤，降低对生产系统的影响，如下所示：

```
--创建分区
CREATE TABLE log_ins_201802(LIKE log_ins INCLUDING ALL );

--添加约束
ALTER TABLE log_ins_201802 ADD CONSTRAINT log_ins_201802_create_time_check
 CHECK ( create_time >= '2018-02-01' AND create_time < '2018-03-01');

--刷新触发器函数log_ins_insert_trigger()
函数刷新前建议先备份函数代码。

--所有步骤完成后，将新分区log_ins_201802继承到父表log_ins
ALTER TABLE log_ins_201802 INHERIT log_ins;
```

以上方法是将新分区所有操作完成后，再将分区继承到父表，降低了生产系统添加分区操作的风险，当然，在生产系统添加分区前建议在测试环境事先演练一把。

8.2.7 删除分区

分区表的一个重要优势是对于大表的管理上十分方便，例如需要删除历史数据时可以直接删除一个分区，这比 DELETE 方式效率高了多个数量级，传统分区表删除分区通常有两种方法，第一种方法是直接删除分区，如下所示：

```
DROP TABLE log_ins_201802
```

就像删除普通表一样删除分区即可，当然删除分区前需再三确认是否需要备份数据；另一种比较推荐的删除分区方法是先将分区的继承关系去掉，如下所示：

```
mydb=> ALTER TABLE log_ins_201802 NO INHERIT log_ins;
ALTER TABLE
```

执行以上命令后，log_ins_201802 分区不再属于分区表 log_ins 的分区，但 log_ins_201802 表依然保留可供查询，这种方式相比方法一提供了一个缓冲时间，属于比较稳妥的删除分区方法，因为在拿掉子表继承关系后，只要没删除这个子表，还可以使子表重新继承父表。

8.2.8 分区表相关查询

分区表创建完成后，如何查看分区表定义、分区表分区信息呢？比较常用的方法是通过 \d 元命令，如下所示：

```
mydb=> \d log_ins
                              Table "pguser.log_ins"
   Column    |   Type    | Collation | Nullable |              Default
-------------+-----------+-----------+----------+-------------------------------
 id          | integer   | not null  | nextval('log_ins_id_seq'::regclass)
 user_id     | integer   |           |          |
 create_time | timestamp(0) without time zone   |          |           |
Triggers:
    insert_log_ins_trigger BEFORE INSERT ON log_ins FOR EACH ROW EXECUTE
PROCEDURE log_ins_insert_trigger()
Number of child tables: 14 (Use \d+ to list them.)
```

以上信息显示了表 log_ins 有 14 个分区，并且创建了触发器，触发器函数为 log_ins_insert_trigger()，如果想列出分区名称可通过 \d+ log_ins 元命令列出。

另一种列出分区表分区信息方法是通过 SQL 命令，如下所示：

```
mydb=> SELECT
    nmsp_parent.nspname AS parent_schema ,
    parent.relname AS parent ,
    nmsp_child.nspname AS child_schema ,
    child.relname AS child_schema
FROM
    pg_inherits JOIN pg_class parent
        ON pg_inherits.inhparent = parent.oid JOIN pg_class child
        ON pg_inherits.inhrelid = child.oid JOIN pg_namespace nmsp_parent
        ON nmsp_parent.oid = parent.relnamespace JOIN pg_namespace nmsp_child
        ON nmsp_child.oid = child.relnamespace
WHERE
    parent.relname = 'log_ins';
    parent_schema | parent  | child_schema |  child_schema
-----------------+---------+--------------+-----------------
```

```
    pguser          | log_ins | pguser        | log_ins_history
    pguser          | log_ins | pguser        | log_ins_201701
    pguser          | log_ins | pguser        | log_ins_201702
    ...
    pguser          | log_ins | pguser        | log_ins_201801
(14 rows)
```

pg_inherits 系统表记录了子表和父表之间的继承关系，通过以上查询列出指定分区表的分区。如果想查看一个库中有哪些分区表，并显示这些分区表的分区数量，可通过以下 SQL 查询：

```
mydb=> SELECT
    nspname ,
    relname ,
    count(*) AS partition_num
FROM
    pg_class c ,
    pg_namespace n ,
    pg_inherits i
WHERE
    c.oid = i.inhparent
    AND c.relnamespace = n.oid
    AND c.relhassubclass
    AND c.relkind in ('r','p')
GROUP BY 1,2 ORDER BY partition_num DESC;
    nspname | relname | partition_num
-----------+---------+---------------
    pguser  | log_ins |            14
    pguser  | tbl_log |             1
(2 rows)
```

以上结果显示当前库中有两个分区表，log_ins 分区表有 14 个分区，tbl_log 分区表只有一个分区。

8.2.9 性能测试

基于分区表的分区键、非分区键查询和普通表性能有何差异呢？本节继续进行测试，将 create_time 字段作为传统分区表 log_ins 的分区键，user_id 字段作为分区表的非分区键。

首先创建一张普通表 log，表结构和 log_ins 完全一致，并插入测试数据，如下所示：

```
CREATE TABLE log(id
serial,user_id int4,
create_time timestamp(0) without time zone);

INSERT INTO log(user_id,create_time)
SELECT round(100000000*random()),generate_series('2016-12-01'::date,
'2017-12-01'::date, '1 minute');
```

查看两表记录数，如下所示：

```
mydb=> SELECT count(*) FROM log_ins;
 count
--------
 525601
(1 row)

mydb=> SELECT count(*) FROM log;
 count
--------
 525601
(1 row)
```

两表数据量是一样的，普通表 log 创建索引，如下所示：

```
CREATE INDEX idx_log_userid ON log USING btree(user_id);
CREATE INDEX idx_log_create_time ON log USING btree(create_time);
```

在分区表 log_ins 父表和所有子表的 user_id 上创建索引，如下所示：

```
CREATE INDEX idx_log_ins_userid ON log_ins USING btree(user_id);
CREATE INDEX idx_his_userid ON log_ins_history USING btree (user_id);
CREATE INDEX idx_log_ins_201701_userid ON log_ins_201701 USING btree (user_id);
CREATE INDEX idx_log_ins_201702_userid ON log_ins_201702 USING btree (user_id);
...
CREATE INDEX idx_log_ins_201801_userid ON log_ins_201801 USING btree (user_id);
```

接下来根据 user_id 进行检索，对于分区表 log_ins 来说，这是非分区键，在根据 user_id 检索的场景下，普通表和分区表性能差异如何呢？设置场景一测试 SQL，如下所示：

```
--场景一：根据user_id检索
SELECT * FROM log WHERE user_id=?;
SELECT * FROM log_ins WHERE user_id=?;
```

首先查找一个在表 log 和 log_ins 都存在的 user_id，如下所示：

```
mydb=> SELECT a.* FROM log a ,log_ins b WHERE a.user_id=b.user_id LIMIT 1;
   id     | user_id  |     create_time
----------+----------+---------------------
    67286 | 51751630 | 2017-01-16 17:25:00
(1 row)
```

根据 user_id=51751630 进行检索，普通表 log 上的执行计划如下所示：

```
mydb=> EXPLAIN SELECT * FROM log WHERE user_id=51751630;
                                QUERY PLAN
-----------------------------------------------------------------------------
   Index Scan using idx_log_userid on log  (cost=0.42..4.44 rows=1 width=16)
       Index Cond: (user_id = 51751630)
(2 rows)
```

以上查询进行了索引扫描，根据非分区键 user_id 进行检索，分区表执行计划则完全不一样，如下所示：

```
mydb=> EXPLAIN SELECT * FROM log_ins WHERE user_id=51751630;
                                        QUERY PLAN
--------------------------------------------------------------------------------
 Append  (cost=0.00..63.18 rows=23 width=16)
    ->  Seq Scan on log_ins  (cost=0.00..0.00 rows=1 width=16)
        Filter: (user_id = 88258037)
    ->  Index Scan USING idx_his_userid on log_ins_history
          (cost=0.29..4.31 rows=1 width=16)
        Index Cond: (user_id = 88258037)
    ->  Index Scan USING idx_log_ins_201701_userid on log_ins_201701
          (cost=0.29.. 4.31 rows=1 width=16)
        Index Cond: (user_id = 88258037)
    ->  Index Scan USING idx_log_ins_201702_userid on log_ins_201702  (cost=0.29..
          4.31 rows=1 width=16)
        Index Cond: (user_id = 88258037)
    ...
    ->  Bitmap Heap Scan on log_ins_201801  (cost=2.22..10.48 rows=9 width=16)
        Recheck Cond: (user_id = 88258037)
            ->  Bitmap  Index  Scan  on  idx_log_ins_201801_userid   (cost=0.00..2.22
                  rows=9 width=0)
                Index Cond: (user_id = 88258037)
(33 rows)
```

从以上执行计划看出，根据非分区键查询则扫描了分区表所有分区，对 log 表执行场景一 SQL，执行三次，最小执行时间为 0.050 毫秒；对 log_ins 表执行场景一 SQL，执行三次，最小执行时间为 0.184 毫秒；

create_time 字段是分区表 log_ins 分区键，设置场景二测试 SQL，如下所示：

```
--场景二：根据create_time检索；
SELECT * FROM log WHERE create_time > '2017-01-01' AND create_time < '2017-01-02';
SELECT * FROM log_ins WHERE create_time > '2017-01-01' AND create_time < '2017-01-02';
```

对 log 表执行场景二 SQL，执行三次，最小执行时间为 0.339 毫秒；对 log_ins 执行场景二 SQL，执行三次，取最小执行时间为 0.503 毫秒。表 8-1 为场景一、场景二测试结果数据汇总。

表 8-1　普通表、传统分区表性能对比

查 询 场 景	普通表 log 执行时间	分区表：查询 log_ins 父表执行时间	分区表：查询 log_ins 子表执行时间
根据非分区键 user_id 查询	0.05 毫秒	0.184 毫秒	不支持
根据分区键 create_time 范围查询	0.339 毫秒	0.503 毫秒	0.325 毫秒

从以上测试结果来看，在根据 user_id 检索的场景下，分区表的性能比普通表性能差了 2.68 倍；在根据 create_time 范围检索的场景下，分区表的性能比普通表性能差了 0.4 倍左右，如果查询能定位到子表，则比普通表性能略有提升，从分区表的角度来看，create_time 作为分区键，user_id 作为非分区键，从这个测试可以得出以下结论：

1）分区表根据非分区键查询相比普通表性能差距较大，因为这种场景分区表的执行计划会扫描所有分区；

2）分区表根据分区键查询相比普通表性能有小幅降低，而查询分区表子表性能比普通表略有提升；

以上两个场景除了场景二直接检索分区表子表，性能相比普通表略有提升，其他测试项分区表比普通表性能都低，因此出于性能考虑对生产环境业务表做分区表时需慎重，使用分区表不一定能提升性能，如果业务模型 90%（估算的百分比，意思是大部分）以上的操作都能基于分区键操作，并且 SQL 可以定位到子表，这时建议使用分区表。

8.2.10 传统分区表注意事项

传统分区表的使用有以下注意事项：

- 当往父表上插入数据时，需事先在父表上创建路由函数和触发器，数据才会根据分区键路由规则插入到对应分区中，目前仅支持范围分区和列表分区。
- 分区表上的索引、约束需要使用单独的命令创建，目前没有办法一次性自动在所有分区上创建索引、约束。
- 父表和子表允许单独定义主键，因此父表和子表可能存在重复的主键记录，目前不支持在分区表上定义全局主键。
- UPDATE 时不建议更新分区键数据，特别是会使数据从一个分区移动到另一分区的场景，可通过更新触发器实现，但会带来管理上的成本。
- 性能方面：根据本节的测试数据和测试场景，传统分区表根据非分区键查询相比普通表性能差距较大，因为这种场景下分区表会扫描所有分区；根据分区键查询相比普通表性能有小幅降低，而查询分区表子表性能相比普通表略有提升；

8.3 内置分区表

PostgreSQL10 一个重量级新特性是支持内置分区表，用户不需要预先在父表上定义 INSERT、DELETE、UPDATE 触发器，对父表的 DML 操作会自动路由到相应分区，相比传统分区表大幅度降低了维护成本，目前仅支持范围分区和列表分区，本小节将以创建范围分区表为例，演示 PostgreSQL10 内置分区表的创建、使用与性能测试。

8.3.1 创建分区表

创建分区表的主要语法包含两部分：创建主表和创建分区。

创建主表语法如下：

```
CREATE TABLE table_name ( ... )
    [ PARTITION BY { RANGE | LIST } ( { column_name | ( expression ) }
```

创建主表时须指定分区方式，可选的分区方式为 RANGE 范围分区或 LIST 列表分区，并指定字段或表达式作为分区键。

创建分区的语法如下：

```
CREATE TABLE table_name
    PARTITION OF parent_table [ (
    ) ] FOR VALUES partition_bound_spec
```

创建分区时必须指定是哪张表的分区，同时指定分区策略 partition_bound_spec，如果是范围分区，partition_bound_spec 须指定每个分区分区键的取值范围，如果是列表分区 partition_bound_spec，需指定每个分区的分区键值。

PostgreSQL10 创建内置分区表主要分为以下几个步骤：

1）创建父表，指定分区键和分区策略。

2）创建分区，创建分区时须指定分区表的父表和分区键的取值范围，注意分区键的范围不要有重叠，否则会报错。

3）在分区上创建相应索引，通常情况下分区键上的索引是必须的，非分区键的索引可根据实际应用场景选择是否创建。

接下来通过创建范围分区的示例来演示内置分区表的创建过程，首先创建一张范围分区表，表名为 log_par，如下所示：

```
CREATE TABLE log_par (
    id serial,
    user_id int4,
    create_time timestamp(0) without time zone
) PARTITION BY RANGE(create_time);
```

表 log_par 指定了分区策略为范围分区，分区键为 create_time 字段。

创建分区，并设置分区的分区键取值范围，如下所示：

```
CREATE TABLE log_par_his PARTITION OF log_par FOR VALUES FROM (UNBOUNDED)
    TO ('2017-01-01');
CREATE TABLE log_par_201701 PARTITION OF log_par FOR VALUES FROM ('2017-01-01')
    TO ('2017-02-01');
CREATE TABLE log_par_201702 PARTITION OF log_par FOR VALUES FROM ('2017-02-01')
    TO ('2017-03-01');
...
CREATE TABLE log_par_201712 PARTITION OF log_par FOR VALUES FROM ('2017-12-01')
    TO ('2018-01-01');
```

注意分区的分区键范围不要有重叠，定义分区键范围实质上给分区创建了约束。

给所有分区的分区键创建索引，如下所示：

```
CREATE INDEX idx_log_par_his_ctime ON log_par_his USING btree(create_time);
CREATE INDEX idx_log_par_201701_ctime ON log_par_201701 USING btree(create_time);
CREATE INDEX idx_log_par_201702_ctime ON log_par_201702 USING btree(create_time);
...
CREATE INDEX idx_log_par_201712_ctime ON log_par_201712 USING btree(create_time);
```

以上三步完成了内置分区表的创建。

8.3.2 使用分区表

向分区表插入数据，如下所示：

```
INSERT INTO log_par(user_id,create_time)
SELECT round(100000000*random()),generate_series('2016-12-01'::date,
    '2017-12-01'::date, '1 minute');
```

查看表数据，如下所示：

```
mydb=> SELECT count(*) FROM log_par;
 count
--------
 525601
(1 row)

mydb=> SELECT count(*) FROM ONLY log_par;
 count
-------
 0
(1 row)
```

从以上结果可以看出，父表 log_par 没有存储任何数据，数据存储在分区中，通过分区大小也可以证明这一点，如下所示：

```
mydb=> \dt+ log_par*
                          List of relations
   Schema |       Name       | Type  | Owner  |    Size     | Description
----------+------------------+-------+--------+-------------+-------------
   pguser | log_par          | table | pguser | 0 bytes     |
   pguser | log_par_201701   | table | pguser | 1960 kB     |
   pguser | log_par_201702   | table | pguser | 1768 kB     |
   ...
   pguser | log_par_201712   | table | pguser | 8192 bytes  |
   pguser | log_par_his      | table | pguser | 1960 kB     |
```

8.3.3 内置分区表原理探索

内置分区表原理实际上和传统分区表一样，也是使用继承方式，分区可称为子表，通过以下查询很明显看出表 log_par 和其分区是继承关系：

```
mydb=> SELECT
    nmsp_parent.nspname AS parent_schema ,
    parent.relname AS parent ,
    nmsp_child.nspname AS child_schema ,
    child.relname AS child_schema
FROM
    pg_inherits JOIN pg_class parent
```

```
        ON pg_inherits.inhparent = parent.oid JOIN pg_class child
        ON pg_inherits.inhrelid = child.oid JOIN pg_namespace nmsp_parent
        ON nmsp_parent.oid = parent.relnamespace JOIN pg_namespace nmsp_child
        ON nmsp_child.oid = child.relnamespace
WHERE
    parent.relname = 'log_par';
 parent_schema | parent  | child_schema |  child_schema
---------------+---------+--------------+----------------
 pguser        | log_par | pguser       | log_par_his
 pguser        | log_par | pguser       | log_par_201701
 pguser        | log_par | pguser       | log_par_201702
 ...
 pguser        | log_par | pguser       | log_par_201712
(13 rows)
```

以上 SQL 显示了分区表 log_par 的所有分区，也可以通过 \d+ log_par 元子命令显示 log_par 所有分区。

8.3.4 添加分区

添加分区的操作比较简单，例如给 log_par 增加一个分区，如下所示：

```
CREATE TABLE log_par_201801 PARTITION OF log_par FOR VALUES FROM ('2018-01-01')
    TO ('2018-02-01');
```

之后给分区创建索引，如下所示：

```
CREATE INDEX idx_log_par_201801_ctime ON log_par_201801 USING btree(create_time);
```

8.3.5 删除分区

删除分区有两种方法，第一种方法通过 DROP 分区的方式来删除，如下所示：

```
DROP TABLE log_par_201801;
```

DROP 方式直接将分区和分区数据删除，删除前需确认分区数据是否需要备份，避免数据丢失；另一种推荐的方法是解绑分区，如下所示：

```
mydb=> ALTER TABLE log_par DETACH PARTITION log_par_201801;
ALTER TABLE
```

解绑分区只是将分区和父表间的关系断开，分区和分区数据依然保留，这种方式比较稳妥，如果后续需要恢复这个分区，通过连接分区方式恢复分区即可，如下所示：

```
mydb=> ALTER TABLE log_par ATTACH PARTITION log_par_201801 FOR VALUES FROM
    ('2018-01-01') TO ('2018-02-01');
ALTER TABLE
```

连接分区时需要指定分区上的约束。

8.3.6 性能测试

检索 2017-01-01 这一天的记录数据，执行如下 SQL：

```
mydb=> EXPLAIN ANALYZE SELECT * FROM log_par WHERE create_time > '2017-01-01' AND
create_time < '2017-01-02';
                                     QUERY PLAN
--------------------------------------------------------------------------------
    Append  (cost=0.29..45.21 rows=1396 width=16) (actual time=0.019..0.425 rows=1439
        loops=1)
        ->  Index Scan using idx_log_par_201701_ctime on log_par_201701
              (cost=0.29.. 45.21 rows=1396 width=16) (actual time=0.019..0.288
rows=1439 loops=1)
            Index Cond: ((create_time > '2017-01-01 00:00:00'::timestamp without time
                zone) AND (create_time < '2017-01-02 00:00:00'::timestamp without
                time zone))
    Planning time: 0.461 ms
    Execution time: 0.510 ms
(5 rows)
```

从以上执行计划看出仅扫描了分区 log_par_201701，进行了索引扫描，执行时间为 0.510 毫秒。

同样，我们将内置分区表 log_par 的性能和 log 表进行对比，create_time 作为分区表 log_par 的分区键，user_id 作为分区表的非分区键，基于分区表的分区键、非分区键查询和普通表性能有何差异呢？本节将做进一步测试。

在分区表 log_par 所有子表的 user_id 上创建索引，如下所示：

```
CREATE INDEX idx_log_par_his_userid ON log_par_his using btree (user_id);
CREATE INDEX idx_log_par_201701_userid ON log_par_201701 using btree (user_id);
CREATE INDEX idx_log_par_201702_userid ON log_par_201702 using btree (user_id);
...
CREATE INDEX idx_log_par_201712_userid ON log_par_201712 using btree (user_id);
```

根据 user_id 进行检索，对于分区表 log_par 而言这是非分区键，设置场景一测试 SQL，如下所示：

```
--场景一：根据user_id检索
SELECT * FROM log WHERE user_id=?;
SELECT * FROM log_par WHERE user_id=?;
```

我们首先查找一个在表 log 和 log_par 都存在的 user_id，如下所示：

```
mydb=>  SELECT a.* FROM log a ,log_par b WHERE a.user_id=b.user_id LIMIT 1;
        id | user_id  |     create_time
-----------+----------+--------------------
    258926 | 70971018 | 2017-05-29 19:25:00
(1 row)
```

根据 user_id= 70971018 进行检索，普通表 log 上的执行计划如下所示：

```
mydb=> EXPLAIN SELECT * FROM log WHERE user_id=70971018;
                                  QUERY PLAN
-----------------------------------------------------------------------------
    Index Scan using idx_log_userid on log  (cost=0.42..4.44 rows=1 width=16)
        Index Cond: (user_id = 70971018)
(2 rows)
```

可以看出以上查询进行了索引扫描。

根据非分区键 user_id 进行检索，分区表 log_par 上的执行计划则完全不一样，如下所示：

```
mydb=> EXPLAIN SELECT * FROM log_par WHERE user_id=70971018;
                                  QUERY PLAN
--------------------------------------------------------------------------------
 Append  (cost=0.29..52.70 rows=13 width=16)
    ->  Index Scan using idx_log_par_his_userid on log_par_his  (cost=0.29..4.31 rows=1
          width=16)
        Index Cond: (user_id = 70971018)
    ->  Index Scan using idx_log_par_201701_userid on log_par_201701
          (cost=0.29.. 4.31 rows=1 width=16)
        Index Cond: (user_id = 70971018)
    ->  Index Scan using idx_log_par_201702_userid on log_par_201702
          (cost=0.29.. 4.31 rows=1 width=16)
        Index Cond: (user_id = 70971018)
    ...
    ->  Seq Scan on log_par_201712  (cost=0.00..1.01 rows=1 width=16)
        Filter: (user_id = 70971018)
(27 rows)
```

从以上执行计划看出，根据非分区键 user_id 检索分区表 log_par 扫描了整个分区，接着 log 表执行场景一 SQL，执行三次，最小执行时间为 0.047 毫秒；log_par 表执行场景一 SQL，执行三次，最小执行时间为 0.139 毫秒；

create_time 字段是分区表 log_par 分区键，设置场景二测试 SQL，如下所示：

```
--场景二：根据create_time检索；
SELECT * FROM log WHERE create_time > '2017-01-01' AND create_time < '2017-01-02';
SELECT * FROM log_par WHERE create_time > '2017-01-01' AND create_time < '2017-01-02';
```

对 log 表执行场景二 SQL，执行三次，最小执行时间为 0.340 毫秒；对 log_par 执行场景二 SQL，执行三次，最小执行时间为 0.503 毫秒。表 8-2 为场景一、场景二测试结果数据汇总。

表 8-2　普通表、内置分区表性能对比

查 询 场 景	普通表 log 执行时间	分区表：查询 log_par 父表执行时间	区表：查询 log_par 子表执行时间
根据非分区键 user_id 查询	0.047 毫秒	0.139 毫秒	不支持
根据分区键 create_time 范围查询	0.340 毫秒	0.503 毫秒	0.319 毫秒

根据以上测试结果，在根据 user_id 检索的测试场景下，内置分区表的性能比普通表性能差了 1.95 倍；根据 create_time 范围检索的场景下，分区表的性能比普通表性能差了

0.47倍左右，如果查询能定位到子表，则比普通表性能略有提升，从分区表的角度来看，create_time作为分区键，user_id作为非分区键；结合之前测试的传统分区表性能，将表8-1和表8-2的数据合成一张表格，如表8-3所示。

表 8-3 普通表、传统分区表、内置分区表性能对比

查询场景	普通表 (log)	传统分区表 (log_ins)		内置分区表 (log_par)	
		查询父表	查询子表	查询父表	查询子表
根据非分区键 user_id 查询	表 8-1：0.05 毫秒 表 8-2：0.047 毫秒	0.184 毫秒	不支持	0.139 毫秒	不支持
根据分区键 create_time 范围查询	表 8-1：0.339 毫秒 表 8-2：0.340 毫秒	0.503 毫秒	0.325 毫秒	0.503 毫秒	0.319 毫秒

从上表看出传统分区表和内置分区表的在两个查询场景的性能表现一致，根据测试结果同样能得出以下结论：

- 内置分区表根据非分区键查询相比普通表性能差距较大，因为这种场景分区表的执行计划会扫描所有分区；
- 内置分区表根据分区键查询相比普通表性能有小幅降低，而查询分区表子表性能比普通表略有提升；

以上两个场景除了场景二直接检索分区表子表，性能相比普通表略有提升，其他测试项分区表比普通表性能都低，因此出于性能考虑对生产环境业务表做分区表时需慎重，使用分区表不一定能提升性能，但内置分区表相比传统分区表省去了创建触发器路由函数、触发器操作，减少了大量维护成本，相比传统分区表有较大管理方面的优势。

8.3.7 constraint_exclusion 参数

内置分区表执行计划依然受constraint_exclusion参数影响，关闭此参数后，根据分区键查询时执行计划不会定位到相应分区。先在会话级关闭此参数，如下所示：

```
mydb=> SET constraint_exclusion =off;
SET
```

执行以下SQL来查看执行计划，如下所示：

```
mydb=> EXPLAIN ANALYZE SELECT * FROM log_par WHERE create_time > '2017-01-01' AND
create_time < '2017-01-02';
                                        QUERY PLAN
-----------------------------------------------------------------------------------------
 Append  (cost=0.29..104.16 rows=1417 width=16) (actual time=0.024..0.460
     rows=1439 loops=1)
    ->  Index Scan using idx_log_par_his_ctime on log_par_his  (cost=0.29..4.31
          rows=1 width=16) (actual time=0.007..0.007 rows=0 loops=1)
            Index Cond: ((create_time > '2017-01-01 00:00:00'::timestamp without
                time zone) AND
```

```
(create_time < '2017-01-02 00:00:00'::timestamp without time zone))
        ->  Index Scan using idx_log_par_201701_ctime on log_par_201701
              (cost=0.29..45.21 rows=1396 width=16)
              (actual time=0.016..0.280 rows=1439 loops=1)
           Index Cond: ((create_time > '2017-01-01 00:00:00'::timestamp without
               time zone) AND (create_time < '2017-01-02 00:00:00'::timestamp
               without time zone))
...
            ->  Bitmap Index Scan on idx_log_par_201801_ctime  (cost=0.00..2.24
                  rows=9 width=0) (actual time=0.002..0.002 rows=0 loops=1)
                Index Cond: ((create_time > '2017-01-01 00:00:00'::timestamp
                    without time zone) AND
                    (create_time < '2017-01-02 00:00:00'::timestamp without time zone))
 Planning time: 0.792 ms
 Execution time: 0.607 ms
(34 rows)
```

从以上执行计划看出扫描了分区表上的所有分区，执行时间上升到了 0.607 毫秒，同样，这个参数建议设置成 partition，不建议设置成 on，优化器通过检查约束来优化查询的方式本身就带来一定开销，如果所有表都启用这个特性，将加重优化器负担。

8.3.8 更新分区数据

内置分区表 UPDATE 操作目前不支持新记录跨分区的情况，也就是说只允许分区内的更新，例如以下 SQL 会报错：

```
mydb=> SELECT * FROM log_par_201701 LIMIT 1;
  id   | user_id  |     create_time
-------+----------+---------------------
 44641 | 16965492 | 2017-01-01 00:00:00
(1 row)

mydb=> UPDATE log_par SET create_time='2017-02-02 01:01:01' WHERE user_id=16965492;
ERROR:  new row for relation "log_par_201701" violates partition constraint
DETAIL:  Failing row contains (44641, 16965492, 2017-02-02 01:01:01).
```

以上 user_id 等于 16965492 的记录位于 log_par_201701 分区，将这条记录的 create_time 更新为 '2017-02-02 01:01:01' 由于违反了当前分区的约束将报错，如果更新的数据不违反当前分区的约束则可正常更新数据，如下所示：

```
mydb=> UPDATE log_par SET create_time='2017-01-01 01:01:01' WHERE user_id=16965492;
UPDATE 1
```

目前内置分区表的这一限制对于日志表影响不大，对于业务表有一定影响，使用时需注意。

8.3.9 内置分区表注意事项

本节简单介绍了内置分区表的部署、使用示例，使用内置分区表有以下注意事项：

- 当往父表上插入数据时，数据会自动根据分区键路由规则插入到分区中，目前仅支持范围分区和列表分区。
- 分区表上的索引、约束需使用单独的命令创建，目前没有办法一次性自动在所有分区上创建索引、约束。
- 内置分区表不支持定义（全局）主键，在分区表的分区上创建主键是可以的。
- 内置分区表的内部实现使用了继承。
- 如果 UPDATE 语句的新记录违反当前分区键的约束则会报错，UPDAET 语句的新记录目前不支持跨分区的情况。
- 性能方面：根据本节的测试场景，内置分区表根据非分区键查询相比普通表性能差距较大，因为这种场景分区表的执行计划会扫描所有分区；根据分区键查询相比普通表性能有小幅降低，而查询分区表子表性能相比普通表略有提升。

8.4 本章小结

本章介绍了传统分区表和内置分区表的部署、分区维护和性能测试，传统分区表通过继承和触发器实现，创建过程非常复杂，维护成本很高，内置分区表是 PostgreSQL10 新特性，用户不再需要创建触发器和函数，省去了大量维护成本，性能方面两者几乎无差异。分区表和普通表间的性能差异本章通过两个查询场景进行了性能对比，一个是基于非分区键查询的场景，另一个是基于分区键查询的场景，从测试结果来看，基于非分区键的查询场景分区表性能比普通表低很多，基于分区键查询分区表父表比普通表性能略低，基于分区键查询分区表子表比普通表性能略有提升，读者在生产系统中使用分区表时需考虑分区后的 SQL 性能变化。

Chapter 9 第 9 章

PostgreSQL 的 NoSQL 特性

PostgreSQL 不只是一个关系型数据库，同时支持非关系特性，而且逐步增强对非关系特性的支持，第 3 章数据类型章节中介绍了 PostgreSQL 的 json 和 jsonb 数据类型，本章将进一步介绍 json、jsonb 特性，内容包括：为 jsonb 类型创建索引、json 和 jsonb 读写性能测试、全文检索对 json 和 jsonb 数据类型的支持。

9.1 为 jsonb 类型创建索引

这一节介绍为 jsonb 数据类型创建索引，jsonb 数据类型支持 GIN 索引，为了便于说明，假如一个 json 字段内容如下所示，并且以 jsonb 格式存储：

```
{
    "id": 1,
    "user_id": 1440933,
    "user_name": "1_francs",
    "create_time": "2017-08-03 16:22:05.528432+08"
}
```

假如存储以上 jsonb 数据的字段名为 user_info，表名为 tbl_user_jsonb，在 user_info 字段上创建 GIN 索引的语法如下所示：

```
CREATE INDEX idx_gin ON tbl_user_jsonb USING gin(user_info);
```

jsonb 上的 GIN 索引支持“@>”“?”“?&”“?|”操作符，例如以下查询将会使用索引：

```
SELECT * FROM tbl_user_jsonb WHERE user_info @> '{"user_name": "1_frans"}'
```

但是以下基于 jsonb 键值的查询不会走索引 idx_gin：

```
SELECT * FROM tbl_user_jsonb WHERE user_info->>'user_name'= '1_francs';
```

如果要想提升基于 jsonb 类型的键值检索效率，可以在 jsonb 数据类型对应的键值上创建索引，如下所示：

```
CREATE INDEX idx_gin_user_infob_user_name ON tbl_user_jsonb USING btree
((user_info ->> 'user_name'));
```

创建以上索引后，上述根据 user_info->>'user_name' 键值查询的 SQL 将会走索引。

9.2　json、jsonb 读写性能测试

上一节介绍了 jsonb 数据类型索引创建的相关内容，本节将对 json、jsonb 读写性能进行简单对比，在第 3 章数据类型章节中介绍 json、jsonb 数据类型时提到了两者读写性能的差异，主要表现为 json 写入时比 jsonb 快，但检索时比 jsonb 慢，主要原因为：json 存储格式为文本而 jsonb 存储格式为二进制，存储格式的不同使得两种 json 数据类型的处理效率不一样。json 类型存储的内容和输入数据一样，当检索 json 数据时必须重新解析；而 jsonb 以二进制形式存储已解析好的数据，当检索 jsonb 数据时不需要重新解析。

9.2.1　创建 json、jsonb 测试表

下面通过一个简单的例子测试 json、jsonb 的读写性能差异，计划创建以下三张表：

- user_ini：基础数据表，并插入 200 万测试数据；
- tbl_user_json：json 数据类型表，200 万数据；
- tbl_user_jsonb：jsonb 数据类型表，200 万数据；

首先创建 user_ini 表并插入 200 万测试数据，如下所示：

```
mydb=> CREATE TABLE user_ini(id int4 ,user_id int8, user_name character
varying(64),create_time timestamp(6) with time zone default
clock_timestamp());
CREATE TABLE

mydb=> INSERT INTO user_ini(id,user_id,user_name)
SELECT r,round(random()*2000000), r || '_francs'
FROM generate_series(1,2000000) as r;
INSERT 0 2000000
```

计划使用 user_ini 表数据生成 json、jsonb 数据，创建 user_ini_json、user_ini_jsonb 表，如下所示：

```
mydb=> CREATE TABLE tbl_user_json(id serial, user_info json);
CREATE TABLE
mydb=> CREATE TABLE tbl_user_jsonb(id serial, user_info jsonb);
CREATE TABLE
```

9.2.2 json、jsonb 表写性能测试

根据 user_ini 数据通过 row_to_json 函数向表 user_ini_json 插入 200 万 json 数据，如下所示：

```
mydb=> \timing
    Timing is on.

mydb=> INSERT INTO tbl_user_json(user_info) SELECT row_to_json(user_ini)
FROM user_ini;
INSERT 0 2000000
Time: 13825.974 ms (00:13.826)
```

从以上结果可以看出 tbl_user_json 插入 200 万数据花了 13 秒左右；接着根据 user_ini 表数据生成 200 万 jsonb 数据并插入表 tbl_user_jsonb，如下所示：

```
    mydb=> INSERT INTO tbl_user_jsonb(user_info)
        SELECT row_to_json(user_ini)::jsonb FROM user_ini;
INSERT 0 2000000
Time: 20756.993 ms (00:20.757)
```

从以上结果可以看出 tbl_user_jsonb 表插入 200 万 jsonb 数据花了 20 秒左右，正好验证了 json 数据写入比 jsonb 快。比较两表占用空间大小，如下所示：

```
mydb=> \dt+ tbl_user_json
                        List of relations
 Schema |      Name       | Type  | Owner  |  Size  | Description
--------+-----------------+-------+--------+--------+-------------
 pguser | tbl_user_json | table | pguser | 281 MB |
(1 row)

mydb=> \dt+ tbl_user_jsonb
                         List of relations
 Schema |       Name       | Type  | Owner  |  Size  | Description
--------+------------------+-------+--------+--------+-------------
 pguser | tbl_user_jsonb | table | pguser | 333 MB |
(1 row)
```

从占用空间来看，同样的数据量 jsonb 数据类型占用空间比 json 稍大。

查询 tbl-user-json 表的一条测试数据，如下所示：

```
mydb=> SELECT * FROM tbl_user_json LIMIT 1;
    id        |                                               user_info
--------------+------------------------------------------------------------------
   2000001  |  {"id":1,"user_id":1182883,"user_name":"1_francs","create_time":
        "2017-08-03T20:59:27.42741+08:00"}
(1 row)
```

9.2.3 json、jsonb 表读性能测试

对于 json、jsonb 读性能测试我们选择基于 json、jsonb 键值查询的场景，例如，根据

user_info 字段的 user_name 键的值查询，如下所示：

```
mydb=> EXPLAIN ANALYZE SELECT * FROM tbl_user_jsonb WHERE user_info->>'user_
    name'='1_francs';
                                        QUERY PLAN
-------------------------------------------------------------------------------
 Seq Scan on tbl_user_jsonb  (cost=0.00..72859.90 rows=10042 width=143) (actual
      time=0.023..524.843 rows=1 loops=1)
        Filter: ((user_info ->> 'user_name'::text) = '1_francs'::text)
        Rows Removed by Filter: 1999999
    Planning time: 0.091 ms
    Execution time: 524.876 ms
(5 rows)
```

上述 SQL 执行时间为 524 毫秒左右。基于 user_info 字段的 user_name 键值创建 btree 索引，如下所示：

```
mydb=> CREATE INDEX idx_jsonb ON tbl_user_jsonb USING btree
((user_info->>'user_name'));
```

再次执行上述查询，如下所示：

```
mydb=> EXPLAIN ANALYZE SELECT * FROM tbl_user_jsonb WHERE user_info->>'user_
    name'='1_francs';
                                        QUERY PLAN
-------------------------------------------------------------------------------
    Bitmap Heap Scan on tbl_user_jsonb  (cost=155.93..14113.93 rows=10000 width=143)
        (actual time=0.027..0.027 rows=1 loops=1)
        Recheck Cond: ((user_info ->> 'user_name'::text) = '1_francs'::text)
        Heap Blocks: exact=1
        ->  Bitmap Index Scan on idx_jsonb  (cost=0.00..153.43 rows=10000
              width=0) (actual time=0.021..0.021 rows=1 loops=1)
              Index Cond: ((user_info ->> 'user_name'::text) = '1_francs'::text)
    Planning time: 0.091 ms
    Execution time: 0.060 ms
(7 rows)
```

根据上述执行计划可以看出走了索引，并且 SQL 时间下降到 0.060ms。为了更好地对比 tbl_user_json、tbl_user_jsonb 表基于键值查询的效率，我们根据 user_info 字段 id 键进行范围扫描以对比性能，首先创建索引，如下所示：

```
mydb=> CREATE INDEX idx_gin_user_info_id ON tbl_user_json USING btree
(((user_info ->> 'id')::integer));
CREATE INDEX

mydb=> CREATE INDEX idx_gin_user_infob_id ON tbl_user_jsonb USING btree
(((user_info ->> 'id')::integer));
CREATE INDEX
```

索引创建后，查询 tbl_user_json 表，如下所示：

```
mydb=> EXPLAIN ANALYZE SELECT id,user_info->'id',user_info->'user_name'
```

```
    FROM tbl_user_json
     WHERE (user_info->>'id')::int4>1 AND (user_info->>'id')::int4<10000;
                                          QUERY PLAN
------------------------------------------------------------------------------------
    Bitmap Heap Scan on tbl_user_json  (cost=166.30..14178.17 rows=10329 width=68)
        (actual time=1.167..26.534 rows=9998 loops=1)
         Recheck Cond: ((((user_info ->> 'id'::text))::integer > 1) AND (((user_
info ->> 'id'::text))::integer < 10000))
        Heap Blocks: exact=338
        ->  Bitmap Index Scan on idx_gin_user_info_id  (cost=0.00..163.72 rows=10329
              width=0) (actual time=1.110..1.110 rows=19996 loops=1)
            Index Cond: ((((user_info ->> 'id'::text))::integer > 1) AND (((user_
                info ->> 'id'::text))::integer < 10000))
    Planning time: 0.094 ms
    Execution time: 27.092 ms
(7 rows)
```

根据以上结果可以看出，查询表 tbl_user_json 的 user_info 字段 id 键值在 1 到 10000 范围内的记录走了索引，并且执行时间为 27.092 毫秒，接着测试对 tbl_user_jsonb 表执行同样 SQL 的检索性能，如下所示：

```
mydb=> EXPLAIN ANALYZE SELECT id,user_info->'id',user_info->'user_name'
    FROM tbl_user_jsonb
WHERE (user_info->>'id')::int4>1 AND (user_info->>'id')::int4<10000;
                                          QUERY PLAN
------------------------------------------------------------------------------------
    Bitmap Heap Scan on tbl_user_jsonb  (cost=158.93..14316.93 rows=10000 width=68)
        (actual time=1.140..8.116 rows=9998 loops=1)
        Recheck Cond: ((((user_info ->> 'id'::text))::integer > 1) AND (((user_
            info ->> 'id'::text))::integer < 10000))
        Heap Blocks: exact=393
        ->  Bitmap Index Scan on idx_gin_user_infob_id  (cost=0.00..156.43 rows=
              10000 width=0) (actual time=1.058..1.058 rows=18992 loops=1)
            Index Cond: ((((user_info ->> 'id'::text))::integer > 1) AND (((user_
                info ->> 'id'::text))::integer < 10000))
    Planning time: 0.104 ms
    Execution time: 8.656 ms
(7 rows)
```

根据以上结果可以看出，查询表 tbl_user_jsonb 的 user_info 字段 id 键值在 1 到 10000 范围内的记录走了索引并且执行时间为 8.656 毫秒，从这个测试看出 jsonb 检索比 json 效率高。

从以上两个测试看出，正好验证了“json 写入比 jsonb 快，但检索时比 jsonb 慢”的观点，值得一提的是如果需要通过 key/value 进行检索，例如：

```
SELECT * FROM tbl_user_jsonb WHERE user_info @> '{"user_name": "2_francs"}';
```

这时执行计划为全表扫描，如下所示：

```
mydb=> EXPLAIN ANALYZE SELECT * FROM tbl_user_jsonb WHERE user_info @> '{"user_
    name": "2_francs"}';
                                    QUERY PLAN
--------------------------------------------------------------------------------
    Seq Scan on tbl_user_jsonb  (cost=0.00..67733.00 rows=2000 width=143) (actual
         time=0.018..582.207 rows=1 loops=1)
        Filter: (user_info @> '{"user_name": "2_francs"}'::jsonb)
        Rows Removed by Filter: 1999999
    Planning time: 0.065 ms
    Execution time: 582.232 ms
(5 rows)
```

从以上结果可以看出执行时间为 582 毫秒左右。在 tbl_user_jsonb 字段 user_info 上创建 gin 索引，如下所示：

```
mydb=> CREATE INDEX idx_tbl_user_jsonb_user_Info ON tbl_user_jsonb USING gin
    (user_Info);
CREATE INDEX
```

索引创建后，再次执行查询，如下所示：

```
mydb=> EXPLAIN ANALYZE SELECT * FROM tbl_user_jsonb WHERE user_info @> '{"user_
    name": "2_francs"}';
                                    QUERY PLAN
--------------------------------------------------------------------------------
    Bitmap Heap Scan on tbl_user_jsonb  (cost=37.50..3554.34 rows=2000 width=143)
        (actual time=0.079..0.080 rows=1 loops=1)
        Recheck Cond: (user_info @> '{"user_name": "2_francs"}'::jsonb)
        Heap Blocks: exact=1
        ->  Bitmap Index Scan on idx_tbl_user_jsonb_user_info  (cost=0.00..37.00
                rows=2000 width=0) (actual time=0.069..0.069 rows=1 loops=1)
            Index Cond: (user_info @> '{"user_name": "2_francs"}'::jsonb)
    Planning time: 0.094 ms
    Execution time: 0.114 ms
(7 rows)
```

从以上看出走了索引，并且执行时间下降到了 0.114 毫秒。

这一节测试了 json、jsonb 数据类型读写性能差异，验证了 json 写入时比 jsonb 快，但检索时比 jsonb 慢的观点。

9.3 全文检索对 json 和 jsonb 数据类型的支持

前两小节介绍了 jsonb 索引创建以及 json、jsonb 读写性能的差异，这一小节将介绍 PostgreSQL10 的一个新特性：全文检索对 json、jsonb 数据类型的支持，本小节分两部分，第一部分简单介绍 PostgreSQL 全文检索，第二部分演示全文检索对 json、jsonb 数据类型的支持。

9.3.1 PostgreSQL 全文检索简介

对于大多数应用来说全文检索很少在数据库中实现，一般使用单独的全文检索引擎，例如基于 SQL 的全文检索引擎 Sphinx。PostgreSQL 支持全文检索，对于规模不大的应用如果不想搭建专门的搜索引擎，PostgreSQL 的全文检索也可以满足需求。

如果没有使用专门的搜索引擎，大部检索需要通过数据库 like 操作匹配，这种检索方式的主要缺点在于：

- 不能很好地支持索引，通常需全表扫描检索数据，数据量大时检索性能很低。
- 不提供检索结果排序，当输出结果数据量非常大时表现更加明显。

PostgreSQL 全文检索能有效地解决这个问题，PostgreSQL 全文检索通过以下两种数据类型来实现。

1. tsvector

tsvector 全文检索数据类型代表一个被优化的可以基于搜索的文档，要将一串字符串转换成 tsvector 全文检索数据类型，代码如下所示：

```
mydb=> SELECT 'Hello,cat,how are u? cat is smiling! '::tsvector;
                          tsvector
--------------------------------------------------
     'Hello,cat,how' 'are' 'cat' 'is' 'smiling!' 'u?'
(1 row)
```

可以看到，字符串的内容被分隔成好几段，但通过 ::tsvector 只是做类型转换，没有进行数据标准化处理，对于英文全文检索可通过函数 to_tsvector 进行数据标准化，如下所示：

```
mydb=> SELECT to_tsvector('english','Hello cat,');
     to_tsvector
-------------------
     'cat':2 'hello':1
(1 row)
```

2. tsquery

tsquery 表示一个文本查询，存储用于搜索的词，并且支持布尔操作“&”、“|”、“!”将字符串转换成 tsquery，如下所示：

```
mydb=> SELECT  'hello&cat'::tsquery;
       tsquery
-----------------
     'hello' & 'cat'
(1 row)
```

上述只是转换成 tsquery 类型，而并没有做标准化，使用 to_tsquery 函数可以执行标准化，如下所示：

```
mydb=> SELECT to_tsquery( 'hello&cat' );
       to_tsquery
```

```
-----------------
    'hello' & 'cat'
(1 row)
```

一个全文检索示例如下所示，用于检索字符串是否包括"hello"和"cat"字符，本例中返回真。

```
mydb=> SELECT to_tsvector('english','Hello cat,how are u') @@
to_tsquery( 'hello&cat' );
    ?column?
----------
    t
(1 row)
```

检索字符串是否包含字符"hello"和"dog"，本例中返回假，代码如下所示。

```
mydb=> SELECT to_tsvector('english','Hello cat,how are u') @@
    to_tsquery( 'hello&dog' );
    ?column?
----------
    f
(1 row)
```

有兴趣的读者可以测试 tsquery 的其他操作符，例如"|""!"等。

> 注意　这里使用了带双参数的 to_tsvector 函数，函数 to_tsvector 双参数的格式如下所示：to_tsvector([config regconfig ,] document text)，本节 to_tsvector 函数指定了 config 参数为 english，如果不指定 config 参数，则默认使用 default_text_search_config 参数的配置。

3. 英文全文检索例子

下面演示一个英文全文检索示例，创建一张测试表并插入 200 万测试数据，如下所示：

```
mydb=> CREATE TABLE test_search(id int4,name text);
CREATE TABLE
mydb=> INSERT INTO test_search(id,name) SELECT n, n||'_francs'
FROM generate_series(1,2000000) n;
INSERT 0 2000000
```

执行以下 SQL，查询 test_search 表 name 字段包含字符 1_francs 的记录。

```
mydb=> SELECT * FROM test_search WHERE name LIKE '1_francs';
    id |    name
-------+----------
     1 | 1_francs
(1 row)
```

执行计划如下所示：

```
mydb=> EXPLAIN ANALYZE SELECT * FROM test_search WHERE name LIKE '1_francs';
                                   QUERY PLAN
-----------------------------------------------------------------------------------
```

```
    Seq Scan  on  test_search   (cost=0.00..38465.04  rows=204  width=18)  (actual
         time=0.022..261.766 rows=1 loops=1)
        Filter: (name ~~ '1_francs'::text)
        Rows Removed by Filter: 1999999
    Planning time: 0.101 ms
    Execution time: 261.796 ms
(5 rows)
```

以上执行计划进行了全表扫描，执行时间为 261 毫秒左右，性能很低，接着创建索引，如下所示：

```
mydb=> CREATE INDEX idx_gin_search ON test_search USING gin
(to_tsvector('english',name));
CREATE INDEX
```

执行以下 SQL，查询 test_search 表 name 字段包含字符 1_francs 的记录。

```
mydb=> SELECT * FROM test_search WHERE to_tsvector('english',name) @@
to_tsquery('english','1_francs');
    id |   name
-------+----------
     1 | 1_francs
(1 row)
```

再次查看执行计划和执行时间，如下所示：

```
mydb=> EXPLAIN ANALYZE SELECT * FROM test_search WHERE to_tsvector('english',
    name) @@
to_tsquery('english','1_francs');
                                                  QUERY PLAN
--------------------------------------------------------------------------------
    Bitmap Heap Scan on test_search  (cost=18.39..128.38 rows=50 width=36) (actual
        time=0.071..0.071 rows=1 loops=1)
        Recheck  Cond:  (to_tsvector('english'::regconfig,  name)  @@  '''1''  &
            '''franc'''::tsquery)
        Heap Blocks: exact=1
        ->  Bitmap  Index  Scan  on  idx_gin_search   (cost=0.00..18.38  rows=50
              width=0) (actual time=0.064..0.064 rows=1 loops=1)
            Index  Cond:  (to_tsvector('english'::regconfig,  name)  @@  '''1''  &
                '''franc'''::tsquery)
    Planning time: 0.122 ms
    Execution time: 0.104 ms
(7 rows)
```

创建索引后，以上查询走了索引并且执行时间下降到 0.104 毫秒，性能提升了 3 个数量级，值得一提的是如果将 SQL 修改为不走索引，如下所示：

```
mydb=> EXPLAIN ANALYZE SELECT * FROM test_search
        WHERE to_tsvector(name) @@ to_tsquery('1_francs');
                                                  QUERY PLAN
--------------------------------------------------------------------------------
    Seq Scan  on  test_search   (cost=0.00..1037730.00  rows=50  width=18)  (actual
```

```
    time=0.036..10297.764 rows=1 loops=1)
   Filter: (to_tsvector(name) @@ to_tsquery('1_francs'::text))
   Rows Removed by Filter: 1999999
 Planning time: 0.098 ms
 Execution time: 10297.787 ms
(5 rows)
```

由于创建索引时使用的是 to_tsvector('english',name) 函数索引，带了两个参数，因此 where 条件中的 to_tsvector 函数带两个参数才能走索引，而 to_tsvector(name) 不走索引。

9.3.2　json、jsonb 全文检索实践

在 PostgreSQL10 版本之前全文检索不支持 json 和 jsonb 数据类型，10 版本的一个重要特性是全文检索支持 json 和 jsonb 数据类型，这一小节将演示 10 版本的这个新特性。

1. PostgreSQL10 版本与 9.6 版本 to_tsvector 函数的差异

先来看看 9.6 版本的 to_tsvector 函数，如下所示：

```
[postgres@pghost1 ~]$ psql francs francs
psql (9.6.3)
Type "help" for help.

mydb=> \df *to_tsvector*
                                List of functions
   Schema   |       Name        | Result data type | Argument data types |  Type
------------+-------------------+------------------+---------------------+------
 pg_catalog | array_to_tsvector | tsvector         | text[]              | normal
 pg_catalog | to_tsvector       | tsvector         | regconfig, text     | normal
 pg_catalog | to_tsvector       | tsvector         | text                | normal
(3 rows)
```

从以上看出 9.6 版本 to_tsvector 函数的输入参数仅支持 text、text[] 数据类型，接着看看 10 版本的 to_tsvector 函数，如下所示：

```
[postgres@pghost1 ~]$ psql mydb pguser
psql (10.0)
Type "help" for help.
mydb=> \df *to_tsvector*
                                List of functions
   Schema   |       Name        | Result data type | Argument data types |  Type
------------+-------------------+------------------+---------------------+------
 pg_catalog | array_to_tsvector | tsvector         | text[]              | normal
 pg_catalog | to_tsvector       | tsvector         | json                | normal
 pg_catalog | to_tsvector       | tsvector         | jsonb               | normal
 pg_catalog | to_tsvector       | tsvector         | regconfig, json     | normal
 pg_catalog | to_tsvector       | tsvector         | regconfig, jsonb    | normal
 pg_catalog | to_tsvector       | tsvector         | regconfig, text     | normal
 pg_catalog | to_tsvector       | tsvector         | text                | normal
(7 rows)
```

从以上看出，10 版本的 to_tsvector 函数支持的数据类型增加了 json 和 jsonb。

2. 创建数据生成函数

为了便于生成测试数据，创建以下两个函数用来随机生成指定长度的字符串，random_range(int4, int4) 函数的代码如下所示：

```
CREATE OR REPLACE FUNCTION random_range(int4, int4)
RETURNS int4
LANGUAGE SQL
AS $$
    SELECT ($1 + FLOOR(($2 - $1 + 1) * random() ))::int4;
$$;
```

接着创建 random_text_simple(length int4) 函数，此函数会调用 random_range(int4, int4) 函数，其代码如下所示：

```
CREATE OR REPLACE FUNCTION random_text_simple(length int4)
RETURNS text
LANGUAGE PLPGSQL
AS $$
DECLARE
    possible_chars text := '0123456789ABCDEFGHIJKLMNOPQRSTUVWXYZ';
    output text := '';
    i int4;
    pos int4;
BEGIN

    FOR i IN 1..length LOOP
        pos := random_range(1, length(possible_chars));
        output := output || substr(possible_chars, pos, 1);
    END LOOP;

    RETURN output;
END;
$$;
```

random_text_simple(length int4) 函数可以随机生成指定长度字符串，下列代码随机生成含三位字符的字符串：

```
mydb=> SELECT random_text_simple(3);
    random_text_simple
--------------------
    LL9
(1 row)
```

随机生成含六位字符的字符串，如下所示：

```
mydb=> SELECT random_text_simple(6);
    random_text_simple
```

```
--------------------
    B81BPW
(1 row)
```

后面会使用这个函数生成测试数据。

3. 创建 json 测试表

创建 user_ini 测试表，并通过 random_text_simple(length int4) 函数插入 100 万随机生成的六位字符的字符串，作为测试数据，如下所示：

```
mydb=> CREATE TABLE user_ini(id int4 ,user_id int8,
user_name character varying(64),
create_time timestamp(6) with time zone default clock_timestamp());
CREATE TABLE

mydb=> INSERT INTO user_ini(id,user_id,user_name)
SELECT r,round(random()*1000000), random_text_simple(6)
FROM generate_series(1,1000000) as r;
INSERT 0 1000000
```

创建 tbl_user_search_json 表，并通过 row_to_json 函数将表 user_ini 的行数据转换成 json 数据，如下所示：

```
mydb=> CREATE TABLE tbl_user_search_json(id serial, user_info json);
CREATE TABLE

mydb=> INSERT INTO tbl_user_search_json(user_info)
    SELECT row_to_json(user_ini) FROM user_ini;
INSERT 0 1000000
```

所生成的数据如下所示：

```
mydb=> SELECT * FROM tbl_user_search_json LIMIT 1;
    id    |                                user_info
----------+------------------------------------------------------------------
        1 | {"id":1,"user_id":186536,"user_name":"KTU89H","create_time":"2017-
            08-05T15:59:25.359148+08:00"}
(1 row)
```

4. json 数据全文检索测试

使用全文检索查询表 tbl_user_search_json 的 user_info 字段中包含 KTU89H 字符的记录，如下所示：

```
mydb=> SELECT * FROM tbl_user_search_json
WHERE to_tsvector('english',user_info) @@ to_tsquery('ENGLISH','KTU89H');
    id    |                                user_info
----------+------------------------------------------------------------------
        1 | {"id":1,"user_id":186536,"user_name":"KTU89H","create_time":"2017-
            08-05T15:59:25.359148+08:00"}
(1 row)
```

以上 SQL 能正常执行说明全文检索支持 json 数据类型，只是上述 SQL 进行了全表扫描，性能较低，执行时间为 8061 毫秒，如下所示：

```
mydb=> EXPLAIN ANALYZE SELECT * FROM tbl_user_search_json
       WHERE to_tsvector('english',user_info) @@ to_tsquery('ENGLISH','KTU89H');
                                     QUERY PLAN
-------------------------------------------------------------------------------------
    Seq Scan on tbl_user_search_json  (cost=0.00..279513.00 rows=5000 width=104)
         (actual time=0.046..8061.858 rows=1 loops=1)
       Filter: (to_tsvector('english'::regconfig, user_info) @@ '''ktu89h'''::
           tsquery)
       Rows Removed by Filter: 999999
    Planning time: 0.091 ms
    Execution time: 8061.880 ms
(5 rows)
```

创建如下索引：

```
mydb=>  CREATE INDEX idx_gin_search_json ON tbl_user_search_json USING
gin(to_tsvector('english',user_info));
    CREATE INDEX
```

索引创建后，再次执行以下 SQL，如下所示：

```
mydb=> EXPLAIN ANALYZE SELECT * FROM tbl_user_search_json WHERE to_tsvector('english',
    user_info) @@ to_tsquery('ENGLISH','KTU89H');
                                     QUERY PLAN
-------------------------------------------------------------------------------------
    Bitmap Heap Scan on tbl_user_search_json  (cost=50.75..7876.06 rows=5000 width=104)
        (actual time=0.024..0.024 rows=1 loops=1)
        Recheck Cond: (to_tsvector('english'::regconfig, user_info) @@ '''ktu89h'''::
            tsquery)
        Heap Blocks: exact=1
        ->  Bitmap Index Scan on idx_gin_search_json  (cost=0.00..49.50 rows=5000
              width=0) (actual time=0.018..0.018 rows=1 loops=1)
            Index Cond: (to_tsvector('english'::regconfig, user_info) @@ '''ktu89h'''::
              tsquery)
    Planning time: 0.113 ms
    Execution time: 0.057 ms
(7 rows)
```

从上述执行计划看出走了索引，并且执行时间降为 0.057 毫秒，性能非常不错。

这一小节前一部分对 PostgreSQL 全文检索的实现做了简单介绍，并且给出了一个英文检索的例子，后一部分通过示例介绍了 PostgreSQL10 的一个新特性，即全文检索对 json、jsonb 类型的支持。

9.4 本章小结

本章进一步介绍了 PostgreSQL 的 NoSQL 特性，首先介绍了 jsonb 数据类型索引相关的内容，之后通过示例对比 json、jsonb 两种 json 数据类型读写性能的差异，最后介绍了 PostgreSQL 全文检索以及全文检索对 json、jsonb 类型的支持（PostgreSQL10 新特性），通过阅读本节读者对 json、jsonb 的使用有了进一步理解。本章给出了 PostgreSQL 英文全文检索的示例，值得一提的是，PostgreSQL 对中文检索也是支持的，有兴趣的读者可自行测试。

进 阶 篇

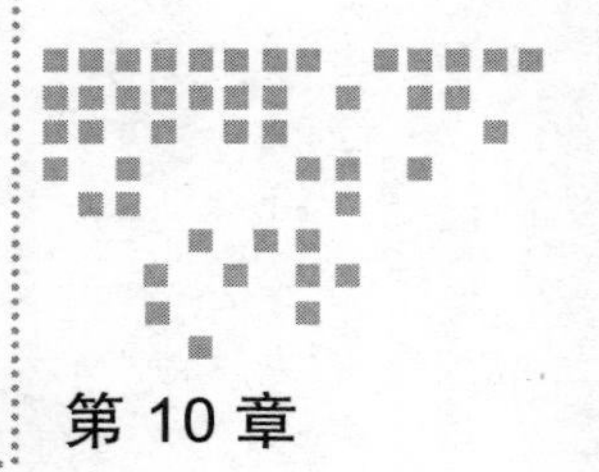

Chapter 10 第10章

性能优化

为用户提供高性能的服务，是优秀的系统应该实现的目标，数据库的性能表现往往起到关键作用。在硬件层面，影响数据库性能的主要因素有CPU、I/O、内存和网络；在软件层面则要复杂得多，操作系统配置、中间件配置、数据库参数配置、运行在数据库之上的查询和命令等，都对性能有或多或少的影响。同时，随着业务增长、数据量的变化，应用复杂度变更等种种因素的影响，数据库系统遇到瓶颈，运行在不健康状态的情况非常多见。本章将介绍一些关键的性能指标、判断性能瓶颈的方法，介绍查询计划的基础知识，以及一些常见的性能检测和系统监控工具，以及常见的性能瓶颈的解决思路，并着重介绍PostgreSQL丰富的索引类型和各种索引的使用场景，通过性能优化充分利用硬件资源，构建高效的SQL服务器应用。

规模稍大的应用系统，通常由若干子系统组成，例如一个应用由硬件、操作系统、PostgreSQL数据库系统、业务系统组成，这些子系统一起工作，并且频繁交互，相互影响。在进行系统性能优化时，应当先着眼全局进行分析，再逐步深入到细节。PostgreSQL数据库的SQL服务器应用通常分为OLTP和数据仓库，在当前日益复杂的数据应用环境中，这两种类型混合使用的情况越来越多，这也对数据库系统和数据库层面的优化提出了更高的要求。对于不同的应用类型，可能遇到的瓶颈也会不同，优化方法也大相径庭，以下就从服务器硬件、操作系统、数据库全局参数、查询性能这几个方面分别展开讨论。

10.1 服务器硬件

影响数据库性能的主要硬件因素有CPU、磁盘、内存和网络。

最先到达瓶颈的，通常是磁盘的I/O。在投入生产之前应该对磁盘的容量和吞吐量进行估算，磁盘容量预估相对简单，但吞吐量受各种因素变化的影响，预估常常不够准确，所以要做好扩展的准备。固态存储现在已经非常成熟，而且价格已经比较便宜，目前在生产环境使用固态磁盘已经非常普遍，如目前使用广泛的 SATA SSD 和 PCIe SSD。与传统磁盘相比，SSD 有更好的随机读写性能，能够更好地支持并发，实现更大吞吐量，是现在数据库服务器首选的存储介质。但应该注意的是需要区分消费级 SSD 和企业级 SSD，如果在读写密集的生产环境使用廉价的消费级 SSD，不用多久，消费级 SSD 就会寿终正寝。使用外部存储设备加载到服务器也是比较常见的，例如 SAN（存储区域网络）和 NAS（网络接入存储）。使用 SAN 设备时通过块接口访问，对服务器来说就像访问本地磁盘一样；NAS 则是使用标准文件协议进行访问，例如 NFS 等。使用外部存储，还需要考虑网络通信对响应时间的影响。

CPU 也会经常成为性能瓶颈，数据库服务器执行的每一个查询都会给 CPU 施加一定压力。更高的 CPU 主频可以提供更快的运算速度，更多的核心数则能大大提高并发能力，充分利用 PostgreSQL 并发查询的能力。需要注意的是：有一些服务器在 BIOS 中可以设置 CPU 的性能模式，可能的模式有高性能模式、普通模式和节能模式，在数据库服务器中，不建议使用节能模式。这种模式会在系统比较空闲的时候对 CPU 主动降频，达到降温和节电的目的，但对于数据库来说，则会产生性能波动，这是用户不希望看到的，所以硬件上架前就禁用节能模式，不同的设备请参考厂家提供的手册进行调整。

内存的使用对数据库系统非常重要。操作系统层、数据库层等各个层的缓存对高性能有很大辅助作用，较大的内存可以明显降低服务器的 I/O 压力，缓解 CPU 的 I/O 等待时间，对数据库性能起着关键的影响。但现在流行的服务器，内存配置一般都比较充裕，千兆和万兆网卡也几乎成为数据库服务器标配，内存与网络在大多数时候不会成为系统瓶颈，但仍然需要密切监控容量和指标趋势，在适当的时候进行扩容和升级。

10.2 操作系统优化

数据库是与操作系统结合非常紧密的系统应用，操作系统的参数配置会直接作用在数据库服务器。因此对于 DBA 来说，了解操作系统非常重要。下面我们介绍一些常用的性能监控和调整工具，并讨论一些常见的数据库专有服务器的操作系统方面的优化点，以及这些优化点相关参数的调整原则和方法。

10.2.1 常用 Linux 性能工具

Linux 操作系统提供了非常多的性能监控工具，可以全方位监控 CPU、内存、虚拟内存、磁盘 I/O、网络等各项指标，为问题排查提供了便利，无论是研发人员还是数据库管理员都应该熟练掌握这些工具和命令的用法。因为 Linux 相关命令和命令的变种很多，本节简单介绍一些常用的性能检测工具，例如 top、free、vmstat、iostat、mpstat、sar、pidstat 等。

除了 top 和 free 外，其他工具均位于 sysstat 包中。

在 CentOS 中安装 sysstat 包的命令如下所示：

```
[root@pghost1 ~]# yum install -y sysstat
```

1. top

top 命令是最常用的性能分析工具，它可以实时监控系统状态，输出系统整体资源占用状况以及各个进程的资源占用状况。在 top 命令运行过程中，还可使用一些交互命令刷新当前状态。一次 top 命令的输出如下所示：

```
top - 12:01:03 up 93 days, 23:30,  1 user,  load average: 1.08, 1.09, 1.08
Tasks: 1042 total,   3 running, 1039 sleeping,   0 stopped,   0 zombie
Cpu(s):  5.3%us,  1.6%sy,  0.0%ni, 92.5%id,  0.2%wa,  0.0%hi,  0.3%si,  0.0%st
Mem:  330604220k total, 323235920k used,  7368300k free,   248996k buffers
Swap: 67108860k total,         0k used, 67108860k free, 295053464k cached
      PID USER      PR  NI  VIRT  RES  SHR S %CPU %MEM    TIME+  COMMAND
145138 postgres  20   0 37.7g  31g  31g S 26.2 10.1   5:38.22 postgres: pguser mydb
    127.0.0.1(50382)
    58327 pgbounce  20   0 49368 8808  864 S 17.4  0.0  14725:14 /usr/bin/pgbouncer
        -d -q /etc/pgbouncer/pgbouncer.ini
183682 postgres  20   0 37.6g  22g  21g R 17.3  7.0   1:49.69 postgres: pguser mydb
    127.0.0.1(60026)
182679 postgres  20   0 37.7g  23g  22g S 15.3  7.4   2:11.07 postgres: pguser mydb
    127.0.0.1(59112)
    58123 postgres  20   0 37.1g  36g  36g R 13.6 11.7  13623:27 postgres: startup
        process
164415 postgres  20   0 37.7g  26g  26g S 12.2  8.6   2:51.10 postgres: pguser mydb
    127.0.0.1(42440)
    10674 root      20   0     0    0    0 S 11.7  0.0  22882:14 [shn_comp_wqa]
164421 postgres  20   0 37.7g  29g  28g S 11.6  9.2   3:55.88 postgres: pguser mydb
    127.0.0.1(42452)
    57570 root      20   0     0    0    0 S  6.0  0.0   6386:38 [flush-252:0]
    73195 postgres  20   0 37.1g 3532 2280 S  6.0  0.0   6207:28 postgres: wal receiver
        process
    58145 postgres  20   0 37.1g  36g  36g S  3.6 11.6   4936:07 postgres: writer
        process
148192 postgres  20   0 37.7g  32g  31g S  3.4 10.3   5:57.01 postgres: pguser mydb
    127.0.0.1(53174)
    10683 root      20   0     0    0    0 S  2.1  0.0   3233:57 [shn_handle_luna]
164413 postgres  20   0 37.7g  28g  27g S  2.1  9.0   3:31.48 postgres: pguser mydb
    127.0.0.1(42436)
    10681 root      20   0     0    0    0 S  1.7  0.0   1579:57 [shn_gc_wqa]
    10675 root      20   0     0    0    0 S  1.1  0.0 886:09.06 [shn_wqa]
    73174 postgres  20   0  184m 5816 1036 S  1.0  0.0 745:02.12 postgres: stats
        collector process
    58144 postgres  20   0 37.2g  36g  36g S  0.3 11.6 812:08.97 postgres:
        checkpointer process
    ...
    ...
    ...
```

top 命令的输出被一行空行分为两部分，空行以上的信息为服务器状态的整体统计信息，空行以下部分为各个进程的状态信息。

在本例中的统计信息区域如下所示：

```
top - 12:01:03 up 93 days, 23:30,  1 user,  load average: 1.08, 1.09, 1.08
Tasks: 1042 total,   3 running, 1039 sleeping,   0 stopped,   0 zombie
Cpu(s):  5.3%us,  1.6%sy,  0.0%ni, 92.5%id,  0.2%wa,  0.0%hi,  0.3%si,  0.0%st
Mem:  330604220k total, 323235920k used,  7368300k free,   248996k buffers
Swap: 67108860k total,         0k used, 67108860k free, 295053464k cached
```

如果把这一部分输出翻译为可读语言，其内容如下所示：

```
top - 当前时间 12:01:03 ，系统已运行93天23小时30分没有重启，当前有1个用户登录操作系统，最近
      1分钟、5分钟、15分钟的系统负载分别是: 1.08, 1.09, 1.08
任务运行情况:当前一共有1042个进程,3个正在运行, 1039个在睡眠,0个进程停止,0个僵尸进程
CPU:用户CPU占用5.3%,内核CPU占用1.6%,特定优先级的进程CPU占用0.0%, 空闲CPU为92.5%,因为IO等
    待的CPU占用0.2%,硬中断CPU占用0.0%,软中段CPU占用0.3%,虚拟机盗取占用0.0%
内存:共有330604220k,已使用323235920k,可用7368300k,buffers使用了248996k
虚拟内存:共有67108860k,已使用0k, 可用67108860k,cache使用了295053464k
```

各个进程的状态信息区域的输出值所代表的含义是：

- PID：进程 id
- USER：进程所有者
- PR：进程优先级
- NI：进程优先级的修正值
- VIRT：进程使用的虚拟内存总量
- RES：进程使用的物理内存大小
- SHR：共享内存大小
- S：进程状态。D= 不可中断的睡眠状态 R= 运行 S= 睡眠 T= 跟踪 / 停止 Z= 僵尸进程
- %CPU：上次更新到现在的 CPU 时间占用百分比
- %MEM：进程使用的物理内存百分比
- TIME+：进程使用的 CPU 时间总计，单位 1/100 秒
- COMMAND：进程运行的命令名

top 命令默认情况下以 PID、USER、PR、NI、VIRT、RES、SHR、S、%CPU、%MEM、TIME+、COMMAND 从左到右的顺序输出这些列，通常情况下这些列的信息量已经足够丰富。进入交互页面可以选择添加删除不同的列，并可以对列进行排序。除了上述内容，top 命令功能丰富，可以阅读 man top 深入了解。

2. free

free 命令显示当前系统的内存使用情况，如下所示：

```
[root@pghost1 ~]# free -g
             total       used       free     shared    buffers     cached
```

```
Mem:         315        306          9         36          0        278
-/+ buffers/cache:           27        287
Swap:           63          0         63
```

Mem这一行的输出内容表示当前服务器的内存共有315GB，已使用306GB，可用9GB，其中total=used+free；共享内存为36GB，buffers使用了0GB（这是由于输出是以GB为单位的，实际本例中是244MB），cache使用了278GB；其中buffers和cache都是由操作系统为提高I/O性能而分配管理的，buffers是将被写入到磁盘的缓冲区的数据，cache是从磁盘读出到缓存的数据。-/+ buffers/cache这一行前一个值是used - buffers/cached的值，是应用程序真正使用到的内存，在以上命令的输出中是27GB；后一个值表示free + buffers/cached的值，表示理论上可以被使用的内存，在上述命令的输出中是287GB。最后一行是总的Swap和可用的Swap。

数据库在运行期间，会一直频繁地存取数据，对于操作系统而言也是频繁地存取数据。经过一段时间的运行，可能会发现free命令的输出结果中，可用内存越来越少，通常都是因为缓存。这是由于Linux为了提升I/O性能和减小磁盘压力，使用了buffer cache和page cache，buffer cache针对磁盘的写进行缓存，直接对磁盘进行操作的数据会缓存到buffer cache，而文件系统中的数据则是交给page cache进行缓存，即使数据库任务运行结束，cache也不会被主动释放。所以，是否使用到Swap可以作为判断内存是否够用的一个简单标准，只要没有使用到Swap，就说明内存还够用，在数据库需要内存时，cache可以很快被回收。

如果想把缓存释放出来，可以使用如下命令：

```
[root@pghost1 ~]# sync
[root@pghost1 ~]# echo 1 > /proc/sys/vm/drop_caches
```

需要注意，在生产环境释放缓存的命令要慎用，避免引起性能波动。

3. vmstat

vmstat是Linux中的虚拟内存统计工具，用于监控操作系统的虚拟内存、进程、CPU等的整体情况。vmstat最常规的用法是：vmstat delay count，即每隔delay秒采样一次，共采样count次，如果省略count，则一直按照delay时间进行采样，直到用户手动CTRL+C停止为止。举例如下：

```
[root@pghost1 ~]# vmstat 3 5
procs -----------memory---------- ---swap-- -----io---- --system-- -----cpu-----
 r  b swpd   free   buff  cache   si   so    bi    bo   in   cs us sy id wa st
 3  0    0 7598968 243376 292787104    0    0  1354   984    0    0  4  2 94  1  0
 1  0    0 7491112 243388 292891072    0    0 27019 45264 45526 72922  4  2 94  0  0
 0  0    0 7434112 243408 292946016    0    0 11299 32468 45675 68756  4  1 94  0  0
 2  0    0 7348156 243468 293028032    0    0 19383 67697 48760 75728  4  2 94  0  0
 2  0    0 7289800 243480 293085504    0    0 12467 28441 46016 64854  4  1 95  0  0
```

vmstat的输出第一行显示了系统自启动以来的平均值，从第二行开始显示现在正在发生的情况，每一列的含义如下：

- r：当前CPU队列中有几个进程在等待，持续为1说明有进程一直在等待，超过核心数说明压力过大；

- b：当前有多少个进程进入不可中断式睡眠状态；

- swpd：已经使用的交换分区的大小；

- free：当前的空闲内存；

- buff：已经使用的buffer的大小，特指buffer cache（存在用来描述文件元数据的cache）；

- cache：已经使用的page cache的大小，特指文件page的cache；

- si/so：从磁盘交换到Swap分区和从Swap分区交换到磁盘的大小；

- bi/bo：从磁盘读出和写入到磁盘的大小，单位blocks/s；

- in：每秒被中断的进程数；

- cs：每秒多少个CPU进程在进进出出。

4. iostat

iostat命令用于整个系统、适配器、tty设备、磁盘和CD-ROM的输入/输出统计信息，但最常用的是用iostat来监控磁盘的输入输出，和vmstat一样，在命令的后面可以跟上delay和count参数，举例如下：

```
[root@pghost1 ~]# iostat -dx /dev/dfa 5 5
Linux 2.6.32-696.el6.x86_64 (pghost1)      01/25/2018      _x86_64_        (48 CPU)
Device:           rrqm/s   wrqm/s     r/s     w/s   rsec/s   wsec/s avgrq-sz avgqu-
    sz   await r_await w_await  svctm  %util
dfa          0.00     0.00 3679.66 11761.85 129603.44 94094.80    14.49     0.17
    0.03    0.01    0.04   0.02  27.97
Device:           rrqm/s   wrqm/s     r/s     w/s   rsec/s   wsec/s avgrq-sz avgqu-
    sz   await r_await w_await  svctm  %util
dfa          0.00     0.00  807.60 9619.20 33854.40 76953.60    10.63     3.89
    0.37    0.15    0.39   0.01  14.00
Device:           rrqm/s   wrqm/s     r/s     w/s   rsec/s   wsec/s avgrq-sz avgqu-
    sz   await r_await w_await  svctm  %util
dfa         0.00     0.00  727.80 12904.40 29558.40 103235.20     9.74     7.39
    0.54   0.18    0.56   0.01  15.18
Device:           rrqm/s   wrqm/s     r/s     w/s   rsec/s   wsec/s avgrq-sz avgqu-
    sz   await r_await w_await  svctm  %util
dfa         0.00     0.00 1682.00 13761.20 52283.20 110089.60    10.51    16.64
    1.07    0.15    1.18   0.01  20.76
Device:           rrqm/s   wrqm/s     r/s     w/s   rsec/s   wsec/s avgrq-sz avgqu-
    sz   await r_await w_await  svctm  %util
dfa        0.00     0.00  609.80 23131.60 24737.60 185052.80     8.84    16.50
    0.69    0.24    0.70   0.01  21.62
```

以上输出的每列的含义是：

- rrqm/s，wrqm/s：每秒读写请求的合并数量（OS会尽量读取和写入临近扇区）；

- r/s，w/s：每秒读写请求次数；

- rsec/s，wsec/s：每秒读写请求的字节数；
- avgrq-sz：每秒请求的队列大小；
- avgqu-sz：每秒请求的队列长度；
- await：从服务发起到返回信息共花费的平均服务时间；
- svctm：该值不必关注；
- %util：磁盘的利用率。

5. mpstat

mpstat 返回 CPU 的详细性能信息，举例说明：

```
[root@pghost1 ~]# mpstat 5 5
Linux 2.6.32-696.el6.x86_64 (pghost1)        01/25/2018        _x86_64_         (48 CPU)
02:54:30 PM  CPU     %usr   %nice    %sys %iowait    %irq   %soft  %steal  %guest   %idle
02:54:35 PM  all     3.88    0.00    1.16    0.33    0.00    0.22    0.00    0.00   94.41
02:54:40 PM  all     4.06    0.00    0.98    0.14    0.00    0.24    0.00    0.00   94.58
02:54:45 PM  all     4.06    0.00    0.98    0.13    0.00    0.23    0.00    0.00   94.60
02:54:50 PM  all     4.15    0.00    1.37    0.37    0.00    0.24    0.00    0.00   93.88
02:54:55 PM  all     6.15    0.00    1.16    0.15    0.00    0.24    0.00    0.00   92.30
Average:     all     4.46    0.00    1.13    0.22    0.00    0.23    0.00    0.00   93.95
```

在 mpstat 的最后一行会有一个运行期间的平均统计值，默认的 mpstat 会统计所有 CPU 的信息，如果只需要观察某一个 CPU，加上参数 -P n，n 为要观察的 core 的索引。例如观察 CPU 0 的统计信息，每 5 秒采样一次，共采样 3 次，命令如下所示：

```
[root@pghost1 ~]# mpstat -P 0 5 3
Linux 2.6.32-696.el6.x86_64 (pghost1)        01/25/2018        _x86_64_         (48 CPU)
02:57:16 PM  CPU     %usr   %nice    %sys %iowait    %irq   %soft  %steal  %guest   %idle
02:57:21 PM    0    17.54    0.00    2.02    0.81    0.00    0.40    0.00    0.00   79.23
02:57:26 PM    0    19.07    0.00    2.43    0.61    0.00    0.41    0.00    0.00   77.48
02:57:31 PM    0    18.96    0.00    3.39    1.00    0.00    0.60    0.00    0.00   76.05
Average:       0    18.52    0.00    2.62    0.81    0.00    0.47    0.00    0.00   77.58
```

以上输出的各列的含义如下：
- %usr：用户花费的时间比例；
- %nice：特定优先级进程的 CPU 时间百分比；
- %sys：系统花费的时间比例；
- %iowait：I/O 等待；
- %irq：硬中断花费的 CPU 时间；
- %soft：软中断花费的 CPU 时间；
- %steal,%guest：这两个参数与虚拟机相关，略；
- %idle：空闲比率。

6. sar

sar 是性能统计非常重要的工具。sar 每隔一段时间进行一次统计，它的配置在 /etc/

cron.d/sysstat 中，默认为 10 分钟：

```
[root@pghost1 ~]# cat /etc/cron.d/sysstat
# Run system activity accounting tool every 10 minutes
*/10 * * * * root /usr/lib64/sa/sa1 1 1
```

可以调整统计信息的收集频率，在测试过程中可以将每 10 分钟修改为每 1 分钟用来提高统计的实时性。

sar 的结果是基于历史的，即从开机到最后一次收集数据时的统计信息，在输出时默认使用 AM/PM 显示时间，可以在执行 sar 前强制使用 LANG=C 以使用 24 小时时间表示法显示时间；

sar 统计的维度很多，下面举几个简单的例子。

（1）汇总 CPU 状况

汇总 CPU 状况的命令如下所示：

```
[root@pghost1 ~]# sar -q
12:00:01 AM   runq-sz  plist-sz   ldavg-1   ldavg-5  ldavg-15
12:10:01 AM         9      1306      1.17      1.17      1.19
12:20:01 AM         4      1307      1.21      1.19      1.19
...
...
...
10:20:01 AM         9      1297      1.02      1.09      1.13
10:30:01 AM         7      1300      0.95      0.89      0.99
10:40:01 AM         8      1298      1.48      1.27      1.10
...
...
...
```

以上输出的含义为：

- runq-sz：运行队列平均长度；
- plist-sz：进程列数；
- ldavg-1，ldavg-5，ldavg-15：每分、每 5 分钟、每 15 分钟的平均负载。

（2）汇总 I/O 状况

汇总 I/O 状况的命令如下所示：

```
[root@pghost1 ~]# sar -b
12:00:01 AM       tps      rtps      wtps   bread/s   bwrtn/s
12:10:01 AM  13995.40    947.73  13047.68  35553.77 104404.64
12:20:01 AM  14389.13   1162.41  13226.72  40502.67 105837.12
12:30:01 AM  16420.53   1107.85  15312.69  43851.18 122524.99
...
...
...
01:00:01 PM  15961.31   1444.19  14517.12  52564.87 116160.35
01:10:01 PM  15327.42   1201.94  14125.48  43332.46 113027.64
```

```
...
...
...
```

以上输出的含义为：

- tps，rtps，wtps：TPS 数；

- bread/s，bwrtn/s：每秒读写 block 的大小，需要注意：这里每个 block 的大小为 512 字节，不要与数据库中的 Block 混淆了。

（3）历史数据的汇总

sar 的历史数据保存在 /var/log/sa/ 目录，可以设置 sar 历史数据的保留天数，查看默认保存几天的历史数据，要修改保存天数可以编辑 /etc/sysconfig/sysstat 中的 HISTORY 值。当设置的保存天数超过 28 天，则会在 /var/log/sa/ 下建立月份目录。只查看某一天的数据指定一下具体的日期对应的历史数据文件即可，例如查看 15 号 22:00:00 到 23:00:00 的 CPU 性能统计数据，命令如下所示：

```
[root@pghost1 ~]# sar -q -f /var/log/sa/sa15 -s 22:00:00 -e 23:00:00
10:00:01 PM   runq-sz  plist-sz   ldavg-1   ldavg-5  ldavg-15
10:10:01 PM         5      1311      1.38      1.44      1.36
10:20:01 PM         2      1312      1.15      1.18      1.25
10:30:01 PM         5      1313      1.50      1.20      1.19
10:40:01 PM         4      1312      1.01      1.20      1.16
10:50:01 PM         6      1334      1.64      1.25      1.18
Average:            4      1316      1.34      1.25      1.23
```

sar 是性能统计信息的集大成者，是 Linux 上最为全面的性能分析工具之一，保存的历史数据可以借助 gunplot 工具绘制性能指标图形，还可以使用 grafana 等图形前端进行性能指标的趋势图绘制，直观地观察性能趋势。

7. 其他性能工具和方法

nmon，像一个图形界面的 top 一样，可以动态地、漂亮地显示当前的 I/O、CPU、存储、网络的实时性能，并且可以将历史数据通过 OFFICE 宏输出为图表。

iotop，像 top 工具一样，但它是用来观察 I/O 状况的，可以方便地观察当前系统的 I/O 是否存在瓶颈以及在 I/O 出现瓶颈时观察是哪些进程造成的。通常还会配合 pidstat 命令一起来排查问题。

除了使用 iotop 这样专业的工具来定位 I/O 问题，还可以直接利用进程状态来找到相关的进程。

我们知道进程有如下几种状态：

- D 不可中断的睡眠状态。

- R 可执行状态。

- S 可中断的睡眠状态。

- T 暂停状态或跟踪状态。

- X dead 退出状态，进程即将被销毁。
- Z 退出状态，进程成为僵尸进程。

其中状态为 D 的进程一般就是由于等待 I/O 而造成所谓的“非中断睡眠”，我们可以从这点入手然后一步步地定位问题，如下所示：

```
[root@pghost1 ~]# for x in `seq 3`; do ps -eo state,pid,cmd | grep "^D"; echo "----"; sleep 5; done;
```

或

```
[root@pghost1 ~]# while true; do date; ps auxf | awk '{if($8=="D") print $0;}'; sleep 1; done;
```

还可以用 pidstat -d 1 来查看进程的读写情况，用来诊断 I/O 问题。

10.2.2 Linux 系统的 I/O 调度算法

磁盘 I/O 通常会首先成为数据库服务器的瓶颈，因此我们先简单了解在 Linux 系统中的 I/O 调度算法，并根据不同的硬件配置，调整调度算法提高数据库服务器性能。对于数据库的读写操作，Linux 操作系统在收到数据库的请求时，Linux 内核并不是立即执行该请求，而是通过 I/O 调度算法，先尝试合并请求，再发送到块设备中。

通过如下命令查看当前系统支持的调度算法：

```
[root@pghost1 ~]# dmesg | grep -i scheduler
io scheduler noop registered
io scheduler anticipatory registered
io scheduler deadline registered
io scheduler cfq registered (default)
```

cfq 称为绝对公平调度算法，它为每个进程和线程单独创建一个队列来管理该进程的 I/O 请求，为这些进程和线程均匀分布 I/O 带宽，比较适合于通用服务器，是 Linux 系统中默认的 I/O 调度算法。

noop 称为电梯调度算法，它基于 FIFO 队列实现，所有 I/O 请求先进先出，适合 SSD。

deadline 称为绝对保障算法，它为读和写分别创建了 FIFO 队列，当内核收到请求时，先尝试合并，不能合并则尝试排序或放入队列中，并且尽量保证在请求达到最终期限时进行调度，避免有一些请求长时间不能得到处理，适合虚拟机所在宿主机器或 I/O 压力比较重的场景，例如数据库服务器。

可以通过以下命令查看磁盘 sda 的 I/O 调度算法：

```
[root@pghost1 ~]# cat /sys/block/sda/queue/scheduler
noop anticipatory deadline [cfq]
```

在输出结果中，被方括号括起来的值就是当前 sda 磁盘所使用的调度算法。

通过 shell 命令可以临时修改 I/O 调度算法：

```
[root@pghost1 ~]# echo noop > /sys/block/sda/queue/scheduler
[root@pghost1 ~]# cat /sys/block/sda/queue/scheduler
[noop] anticipatory deadline cfq
```

shell 命令修改的调度算法，在服务器重启后就会恢复到系统默认值，永久修改调度算法需要修改 /etc/grub.conf 文件。

10.2.3 预读参数调整

除了根据不同应用场景，配置磁盘的 I/O 调度方式之外，还可以通过调整 Linux 内核预读磁盘扇区参数进行 I/O 的优化。在内存中读取数据比从磁盘读取要快很多，增加 Linux 内核预读，对于大量顺序读取的操作，可以有效减少 I/O 的等待时间。如果应用场景中有大量的碎片小文件，过多的预读会造成资源的浪费。所以该值应该在实际环境多次测试。

通过如下命令查看磁盘预读扇区：

```
[root@pghost1 ~]# /sbin/blockdev --getra /dev/sda
256
```

默认为 256，在当前较新的硬件机器中，可以设置到 16384 或更大。通过以下命令设置磁盘预读扇区：

```
[root@pghost1 ~]# /sbin/blockdev --setra 16384 /dev/sda
```

或

```
[root@pghost1 ~]# echo 16384 /sys/block/sda/queue/read_ahead_kb
```

为防止重启失效，可以将配置写入 /etc/rc.local 文件，对多块磁盘设置该值，如下所示：

```
[root@pghost1 ~]# echo "/sbin/blockdev --setra 16384 /dev/dfa /dev/sda1" >> /etc/
    rc.local
[root@pghost1 ~]# cat /etc/rc.local
#!/bin/sh
...
...
...
# Database optimisation
/sbin/blockdev --setra 16384 /dev/dfa /dev/sda1
```

10.2.4 内存的优化

1. Swap

在内存方面，对数据库性能影响最恶劣的就是 Swap 了。当内存不足，操作系统会将虚拟内存写入磁盘进行内存交换，而数据库并不知道数据在磁盘中，这种情况下就会导致性能急剧下降，甚至造成生产故障。有些系统管理员会彻底禁用 Swap，但如果这样，一旦内存消耗完就会导致 OOM，数据库也会随之崩溃。

查看系统是否已经使用到了 Swap 最简单的方法就是 free 命令了，如下所示：

```
[postgres@pghost1 ~]$ free -g
             total       used       free     shared    buffers     cached
Mem:           378         34        344         30          0         30
-/+ buffers/cache:          3        375
Swap:           31          0         31
```

通过以上命令及其输出可以看到，Swap共分配了31GB，实际使用为0，说明并没有使用到Swap。

还可以使用vmstat之类的命令来查看，如下所示：

```
[postgres@pghost1 ~]$ vmstat 5 3
procs -----------memory---------- ---swap-- -----io---- --system-- -----cpu-----
   r  b   swpd     free    buff  cache   si   so    bi    bo   in   cs us sy id wa st
   0  0      0 361127872 390616 31882912    0    0     2    11    0    0  0  0 100  0  0
   0  0      0 361127840 390620 31882912    0    0     0    30  744  533  0  0 100  0  0
   1  0      0 361127840 390620 31882912    0    0     0    22 1161  694  0  0 100  0  0
[postgres@pghost1 ~]$
```

在vmstat的输出结果中第三列swpd如果大于0，则说明使用到了Swap，在上述例子中并没有使用Swap。

如果由于特殊原因，已经用到了Swap，那么应该在有可用内存时释放已使用的Swap，释放Swap的过程实际上是先禁用Swap后再启用Swap的过程。禁用Swap的命令是swapoff，启用Swap的命令是swapon，例如：

```
[root@pghost1 ~]# swapoff -a
[root@pghost1 ~]#
[root@pghost1 ~]# free | grep Swap
Swap:            0          0          0
[root@pghost1 ~]#
[root@pghost1 ~]# swapon -a
[root@pghost1 ~]#
[root@pghost1 ~]# free | grep Swap
Swap:     33554428          0   33554428
```

禁用Swap之后，可以看到可用的交换空间值为0，在启用Swap之后，可以看到可用空间是预先划分的Swap分区的大小。

2. 透明大页

透明大页（Transparent HugePages）在运行时动态分配内存，而运行时的内存分配会有延误，对于数据库管理系统来说并不友好，所以建议关闭透明大页。

查看透明大页的系统配置的命令如下所示：

```
[root@pghost1 ~]# cat /sys/kernel/mm/transparent_hugepage/enabled
[always] madvise never
```

在上述命令的输出中方括号包围的值就是当前值，关闭透明大页的方法如下所示：

```
[root@pghost1 ~]# echo never > /sys/kernel/mm/transparent_hugepage/enabled
```

```
[root@pghost1 ~]# cat /sys/kernel/mm/transparent_hugepage/enabled
always madvise [never]
```

永久禁用透明大页可以通过编辑 /etc/rc.local，加入以下内容：

```
if test -f /sys/kernel/mm/transparent_hugepage/enabled; then
    echo never > /sys/kernel/mm/transparent_hugepage/enabled
fi
if test -f /sys/kernel/mm/transparent_hugepage/defrag; then
    echo never > /sys/kernel/mm/transparent_hugepage/defrag
fi
```

还可以通过修改 /etc/grub.conf，在 kernel 的行末加上 transparent_hugepage=never 禁用透明大页，如下所示：

```
kernel /boot/vmlinuz-2.6.32-642.11.1.el6.x86_64 ro root=UUID=c429e8ae-c35d-4bc0-
    a781-17bbb95a75cf nomodeset rd_NO_LUKS  KEYBOARDTYPE=pc KEYTABLE=us LANG=en_
    US.UTF-8 rd_NO_MD SYSFONT=latarcyrheb-sun16 crashkernel=auto rd_NO_LVM rd_NO_
    DM rhgb quiet numa=off transparent_hugepage=never
```

3. NUMA

NUMA 架构会优先在请求线程所在的 CPU 的 local 内存上分配空间，如果 local 内存不足，优先淘汰 local 内存中无用的页面，这会导致每个 CPU 上的内存分配不均，虽然可以通过配置 NUMA 的轮询机制缓解，但对于数据库管理系统仍不又好，建议关闭 NUMA。

查看 NUMA 在操作系统中是否开启的命令如下所示：

```
[root@pghost1 ~]# numactl --hardware
available: 2 nodes (0-1)
node 0 cpus: 0 2 4 6 8 10 12 14 16 18 20 22 24 26 28 30 32 34 36 38 40 42 44 46
node 0 size: 196514 MB
node 0 free: 186290 MB
node 1 cpus: 1 3 5 7 9 11 13 15 17 19 21 23 25 27 29 31 33 35 37 39 41 43 45 47
node 1 size: 196608 MB
node 1 free: 192336 MB
node distances:
node   0   1
    0:  10  21
    1:  21  10
```

或使用 numastat 命令，如下所示：

```
[root@pghost1 ~]# numastat
                           node0           node1
numa_hit                27207118        27526494
numa_miss                      0               0
numa_foreign                   0               0
interleave_hit            111148          111125
local_node              27205425        27405472
other_node                  1693          121022
```

通过 numactl 的输出，目前可以看到两个 CPU 内存节点：available: 2 nodes (0-1)，并

且这两个节点所分配的内存大小是不一样的。

关闭 NUMA 最直接的方法是从服务器的 BIOS 中关闭，例如某品牌服务器的关闭方法是禁用内存配置中的 Node Interleaving。其手册中的说明如下：

Node Interleaving（节点交叉存取）指定是否支持非统一内存架构。如果此字段设为 Enabled（已启用），当安装的是对称内存配置时，支持内存交叉存取。如果此字段设为 Disabled（已禁用），系统支持 NUMA（非对称）内存配置。在默认情况下，该选项设为 Disabled（禁用）。

还可以通过编辑 /etc/grub.conf, 在 kernel 的行末加上 numa=off 禁用 NUMA，如下所示：

```
kernel /boot/vmlinuz-2.6.32-642.11.1.el6.x86_64 ro root=UUID=c429e8ae-c35d-4bc0-
    a781-17bbb95a75cf nomodeset rd_NO_LUKS  KEYBOARDTYPE=pc KEYTABLE=us LANG=en_
    US.UTF-8 rd_NO_MD SYSFONT=latarcyrheb-sun16 crashkernel=auto rd_NO_LVM rd_NO_
    DM rhgb quiet numa=off
```

关闭之后再查看 NUMA 的状态，如下所示：

```
[root@pghost1 ~]# numactl --hardware
available: 1 nodes (0)
node 0 cpus: 0 1 2 3 4 5 6 7 8 9 10 11 12 13 14 15 16 17 18 19 20 21 22 23 24 25 26 27
    28 29 30 31 32 33 34 35 36 37 38 39 40 41 42 43 44 45 46 47
node 0 size: 393122 MB
node 0 free: 379902 MB
node distances:
node   0
    0:  10
[root@pghost1 ~]#
[root@pghost1 ~]# numastat
                           node0
numa_hit                 3613403
numa_miss                      0
numa_foreign                   0
interleave_hit            222419
local_node               3613403
other_node                     0
```

关闭之后观察数据库的表现会发现性能有一定幅度提升，并且原本有一些小波动的地方已经得到改善。在 Linux 内核参数中，还有其他的一些内存调整的参数可以进行调整，但总体来说带来的收益并不大，有兴趣的读者可以再深入研究。

10.3 数据库调优

10.3.1 全局参数调整

在 postgresql.conf 配置文件中有很多参数可以灵活配置数据库的行为，本章介绍其中几个容易产生分歧或容易忽略的，对性能影响较大的参数的调整方法和原则。

在 PostgreSQL 数据库启动时，就会分配所有的共享内存，即使没有请求，共享内存也会保持固定的大小，共享内存大小由 shared_buffers 参数决定。当 PostgreSQL 在接收到客户端请求时，服务进程会首先在 shared_buffers 查找所需的数据，如果数据已经在 shared_buffers 中，服务进程可以在内存中进行客户端请求的处理；如果 shared_buffers 中没有所需数据，则会从操作系统请求数据，多数情况这些数据将从磁盘进行加载，我们知道磁盘相对内存的存取速度要慢很多，增加 shared_buffers 能使服务进程尽可能从 shared_buffers 中找到所需数据，避免去读磁盘。

在默认的 postgresql.conf 中，shared_buffers 的值都设置得很小，在 PostgreSQL 10 中，它的默认值只有 128MB，对于目前大多数的服务器硬件配置以及应对的请求量来说，这个值太过保守，建议设置大一些。由于 PostgreSQL 依赖于操作系统缓存的方式，shared_buffers 的值也不是越大越好，建议该参数根据不同的硬件配置，使用 pgbench 进行测试，得到一个最佳值。

work_mem 用来限制每个服务进程进行排序或 hash 时的内存分配，指定内部排序和 hash 在使用临时磁盘文件之前能使用的内存数量，它的默认值是 4MB，因为它是针对每个服务进程设置的，所以不宜设置太大。当每个进程得到的 work_mem 不足以排序或 hash 使用时，排序会借助磁盘临时文件，使得排序和 hash 的性能严重下降。配置该参数时，有必要了解服务器上所运行的查询的特征，如果主要运行一些小数据量排序的查询，可以不用设置过大。PostgreSQL 在排序时有 Top-N heapsort、Quick sort、External merge 这几种排序方法，如果在查询计划中发现使用了 External merge，说明需要适当增加 work_mem 的值。

random_page_cost 代表随机访问磁盘块的代价估计。参数的默认值是 4，如果使用机械磁盘，这个参数对查询计划没有影响，但现在越来越多的服务器使用固态磁盘，它也成为一个重要的参数，如果使用固态磁盘，建议将它设置为比 seq_page_cost 稍大即可，例如 1.5，使得查询规划器更倾向于索引扫描。

PostgreSQL 还有很多与性能相关的参数，在官方手册中对每一个参数都进行了详细的说明，读者可以进行深入研究，这里不再赘述。

10.3.2 统计信息和查询计划

在运行期间，PostgreSQL 会收集大量的数据库、表、索引的统计信息，查询优化器通过这些统计信息估计查询运行的时间，然后选择最快的查询路径。这些统计信息都保存在 PostgreSQL 的系统表中，这些系统表都以 pg_stat 或 pg_statio 开头。这些统计信息一类是支撑数据库系统内部方法的决策数据，例如决定何时运行 autovacuum 和如何解释查询计划。这些数据保存在 pg_statistics 中，这个表只有超级用户可读，普通用户没有权限，需要查看这些数据，可以从 pg_stats 视图中查询。另一类统计数据用于监测数据库级、表级、语句级的信息。本节介绍几个常用的重要系统表和系统视图。

1. pg_stat_database

数据库级的统计信息可以通过pg_stat_database这个系统视图来查看，它的定义如下：

```
mydb=# \d pg_stat_database
                      View "pg_catalog.pg_stat_database"
    Column      |           Type           | Collation | Nullable | Default
----------------+--------------------------+-----------+----------+---------
datid           | oid                      |           |          |
datname         | name                     |           |          |
numbackends     | integer                  |           |          |
xact_commit     | bigint                   |           |          |
xact_rollback   | bigint                   |           |          |
blks_read       | bigint                   |           |          |
blks_hit        | bigint                   |           |          |
tup_returned    | bigint                   |           |          |
tup_fetched     | bigint                   |           |          |
tup_inserted    | bigint                   |           |          |
tup_updated     | bigint                   |           |          |
tup_deleted     | bigint                   |           |          |
conflicts       | bigint                   |           |          |
temp_files      | bigint                   |           |          |
temp_bytes      | bigint                   |           |          |
deadlocks       | bigint                   |           |          |
blk_read_time   | double precision         |           |          |
blk_write_time  | double precision         |           |          |
stats_reset     | timestamp with time zone |           |          |
```

参数说明如下：

- numbackends：当前有多少个并发连接，理论上控制在cpu核数的1.5倍可以获得更好的性能；
- blks_read,blks_hit：读取磁盘块的次数与这些块的缓存命中数；
- xact_commit, xact_rollback：提交和回滚的事务数；
- deadlocks：从上次执行pg_stat_reset以来的死锁数量。

通过下面的查询可以计算缓存命中率：

```
SELECT blks_hit::float/(blks_read + blks_hit) as cache_hit_ratio FROM pg_stat_
    database WHERE datname=current_database();
```

缓存命中率是衡量I/O性能的最重要指标，它应该非常接近1，否则应该调整shared_buffers的配置，如果命中率低于99%，可以尝试调大它的值。

通过下面的查询可以计算事务提交率：

```
SELECT xact_commit::float/(xact_commit + xact_rollback) as successful_xact_ratio
    FROM pg_stat_database WHERE datname=current_database();
```

事务提交率则可以知道我们应用的健康情况，它应该等于或非常接近1，否则检查是否死锁或其他超时太多。

在 pg_stat_database 系统视图的字段中，除 numbackends 字段和 stats_reset 字段外，其他字段的值是自从 stats_reset 字段记录的时间点执行 pg_stat_reset() 命令以来的统计信息。建议使用者在进行优化和参数调整之后执行 pg_stat_reset() 命令，方便对比优化和调整前后的各项指标。有读者看到“ stat”“ reset”字样的命令会心存顾虑，担心执行这条命令会影响查询计划，实际上决定查询计划的是系统表 pg_statistics，它的数据是由 ANALYZE 命令来填充，所以不必担心执行 pg_stat_reset() 命令会影响查询计划。

2. pg_stat_user_tables

表级的统计信息最常用的是 pg_stat_user(all)_tables 视图，它的定义如下：

```
mydb=# \d pg_stat_user_tables
                  View "pg_catalog.pg_stat_user_tables"
       Column        |           Type           | Collation | Nullable | Default
---------------------+--------------------------+-----------+----------+---------
 relid               | oid                      |           |          |
 schemaname          | name                     |           |          |
 relname             | name                     |           |          |
 seq_scan            | bigint                   |           |          |
 seq_tup_read        | bigint                   |           |          |
 idx_scan            | bigint                   |           |          |
 idx_tup_fetch       | bigint                   |           |          |
 n_tup_ins           | bigint                   |           |          |
 n_tup_upd           | bigint                   |           |          |
 n_tup_del           | bigint                   |           |          |
 n_tup_hot_upd       | bigint                   |           |          |
 n_live_tup          | bigint                   |           |          |
 n_dead_tup          | bigint                   |           |          |
 n_mod_since_analyze | bigint                   |           |          |
 last_vacuum         | timestamp with time zone |           |          |
 last_autovacuum     | timestamp with time zone |           |          |
 last_analyze        | timestamp with time zone |           |          |
 last_autoanalyze    | timestamp with time zone |           |          |
 vacuum_count        | bigint                   |           |          |
 autovacuum_count    | bigint                   |           |          |
 analyze_count       | bigint                   |           |          |
 autoanalyze_count   | bigint                   |           |          |
```

last_vacuum，last_analyze：最后一次在此表上手动执行 vacuum 和 analyze 的时间。

last_autovacuum，last_autoanalyze：最后一次在此表上被 autovacuum 守护程序执行 autovacuum 和 analyze 的时间。

idx_scan，idx_tup_fetch：在此表上进行索引扫描的次数以及以通过索引扫描获取的行数。

seq_scan，seq_tup_read：在此表上顺序扫描的次数以及通过顺序扫描读取的行数。

n_tup_ins，n_tup_upd，n_tup_del：插入、更新和删除的行数。

n_live_tup，n_dead_tup：live tuple 与 dead tuple 的估计数。

从性能角度来看，最有意义的数据是与索引 vs 顺序扫描有关的统计信息。当数据库可以使用索引获取那些行时，就会发生索引扫描。另一方面，当一个表必须被线性处理以确定哪些行属于一个集合时，会发生顺序扫描。因为实际的表数据存储在无序的堆中，读取行是一项耗时的操作，顺序扫描对于大表来说是成本非常高。因此，应该调整索引定义，以便数据库尽可能少地执行顺序扫描。索引扫描与整个数据库的所有扫描的比率可以计算如下：

```
SELECT sum(idx_scan)/(sum(idx_scan) + sum(seq_scan)) as idx_scan_ratio FROM pg_
    stat_all_tables WHERE schemaname='your_schema';
SELECT relname,idx_scan::float/(idx_scan+seq_scan+1) as idx_scan_ratio FROM pg_
    stat_all_tables WHERE schemaname='your_schema' ORDER BY idx_scan_ratio ASC;
```

索引使用率应该尽可能地接近1,如果索引使用率比较低应该调整索引。有一些很小的表可以忽略这个比例，因为顺序扫描的成本也很低。

3. pg_stat_statements

语句级的统计信息一般通过pg_stat_statements、postgres日志、auto_explain来获取。

开启pg_stat_statements需要在postgresql.conf中配置，如下所示：

```
shared_preload_libraries = 'pg_stat_statements'
pg_stat_statements.track = all
```

然后执行CREATE EXTENSION启用它，如下所示：

```
mydb=# CREATE EXTENSION pg_stat_statements;
CREATE EXTENSION
```

pg_stat_statements视图的定义如下：

```
mydb=# \d pg_stat_statements
                    View "public.pg_stat_statements"
       Column        |       Type       | Collation | Nullable | Default
---------------------+------------------+-----------+----------+---------
userid               | oid              |           |          |
dbid                 | oid              |           |          |
queryid              | bigint           |           |          |
query                | text             |           |          |
calls                | bigint           |           |          |
total_time           | double precision |           |          |
min_time             | double precision |           |          |
max_time             | double precision |           |          |
mean_time            | double precision |           |          |
stddev_time          | double precision |           |          |
rows                 | bigint           |           |          |
shared_blks_hit      | bigint           |           |          |
shared_blks_read     | bigint           |           |          |
shared_blks_dirtied  | bigint           |           |          |
shared_blks_written  | bigint           |           |          |
local_blks_hit       | bigint           |           |          |
local_blks_read      | bigint           |           |          |
```

```
local_blks_dirtied    | bigint           |  |  |
local_blks_written    | bigint           |  |  |
temp_blks_read        | bigint           |  |  |
temp_blks_written     | bigint           |  |  |
blk_read_time         | double precision |  |  |
blk_write_time        | double precision |  |  |
```

pg_stat_statements 提供了很多维度的统计信息，最常用的是统计运行的所有查询的总的调用次数和平均的 CPU 时间，对于分析慢查询非常有帮助。例如查询平均执行时间最长的 3 条查询，如下所示：

```
mydb=# SELECT calls,total_time/calls AS avg_time,left(query,80) FROM pg_stat_
    statements ORDER BY 2 DESC LIMIT 3;
    calls  |     avg_time      |                                   left
-----------+-------------------+------------------------
    678704 | 1084.18282038266 | SELECT id, user_id,user_name, created_time, status
        FROM tbl;
    678704 | 1081.78246124378 | SELECT f.* FROM tbl_f f INNER JOIN tbl_u u ON f.id...
        126 | 365.336761904762 | SELECT tableoid, oid, proname, prolang,
             pronargs, proargtypes, prorettype, proac
(3 rows)
```

通过查询 pg_stat_statements 视图，可以决定先对哪些查询进行优化可获得的收益最高，对性能提升最大。执行 pg_stat_statements_reset 可以重置 pg_stat_statements 的统计信息。

4. 查看 SQL 的执行计划

执行计划，也叫作查询计划，会显示将怎样扫描语句中用到的表，例如使用顺序扫描还是索引扫描等等，以及多个表连接时使用什么连接算法来把每个输入表的行连接在一起。在 PostgreSQL 中使用 EXPLAIN 命令来查看执行计划，例如：

```
mydb=# EXPLAIN SELECT * FROM tbl;
                        QUERY PLAN
---------------------------------------------------------
 Seq Scan on tbl  (cost=0.00..20.70 rows=1070 width=48)
(1 row)
```

在 EXPLAIN 命令后面还可以跟上 ANALYZE 得到真实的查询计划，例如：

```
mydb=# EXPLAIN ANALYZE SELECT * FROM tbl;
          QUERY PLAN
-------------------------------
 Seq Scan on tbl  (cost=0.00..20.70 rows=1070 width=48) (actual time=0.021..0.023
     rows=3 loops=1)
 Planning time: 0.117 ms
 Execution time: 0.058 ms
(3 rows)
```

但是需要注意的是：使用 ANALYZE 选项时语句会被执行，所以在分析 INSERT、

UPDATE、DELETE、CREATE TABLE AS 或者 EXECUTE 命令的查询计划时，应该使用一个事务来执行，得到真正的查询计划后对该事务进行回滚，就会避免因为使用 ANALYZE 选项而修改了数据，例如：

```
mydb=# BEGIN;
BEGIN
mydb=# EXPLAIN ANALYZE UPDATE tbl SET ival = ival * 10 WHERE id = 1;
                    QUERY PLAN
---------------------------------------------
 Update on tbl  (cost=0.15..8.17 rows=1 width=54) (actual time=0.159..0.159 rows=0
     loops=1)
    ->  Index Scan using tbl_pkey on tbl  (cost=0.15..8.17 rows=1 width=54) (actual
          time=0.046..0.047 rows=1 loops=1)
            Index Cond: (id = 1)
 Planning time: 4.237 ms
 Execution time: 0.315 ms
(5 rows)
mydb=# ROLLBACK;
ROLLBACK
```

在阅读查询计划时，有一个简单的原则：从下往上看，从右往左看。例如上面的例子，从下往上看最后一行的内容是 Execution time: 0.315 ms，是这条语句的实际执行时间是 0.315 ms；往上一行的内容是 Planning time: 4.237 ms，是这条语句的查询计划时间 4.237 ms ；往上一行，一个箭头在上一行的右侧缩进处，表示先使用 tbl 表上的 tbl_pkey 进行了 Index Scan，然后到最上面一行，在 tbl 表上执行了 Update。在每行计划中，都有几项值，(cost=0.00..xxx) 预估该算子开销有多么“昂贵”。“昂贵”按照磁盘读计算。这里有两个数值：第一个表示算子返回第一条结果集最快需要多少时间；第二个数值（通常更重要）表示整个算子需要多长时间。开销预估中的第二项 (rows=xxx) 表示 PostgreSQL 预计该算子会返回多少条记录。最后一项 (width=1917) 表示结果集中一条记录的平均长度（字节数），由于使用了 ANALYZE 选项，后面还会有实际执行的时间统计。

除了 ANALYZE 选项，还可以使用 COSTS、BUFFERS、TIMING、FORMAT 这些选项输出比较详细的查询计划，例如：

```
mydb=# EXPLAIN (ANALYZE on, TIMING on , VERBOSE on, BUFFERS on) SELECT * FROM tbl
    WHERE id = 10;
                    QUERY PLAN
---------------------------------------------
 Index Scan using tbl_pkey on public.tbl  (cost=0.15..8.17 rows=1 width=48) (actual
     time=0.015..0.015 rows=0 loops=1)
    Output: id, ival, description, created_time
    Index Cond: (tbl.id = 10)
    Buffers: shared hit=1
 Planning time: 0.177 ms
 Execution time: 0.065 ms
(6 rows)
```

使用EXPLAIN的选项（ANALYZE、COSTS、BUFFERS、TIMING、VERBOSE）可以帮助开发人员获取非常详细的查询计划，但是有时候我们会有一些需要高度优化的需求，或者是一些语句的查询计划提供的信息不能完全判断语句的优劣，这时候还可以使用session级的log_xxx_stats来判断问题。PostgreSQL在initdb后，log_statement_stats参数默认是关闭的，因为打开它会在执行每条命令的时候，执行大量的系统调用来收集资源消耗信息，所以在生产环境中也应该关闭它，一般都在session级别使用它。

在postgresql.conf中 有log_parser_stats、log_planner_stats和log_statement_stats这几个选项，默认值都是off，其中log_parser_stats和log_planner_stats这两个参数为一组，log_statement_stats为一组，这两组参数不能全部同时设置为on。

查看parser和planner的系统资源使用的查询计划，如下所示：

```
mydb=# set client_min_messages = log;
mydb=# set log_parser_stats = on;
mydb=# set log_planner_stats = on;
```

运行EXPLAIN ANALYZE查看查询计划，如下所示：

```
mydb=# EXPLAIN ANALYZE select * from tbl limit 10;
LOG:  PARSER STATISTICS
DETAIL:  ! system usage stats:
!       0.000060 elapsed 0.000000 user 0.000000 system sec
!       [0.061990 user 0.014997 sys total]
!       0/0 [600/0] filesystem blocks in/out
!       0/0 [0/2640] page faults/reclaims, 0 [0] swaps
!       0 [0] signals rcvd, 0/0 [0/0] messages rcvd/sent
!       0/0 [55/1] voluntary/involuntary context switches
LOG:  PARSE ANALYSIS STATISTICS
DETAIL:  ! system usage stats:
!       0.000086 elapsed 0.000000 user 0.000000 system sec
!       [0.061990 user 0.014997 sys total]
!       0/0 [600/0] filesystem blocks in/out
!       0/0 [0/2640] page faults/reclaims, 0 [0] swaps
!       0 [0] signals rcvd, 0/0 [0/0] messages rcvd/sent
!       0/0 [55/1] voluntary/involuntary context switches
LOG:  REWRITER STATISTICS
DETAIL:  ! system usage stats:
!       0.000001 elapsed 0.000000 user 0.000000 system sec
!       [0.061990 user 0.014997 sys total]
!       0/0 [600/0] filesystem blocks in/out
!       0/0 [0/2640] page faults/reclaims, 0 [0] swaps
!       0 [0] signals rcvd, 0/0 [0/0] messages rcvd/sent
!       0/0 [55/1] voluntary/involuntary context switches
LOG:  PLANNER STATISTICS
DETAIL:  ! system usage stats:
!       0.000165 elapsed 0.001000 user 0.000000 system sec
!       [0.063990 user 0.014997 sys total]
!       0/0 [600/0] filesystem blocks in/out
```

```
!       0/0 [0/2640] page faults/reclaims, 0 [0] swaps
!       0 [0] signals rcvd, 0/0 [0/0] messages rcvd/sent
!       0/0 [58/1] voluntary/involuntary context switches
          QUERY PLAN
------------------------------
 Limit  (cost=0.00..0.43 rows=10 width=224) (actual time=0.028..0.034 rows=10 loops=1)
   ->  Seq Scan on tbl   (cost=0.00..64771378.60 rows=1496764160 width=224)
          (actual time=0.025..0.027 rows=10 loops=1)
 Planning time: 0.198 ms
 Execution time: 0.083 ms
(4 rows)
```

查看查询的系统资源使用，如下所示：

```
mydb=# set client_min_messages = log;
mydb=# set log_parser_stats = off;
mydb=# set log_planner_stats = off;
mydb=# set log_statement_stats = on;
mydb=# EXPLAIN ANALYZE select * from tbl limit 10;
LOG:  QUERY STATISTICS
DETAIL:  ! system usage stats:
!       0.000603 elapsed 0.000000 user 0.000000 system sec
!       [0.065989 user 0.014997 sys total]
!       0/0 [600/0] filesystem blocks in/out
!       0/0 [0/2640] page faults/reclaims, 0 [0] swaps
!       0 [0] signals rcvd, 0/0 [0/0] messages rcvd/sent
!       0/0 [62/1] voluntary/involuntary context switches
                   QUERY PLAN
-----------------------------------------------
 Limit  (cost=0.00..0.43 rows=10 width=224) (actual time=0.027..0.033 rows=10 loops=1)
   ->  Seq Scan on tbl  (cost=0.00..64771378.60 rows=1496764160 width=224) (actual
         time=0.026..0.026 rows=10 loops=1)
 Planning time: 0.154 ms
 Execution time: 0.082 ms
(4 rows)
```

查看 parser 和 planner 的系统资源使用情况的查询计划输出内容很多，在 DETAIL: ! system usage stats：之后的前两行显示查询使用的用户和系统 CPU 时间和已经消耗的时间。第 3 行显示存储设备（而不是内核缓存）中的 I/O。第 4 行涵盖内存页面错误和回收的进程地址空间。第 5 行显示信号和 IPC 消息活动。第 6 行显示进程上下文切换。

10.3.3 索引管理与维护

索引在所有关系型数据库的性能方面都扮演着极其重要的角色。针对不同的使用场景，PostgreSQL 有许多种索引类型来应对，例如 B-tree、Hash、GiST、SP-GiST、GIN、BRIN 和 Bloom 等等。最常用最常见的索引类型是 B-tree。B-tree 索引在执行 CREATE INDEX 命令时是默认的索引类型。B-tree 索引通常用于等值和范围查询；Hash 索引只能处理简单等值查询；GIN 索引是适合于包含多个组成值的数据值，例如数组；GiST 索引并不是一种单独的索引，而是一个通用的索引接口，可以使用 GiST 实现 B-tree、R-tree 等索引结构，在 PostGIS 中使用最广泛的就是 GiST 索引。除了支持众多类型的索引，PostgreSQL 也支持唯一索引、表达式索引、部分索引和多列索引，B-tree、GiST、GIN 和 BRIN 索引都支持多列索引，最多可以支持 32 个列的索引。

相同的查询，有时候会使用索引，但有时候会使用顺序扫描，这种情况也是存在的。大多数时候是因为顺序扫描有可能比索引扫描所扫描的块更多，遇到这种情况还需要仔细的分析。

在 PostgreSQL 中执行 CREATE INDEX 命令时，可以使用 CONCURRENTLY 参数并行创建索引，使用 CONCURRENTLY 参数不会锁表，创建索引过程中不会阻塞表的更新、插入、删除操作。由于 PostgreSQL 的 MVCC 内部机制，当运行大量的更新操作后，会有“索引膨胀”的现象，这时候可以通过 CREATE INDEX CONCURRENTLY 在不阻塞查询和更新的情况下，在线重新创建索引，创建好新的索引之后，再删除原先有膨胀的索引，减小索引尺寸，提高查询速度。对于主键也可以使用这种方式进行重建，重建方法如下：

```
mydb=# CREATE UNIQUE INDEX CONCURRENTLY ON mytbl USING btree(id);
CREATE INDEX
```

这时可以看到 id 字段上同时有两个索引 mytbl_pkey 和 mytbl_id_idx，如下所示：

```
mydb=# SELECT schemaname,relname,indexrelname,pg_relation_size(indexrelid) AS
    index_size,idx_scan,idx_tup_read,idx_tup_fetch FROM pg_stat_user_indexes
    WHERE indexrelname IN (SELECT indexname FROM pg_indexes WHERE schemaname =
    'public' AND tablename = 'mytbl');
schemaname | relname | indexrelname | index_size | idx_scan | idx_tup_read | idx_
    tup_fetch
-----------------------------------------------------------------
 public    | mytbl | mytbl_pkey    | 223051776 | 1403532 |   1413850 |    1403532
 public    | mytbl | mytbl_id_idx | 222887936 |        0 |         0 |          0
(2 rows)
```

开启事务删除主键索引，同时将第二索引更新为主键的约束，如下所示：

```
mydb=# BEGIN;
BEGIN
mydb=# ALTER TABLE mytbl DROP CONSTRAINT mytbl_pkey;
ALTER TABLE
mydb=# ALTER TABLE mytbl ADD CONSTRAINT mytbl_id_idx PRIMARY KEY USING INDEX
    mytbl_id_idx;
ALTER TABLE
mydb=# END;
COMMIT
```

检查表索引，现在只有第二索引了，如下所示：

```
mydb=# SELECT schemaname,relname,indexrelname,pg_relation_size(indexrelid) AS
    index_size,idx_scan,idx_tup_read,idx_tup_fetch FROM pg_stat_user_indexes WHERE
    indexrelname IN (SELECT indexname FROM pg_indexes WHERE#
```

```
 schemaname | relname | indexrelname | index_size | idx_scan | idx_tup_read |
     idx_tup_fetch·
------------------------------------------------------------
 public     | mytbl    | mytbl_id_idx | 222887936  |    0     |    0 |         0
(1 row)
```

这样就完成了主键索引的重建，对于大规模的数据库集群，可以通过 pg_repack 工具进行定时的索引重建。

10.4 本章小结

本章简单介绍了服务器硬件、操作系统配置对性能的影响，介绍了一些常用的 Linux 监控性能工具，并着重介绍了对性能影响较大的几个方面：I/O 调度算法、预读参数、Swap、透明大页、NUMA 等，以及它们的调整原则和方法。在数据库层面介绍了几个常用和容易被忽略的参数，并简单介绍了数据库级别、表级别、查询级别统计信息的系统视图，以及如何得到最详细的查询计划的方法。最后分享了一些索引方面的管理和维护建议。除了文中介绍的内容，定时进行 VACUUM 操作和 ANALYZE 操作，在业务低谷时段定时进行 VACUUM FREEZE 操作，及时处理慢查询，硬件的监控维护也很重要，性能调优不是一次性任务，也不能在性能表现已经很差的时候才去做，好的监控系统，历史数据的分析，慢查询的优化都需要不断完善，才能保障业务系统稳定高效运转。

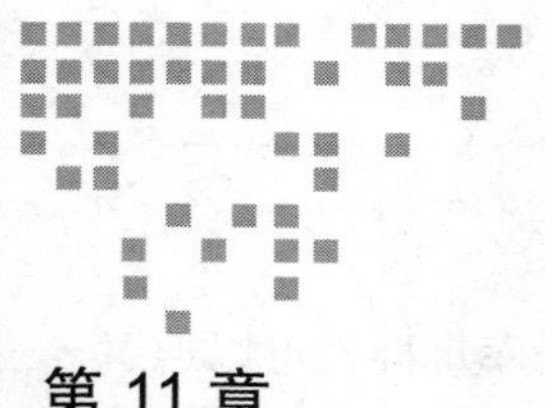

Chapter 11 第 11 章

基准测试与 pgbench

在数据库服务器的硬件、软件环境中建立已知的性能基准线称为基准测试，是数据库管理员和运维人员需要掌握的一项基本技能。设计优良的基准测试有助于数据库选型，了解数据库产品的性能特点，提升产品质量。根据测试目的的不同，可针对压力、性能、最大负载进行专门测试，或综合测试。通过定量的、可复现的、能对比的方法衡量系统的吞吐量，也可以对新硬件的实际性能和可靠性进行测试，或在生产环境遇到问题时，在测试环境复现问题。本章将讨论 PostgreSQL 数据库和基于 PostgreSQL 数据库开发的应用系统的测试方法和常见的测试工具，并会着重讲解 PostgreSQL 内置的 pgbench 测试工具。

11.1 关于基准测试

我们的软件系统都是运行在一定环境中的，例如软件运行的操作系统、文件系统和硬件。这些都受到一些关键因素影响：

- 硬件，如服务器配置、CPU、内存、存储，通常硬件越高级，系统的性能越好；
- 网络，带宽不足也会严重限制系统整体性能表现；
- 负载，不同的用户数，不同的数据量对系统的性能影响也非常大；
- 软件，不同的数据库在不同的操作系统、不同的应用场景下性能表现有很大的不同。

在现在流行的应用中，应用服务器、网络、缓存都比较容易进行水平扩展，达到提高性能和吞吐量的目的，但关系型数据库管理系统的水平扩展能力受到很多因素限制，一般只能通过增加缓存层、分库分表及读写分离来减轻面临的压力，对多数使用关系型数据库的应用系统，瓶颈主要在数据库，因此数据库层的基准测试尤为重要。整个应用系统的测试和评估是一项非常复杂的工作，这里我们只讨论 PostgreSQL 数据库的基准测试。

11.1.1　基准测试的常见使用场景

基准测试可用于测试不同的硬件和应用场景下的数据库系统配置是否合理。例如更换新型的磁盘对当前系统磁盘 I/O 能力不足的问题是否有所帮助？升级了操作系统内核版本是否有性能提升？不同的数据库版本和不同的数据库参数配置的表现是怎样的？

通过模拟更高的负载，可以预估压力增加可能带来的瓶颈，也可以对未来的业务增长规划有所帮助。

重现系统中高负载时出现的错误或异常。当生产环境在高负载情况下出现异常行为时，很多时候并不能即时捕捉到异常的原因，在测试环境中去模拟出现异常时的高负载场景，进行分析并解决问题，是很好的办法。

新系统上线前，大致模拟上线之后的用户行为以进行测试，根据测试的结果对系统设计、代码和数据库配置进行调整，使新系统上线即可达到较好的性能状态。

模拟较高的负载，知道系统在什么负载情况下将无法正常工作，也就是通常说的“容量规划”。作为容量规划的参考，需要注意的是不能以基准测试的结果简单地进行假设。因为数据库的状态一直在改变，随着时间的推移或业务的增长，数据量、请求量、并发量以及数据之间的关系都在发生着变化，还可能有很多功能特性的变化，有一些新功能的影响可能远远大于目前功能的压力总量，对容量规划只能做大概的评估，这是数据库系统的基准相比于其他无状态系统测试的不同点。

11.1.2　基准测试衡量指标

通常数据库的基准测试最关键的衡量指标有：吞吐量（Throughput）、响应时间（RT）或延迟（Latency）和并发量。

吞吐量衡量数据库的单位时间内的事务处理能力，常用的单位是 TPS（每秒事务数）。响应时间或延迟，描述操作过程里用来响应服务的时间，根据不同的应用可以使用分钟、秒、毫秒和微秒作为单位。通常还会根据响应时间的最大值、最小值以及平均值做分组统计，例如 90% 的运行周期内的响应时间是 1 毫秒，10% 的运行周期内相应时间是 5 毫秒，这样可以得出相对客观的测试结果。并发量是指同时工作的连接数。在不同的测试场景，需要关注的指标也会不同，分析测试结果时，吞吐量、响应时间、并发量是必须关注的三个基本要素。

11.1.3　基准测试的原则

面对一个复杂的系统，在测试之前应该先明确测试的目标。在一次测试中不可能将系统的各方面都测试得很清楚，每个测试尽量目标单一，测试方法简单。例如新增加了一个索引，需要测试这个索引对性能的影响，那么我们的测试只针对这一个查询，关注索引调整前后这个查询的响应时间和吞吐量的变化，但如果同时还做了很多其他可能影响到测试结果的变更，就可能无法得出明确的测试结果。测试过程应该尽量持续一定时间，如果测试时间太短，则可能因为没有缓存而得到不准确的测试结果；在测试过程中应该尽量接近真实的应用场景，并且应该尽可能地多收集系统状态，例如参数配置、CPU 使用率、I/O、网络流量统计等，即使这些数据目前可能不需要，但也应该先保留下来，避免测试结果缺乏依据。

每轮测试结束后，都应该详细记录当时的配置和结果，并尽量将这些信息保存为容易使用脚本或工具分析的格式。

实际测试的时候，并不会很顺利，有时候得到的测试结果可能与其他几次的测试结果出入很大，这时也应该仔细分析原因，例如查看错误日志等。

11.2 使用 pgbench 进行测试

TPC（事务处理性能委员会：Transaction Processing Performance Council，http://www.tpc.org）已经推出了 TPC-A、TPC-B、TPC-C、TPC-D、TPC-E、TPC-W 等基准程序的标准规范，其中 TPC-C 是经典的衡量在线事务处理（OLTP）系统性能和可伸缩性的基准测试规范，还有比较新的 OLTP 测试规范 TPC-E。常见的开源数据库的基准测试工具有 benchmarksql、sysbench 等，PostgreSQL 自带运行基准测试的简单程序 pgbench。pgbench 是一个类 TPC-B 的基准测试工具，可以执行内置的测试脚本，也可以自定义脚本文件。

11.2.1 pgbench 的测试结果报告

在 pgbench 运行结束后，会输出一份测试结果的报告，典型的输出如下所示：

```
transaction type: <builtin: TPC-B (sort of)>
scaling factor: 100
query mode: simple
number of clients: 1
number of threads: 1
number of transactions per client: 10
number of transactions actually processed: 10/10
latency average = 2.557 ms
tps = 391.152261 (including connections establishing)
tps = 399.368200 (excluding connections establishing)
```

transaction type 行记录本次测试所使用的测试类型；

scaling factor 记录 pgbench 在初始化时设置的数据量的比例因子；

query mode 是测试时指定的查询类型，包括 simple 查询协议、extended 查询协议或 prepared 查询协议；

number of clients 是测试时指定的客户端数量；

number of threads 是测试时指定的每个客户端的线程数；

number of transactions per client 是测试时指定的每个客户端运行的事务数；

number of transactions actually processed 是测试结束时实际完成的事务数和计划完成的事务数，计划完成的事务数只是客户端数量乘以每个客户端的事务数的值。如果测试成功结束，实际完成的事务数应该和计划完成的事务数相等，如果有事务执行失败，则只会显示实际完成的事务数。

latency average 是测试过程中的平均响应时间；

最后两行 TPS 的值分别是包含和不包含建立连接开销的 TPS 值。

11.2.2 通过内置脚本进行测试

1. 初始化测试数据

pgbench 的内嵌脚本需要 4 张表：pgbench_branches、pgbench_tellers、pgbench_accounts 和 pgbench_history。使用 pgbench 初始化测试数据，pgbench 会自动去创建这些表并生成测试数据。在初始化过程中，如果数据库中存在和这些表同名的数据，pgbench 会删除这些表重新进行初始化。

pgbench 初始化语法如下所示：

```
pgbench -i [OPTION]... [DBNAME]
```

pgbench 初始化选项如下所示：

```
-i, --initialize              进入初始化模式；
-F, --fillfactor=NUM          设置创建表时，数据块的填充因子，这个值的取值范围为10到100之间，可以
                              为小数，默认值是100，设置小于100的值对于UPDATE的性能会有一定程度
                              的提升；
-n, --no-vacuum               初始化结束后不执行VACUUM操作；
-q, --quiet                   初始化生成测试数据的过程中，默认会在每100000行时打印一条消息，切换
                              到静默模式后，则只在每5秒打印一条消息，开启该选项可以避免在生成大量
                              数据时打印过多的消息；
-s, --scale=NUM               可以将这些表理解为公司的账户数据，出纳会在账户中记录资金数据的流入流
                              出，同时系统会记录到操作历史表中。该参数是生成数据的比例因子，默认值
                              为1。当它的值是1时，只创建一家公司的账户，当它的值为k时，生成k个公司
                              的数据，每个公司默认生成的测试数据量如下：
pgbench_branches              1k
pgbench_tellers               10k
pgbench_accounts              100000k
pgbench_history               0
--foreign-keys                在上述的4张测试表之间创建外键约束。
--index-tablespace=TABLESPACE
                              在指定的表空间创建索引
--tablespace=TABLESPACE       在指定的表空间创建表
--unlogged-tables             把上述4张测试表创建为UNLOGGED表
```

初始化测试数据的命令如下所示：

```
[postgres@pghost2 ~]$ /usr/pgsql-10/bin/pgbench -i -s 2 -F 80 -h pghost1 -p 1921
    -U pguser -d mydb
creating tables...
100000 of 200000 tuples (50%) done (elapsed 0.02 s, remaining 0.02 s)
200000 of 200000 tuples (100%) done (elapsed 0.16 s, remaining 0.00 s)
vacuum...
set primary keys...
done.
```

2. 使用 pgbench 内置脚本进行测试

pgbench 的内置测试脚本有 tpcb-like、simple-update 和 select-only 三种。可以通过以下命令查看当前版本的 pgbench 包含哪些集成的测试脚本：

```
[postgres@pghost2 ~]$ /usr/pgsql-10/bin/pgbench -b list
Available builtin scripts:
    tpcb-like
    simple-update
    select-only
```

tpcb-like 执行的脚本内容是一个包含 SELECT、UPDATE、INSERT 的事务：

```
BEGIN;
    UPDATE pgbench_accounts SET abalance = abalance + :delta WHERE aid = :aid;
    SELECT abalance FROM pgbench_accounts WHERE aid = :aid;
    UPDATE pgbench_tellers SET tbalance = tbalance + :delta WHERE tid = :tid;
    UPDATE pgbench_branches SET bbalance = bbalance + :delta WHERE bid = :bid;
    INSERT INTO pgbench_history (tid, bid, aid, delta, mtime) VALUES (:tid, :bid,
        :aid, :delta, CURRENT_TIMESTAMP);
END;
```

simple-update 执行的脚本如下所示：

```
BEGIN;
    UPDATE pgbench_accounts SET abalance = abalance + :delta WHERE aid = :aid;
    SELECT abalance FROM pgbench_accounts WHERE aid = :aid;
    INSERT INTO pgbench_history (tid, bid, aid, delta, mtime) VALUES (:tid, :bid,
        :aid, :delta, CURRENT_TIMESTAMP);
END;
```

select-only 执行的脚本如下所示：

```
BEGIN;
    SELECT abalance FROM pgbench_accounts WHERE aid = :aid;
END;
```

可以使用下列参数设置内置脚本测试的方式：

```
-b scriptname[@weight]
--builtin = scriptname[@weight]
```

scriptname 参数指定使用哪一种脚本进行测试，默认使用 tpcb-like 这一种测试脚本。

例如使用 simple-update 进行测试，代码如下所示：

```
[postgres@pghost2 ~]$ /usr/pgsql-10/bin/pgbench -b simple-update -h pghost1 -p
    1921 -U pguser mydb
starting vacuum...end.
transaction type: <builtin: simple update>
scaling factor: 100
query mode: simple
number of clients: 1
number of threads: 1
number of transactions per client: 10
number of transactions actually processed: 10/10
latency average = 1.631 ms
tps = 613.238093 (including connections establishing)
tps = 631.101768 (excluding connections establishing)
```

还可以选择 3 种内置脚本混合进行测试，并在脚本名称后面加上 @ 符号，@ 符号后面加一个脚本运行比例的权重的整数值，例如使用 simple-update 和 select-only 两种内置脚本，并且以 2:8 的比例混合进行测试，代码如下所示：

```
[postgres@pghost2 ~]$ /usr/pgsql-10/bin/pgbench -b simple-update@2 -b select-
only@8 -b tpcb@0 -h pghost1 -p 1921 -U pguser mydb
starting vacuum...end.
transaction type: multiple scripts
scaling factor: 100
query mode: simple
number of clients: 1
number of threads: 1
number of transactions per client: 10
number of transactions actually processed: 10/10
latency average = 0.617 ms
tps = 1621.779592 (including connections establishing)
tps = 1753.156910 (excluding connections establishing)
SQL script 1: <builtin: TPC-B (sort of)>
    - weight: 0 (targets 0.0% of total)
    - 0 transactions (0.0% of total, tps = 0.000000)
    - latency average = -nan ms
    - latency stddev = -nan ms
SQL script 2: <builtin: select only>
    - weight: 8 (targets 80.0% of total)
    - 9 transactions (90.0% of total, tps = 1459.601633)
    - latency average = 0.439 ms
    - latency stddev = 0.137 ms
SQL script 3: <builtin: simple update>
    - weight: 2 (targets 20.0% of total)
    - 1 transactions (10.0% of total, tps = 162.177959)
    - latency average = 1.738 ms
    - latency stddev = 0.000 ms
```

在 @ 符后面的测试脚本名称还可以在名称不冲突的情况下，使用名称的前几个字母进行简写，例如上面的例子就可以将 tpcb-like 简写为 tpcb 甚至是 t，simple 和 select 都是 s 开头，就不能简写为 s 了，但可以简写为 si 和 se，否则会有如下错误：

```
ambiguous builtin name: 2 builtin scripts found for prefix "s"
```

-b simple-update 可以使用 -N 或 --skip-some-updates 参数简写，-b select-only 可以用 -S 或 --select-only 简写，但是如果在混合测试时，使用这种简写方式，则不能指定它们各自的占比。

使用内置脚本混合测试，最终输出的结果除了常规的报告项之外，还会输出每个测试脚本的实际占比，以及每个类型的测试的平均延时、TPS 等等更加详细的值。使用混合方式的测试，可以方便模拟不同的读写比。

11.2.3 使用自定义脚本进行测试

仅使用 pgbench 内置的测试脚本，会有很多限制，例如不能更真实地模拟真实世界的数据量，数据结构和运行的查询，还有其他的局限性。pgbench 支持从一个文件中读取事务脚本来替换默认的事务脚本，达到运行自定义测试场景的目的。

1. 创建测试表

代码如下所示：

```
CREATE TABLE tbl
(
    id SERIAL PRIMARY KEY,
    ival INT
);
```

2. 运行自定义脚本

在 pgbench 命令中使用 -f 参数运行自定义的脚本，举例如下：

```
[postgres@pghost2 ~]$ echo "SELECT id,ival FROM tbl ORDER BY id DESC LIMIT 10;"
    > bench_script_for_select.sql
[postgres@pghost2 ~]$ /usr/pgsql-10/bin/pgbench -f bench_script_for_select.sql -h
pghost1 -p 1921 -U pguser mydb
transaction type: bench_script_for_select.sql
...
tps = 3448.671865 (including connections establishing)
tps = 4097.559616 (excluding connections establishing)
```

在测试过程中，通常会使用变量作为 SQL 语句的参数传入。在脚本中可以使用类似于 psql 的以反斜杠开头的元命令和内建函数定义变量。pgbench 自定义脚本支持的元命令有：

\sleep number [us|ms|s]：每执行一个事务暂停一定时间，单位可以是微秒、毫秒和秒，如果不写单位，默认使用秒。

\set varname expression：用于设置一个变量，元命令、参数和参数的值之间用空格分开。在 pgbench 中定义了一些可以在元命令中使用的函数，例如刚才我们使用到的 random(int,int) 函数。

例如自定义一个脚本，在 tbl 表的 ival 字段中插入一个随机数，代码如下所示：

```
[postgres@pghost2 ~]$ cat bench_script_for_insert.sql
\sleep 500 ms
\set ival random(1, 100000)
INSERT INTO tbl(ival) VALUES (:ival);
```

运行 pgbench 使用该脚本进行测试，如下所示：

```
[postgres@pghost2 ~]$ /usr/pgsql-10/bin/pgbench -f bench_script_for_insert.sql -h
    pghost1 -p 1921 -U pguser mydb
starting vacuum...end.
transaction type: bench_script_for_insert.sql
...
latency average = 501.291 ms
number of transactions actually processed: 14846
...
```

检查测试表，如下所示：

```
mydb=# SELECT COUNT(*) FROM tbl;
    count
-------
    14846
(1 row)
mydb=# SELECT id,ival FROM tbl ORDER BY id DESC LIMIT 3;
     id    | ival
----------+-------
    14846 | 95018
    14845 | 88153
    14844 | 21896
(3 rows)
```

可以看到 INSERT 成功地插入了预期的值，共 14846 条记录。从 pgbench 输出的测试报告看，平均延迟（latency average）等于 500 多毫秒，成功执行了 14846 个事务。

和使用内置脚本一样，可以在 -f 的参数值后加上 @ 符号再加上权重，以不同比例运行多个自定义的脚本。权重值并不是一个百分比的值，而是一个相对固定的数值，例如第一个脚本运行 3 次，第二个脚本运行 10 次，下面是一个在多个测试脚本中加入权重值选项进行测试的例子：

```
[postgres@pghost2 ~]$ /usr/pgsql-10/bin/pgbench -T 60 -f bench_script_for_insert.
    sql@3 -f bench_script_for_insert.sql@10 -h pghost1 -p 1921 -U pguser mydb
starting vacuum...end.
transaction type: multiple scripts
scaling factor: 1
query mode: simple
number of clients: 1
number of threads: 1
duration: 60 s
number of transactions actually processed: 176523
```

```
latency average = 0.340 ms
tps = 2942.048332 (including connections establishing)
tps = 2942.071422 (excluding connections establishing)
SQL script 1: bench_script_for_insert.sql
    - weight: 3 (targets 23.1% of total)
    - 40921 transactions (23.2% of total, tps = 682.016280)
    - latency average = 0.340 ms
    - latency stddev = 0.035 ms
SQL script 2: bench_script_for_insert.sql
    - weight: 10 (targets 76.9% of total)
    - 135602 transactions (76.8% of total, tps = 2260.032052)
    - latency average = 0.340 ms
    - latency stddev = 0.038 ms
```

11.2.4 其他选项

1. 模拟的客户端数量和连接方式

-c 参数指定模拟的客户端的数量，也就是并发数据库的连接数量，默认值为 1。-c 参数指定是否为每个事务创建一个新的连接，如果每次都创建新的连接则性能会明显下降很多，测试连接池性能时这个参数比较有用。

例如模拟 4 个客户端连接如下所示：

```
[postgres@pghost2 ~]$ /usr/pgsql-10/bin/pgbench -c 4 -h pghost1 -p 1921 -U pguser mydb
...
number of clients: 4
...
latency average = 4.826 ms
tps = 828.781956 (including connections establishing)
tps = 894.930906 (excluding connections establishing)
```

每个事务创建新的连接，如下所示：

```
[postgres@pghost2 ~]$ /usr/pgsql-10/bin/pgbench -c 4 -C -h pghost1 -p 1921 -U
    pguser mydb
...
number of clients: 4
...
latency average = 19.627 ms
tps = 203.797152 (including connections establishing)
tps = 256.799857 (excluding connections establishing)
```

如果在多线程 CPU 上进行测试，还可以指定 -j 参数，将模拟的客户端平均分配在各线程上。

2. 单次测试的运行时间

单次测试运行的时间由两种测试方式决定：

- -T seconds 或 --time=seconds 参数用来设置测试的秒数；例如需要测试 1 小时，在测试命令行中增加参数 -T 3600 即可。

- -t transactions 或 --transactions=transactions 参数指定每个客户端运行多少个固定数量的事务就结束本次测试，默认为 10 个。

这两种方式每次只能使用一种，要么指定准确的测试时间，要么指定一共执行多少个事务后结束。

如果这两个参数都没有指定，那么 pgbench 默认使用第二种方式。例如：

```
[postgres@pghost2 ~]$ /usr/pgsql-10/bin/pgbench -c 4 -h pghost1 -p 1921 -U pguser mydb
...
number of clients: 4
...
number of transactions actually processed: 40/40
...
```

由于只指定了 4 个客户端，没有指定运行时间或总的执行事务个数，所以测试报告中“实际执行成功的事务数”和“期望执行的事务数”是 40。

3. 用固定速率运行测试脚本

使用 -R 可以用固定速率执行事务，单位是 TPS。如果给定的既定速率的值大于最大可能的速率，则该速率限制不会影响结果。

4. 超出阈值的事务的报告

使用 -L 参数设置一个阈值，对超过这个阈值的事务进行独立报告和计数，单位是毫秒。例如：

```
[postgres@pghost2 ~]$ /usr/pgsql-10/bin/pgbench -T 10 -L 1 -c 8 -j 8 -f bench_
    script_for_select.sql@3 -f bench_script_for_update.sql@10 -h pghost1 -p 1921
    -U pguser mydb
...
number of transactions actually processed: 129234
number of transactions above the 1.0 ms latency limit: 2226 (1.722 %)
...
```

从上面的报告可以看出，超过 1 毫秒阈值的事务有 2226 个，占到实际执行事务总数的 1.722%。

5. 输出选项

pgbench 有丰富的测试结果报告的输出格式。

使用 -d 参数可以输出 debug 信息，通常不使用它。

使用 -P 参数，可以每隔一段时间输出一次测试结果，例如每隔 2 秒输出一次测试结果，如下所示：

```
[postgres@pghost2 ~]$ /usr/pgsql-10/bin/pgbench -P 2 -T 7200 -c 8 -j 8 -f bench_
    script_for_select.sql@10 -f bench_script_for_update.sql@3 -h pghost1 -p 1921
    -U pguser mydb
...
progress: 2.0 s, 20448.0 tps, lat 0.390 ms stddev 0.160
```

```
...
progress: 8.0 s, 25129.4 tps, lat 0.318 ms stddev 0.108
progress: 10.0 s, 25064.1 tps, lat 0.319 ms stddev 0.116
...
```

-l 或 --log 将每一个事务执行的时间记入一个名称为“ pgbench_log.n”的日志文件中，如果使用 -j 参数指定使用多个线程，则会生成名称为“ pgbench_log.n.m”的日志文件。其中 n 是测试时 pgbench 的 PID，m 是从 1 开始的线程的序号，pgbench_log 是默认的日志文件的前缀，如果希望自定义前缀，使用 --log-prefix prefix_name 选项。例如：

```
[postgres@pghost2 ~]$ /usr/pgsql-10/bin/pgbench -T 10 -l --log-prefix=custom -c
    6 -j 2 -f bench_script_for_insert.sql@3 -f bench_script_for_insert.sql@10 -h
    pghost1 -p 1921 -U pguser mydb
```

测试结束之后，在运行 pgbench 的目录会生成 custom.151940 和 custom2.151940.2 的两个日志文件。它们的内容格式如下所示：

```
client_id transaction_no time script_no time_epoch time_us [ schedule_lag ]
5 17 1294 1 1515153407 106478
4 15 322 0 1515152900 291756
3 7 357 0 1515152900 291768
...
4 16 334 0 1515152900 292090
...
```

其中 client_id 为客户端的序号 id；transaction_no 为事务的序号；time 是该事务所花费的时间，单位为微秒；在使用了多个脚本时，script_no 标识该事务使用的是哪个脚本；time_epoch/time_us 是一个 Unix 纪元格式的时间戳以及一个显示事务完成时间的以微秒计的偏移量（适合于创建一个带有分数秒的 ISO 8601 时间戳）。分析测试结果，最好能够将测试结果生成为直观的图表，通常可以借助电子表格。

11.3 本章小结

本章我们讨论了什么是基准测试，以及基准测试的常见使用场景，确立了测试的原则，明确了测试结果的衡量方法，着重介绍了 PostgreSQL 内置的测试工具 pgbench，详细介绍了如何使用 pgbench 的内置脚本和自定义脚本进行测试，并以一系列简单的例子演示了 pgbench 的用法。pgbench 有丰富的测试组合方式，熟练掌握它对日常的性能测试、压力测试等工作会有很大帮助。

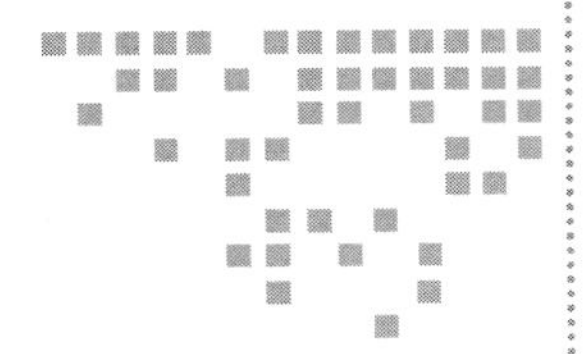

第 12 章 Chapter 12

物理复制和逻辑复制

PostgreSQL 早在 9.0 版本开始支持物理复制，也可称为流复制（Streaming Replication），通过流复制技术，可以从实例级复制出一个与主库一模一样的从库（也称之为备库）。举个简单的例子，在主机 pghost1 上创建了一个 PostgreSQL 实例，并在实例上创建多个数据库，通过流复制技术可以在另外一台主机如 pghost2 上创建一个热备只读 PostgreSQL 实例，我们通常将 pghost1 上的数据库称为主库（Primary Database 或 Master），pghost2 上的数据库称为备库（Standby Database 或 Slave），pghost1 称为主节点，pghost2 称为备节点。流复制同步方式有同步、异步两种，如果主节点和备节点不是很忙，通常异步模式下备库和主库的延迟时间能控制在毫秒级，本章将详细介绍两种同步方式的差异以及部署过程。

另一种复制方式为逻辑复制（Logical Replication），通常也称之为选择性复制，因为逻辑复制可以做到基于表级别的复制，选择需要逻辑复制的表，而不是复制实例上的所有数据库的所有表，物理复制是基于实例级的复制，只能复制整个 PostgreSQL 实例。PostgreSQL10 版本前不支持内置的逻辑复制，通常使用第三方逻辑复制工具，比如 Slony-I、Londiste、pglogical 等，PostgreSQL10 版本开始支持内置的逻辑复制，这一新特性属 PostgreSQL 10 重量级新特性，本章节后面会详细介绍逻辑复制的部署。

WAL（Write-Ahead Logging）日志记录数据库的变化，格式为二进制格式，当主机出现异常断电时，如果 WAL 文件已经写入成功，但还没来得及刷新数据文件，当数据库再次启动时会根据 WAL 日志文件信息进行事务前滚，从而恢复数据库到一致性状态。尽管流复制和逻辑复制都是基于 WAL，但两者有本质不同，流复制是基于 WAL 物理复制，逻辑复制是基于 WAL 逻辑解析，将 WAL 解析成一种清晰、易于理解的格式。

流复制和逻辑复制主要有以下差异：

- ❑ 流复制是物理复制，其核心原理是主库将预写日志 WAL 日志流发送给备库，备库接收到 WAL 日志流后进行重做，因此流复制是基于 WAL 日志文件的物理复制。逻辑复制核心原理也是基于 WAL，逻辑复制会根据预先设置好的规则解析 WAL 日志，将 WAL 二进制文件解析成一定格式的逻辑变化信息，比如从 WAL 中解析指定表上发生的 DML 逻辑变化信息，之后主库将逻辑变化信息发送给备库，备库收到 WAL 逻辑解析信息后再应用日志。
- ❑ 流复制只能对 PostgreSQL 实例级进行复制，而逻辑复制能够对数据库表级进行复制。
- ❑ 流复制能对 DDL 操作进行复制，比如主库上新建表、给已有表加减字段时会自动同步到备库，而逻辑复制主库上的 DDL 操作不会复制到备库。
- ❑ 流复制主库可读写，但从库只允许查询不允许写入，而逻辑复制的从库可读写。
- ❑ 流复制要求 PostgreSQL 大版本必须一致，逻辑复制支持跨 PostgreSQL 大版本。

本章节将介绍异步流复制部署、同步流复制部署、异步流复制与同步流复制性能测试、流复制监控、流复制主备切换、延迟备库（Delayed Standbys）、同步复制优选提交（Quorum Commit）、级联复制、流复制维护生产案例、逻辑复制。

12.1 异步流复制

流复制根据数据同步方式分为异步流复制和同步流复制，异步流复制是指主库上提交事务时不需要等待备库接收 WAL 日志流并写入到备库 WAL 日志文件时便返回成功，而同步流复制相反，后面会详细介绍异步流复制、同步流复制的部署过程。

这一小节先介绍 PostgreSQL 异步流复制的部署，异步流复制部署主要有两种方式，一种方式是拷贝数据文件方式，另一种方式是通过 pg_basebackup 命令行工具，这两种方式的绝大部分部署步骤都一样，只是数据复制的方式不同而已，接下来会详细介绍。

实验环境为两台虚拟机，具体信息如表 12-1。

表 12-1 流复制实验环境

主机	主机名	IP 地址	操作系统	PostgreSQL 版本
主节点	pghost1	192.168.28.74	CentOS6.9	PostgreSQL10
备节点	pghost2	192.168.28.75	CentOS6.9	PostgreSQL10

其中 pghost1 为主节点，pghost2 为备节点，以下先介绍以拷贝数据文件方式部署流复制。

12.1.1 以拷贝数据文件方式部署流复制

关于 PostgreSQL 安装第 1 章已详细介绍，这一节仅简单介绍 PostgreSQL 安装，重点介绍流复制部署，首先在 pghost1 和 pghost2 上编译安装 PostgreSQL。

在 pghost1 和 pghost2 上创建操作系统用户和相关目录，如下所示：

```
# groupadd postgres
# useradd postgres -g postgres
# passwd postgres
# mkdir -p /database/pg10/pg_root
# mkdir -p /database/pg10/pg_tbs
# chown -R postgres:postgres /database/pg10
```

/database/pg10/pg_root 目录存储数据库系统数据文件，/database/pg10/pg_tbs 存储用户自定义表空间文件。

设置 postgres 操作系统用户环境变量，/home/postgres/.bash_profile 文件添加以下内容：

```
export PGPORT=1921
export PGUSER=postgres
export PGDATA=/database/pg10/pg_root
export LANG=en_US.utf8
export PGHOME=/opt/pgsql
export LD_LIBRARY_PATH=$PGHOME/lib:/lib64:/usr/lib64:/usr/local/lib64:/lib:/usr/
    lib:/usr/local/lib
export PATH=$PGHOME/bin:$PATH:.
export MANPATH=$PGHOME/share/man:$MANPATH
alias rm='rm -i'
alias ll='ls -lh'
```

以上内容可根据使用偏好设置环境变量。

解压并编译 PostgreSQL 软件，如下所示：

```
# tar jxvf postgresql-10.0.tar.bz2
# cd postgresql-10.0
# ./configure --prefix=/opt/pgsql_10.0 --with-pgport=1921
```

configure 过程中依赖操作系统包 zlib、readline 等，如果 configure 过程中报缺少相关依赖包，通过 yum install 命令安装相关依赖包即可，例如安装 zlib、readline 系统包，如下所示：

```
# yum install zlib readline
```

之后进行编译安装，如下所示：

```
# gmake world
# gmake install-world
```

gmake world 表示编译所有能编译的东西，包括文档和附加模块，而 gmake 命令不会安装这些内容，gmake world 相比 gmake 编译时间长很多。之后通过 gmake install-world 命令安装 PostgreSQL 软件到目录 /opt/pgsql_10.0，安装后 /opt/pgsql_10.0/share 目录下生成了 /doc 文档目录，并且 /opt/pgsql_10.0/share/extension 目录下生成了大量的扩展模块文件，这些扩展模块提供的功能能够丰富 PostgreSQL 特性，在生产环境下推荐 gmake world 编译安装。

PostgreSQL 软件安装在 pgsql_10.0 目录，为了便于管理，做个软链接，如下所示：

```
# ln -s /opt/pgsql_10.0 /opt/pgsql
```

编译安装 PostgreSQL 软件过程使用的是 root 操作系账号，之后的部署步骤使用操作系统普通账号 postgres 即可，在 pghost1 上使用 postgres 系统账号执行 initdb 命令初始化数据库，如下所示：

```
$ initdb -D /database/pg10/pg_root -E UTF8 --locale=C -U postgres -W
```

以上初始化数据库后，/database/pg10/pg_root 目录下将产生系统数据文件，之后配置 $PGDATA/postgresql.conf，设置以下参数：

```
wal_level = replica                # minimal, replica, or logical
archive_mode = on                  # enables archiving; off, on, or always
archive_command = '/bin/date'      # command to use to archive a logfile segment
max_wal_senders = 10               # max number of walsender processes
wal_keep_segments = 512            # in logfile segments, 16MB each; 0 disables
hot_standby = on
```

以上几个 postgresql.conf 参数是流复制的主要参数，其他可选参数没有列出。

- wal_level 参数控制 WAL 日志信息的输出级别，有 minimal、replica、logical 三种模式，minimal 记录的 WAL 日志信息最少，除了记录数据库异常关闭需要恢复时的 WAL 信息外，其他操作信息都不记录；replica 记录的 WAL 信息比 minimal 信息多些，会记录支持 WAL 归档、复制和备库中启用只读查询等操作所需的 WAL 信息；logical 记录的 WAL 日志信息最多，包含了支持逻辑解析 (10 版本的新特性，逻辑复制使用这种模式，本章后面会介绍) 所需的 WAL ；replica 模式记录的 WAL 信息包含了 minimal 记录的信息，logical 模式记录的 WAL 信息包含了 replica 记录的信息，此参数默认值为 replica，调整此参数需重启数据库生效，开启流复制至少需要设置此参数为 replica 级别。
- archive_mode 参数控制是否启用归档，off 表示不启用归档，on 表示启用归档并使用 archive_command 参数的配置命令将 WAL 日志归档到归档存储上，此参数设置后需重启数据库生效，这里通常设置成 on。
- archive_command 参数设置 WAL 归档命令，可以将 WAL 归档到本机目录，也可以归档到远程其他主机上，由于流复制的配置并不一定需要依赖配置归档命令，我们将归档命令暂且设置成伪归档命令 /bin/date，后期如果需要打开归档直接配置归档命令即可，第 13 章备份与恢复章节会详细介绍此参数的配置。
- max_wal_senders 参数控制主库上的最大 WAL 发送进程数，通过 pg_basebackup 命令在主库上做基准备份时也会消耗 WAL 进程，此参数设置不能比 max_connections 参数值高，默认值为 10，一个流复制备库通常只需要消耗流复制主库一个 WAL 发送进程。

- wal_keep_segments 参数设置主库 pg_wal 目录保留的最小 WAL 日志文件数，以便备库落后主库时可以通过主库保留的 WAL 进行追回，这个参数设置得越大，理论上备库在异常断开时追平主库的机率越大，如果归档存储空间充足，建议将此参数配置得大些，由于默认情况下每个 WAL 文件为 16MB(编译时可通过 --with-wal-segsize 参数设置 WAL 文件大小)，因此 pg_wal 目录大概占用空间为 wal_keep_segments 参数值 ×16MB，这里为 512×16MB=8GB，实际情况下 pg_wal 目录下的 WAL 文件数会比此参数的值稍大些。
- hot_standby 参数控制数据库恢复过程中是否启用读操作，这个参数通常用在流复制备库，开启此参数后流复制备库支持只读 SQL，但备库不支持写操作，主库上也设置此参数为 on。

以上是流复制配置过程中主要的 postgresql.conf 参数，其他参数没有列出，主库和备库的 postgresql.conf 配置建议完全一致。

配置主库的 pg_hba.conf 文件，添加以下内容：

```
# replication privilege.
host    replication     repuser       192.168.28.74/32          md5
host    replication     repuser       192.168.28.75/32          md5
```

这里为什么配置两条 pg_hba.conf 策略？因为主库和备库的角色不是静止的，它们的角色是可以互换的，比如做一次主备切换后角色就发生了变化，因此建议主库、备库的 pg_hba.conf 配置完全一致。

之后 pghost1 启动数据库，如下所示

```
[postgres@pghost1 ~]$ pg_ctl start
```

使用超级用户 postgres 登录到数据库创建流复制用户 repuser，流复制用户需要有 REPLICATION 权限和 LOGIN 权限，如下所示：

```
CREATE USER repuser
    REPLICATION
    LOGIN
    CONNECTION LIMIT 5
    ENCRYPTED PASSWORD 're12a345';
```

建议为流复制创建专门的流复制用户。

以上完成了主库上的配置，接下来热备生成一个备库，制作备库过程中主库仍然可读写，不影响主库上的业务，以 postgres 超级用户执行以下命令：

```
postgres=# SELECT pg_start_backup('francs_bk1');
    pg_start_backup
-----------------
    0/4000060
(1 row)
```

pg_start_backup() 函数在主库上发起一个在线备份，命令执行成功后，将数据文件拷贝

到备节点 pghost2，如下所示：

```
$ tar czvf pg_root.tar.gz pg_root --exclude=pg_root/pg_wal
$ scp pg_root.tar.gz postgres@192.168.28.75:/database/pg10
```

pg_wal 目录不是必须复制的，如果 pg_wal 目录下文件比较多，压缩包时可以排除这个目录，以节省数据拷贝时间，数据拷贝到备节点后，备节点的 pg_wal 目录需要手工创建，以上只是拷贝了 pg_root 系统数据目录，如果有另外的表空间目录也需要拷贝。

之后在 pghost2 解压文件，如下所示：

```
$ tar xvf pg_root.tar.gz
```

文件拷贝到备节点后，在主库上执行以下命令：

```
postgres=# SELECT pg_stop_backup();
NOTICE:  pg_stop_backup complete, all required WAL segments have been archived
    pg_stop_backup
----------------
    0/2000130
(1 row)
```

以上命令表示完成在线备份，但备库上仍然需要做一些配置，之后配置 pghost2 主机上的 recovery.conf，此配置文件提供了数据库恢复相关的配置参数，这个文件默认在 $PGDATA 目录下并不存在，可以在软件目录中找到这个模板，并复制到 $PGDATA 目录，如下所示：

```
$ cp $PGHOME/share/recovery.conf.sample $PGDATA/recovery.conf
```

在 recovery.conf 中配置以下参数：

```
recovery_target_timeline = 'latest'
standby_mode = on
primary_conninfo = 'host=192.168.28.74  port=1921 user=repuser'
```

- recovery_target_timeline 参数设置恢复的时间线（timeline），默认情况下是恢复到基准备份生成时的时间线，设置成 latest 表示从备份中恢复到最近的时间线，通常流复制环境设置此参数为 latest，复杂的恢复场景可将此参数设置成其他值。
- standby_mode 参数设置是否启用数据库为备库，如果设置成 on，备库会不停地从主库上获取 WAL 日志流，直到获取主库上最新的 WAL 日志流。
- primary_conninfo 参数设置主库的连接信息，这里设置了主库 IP、端口、用户名信息，但没有配置明文密码，在连接串中给出数据库密码不是好习惯，建议将密码配置在隐藏文件 ~/.pgpass 文件中。

配置 ~/.pgpass 隐藏文件，如下所示：

```
[postgres@pghost2 ~]$ touch .pgpass
[postgres@pghost2 ~]$ chmod 0600 .pgpass
```

.pgpass 文件默认情况下不存在，需要手动创建并设置好 0600 权限。之后给 .pgpass 文件添加以下内容：

```
192.168.28.74:1921:replication:repuser:re12a345
192.168.28.75:1921:replication:repuser:re12a345
```

.pgpass 文件内容分五个部分，分别为 IP、端口、数据库名、用户名、密码，用冒号分隔，设置后，repuser 用户可以免密码直接登录数据库。之后在 pghost2 上启动从库即可，如下所示：

```
$ pg_ctl start
```

如果此步没报错，并且主库上可以查看到 WAL 发送进程，同时备库上可以看到 WAL 接收进程说明流复制配置成功，查看主库上的 WAL 发送进程，如下所示：

```
postgres 28575 28475  0 16:41 ?        00:00:00 postgres: wal sender process
    repuser 192.168.28.75(57805) streaming 0/3025000
```

查看备库上的 WAL 接收进程，如下所示：

```
postgres 15449 15331  0 16:41 ?        00:00:00 postgres: wal receiver process
    streaming 0/301FC68
```

接着在主库上创建一个测试表并插入数据，如下所示：

```
postgres=# CREATE TABLE test_sr(id int4);
CREATE TABLE
postgres=# INSERT INTO test_sr VALUES (1);
INSERT 0 1
```

在备库上验证数据是否已同步，如下所示：

```
postgres=# SELECT * FROM test_sr;
    id
----
    1
(1 row)
```

在主库上创建一张表后，在备库上立刻就能查询到了，值得一提的是，备库上 postgresql.conf 的 hot_standby 参数需要设置成 on 才支持查询操作，此参数调整后需重启数据库生效，如下所示。

```
hot_standby = on                        # "off" disallows queries during recovery
```

如果此参数设置成 off，通过 psql 连接数据库时会抛出以下错误：

```
[postgres@pghost2 ~]$ psql postgres postgres
psql: FATAL:  the database system is starting up
```

以上信息显示数据库在恢复中，不允许连接数据库也不允许执行查询。

以上是异步流复制部署的所有过程，虽然本小节内容有些多，但总体来说流复制配置并不复杂，读者在配置过程中如遇错误，多查看 $PGDATA/pg_log 数据库日志，根据数据库日志报错信息进行问题排查。

12.1.2 以 pg_basebackup 方式部署流复制

上一小节介绍了以拷贝数据文件的方式部署流复制，这一小节将介绍以 pg_basebackup 方式部署流复制，通过上一小节的介绍，部署流复制备库的数据复制环节主要包含三个步骤。

1）pg_start_backup('francs_bk1');

2）拷贝主节点 $PGDATA 数据文件和表空间文件到备节点；

3）pg_stop_backup()。

以上三个步骤可以合成一步完成，PostgreSQL 提供内置的 pg_basebackup 命令行工具支持对主库发起一个在线基准备份，并自动进入备份模式进行数据库基准备份，备份完成后自动从备份模式退出，不需要执行额外的 pg_start_backup() 和 pg_stop_backup() 命令显式地声明进入备份模式和退出备份模式，pg_basebackup 工具是对数据库实例级进行的物理备份，因此这个工具通常作为备份工具对据库进行基准备份。

pg_basebackup 工具发起备份需要超级用户权限或 REPLICATION 权限，注意 max_wal_senders 参数配置，因为 pg_basebackup 工具将消耗至少一个 WAL 发送进程。本节将演示通过 pg_basebackup 工具部署异步流复制，之前已经在 pghost2 上部署了一个备库，我们先将这个备库删除，之后通过 pg_basebackup 工具重新做一次备库，删除 pghost2 上的备库只需要先停备库之后删除备库数据库数据文件即可，如下所示：

```
$ pg_ctl stop -m fast
waiting for server to shut down.... done
server stopped
$ rm -rf /database/pg10/pg_root
$ rm -rf /database/pg10/pg_tbs
```

之后在 pghost2 使用 pg_basebackup 工具做一个基准备份，如下所示：

```
$ pg_basebackup -D /database/pg10/pg_root -Fp -Xs -v -P -h 192.168.28.74 -p 1921
  -U repuser
pg_basebackup: initiating base backup, waiting for checkpoint to complete
pg_basebackup: checkpoint completed
pg_basebackup: write-ahead log start point: 1/B9000028 on timeline 1
pg_basebackup: starting background WAL receiver
7791508/7791508 kB (100%), 2/2 tablespaces
pg_basebackup: write-ahead log end point: 1/B90039E0
pg_basebackup: waiting for background process to finish streaming ...
pg_basebackup: base backup completed
```

从以上日志信息看出 pg_basebackup 命令首先对数据库做一次 checkpoint，之后基于时间点做一个全库基准备份，全备过程中会拷贝 $PGDATA 数据文件和表空间文件到备库节点对应目录，pg_basebackup 主要选项解释如下：

- -D 参数表示指定备节点用来接收主库数据的目标路径，这里和主库保持一致，依然是 /database/pg10/pg_root 目录。
- -F 参数指定 pg_basebackup 命令生成的备份数据格式，支持两种格式，p(plain) 格式和 t(tar) 格式，p(plain) 格式是指生成的备份数据和主库上的数据文件布局一样，也就是说类似于操作系统命令将数据库 $PGDATA 系统数据文件、表空间文件完全拷贝到备节点；t(tar) 格式是指将备份文件打个 tar 包并存储在指定目录里，系统文件被打包成 base.tar，其他表空间文件被打包成 oid.tar，其中 OID 为表空间的 OID。
- -X 参数设置在备份的过程中产生的 WAL 日志包含在备份中的方式，有两种可选方式，f(fetch) 和 s(stream)，f(fetch) 是指 WAL 日志在基准备份完成后被传送到备节点，这时主库上的 wal_keep_segments 参数需要设置得较大，以免备份过程中产生的 WAL 还没发送到备节点之前被主库覆盖掉，如果出现这种情况创建基准备份将会失败，f(fetch) 方式下主库将会启动一个基准备份 WAL 发送进程；s(stream) 方式中主库上除了启动一个基准备份 WAL 发送进程外还会额外启动一个 WAL 发送进程用于发送主库产生的 WAL 增量日志流，这种方式避免了 f(fetch) 方式过程中主库的 WAL 被覆盖掉的情况，生产环境流复制部署推荐这种方式，特别是比较繁忙的库或者是大库。
- -v 参数表示启用 verbose 模式，命令执行过程中打印出各阶段的日志，建议启用此参数，了解命令执行到哪个阶段。
- -P 参数显示数据文件、表空间文件近似传输百分比，由于执行 pg_basebackup 命令过程中主库数据文件会变化，因此这只是一个估算值；建议启用此选项，了解数据复制的进度。

-h、-p、-U 参数为数据库连接通用参数，不再解释，以上只是 pg_basebackup 命令主要选项，其他选项读者可查看手册 https://www.postgresql.org/docs/10/static/app-pgbasebackup.html。

pg_basebackup 命令执行成功后，配置备库 recovery.conf，之前已将此文件备份到家目录，从家目录将此文件复制到 $PGDATA 目录下即可，如下所示：

```
$ cp ~/recovery.conf  $PGDATA
```

之后在 pghost2 上启动备库，如下所示：

```
$ pg_ctl start
```

这时备节点上已经有了 WAL 接收进程，同时主节点上已经有了 WAL 发送进程，表示流复制工作正常。

12.1.3　查看流复制同步方式

异步流复制部署完成后，可通过 pg_stat_replication 系统视图的 sync_state 字段查看流复制同步方式，如下所示：

```
postgres=# SELECT usename,application_name,client_addr,sync_state
           FROM pg_stat_replication ;
    usename | application_name | client_addr | sync_state
----------+------------------+-------------+------------
    repuser | walreceiver      | 192.168.28.75 | async
(1 row)
```

pg_stat_replication 视图显示主库上 WAL 发送进程信息，主库上有多少个 WAL 发送进程，此视图就对应多少条记录，这里主要看 sync_state 字段，sync_state 字段的可选项包括：

- async：表示备库为异步同步方式。
- potential：表示备库当前为异步同步方式，如果当前的同步备库宕机后，异步备库可升级成为同步备库。
- sync：当前备库为同步方式。
- quorum：此特性为 PostgreSQL10 版本新增特性，表示备库为 quorum standbys 的候选，本章后面会详细介绍这个新特性。

以上查询结果 sync_state 字段值为 async，表示主备数据复制使用异步方式。

12.2 同步流复制

异步流复制指主库上提交事务时不需要等待备库接收并写入 WAL 日志时便返回成功，如果主库异常宕机，主库上已提交的事务可能还没来得及发送给备库，就会造成备库数据丢失，备库丢失的数据量和 WAL 复制延迟有关，WAL 复制延迟越大，备库上丢失的数据量越大。

同步流复制在主库上提交事务时需等待备库接收并 WAL 日志，当主库至少收到一个备库发回的确认信息时便返回成功，同步流复制确保了至少一个备库收到了主库发送的 WAL 日志，一方面保障了数据的完整性，另一方面增加了事务响应时间，因此同步流复制主库的吞吐量相比异步流复制主库吞吐量低。

这一小节将介绍同步流复制的部署，同步流复制的部署与异步流复制部署过程没有太大差别，只是 postgresql.conf 和 recovery.conf 配置文件的几个参数需要额外配置。

12.2.1 synchronous_commit 参数详解

在介绍同步流复制部署之前先来介绍 synchronous_commit 参数，synchronous_commit 参数是流复制配置中的重点参数，理解它的含义能够更好地理解同步流复制、异步流复制的工作原理。

synchronous_commit 参数是 postgresql.conf 配置文件中 WAL 相关配置参数，是指当数据库提交事务时是否需要等待 WAL 日志写入硬盘后才向客户端返回成功，此参数可选值为 on、off、local remote_apply、remote_write，要理解每个参数的含义可能没那么容易，这里尽可能详细解释这些选项值的含义，分单实例和流复制环境介绍。

场景一：单实例环境

- on：当数据库提交事务时，WAL 先写入 WAL BUFFER 再写入 WAL 日志文件，设置成 on 表示提交事务时需等待本地 WAL 写入 WAL 日志后才向客户端返回成功，设置成 on 非常安全，但数据库性能有损耗。
- off：设置成 off 表示提交事务时不需等待本地 WAL BUFFER 写入 WAL 日志后向客户端返回成功，设置成 off 时也不会对数据库带来风险，虽然当数据库宕机时最新提交的少量事务可能丢失，但数据库重启后会认为这些事务异常中止，设置成 off 能够提升数据库性能，因此对于数据准确性没有非常精确要求同时追求数据库性能的场景建议设置成 off。
- local：local 的含义和 on 类似，表示提交事务时需等待本地 WAL 写入后才向客户端返回成功。

场景二：流复制环境

- remote_write：当流复制主库提交事务时，需等待备库接收主库发送的 WAL 日志流并写入备节点操作系统缓存中，之后向客户端返回成功，这种情况下备库实例出现异常关闭时不会有已传送的 WAL 日志丢失风险，但备库操作系统异常宕机就有已传送的 WAL 丢失风险了，此时 WAL 可能还没完全写入备节点 WAL 文件中，简单地说 remote_write 表示本地 WAL 已落盘，备库的 WAL 还在备库操作系统缓存中，也就是说只有一份持久化的 WAL，这个选项带来的事务响应时间较低。
- on：设置成 on 表示流复制主库提交事务时，需等待备库接收主库发送的 WAL 日志流并写入 WAL 文件，之后才向客户端返回成功，简单地说 on 表示本地 WAL 已落盘，备库的 WAL 也已落盘，也就是说有两份持久化的 WAL，但备库此时还没有完成重做，这个选项带来的事务响应时间较高。
- remote_apply：表示表示流复制主库提交事务时，需等待备库接收主库发送的 WAL 并写入 WAL 文件，同时备库已经完成重做，之后才向客户端返回成功，简单地说 remote_apply 表示本地 WAL 已落盘，备库 WAL 已落盘并且已完成重做，这个设置保证了拥有两份持久化的 WAL，同时备库也完成了重做，这个选项带来的事务响应时间最高。

12.2.2　配置同步流复制

备库 recovery.conf 配置文件设置以下参数，如下所示：

```
primary_conninfo = 'host=192.168.28.74  port=1921 user=repuser application_
    name=node2'
```

primary_conninfo 参数添加 application_name 选项，application_name 选项指定备节点的别名，主库 postgresql.conf 的 synchronous_standby_names 参数可引用备库 application_ name 选项设置的值，这里设置成 node2。

主库上 postgresql.conf 配置文件设置以下参数，其他参数和异步流复制配置一致。

```
synchronous_commit = on或 remote_apply
synchronous_standby_names = 'node2'
```

wal_level 配置也和异步流复制配置一致，设置成 replica 或 logical 即可。

- synchronous_commit 参数配置成 on 或 remote_apply，通常设置成 on，表示有两份持久化的 WAL 日志。
- synchronous_standby_names 参数配置同步复制的备库列表，可以配置多个同步备库，实验环境为一主一备环境，因此这里设置成 node2，这个值必须和同步备库 recovery.conf 文件的 primary_conninfo 参数的 application_name 选项设置值一致。

配置完成后，主库执行以下命令使配置生效：

```
[postgres@pghost1 ~]$ pg_ctl reload
server signaled
```

wal_level 参数调整后需重启数据库生效，synchronous_commit 和 synchronous_standby_names 参数调整后不需要重启数据库生效，只需执行 pg_ctl reload 命令重新载入配置文件即可。由于配置异步流复制时 wal_level 已经配置成 replica，因此不需要再调整此参数配置。

备库调整了 recovery.conf 参数后需重启生效，pghost2 上重启数据库，如下所示：

```
[postgres@pghost2 ~]$ pg_ctl restart -m fast
waiting for server to shut down.... done
server stopped
```

之后查看主库是否建立了 WAL 发送进程，备库上是否建立了 WAL 接收进程，如果有异常，查看数据库日志排查错误。

主库上查看复制状态，如下所示：

```
postgres=# SELECT usename,application_name,client_addr,sync_state
        FROM pg_stat_replication ;
  usename | application_name | client_addr   | sync_state
----------+------------------+---------------+------------
  repuser | node2            | 192.168.28.75 | sync
(1 row)
```

此时 pg_stat_replication 视图的 sync_state 字段已变成了 sync 状态，sync 表示主库与备库之间采用同步复制方式，以上就是同步流复制主要配置步骤。

12.2.3 同步流复制的典型“陷阱”

同步流复制模式中，由于主库提交事务时需等待至少一个备库接收 WAL 并返回确认信息后主库才向客户端返回成功，一方面保障了数据的完整性，另一方面对于一主一备的同步流复制环境存在一个典型的“陷阱”，具体表现为如果备库宕机，主库上的写操作将处于等待状态。接下来在刚部署完成的同步流复制环境做个测试，环境为一主一备，pghost1 上的数据库为主库，pghost2 上的数据库为同步备库。

先把备库停掉模拟备库故障，如下所示：

```
[postgres@pghost2 ~]$ pg_ctl stop -m fast
waiting for server to shut down.... done
server stopped
```

之后尝试在主库上执行读操作，如下所示：

```
postgres=# SELECT * FROM test_sr LIMIT 1;
    id
----
    1
(1 row)
```

同步备库宕机后，主库上的查询操作不受影响。

之后在主库上尝试插入一条记录，如下所示：

```
postgres=# INSERT INTO test_sr(id) VALUES (5);
--注意这里命令被阻塞。
```

这时主库上的 INSERT 语句一直处于等待状态，也就是说同步备库宕机后，主库上的读操作不受影响，写操作将处于阻塞状态，因为主库上的事务需收到至少一个备库接收 WAL 后的返回信息才会向客户端返回成功，而此时备库已经停掉了，主库上收不到备库发来的确认信息，如果是生产库，将对生产系统带来严重影响。

通常生产系统一主一备的情况下不会采用同步复制方式，因为备库宕机后同样对生产系统造成严重影响，PostgreSQL 支持一主多从的流复制架构，比如一主两从，将其中一个备库设为同步备库，另一个备库设为异步备库，当同步备库宕机后异步备库升级为同步备库，同时主库上的读写操作不受影响，12.7 节详细介绍了一主多从的场景。

12.3　单实例、异步流复制、同步流复制性能测试

根据 PostgreSQL 异步流复制、同步流复制原理分析，同步流复制方式的事务响应时间比异步流复制方式的响应时间高，推测同步流复制的主库性能损耗比异步流复制要大些，实际情况如何呢？这一小节将通过一个读场景和一个写场景对单实例、异步流复制、同步流复制进行压力测试，使用的压力测试工具为 pgbench，测试机配置为 4 逻辑核 CPU、8GB 内存的虚拟机。

单实例主库的 postgresql.conf 主要参数如下所示：

```
wal_level = replica                # minimal, replica, or logical
synchronous_commit = off           # synchronization level;
```

异步流复制主库的 postgresql.conf 主要参数如下所示：

```
wal_level = replica             # minimal, replica, or logical
synchronous_commit = off        # synchronization level;
wal_keep_segments = 512         # in logfile segments, 16MB each; 0 disables
```

同步流复制主库的 postgresql.conf 主要参数如下所示：

```
wal_level = replica          # minimal, replica, or logical
synchronous_commit = on      # synchronization level;
synchronous_standby_names = 'node2'     # standby servers that provide sync rep
wal_keep_segments = 512      # in logfile segments, 16MB each; 0 disables
```

以上仅列出单实例、异步流复制、同步流复制模式的主要 postgresql.conf 参数，其他 postgresql.conf 参数配置一样。

12.3.1 读性能测试

先对单实例、异步流复制、同步流复制进行读性能对比，选择基于主键的查询场景进行读性能测试，创建测试表 test_per1 并插入 1000 万测试数据，如下所示：

```
postgres=# CREATE TABLE test_per1(
    id int4,
    name text,
    create_time timestamp(0) without time zone default clock_timestamp());
CREATE TABLE
postgres=# INSERT INTO test_per1(id,name)
    SELECT n,n||'_per1'
    FROM generate_series(1,10000000) n;
INSERT 0 10000000
```

之后添加主键并做表分析，如下所示。

```
postgres=# ALTER TABLE test_per1 ADD PRIMARY KEY(id);
ALTER TABLE
postgres=# ANALYZE test_per1;
ANALYZE
```

编写压力测试查询 SQL 脚本，脚本名为 select_per1.sql，如下所示：

```
\set v_id random(1,10000000)

SELECT name FROM test_per1 WHERE id=:v_id;
```

变量 v_id 从 1 到 1000 万范围内随机获取一个整数，根据主键查询表 test_per1，之后测试并发连接数分别为 2、4、8、16 的 TPS 情况，pgbench 测试脚本如下所示：

```
pgbench -c 2 -T 120 -d postgres -U postgres -n N -M prepared -f select_per1.sql
    > select_2.out 2>&1 &
pgbench -c 4 -T 120 -d postgres -U postgres -n N -M prepared -f select_per1.sql
    >  select_4.out 2>&1 &
pgbench -c 8 -T 120 -d postgres -U postgres -n N -M prepared -f select_per1.sql
    >  select_8.out 2>&1 &
```

```
pgbench -c 16 -T 120 -d postgres -U postgres -n N -M prepared -f select_per1.sql
    > select_16.out 2>&1 &
```

每次 pgbench 测试时间为 120 秒，-M 设置 repared 表示启用 prepared statements，-n 表示不做 VACUUM 操作，根据以上 pgbench 测试脚本对单实例、异步流复制、同步流复制模式进行读压力测试，测试结果汇总如表 12-2 所示。

表 12-2　单实例、异步流复制、同步流复制读性能对比

连　接　数	单实例（TPS）	异步流复制（TPS）	同步流复制（TPS）
2	17061	16659	16427
4	20370	19966	19622
8	18193	16756	17991
16	11707	11745	11675

根据以上测试数据，生成如下图表，如图 12-1 所示。

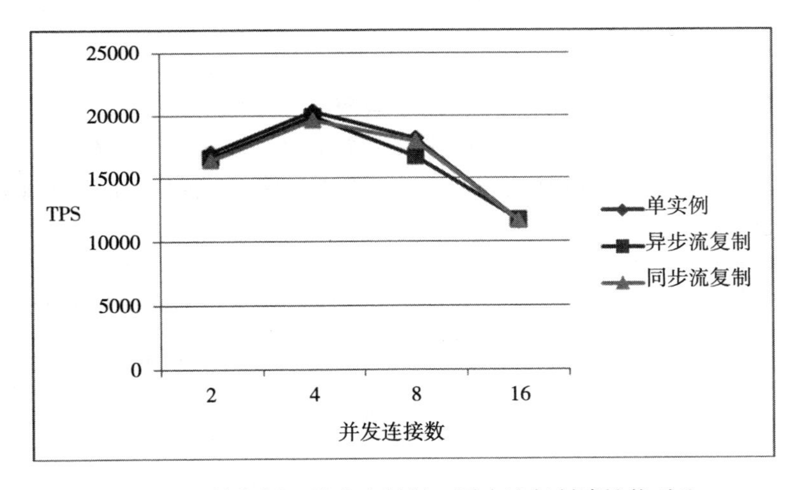

图 12-1　单实例、异步流复制、同步流复制读性能对比

从以上测试看出，并发连接数为 4 时性能最高，这与设备 CPU 核数有关，本测试虚机 CPU 逻辑核为 4，并发连接数上升到 8 和 16 时，读性能降低。以上是根据主键查询的场景，在连接数小于 4 时，异步流复制和同步流复制比单实例读性能略有降低，降幅在 5% 以内，总体来说，单实例、异步流复制、同步流复制在基于主键的读场景下性能差异较小。

注意　测试过程中我们发现 CPU 使用率大部分情况都在 50% 以下，如果一个 pgbench 进程没有充分消耗虚拟机的所有计算资源，可以在系统上跑多个 pgbench 进程测试这台设备此查询场景的最高 tps。

12.3.2 写性能测试

接着对单实例、异步流复制、同步流复制模式进行写性能测试，测试场景为基于主键的更新操作，创建测试表 test_per2 并插入 1000 万数据，如下所示：

```
postgres=# CREATE TABLE test_per2(id int4,name text,flag char(1));
CREATE TABLE
postgres=# INSERT INTO test_per2(id,name)
    SELECT n,n||'_per2'
    FROM generate_series(1,10000000) n;
INSERT 0 10000000
```

添加主键并做表分析，如下所示

```
postgres=# ALTER TABLE test_per2 ADD PRIMARY KEY(id);
ALTER TABLE
postgres=# ANALYZE test_per2;
ANALYZE
```

编写压力测试脚本，脚本名为 update_per2.sql 如下所示：

```
\set v_id random(1,1000000)

update test_per2 set flag='1' where id=:v_id;
```

变量 v_id 从 1 到 1000 万范围内随机获取一个整数，根据主键更新表 test_per2 的 flag 字段，之后测试并发连接数分别为 2、4、8、16 的 TPS 情况，pgbench 测试脚本如下所示：

```
pgbench -c 2 -T 120 -d postgres -U postgres -n N -M prepared -f update_per2.sql
    > update_2.out 2>&1 &
pgbench -c 4 -T 120 -d postgres -U postgres -n N -M prepared -f update_per2.sql
    >  update_4.out 2>&1 &
pgbench -c 8 -T 120 -d postgres -U postgres -n N -M prepared -f update_per2.sql
    >  update_8.out 2>&1 &
pgbench -c 16 -T 120 -d postgres -U postgres -n N -M prepared -f update_per2.sql
    > update_16.out 2>&1 &
```

每次 pgbench 测试时间为 120 秒，根据以上 pgbench 测试脚本对单实例、异步流复制、同步流复制模式进行写压力测试，测试结果汇总如表 12-3 所示。

表 12-3 单实例、异步流复制、同步流复制写性能对比

连 接 数	单实例（TPS）	异步流复制（TPS）	同步流复制（TPS）
2	13062	13640	856
4	17306	17258	1270
8	10715	10598	2414
16	8793	9388	4681

根据以上测试数据，生成如下图表，如图 12-2 所示。

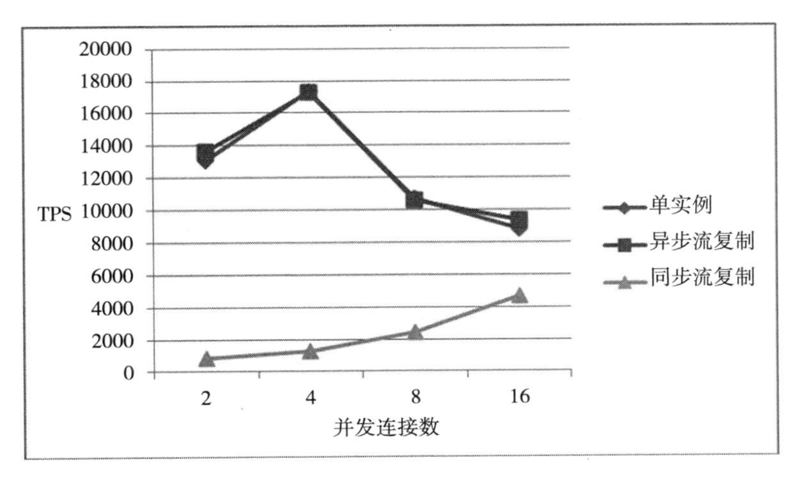

图 12-2 单实例、异步流复制、同步流复制写性能对比

从以上测试看出，基于主键更新的场景，异步流复制和单实例写性能几乎无差异，而同步流复制相比异步流复制和单实例场景性能大幅下降，在测试过程中，我们发现同步流复制主库上出现了大量 UPDATE 阻塞的情况，主要由于主库上提交事务时需等待备库接收并写入 WAL 日志后才向主库返回确认信息，这个过程消耗了大量通信时间，此过程消耗的时间越多，主库写场景 TPS 越小。

12.4 流复制监控

流复制部署完成之后，通常需要监控流复制主库、备库的状态，这一小节介绍流复制监控方面的内容。

12.4.1 pg_stat_replication

主库上主要监控 WAL 发送进程信息，pg_stat_replication 视图显示 WAL 发送进程的详细信息，这个视图对于流复制的监控非常重要，前一小节测试写性能过程中此视图的一个时间点数据如下所示：

```
postgres=# SELECT * FROM pg_stat_replication ;
-[ RECORD 1 ]----+------------------------------
pid              | 7683
usesysid         | 16384
usename          | repuser
application_name | node2
client_addr      | 192.168.28.75
client_hostname  |
client_port      | 57870
backend_start    | 2017-09-05 11:50:31.629468+08
```

```
backend_xmin     |
state            | streaming
sent_lsn         | 3/643CB568
write_lsn        | 3/643CB568
flush_lsn        | 3/643CB488
replay_lsn       | 3/643CB030
write_lag        | 00:00:00.000224
flush_lag        | 00:00:00.001562
replay_lag       | 00:00:00.006596
sync_priority    | 1
sync_state       | sync
```

视图中的主要字段解释如下：

- pid：WAL 发送进程的进程号。
- usename：WAL 发送进程的数据库用户名。
- application_name：连接 WAL 发送进程的应用别名，此参数显示值为备库 recovery.conf 配置文件中 primary_conninfo 参数 application_name 选项的值。
- client_addr：连接到 WAL 发送进程的客户端 IP 地址，也就是备库的 IP。
- backend_start：WAL 发送进程的启动时间。
- state：显示 WAL 发送进程的状态，startup 表示 WAL 进程在启动过程中；catchup 表示备库正在追赶主库；streaming 表示备库已经追赶上了主库，并且主库向备库发送 WAL 日志流，这个状态是流复制的常规状态；backup 表示通过 pg_basebackup 正在进行备份；stopping 表示 WAL 发送进程正在关闭。
- sent_lsn：WAL 发送进程最近发送的 WAL 日志位置。
- write_lsn：备库最近写入的 WAL 日志位置，这时 WAL 日志流还在操作系统缓存中，还没写入备库 WAL 日志文件。
- flush_lsn：备库最近写入的 WAL 日志位置，这时 WAL 日志流已写入备库 WAL 日志文件。
- replay_lsn：备库最近应用的 WAL 日志位置。
- write_lag：主库上 WAL 日志落盘后等待备库接收 WAL 日志（这时 WAL 日志流还没写入备库 WAL 日志文件，还在操作系统缓存中）并返回确认信息的时间。
- flush_lag：主库上 WAL 日志落盘后等待备库接收 WAL 日志（这时 WAL 日志流已写入备库 WAL 日志文件，但还没有应用 WAL 日志）并返回确认信息的时间。
- replay_lag：主库上 WAL 日志落盘后等待备库接收 WAL 日志（这时 WAL 日志流已写入备库 WAL 日志文件，并且已应用 WAL 日志）并返回确认信息的时间。
- sync_priority：基于优先级的模式中备库被选中成为同步备库的优先级，对于基于 quorum 的选举模式此字段则无影响。
- sync_state：同步状态，有以下状态值，async 表示备库为异步同步模式；potential 表示备库当前为异步同步模式，如果当前的同步备库宕机，异步备库可升级成为同步备库；sync 表示当前备库为同步模式；quorum 表示备库为 quorum standbys 的候选，本章节后面会详细介绍 quorum standbys。

其中 write_lag、flush_lag、replay_lag 三个字段为 PostgreSQL10 版本新特性，是衡量主备延迟的重要指标，下一节重点介绍。

12.4.2 监控主备延迟

同步流复制和异步流复制主备库之间的延迟是客观存在的，事实上当流复制主库、备库机器负载较低的情况下主备延迟通常能在毫秒级，数据库越繁忙或数据库主机负载越高主备延迟越大，有两个维度衡量主备库之间的延迟：通过 WAL 延迟时间衡量，通过 WAL 日志应用延迟量衡量，下面详细介绍。

方式一：通过 WAL 延迟时间衡量

WAL 的延迟分为 write 延时、flush 延时、replay 延时，分别对应 pg_stat_replication 的 write_lag、flush_lag、replay_lag 字段，上一节已经详细解释了这三个字段，通过备库 WAL 日志接收延时和应用延时判断主备延时，在流复制主库上执行如下 SQL：

```
postgres=# SELECT pid,usename,client_addr,state,write_lag,flush_lag,replay_lag
           FROM pg_stat_replication ;
-[ RECORD 1 ]----------------
pid          | 7683
usename      | repuser
client_addr  | 192.168.28.75
state        | streaming
write_lag    | 00:00:00.000997
flush_lag    | 00:00:00.002008
replay_lag   | 00:00:00.002916
```

对于一个有稳定写事务的数据库，备库收到主库发送的 WAL 日志流后首先是写入备库主机操作系统缓存，之后写入备库 WAL 日志文件，最后备库根据 WAL 日志文件应用日志，因此这种场景下 write_lag、flush_lag 和 replay_lag 大小关系如下所示：

```
replay_lag  >  flush_lag  >  write_lag
```

以上查询中 flush_lag 时间为 0.2008 毫秒，replay_lag 时间为 0.2916 毫秒，replay_lag 延时大于 flush_lag 延时很好理解，因为只有备库接收的 WAL 日志流写入 WAL 日志文件后才能应用 WAL，因此 replay_lag 要大于 flush_lag。

write_lag、flush_lag、replay_lag 为 PostgreSQL10 版本新增字段，10 版本前 pg_stat_replication 视图不提供这三个字段，但是也有办法监控主备延时，在流复制备库执行以下 SQL，如下所示：

```
postgres=# SELECT EXTRACT(SECOND FROM now()- pg_last_xact_replay_timestamp());
    date_part
-----------
    0.002227
(1 row)
```

pg_last_xact_replay_timestamp 函数显示备库最近 WAL 日志应用时间，通过与当前时间比较可粗略计算主备库延时，这种方式的优点是即使主库宕掉，也可以大概判断主备延时。缺点是如果主库上只有读操作，主库不会发送 WAL 日志流到备库，pg_last_xact_replay_timestamp 函数返回的结果就是一个静态的时间，这个公式的判断结果就不严谨了。

方式二：通过 WAL 日志应用延迟量衡量

通过流复制备库 WAL 的应用位置和主库本地 WAL 写入位置之间的 WAL 日志量能够准确判断主备延时，在流复制主库执行以下 SQL：

```
postgres=# SELECT pid,usename,client_addr,state,
        pg_wal_lsn_diff(pg_current_wal_lsn(),write_lsn) write_delay,
        pg_wal_lsn_diff(pg_current_wal_lsn(),flush_lsn) flush_delay,
        pg_wal_lsn_diff(pg_current_wal_lsn(),replay_lsn) replay_dely
    FROM pg_stat_replication ;
-[ RECORD 1 ]------------
pid          | 7683
usename      | repuser
client_addr  | 192.168.28.75
state        | streaming
write_delay  | 560
flush_delay  | 896
replay_dely  | 1272
```

pg_current_wal_lsn 函数显示流复制主库当前 WAL 日志文件写入的位置，pg_wal_lsn_diff 函数计算两个 WAL 日志位置之间的偏移量，返回单位为字节数，以上内容显示流复制备库 WAL 的 write 延迟 560 字节，flush 延迟 896 字节，replay 延迟 1272 字节，这种方式有个缺点，当主库宕掉时，此方法行不通。

方式三：通过创建主备延时测算表方式

这种方法在主库上创建一张主备延时测算表，并定时往表插入数据或更新数据，之后在备库上计算这条记录的插入时间或更新时间与当前时间的差异来判断主备延时，这种方法不是很严谨，但很实用，当主库宕机时，这种方式依然可以大概判断出主备延时。

12.4.3 pg_stat_wal_receiver

pg_stat_replication 视图显示 WAL 发送进程的详细信息，WAL 接收进程也有相应的视图显示详细信息，如下所示：

```
postgres=# SELECT * FROM pg_stat_wal_receiver ;
-[ RECORD 1 ]---------+---------------------------------------------------
pid                   | 22573
status                | streaming
receive_start_lsn     | 3/2D000000
receive_start_tli     | 1
received_lsn          | 3/852DC428
received_tli          | 1
last_msg_send_time    | 2017-09-06 15:35:28.178167+08
last_msg_receipt_time | 2017-09-06 15:35:28.177706+08
```

```
latest_end_lsn          | 3/852DC508
latest_end_time         | 2017-09-06 15:35:28.178167+08
slot_name               |
conninfo                | user=repuser passfile=/home/postgres/.pgpass dbname=replication
    host=192.168.28.74 port=1921 application_name=node2 fallback_application_
    name=walreceiver sslmode=disable sslcompression=1 target_session_attrs=any
```

以上主要字段信息如下：

- pid：WAL 接收进程的进程号。
- status：WAL 接收进程的状态。
- receive_start_lsn：WAL 接收进程启动后使用的第一个 WAL 日志位置。
- received_lsn：最近接收并写入 WAL 日志文件的 WAL 位置。
- last_msg_send_time：备库接收到发送进程最后一个消息后，向主库发回确认消息的发送时间。
- last_msg_receipt_time：备库接收到发送进程最后一个消息的接收时间。
- conninfo：WAL 接收进程使用的连接串，连接信息由备库 $PGDATA 目录的 recovery.conf 配置文件的 primary_conninfo 参数配置。

12.4.4 相关系统函数

PostgreSQL 提供相关系统函数监控流复制状态，尤其是 WAL 相关日志函数。

例如，显示恢复进程是否处于恢复模式，在备库上执行以下函数：

```
postgres=# SELECT pg_is_in_recovery();
 pg_is_in_recovery
-------------------
 t
(1 row)
```

这个函数通常判断主备的角色，返回为 t 表示为备库，返回 f 表示主库，因为备库会接收主库 WAL 发送进程发送的 WAL 并应用 WAL。

显示备库最近接收的 WAL 日志位置，如下所示：

```
postgres=# SELECT pg_last_wal_receive_lsn();
 pg_last_wal_receive_lsn
-------------------------
 3/91B5BCE8
(1 row)
```

显示备库最近应用 WAL 日志的位置，如下所示：

```
postgres=# SELECT pg_last_wal_replay_lsn();
 pg_last_wal_replay_lsn
------------------------
 3/91EFED10
(1 row)
```

显示备库最近事务的应用时间，如下所示：

```
postgres=# SELECT pg_last_xact_replay_timestamp();
    pg_last_xact_replay_timestamp
-------------------------------
    2017-10-07 09:04:59.67741+08
(1 row)
```

显示主库 WAL 当前写入位置，如下所示：

```
postgres=# SELECT pg_current_wal_lsn();
    pg_current_wal_lsn
--------------------
    3/940001B0
(1 row)
```

计算两个 WAL 日志位置的偏移量，如下所示：

```
postgres=# SELECT pg_wal_lsn_diff('3/940001B0','3/940001A0');
    pg_wal_lsn_diff
-----------------
                16
(1 row)
```

12.5 流复制主备切换

前面小节介绍了流复制的部署、性能测试和流复制监控方面的内容，流复制的主库和备库角色不是静态存在的，在维护过程中可以对两者进行角色切换，例如当主库硬件故障或主库系统参数调整需要重启操作系统时，通常进行流复制主备切换，这一小节将介绍手工主备切换，主备切换的方式有两种，一种是通过创建触发器文件方式触发主备切换，另一种方式通过 pg_ctl promot 命令触发主备切换。

目前 PostgreSQL 高可用方案大多基于流复制环境进行部署，流复制主备切换是 PostgreSQL 高可用方案的基础，第 14 章会详细介绍 PostgreSQL 高可用方案。

12.5.1 判断主备角色的五种方法

进行流复制主备切换之前首先得知道当前数据库的角色，这里提供五种方法判断数据库角色，测试环境为一主一备，这些方法同样适用于一主多备环境，对于级联复制或逻辑复制的场景不完全适用，但基本思想是一致的。

方式一：操作系统上查看 WAL 发送进程或 WAL 接收进程

之前介绍了流复制部署过程，大家知道流复制主库上有 WAL 发送进程，流复制备库上有 WAL 接收进程，根据这个思路，在数据库主机上执行以下命令，如果输出 wal sender .. streaming 进程则说明当前数据库为主库：

```
[postgres@pghost1 ~]$ ps -ef | grep "wal" | grep -v "grep"
```

```
postgres 16666 16661  0 Sep06 ?        00:00:09 postgres: wal writer process
postgres 16672 16661  0 Sep06 ?        00:00:13 postgres: wal sender process repuser
    192.168.28.75(57872) streaming 3/9C34BCB8
```

如果输出 wal receiver .. streaming 进程则说明当前数据库为备库，如下所示：

```
[postgres@pghost2 ~]$ ps -ef | grep "wal" | grep -v "grep"
postgres 27291 22567  0 Sep06 ?        00:00:32 postgres: wal receiver process
    streaming 3/9C355788
```

方式二：数据库上查看 WAL 发送进程或 WAL 接收进程

同样，也可以在数据库层面查看 WAL 发送进程和 WAL 接收进程，例如在主库上查询 pg_stat_replication 视图，如果返回记录说明是主库，备库上查询此视图无记录，如下所示：

```
postgres=# SELECT pid,usename,application_name,client_addr,state,sync_state
           FROM pg_stat_replication ;
   pid   | usename | application_name | client_addr   | state     | sync_state
---------+---------+------------------+---------------+-----------+------------
   16672 | repuser | node2            | 192.168.28.75 | streaming | sync
(1 row)
```

同样，在备库上查看 pg_stat_wal_receiver 视图，如果返回记录说明是备库，流复制主库上此视图无记录，如下所示：

```
postgres=# SELECT pid,status,last_msg_send_time,last_msg_receipt_time,conninfo
              FROM pg_stat_wal_receiver ;
-[ RECORD1 ]---------+--------------------------------------------------------
pid                   | 17551
status                | streaming
last_msg_send_time    | 2017-10-07 09:22:07.479282+08
last_msg_receipt_time | 2017-10-07 09:22:07.480277+08
conninfo              | user=repuser passfile=/home/postgres/.pgpass dbname=
    replication host=192.168.28.74 port=1921 application_name=slave1 fallback_
    application_name=walreceiver sslmode=disable sslcompression=1 target_session_
    attrs=any
```

方式三：通过系统函数查看

登录数据库执行以函数，如下所示：

```
postgres=# SELECT pg_is_in_recovery();
   pg_is_in_recovery
--------------------
   t
(1 row)
```

如果返回 t 说明是备库，返回 f 说明是主库。

方式四：查看数据库控制信息

通过 pg_controldata 命令查看数据库控制信息，内容包含 WAL 日志信息、checkpoint、数据块等信息，通过 Database cluster state 信息可判断是主库还是备库，如下所示：

```
[postgres@pghost1 ~]$ pg_controldata | grep cluster
Database cluster state:                in production
```

以上查询结果返回 in production 表示为主库，返回 in archive recovery 表示是备库，如下所示：

```
[postgres@pghost2 ~]$ pg_controldata | grep cluster
Database cluster state:               in archive recovery
```

方式五：通过 recovery.conf 配置文件查看

根据之前小节流复制部署过程，在备库 $PGDATA 目录下会创建 recovery.conf 配置文件，如果存在这个文件说明是备库，如果 $PGDATA 目录不存在此文件或此文件后缀名是 recovery.done 则说明是主库。

12.5.2 主备切换之文件触发方式

PostgreSQL9.0 版本流复制主备切换只能通过创建触发文件方式进行，这一小节将介绍这种主备切换方式，测试环境为一主一备异步流复制环境，pghost1 上的数据库为主库，pghost2 上的数据库为备库，文件触发方式的手工主备切换主要步骤如下：

1）配置备库 recovery.conf 文件 trigger_file 参数，设置激活备库的触发文件路径和名称。

2）关闭主库，建议使用 -m fast 模式关闭。

3）在备库上创建触发文件激活备库，如果 recovery.conf 变成 recovery.done 表示备库已经切换成主库。

4）这时需要将老的主库切换成备库，在老的主库的 $PGDATA 目录下创建 recovery.conf 文件（如果此目录下不存在 recovery.conf 文件，可以根据 $PGHOME/recovery.conf.sample 模板文件复制一个，如果此目录下存在 recovery.done 文件，需将 recovery.done 文件重命名为 recovery.conf），配置和老的从库一样，只是 primary_conninfo 参数中的 IP 换成对端 IP。

5）启动老的主库，这时观察主、备进程是否正常，如果正常表示主备切换成功。

首先在备库上配置 recovery.conf，如下所示：

```
recovery_target_timeline = 'latest'
standby_mode = on
primary_conninfo = 'host=192.168.28.74  port=1921 user=repuser'
trigger_file = '/database/pg10/pg_root/.postgresql.trigger.1921'
```

trigger_file 可以配置成普通文件或隐藏文件，调整以上参数后需重启备库使配置参数生效。

之后关闭主库，如下所示：

```
[postgres@pghost1 ~]$ pg_ctl stop -m fast
waiting for server to shut down.... done
server stopped
```

在备库上创建触发文件激活备库，如下所示：

```
[postgres@pghost2 pg_root]$ ll recovery.conf
-rw-r--r-- 1 postgres postgres 5.8K Sep  8 20:47 recovery.conf
[postgres@pghost2 pg_root]$ touch /database/pg10/pg_root/.postgresql.trigger.1921
```

触发器文件名称和路径需和 recovery.conf 配置文件 trigger_file 保持一致，再次查看 recovery 文件时，发现后辍由原来的 .conf 变成了 .done。

```
    [postgres@pghost2 pg_root]$ ll recovery.done
-rw-r--r-- 1 postgres postgres 5.8K Sep  8 20:47 recovery.done
```

查看备库数据库日志，如下所示：

```
2017-09-08 21:00:21.622 CST,,,4357,,59b29465.1105,1,,2017-09-08 21:00:21
    CST,,0,FATAL,XX000,"could not connect to the primary server: could not
    connect to server: Connection refused
    Is the server running on host ""192.168.28.74"" and accepting
    TCP/IP connections on port 1921?",,,,,,,,,""
2017-09-08 21:00:26.622 CST,,,4235,,59b2916f.108b,9,,2017-09-08 20:47:43
    CST,1/0,0,LOG,00000,"trigger file found: /database/pg10/pg_root/.postgresql.
    trigger.1921",,,,,,,,,""
2017-09-08 21:00:26.622 CST,,,4235,,59b2916f.108b,10,,2017-09-08 20:47:43
    CST,1/0,0,LOG,00000,"redo done at 3/A0000028",,,,,,,,,""
2017-09-08 21:00:26.622 CST,,,4235,,59b2916f.108b,11,,2017-09-08 20:47:43
    CST,1/0,0,LOG,00000,"last completed transaction was at log time 2017-09-08
    20:59:30.746045+08",,,,,,,,,""
2017-09-08 21:00:26.640 CST,,,4235,,59b2916f.108b,12,,2017-09-08 20:47:43
    CST,1/0,0,LOG,00000,"selected new timeline ID: 2",,,,,,,,,""
2017-09-08 21:00:26.792 CST,,,4235,,59b2916f.108b,13,,2017-09-08 20:47:43
    CST,1/0,0,LOG,00000,"archive recovery complete",,,,,,,,,""
2017-09-08 21:00:26.808 CST,,,4233,,59b2916f.1089,3,,2017-09-08 20:47:43
    CST,,0,LOG,00000,"database system is ready to accept connections",,,,,,,,,""
```

根据备库以上信息，由于关闭了主库，首先日志显示连接不上主库，接着显示发现了触发文件，之后显示恢复成功，数据库切换成读写模式。

这时根据 pg_controldata 输出进行验证，如下所示：

```
[postgres@pghost2 pg_root]$ pg_controldata | grep cluster
Database cluster state:               in production
```

以上显示数据库角色已经是主库角色，在 pghost2 上创建一张名为 test_alived 的表并插入数据，如下所示：

```
postgres=# CREATE TABLE test_alived2(id int4);
CREATE TABLE
postgres=# INSERT INTO test_alived2 VALUES(1);
INSERT 0 1
```

之后，根据步骤 4）的内容我们准备将老的主库切换成备库角色，在老的主库上配置 recovery.conf，如下所示：

```
recovery_target_timeline = 'latest'
standby_mode = on
primary_conninfo = 'host=192.168.28.75  port=1921 user=repuser'
trigger_file = '/database/pg10/pg_root/.postgresql.trigger.1921'
```

以上配置和 pghost2 上的 recovery.done 配置文件一致，只是 primary_conninfo 参数的 host 选项配置成对端主机 IP。

之后在 pghost1 上的 postgres 主机用户家目录创建 ~/.pgpass 文件，如下所示：

```
[postgres@pghost1 ~]$ touch ~/.pgpass
[postgres@pghost1 ~]$ chmod 600 ~/.pgpass
```

并在 ~/.pgpass 文件中插入以下内容：

```
192.168.28.74:1921:replication:repuser:re12a345
192.168.28.75:1921:replication:repuser:re12a345
```

之后启动 pghost1 上的数据库，如下所示：

```
[postgres@pghost1 ~]$ pg_ctl start
```

启动后观察数据库日志，发现数据库启动正常，查看数据库表，发现 test_alived2 表也有了，如下所示：

```
postgres=# SELECT * from test_alived2 ;
   id
------
    1
(1 row)
```

同时，pghost1 上已经有了 WAL 接收进程，pghost2 上有了 WAL 发送进程，说明老的主库已经成功切换成备库，以上是主备切换的所有步骤。

注意 为什么在步骤 2 中需要干净地关闭主库？数据库关闭时首先做一次 checkpoint，完成之后通知 WAL 发送进程要关闭了，WAL 发送进程会将截止此次 checkpoint 的 WAL 日志流发送给备库的 WAL 接收进程，备节点接收到主库最后发送来的 WAL 日志流后应用 WAL，从而达到了和主库一致的状态。另一个需要注意的问题是假如主库主机异常宕机了，如果激活备库，备库的数据完全和主库一致吗？此环境为一主一备异步流复制环境，备库和主库是异步同步方式，存在延时，这时主库上已提交事务的 WAL 有可能还没来得及发送给备库，主库主机就已经宕机了，因此异步流复制备库可能存在事务丢失的风险。

12.5.3 主备切换之 pg_ctl promote 方式

上一节介绍了以文件触发方式进行主备切换，PostgreSQL9.1 版本开始支持 pg_ctlpromote 触发方式，相比文件触发方式操作更方便，promote 命令语法如下：

```
pg_ctl promote [-D datadir]
```

-D 是指数据目录，如果不指定会使用环境变量 $PGDATA 设置的值。promote 命令发出后，运行中的备库将停止恢复模式并切换成读写模式的主库。

pg_ctl promote 主备切换步骤和文件触发方式大体相同，只是步骤 1 中不需要配置 recovery.conf 配置文件中的 trigger_file 参数，并且步骤 3 中换成以 pg_ctl promote 方式进行主备切换，如下：

1）关闭主库，建议使用 -m fast 模式关闭。

2）在备库上执行 pg_ctl promote 命令激活备库，如果 recovery.conf 变成 recovery.done 表示备库已切换成为主库。

3）这时需要将老的主库切换成备库，在老的主库的 $PGDATA 目录下创建 recovery.conf 文件（如果此目录下不存在 recovery.conf 文件，可以根据 $PGHOME/recovery.conf.sample 模板文件复制一个，如果此目录下存在 recovery.done 文件，需将 recovery.done 文件重命名为 recovery.conf)，配置和老的从库一样，只是 primary_conninfo 参数中的 IP 换成对端 IP。

4) 启动老的主库，这时观察主、备进程是否正常，如果正常表示主备切换成功。

以上是 pg_ctl promote 主备切换的主要步骤，这一小节不进行演示了，下一小节介绍 pg_rewind 工具时会给出使用 pg_ctl promote 进行主备切换的示例。

12.5.4 pg_rewind

pg_rewind 是流复制维护时一个非常好的数据同步工具，在上一节介绍流复制主备切换内容中讲到了主要有五个步骤进行主备切换，其中步骤 2 是在激活备库前先关闭主库，如果不做步骤 2 会出现什么样的情况？下面我们举例进行演示，测试环境为一主一备异步流复制环境，pghost1 上的数据库为主库，pghost2 上的数据库为备库。

备库 recovery.conf 配置如下所示：

```
recovery_target_timeline = 'latest'
standby_mode = on
primary_conninfo = 'host=192.168.28.74  port=1921 user=repuser'
```

检查流复制状态，确保正常后在备库主机上执行以下命令激活备库，如下所示：

```
[postgres@pghost2 pg_root]$ pg_ctl promote
waiting for server to promote.... done
server promoted
```

查看备库数据库日志，能够看到数据库正常打开接收外部连接的信息，这说明激活成功，检查 pghost2 上的数据库角色，如下所示：

```
[postgres@pghost2 pg_root]$ pg_controldata | grep cluster
Database cluster state:               in production
```

从 pg_controldata 输出也可以看到 pghost2 上的数据库已成为主库，说明 pghost2 上的数据库已经切换成主库，这时老的主库 (pghost1 上的数据库) 依然还在运行中，我们计划将 pghost1 上的角色转换成备库，先查看 pghost1 上的数据库角色，如下所示：

```
[postgres@pghost1 ~]$ pg_controldata | grep cluster
Database cluster state:               in production
```

pghost1 上 pg_controldata 显示也为主库状态，现在 pghost1 和 pghost2 上的数据库已经没有任何联系，我们尝试将 pghost1 上的数据库转换成备库，先关闭 pghost1 上的数据库，如下所示：

```
[postgres@pghost1 ~]$ pg_ctl stop -m fast
waiting for server to shut down.... done
server stopped
```

将 $PGDATA 目录下的 recovery.done 重命名为 recovery.conf，如下所示：

```
[postgres@pghost1 pg_root]$ mv recovery.done recovery.conf
```

pghost1 上 recovery.conf 配置如下所示：

```
recovery_target_timeline = 'latest'
standby_mode = on
primary_conninfo = 'host=192.168.28.75  port=1921 user=repuser'
```

启动 pghost1 上的数据库，如下所示：

```
[postgres@pghost1 pg_root]$ pg_ctl start
```

以上虽然能启动数据库，但是在 pghost1 上看不到 WAL 接收进程，在 pghost2 上也看不到 WAL 发送进程，这时查看 pghost1 上数据库日志，发现以下错误信息。

```
2017-09-09 13:22:45.540 CST,,,11948,,59b37aa5.2eac,2,,2017-09-09 13:22:45
    CST,,0,FATAL,XX000,"could not start WAL streaming: ERROR:  requested starting
    point 3/A3000000 on timeline 3 is not in this server's history
DETAIL:  This server's history forked from timeline 3 at 3/A213F930.",,,,,,,,,""
2017-09-09 13:22:45.540 CST,,,11944,,59b37aa5.2ea8,5,,2017-09-09 13:22:45
    CST,1/0,0,LOG,00000,"new timeline 4 forked off current database system
    timeline 3 before current recovery point 3/A3000098",,,,,,,,,""
2017-09-09 13:22:45.543 CST,,,11949,,59b37aa5.2ead,1,,2017-09-09 13:22:45
    CST,,0,FATAL,XX000,"could not start WAL streaming: ERROR:  requested starting
    point 3/A3000000 on timeline 3 is not in this server's history
DETAIL:  This server's history forked from timeline 3 at 3/A213F930.",,,,,,,,,""
2017-09-09 13:22:45.543 CST,,,11944,,59b37aa5.2ea8,6,,2017-09-09 13:22:45
    CST,1/0,0,LOG,00000,"new timeline 4 forked off current database system
    timeline 3 before current recovery point 3/A3000098",,,,,,,,,"
```

这时候 pghost1 上的数据库已经无法直接切换成备库，只能重做备库，如果数据库很大，重做备库的时间将很长。

以上演示了当激活主库时，如果没有关闭老的主库，这时老的主库就不能直接切换成备库角色，好在 PostgreSQL 提供 pg_rewind 工具，当激活主库时如果忘记关闭老的主库，可以使用这个工具重新同步新主库的数据，此工具和 pg_basebackup 主要差异是 pg_rewind 不是全量从主库同步数据，而是只复制变化的数据。下面举例进行演示，首先将环境恢复，测试环境依然为一主一备异步流复制，pghost1 为主库，pghost2 为备库。

使用 pg_rewind 的前提条件为以下之一：

- postgresql.conf 配置文件 wal_log_hints 参数设置成 on。
- 数据库安装时通过 initdb 初始化数据库时使用了 --data-checksums 选项，这个选项开启后会在数据块上进行检测以发现 I/O 错误，此选项只能在 initdb 时设置，开启后性能有损失。

由于 initdb 时没有设置 --data-checksums 选项，我们在主库、备库的 postgresql.conf 配置文件设置 wal_log_hints 参数，如下所示：

```
wal_log_hints = on
```

设置此参数后，需重启数据库生效。

之后在 pghost2 上激活备库，如下所示：

```
[postgres@pghost2 pg_root]$ pg_ctl promote
waiting for server to promote.... done
server promoted
```

以上命令执行成功后，记得查看数据库日志和数据库角色，如有错误日志根据日志信息进行修复；另外，此时 pghost1 上的数据库仍然处于运行状态，我们需要将它的角色转换成备库，首先在 pghost1 上关闭数据库，如下所示：

```
[postgres@pghost1 pg_root]$ pg_ctl stop -m fast
waiting for server to shut down.... done
server stopped
```

之后使用 pg_rewind 工具增量同步 pghost2 上的数据到 pghost1，如下所示：

```
[postgres@pghost1 pg_root]$ pg_rewind --target-pgdata $PGDATA --source-server=
    'host= 192.168.28.75 port=1921 user=postgres dbname=postgres' -P
connected to server
servers diverged at WAL location 3/A7006508 on timeline 5
rewinding from last common checkpoint at 3/A7000028 on timeline 5
reading source file list
reading target file list
reading WAL in target
need to copy 7663 MB (total source directory size is 9237 MB)
7847309/7847309 kB (100%) copied
creating backup label and updating control file
syncing target data directory
Done!
```

以上命令执行成功后，这时使用的是 postgres 用户，postgres 用户密码已写入 ~/.pgpass 文件。

将 recovery.done 重命名为 recovery.conf，如下所示：

```
[postgres@pghost1 pg_root]$ mv recovery.done recovery.conf
```

并且配置 recovery.conf 的 primary_conninfo 参数的 host 选项为对端主机，之后启动数据库，如下所示：

```
[postgres@pghost1 pg_root]$ pg_ctl start
```

此时 pghost1 上的数据库已经成功切换成备库角色，同时检查流复制状态是否正常。

12.6 延迟备库

延迟备库是指可以配置备库和主库的延迟时间，这样备库始终和主库保持指定时间的延迟，例如设置备库和主库之间的延迟时间为 1 小时，理论上备库和主库的延时始终保持在一小时左右。

12.6.1 延迟备库的意义

PostgreSQL 流复制环境下，如果主库不是很忙并且备库硬件资源充分，通常备库和主库的延时能在毫秒级别。如果主库上由于误操作删除了表数据或删除表时，从库上的这些数据也瞬间被删除了，这时，即使对数据库做了备份，要恢复到删除前的状态也是有难度的，比如，如果使用 pg_dump 做了逻辑备份，通常是按天、按周、按月进行逻辑备份等，也只能恢复到最近逻辑备份时刻的数据，除非是做了基准备份并且开了归档，这时可以利用全量备份和归档恢复到删除前的状态，从而找回被删除的数据，当然这种方法维护成本较高。在这一场景下，延迟的备库在一定程度上缓解了这一问题，因为在设置的延迟时间范围内，备库上的数据还没被删除，可以在备库上找回这些数据，这节将详细介绍延迟备库的配置和使用，当然，如果超过了已设置的主备延迟时间才发现主库上的数据被删除了，这些数据在备库也找不回来了。

12.6.2 延迟备库部署

测试环境依然为一主一备异步流复制，pghost1 为主库，pghost2 为备库，延迟备库的配置非常简单，只需要配置 recovery_min_apply_delay 参数，此参数位于 recovery.conf 配置文件，语法如下：

```
recovery_min_apply_delay (integer)
```

此参数单位默认为毫秒，目前支持的时间单位如下：

- ms（毫秒，默认单位）
- s（秒）

- min（分钟）
- h（小时）
- d（天）

大家知道流复制主库提交事务后，主库会将此事务的 WAL 日志流发送给备库，备库接收 WAL 日志流后进行重做，这个操作通常瞬间完成，延迟的备库实际上是设置备库延迟重做 WAL 的时间，而备库依然及时接收主库发送的 WAL 日志流，只是不是一接收到 WAL 后就立即重做，而是等待设置的时间再重做，假如设置此参数为一分钟，流复制备库接收到主库发送 WAL 日志流后需等待一分钟才重做。

我们将 pghost2 上备库的此参数设置成 1 分钟，如下所示：

```
recovery_min_apply_delay = 1min
```

以上代码将主库和备库的延迟时间设置为 1 分钟，之后重启备库使配置生效，如下所示：

```
[postgres@pghost2 pg_root]$ pg_ctl restart
```

之后在主库上创建 test_delay 测试表，如下所示：

```
postgres=# CREATE TABLE test_delay(id int4,create_time timestamp(0) without time
    zone);
CREATE TABLE
```

这时备库上等了大概一分钟才看到这张表，接着在主库上插入一条数据，如下所示：

```
postgres=# INSERT INTO test_delay(id,create_time) VALUES (1,now());
INSERT 0 1
```

在备库查询表 test_delay 数据，一开始返回为空，反复执行以下 SQL 直到返回以下数据：

```
postgres=# SELECT now(),create_time FROM test_delay;
-[ RECORD 1 ]-----------------------------
now         | 2017-09-10 16:18:50.414074+08
create_time | 2017-09-10 16:17:50
```

从以上时间看出正好相差一分钟，也就是说主库插入这条数据后，过了一分钟左右备库才能查询到这条数据。

接着模拟数据误删场景，假如由于误操作误删了这张表，是否能在备库找回数据？

主库上删除这张表，如下所示：

```
postgres=# DROP TABLE test_delay ;
DROP TABLE
```

尽管主库删除了此表，但从库上这张表依然存在，并且数据也存在，如下所示：

```
postgres=# SELECT * FROM test_delay;
   id |     create_time
------+---------------------
    1 | 2017-09-10 16:17:50
(1 row)
```

这样，可以在延迟时间窗口内将表 test_delay 的表结构和数据进行备份，再导入到主库，从而找回误删除的表。

注意 recovery_min_apply_delay 参数设置值过大会使备库的 pg_wal 日志因保留过多的 WAL 日志文件而占用较大硬盘空间，因此设置此参数时需要考虑 pg_wal 目录可用空间大小，当然，如果设置得太小，留给恢复的时间窗口太短可能起不到数据恢复的用途。

12.6.3 recovery_min_apply_delay 参数对同步复制的影响

recovery_min_apply_delay 参数对同步复制影响如何？大家知道同步复制 synchronous_commit 参数需配置成 on 或者 remote_apply，on 选项意思是主库上提交的事务后会等待备库接收 WAL 日志流并写入 WAL 日志文件后再向客户端返回成功，remote_apply 则更进一步，主库上提交的事务后会等待备库接收 WAL 日志流并写入 WAL 日志文件同时应用完成 WAL 日志流后再向客户端返回成功，关于此参数详细解释可查阅 12.2.1 节。

这里对延迟备库场景下 synchronous_commit 配置为 on 和 remote_apply 的差异进行测试。

场景一：synchronous_commit 配置为 on，同时 recovery_min_apply_delay 配置成 1 分钟。

synchronous_commit 参数调整完后需要执行 pg_ctl reload 重新载入配置使参数生效，同时 recovery_min_apply_delay 配置调整后需要重启备库使配置生效。

测试前先在主库上清空表 test_delay 数据，之后在主库上插入一条数据，如下所示：

```
postgres=# INSERT INTO test_delay(id,create_time) VALUES(1,now());
INSERT 0 1
```

之后在备库上查询这条记录，依然需要一分钟之后这条数据才能查询到，如下所示：

```
postgres=# SELECT now(),create_time FROM test_delay;
-[ RECORD 1 ]------------------------------
now         | 2017-09-10 16:58:22.526087+08
create_time | 2017-09-10 16:57:22
```

也就是说延迟备库场景，synchronous_commit 配置为 on 时和异步流复制一致。

场景二：synchronous_commit 配置为 remote_apply，同时 recovery_min_apply_delay 配置成 1 分钟。

主库上执行以下 SQL，向 test_delay 表中插入一条数据，如下所示：

```
postgres=# INSERT INTO test_delay(id,create_time) VALUES(2,now());
--注意这条命令被阻塞
```

这时发现 SQL 处于阻塞状态，我们把 SQL 计时器打开，看看等了多久，主库上再插入一条数据，如下所示：

```
postgres=# \timing
Timing is on.
postgres=# INSERT INTO test_delay(id,create_time) VALUES(3,now());
INSERT 0 1
Time: 60008.295 ms (01:00.008)
```

以上看出，SQL 执行时间为 60 秒，一条普通的 INSERT 语句需要执行 60 秒的原因，根据 synchronous_commit 参见 remote_apply 选项的解释，因为主库提交 INSERT 语句后，会等待同步备库接收这条 INSERT 语句的 WAL 日志流并且写入备库 WAL 日志文件，同时备库完成应用 WAL 使得这条记录在备库可见后主库才向客户端返回成功，而此时同步备库又设置了 WAL 应用延迟一分钟，了解了这些原理之后，对于以上两个测试场景的差异就很好理解了。

根据以上测试，对于延迟备库场景，synchronous_commit 配置为 on 时和异步流复制一致，synchronous_commit 配置为 remote_apply 时，主库上所有的写操作将被阻塞一定时间，被阻塞的时间正好是同步备库 recovery_min_apply_delay 参数配置值，因此 synchronous_commit 参数配置为 remote_apply 的同步流复制环境应避免使用延迟备库。

12.7　同步复制优选提交

本章之前介绍的内容都是基于一主一备流复制环境，实际上 PostgreSQL 支持一主多备流复制，并且可以设置一个或多个同步备节点，PostgreSQL9.6 版本时只支持基于优先级的同步备库方式，PostgreSQL10 版本的 synchronous_standby_names 参数新增 ANY 选项，可以设置任意一个或多个备库为同步备库，这种基于 Quorum 的同步备库方式是 PostgreSQL10 版本的一个重要新特性，被称为同步复制优选提交，本小节将详细介绍这一新特性。

这一小节新增一台主机名为 pghost3 的虚拟机，演示一主两从的场景，实验环境详见表 12-4。

表 12-4　一主多备流复制实验环境

主　机	主 机 名	IP 地址	操作系统	PostgreSQL 版本
主节点	pghost1	192.168.28.74	CentOS6.9	PostgreSQL10
备节点 1	pghost2	192.168.28.75	CentOS6.9	PostgreSQL10
备节点 2	pghost3	192.168.28.76	CentOS6.9	PostgreSQL10

初始环境为一主两备异步流复制环境，主库上查询 pg_stat_replication 视图，如下所示：

```
postgres=# SELECT pid,usename,application_name,client_addr,state,sync_state,sync_
    priority
           FROM pg_stat_replication ;
   pid  | usename | application_name | client_addr |   state   | sync_state | sync_priority
--------+---------+------------------+-------------+-----------+------------+--------------
 26030  | repuser | node2            |192.168.28.75 | streaming | async      |        0
  2799  | repuser | node3            |192.168.28.76 | streaming | async      |        0
(2 rows)
```

根据以上查询结果，node2 和 node3 为两个备节点，sync_state 显示了同步方式为异步方式。

在演示同步复制优选提交之前，我们先了解 synchronous_standby_names 参数。

12.7.1 synchronous_standby_names 参数详解

synchronous_standby_names (string) 参数用来指定同步备库列表，PostgreSQL10 版本此参数值有以下三种方式：

- standby_name [, ...]
- [FIRST] num_sync (standby_name [, ...])
- ANY num_sync (standby_name [, ...])

方式一：synchronous_standby_names =standby_name [, ...]

standby_name 指流复制备库的名称，这个名称由备节点 $PGDATA/recovery.conf 配置文件中的 primary_conninfo 参数 application_name 选项指定；可以设置多个备库，用逗号分隔，列表中的第一个备库为同步备库，第二个以后的备库为潜在的同步备库，9.5 版本和 9.5 之前版本最多允许设置一个同步备库。

例如配置为 's1，s2'，其中 s1 为同步备库，s2 为潜在的同步备库；当 s1 不可用时，s2 升级为同步备库。

方式二：synchronous_standby_names =[FIRST] num_sync (standby_name [, ...])

FIRST 表示基于优先级方式设置流复制备库，备库的优先级按备库列表的前后顺序排序，列表中越往前的备库优先级越高，num_sync 指同步备库个数，配置示例如下所示：

```
synchronous_standby_names =' FIRST 2(s1, s2, s3)'
```

以上表示设置两个同步备库，其中 s1 和 s2 为同步备库，因为 s1、s2 出现在列表的最前面，当主库上提交事务时，至少需要等待 s1 和 s2 备库完成接收 WAL 日志流并写入 WAL 日志文件后再向客户端返回成功；而 s3 为潜在的同步备库，当 s1 或 s2 不可用时 s3 将升级成为同步备库。

方式三：synchronous_standby_names =ANY num_sync (standby_name [, ...])

ANY 表示基于 quorum 方式设置流复制备库，同步备库数量为任意 num_sync 个，假如有四个备库在运行，分别为 s1、s2、s3、s4，设置参数如下所示：

```
synchronous_standby_names = 'ANY 2 (s1, s2, s3)'
```

ANY 2 表示设置列表中任意两个为同步备库，当主库上提交事务时，至少需要等待列表中任意两个备库完成接收 WAL 日志流并写入 WAL 日志文件后再向客户端返回成功；s4 为异步备库，因为 s4 不在列表中。

接下来对基于优先级同步备库和基于 Quorum 的同步备库进行演示。

12.7.2 基于优先级的同步备库

pghost1 主机上设置 postgresql.conf，配置以下参数：

```
synchronous_standby_names = 'first 1 (node2,node3)'
```

以上设置使用了 first 1，表示列表中第一个备库为同步备库，列表中其他备库为潜在同步备库，当 node2 被关闭时，node3 会升级成为同步备库，后面会通过示例验证。

之后执行 reload 使配置生效，如下所示：

```
[postgres@pghost1 pg_root]$ pg_ctl reload
server signaled
```

在主库上查看参数，验证配置是否生效，如下所示：

```
postgres=# show synchronous_standby_names ;
    synchronous_standby_names
---------------------------
    first 1 (node2,node3)
(1 row)
```

在主库上查询 pg_stat_replication 视图，如下所示：

```
postgres=# SELECT pid,usename,application_name,client_addr,state,sync_state,sync_
    priority FROM pg_stat_replication ;
   pid  | usename | application_name | client_addr  |   state   | sync_state | sync_priority
--------+---------+-----------------+--------------+-----------+-----------+------------
   1536 | repuser | node2           | 192.168.28.75 | streaming | sync      |           1
   2799 | repuser | node3           | 192.168.28.76 | streaming | potential |           2
(2 rows)
```

可以发现 sync_state 字段有了变化，node2 的 sync_state 由之前的 async 变成了 sync，同时 node2 的 sync_priority 优先级为 1；node3 的 synce_state 由之前的 async 变成了现在的 potential，同时 node3 的 sync_priority 优先级为 2，大家知道 sync 表示同步备库，potential 为潜在同步备库。

接着关闭 node2 上的数据库，如下所示：

```
[postgres@pghost2 pg_root]$ pg_ctl stop -m fast
waiting for server to shut down.... done
server stopped
```

再次在主库上查看 pg_stat_replication 视图，如下所示：

```
postgres=# SELECT pid,usename,application_name,client_addr,state,sync_state,sync_
    priority FROM pg_stat_replication ;
  pid  | usename | application_name | client_addr   |   state   | sync_state | sync_priority
-------+---------+------------------+---------------+-----------+------------+--------------
  2799 | repuser | node3            | 192.168.28.76 | streaming | sync       |             2
(1 row)
```

可以发现 node3 的 sync_state 转换成 sync，升级为同步备库。

接着往主库上插入一条数据，如下所示：

```
postgres=# INSERT INTO test_delay(id,create_time) VALUES (4,now());
INSERT 0 1
```

node2 备库关闭后，主库上的写操作不受影响，将 node3 备库也关闭，如下所示：

```
[postgres@pghost3 pg_root]$ pg_ctl stop -m fast
waiting for server to shut down.... done
server stopped
```

再次往主库上插入数据时处于等待状态，如下所示：

```
postgres=# INSERT INTO test_delay(id,create_time) VALUES (5,now());
--注意这条命令被阻塞。
```

两个备库关闭后，主库上的 INSERT 语句将处于等待状态。

设置 synchronous_standby_names = 'first 1 (node2,node3)'，当同步备库 node2 关闭时主库写操作不受影响，同时 node3 由潜在备库升级为同步备库；当两个备库都关闭时主库上的写操作处于等待状态。

12.7.3 基于 Quorum 的同步备库

基于 Quorum 的同步备库是 PostgreSQL10 的新特性，被称为同步复制优选提交，具体是指 synchronous_standby_names 参数 ANY 选项新增配置方式，可以设置任意一个或多个备库为同步备库，主库设置以下参数，如下所示：

```
synchronous_standby_names = 'ANY 2 (node2,node3)'
```

以上设置同步备库列表中任意两个为同步备库，也就是主库上的事务需等待任意两个同步备库完成接收 WAL 日志流并写入 WAL 日志文件后再向客户端返回成功，可以推测，node2 和 node3 两个同步备库中任意一个关闭时，主库上的写操作将处于阻塞状态。

参数设置后执行 reload 操作使配置生效，如下所示：

```
[postgres@pghost1 pg_root]$ pg_ctl reload
server signaled
```

主库查询此参数，验证配置是否生效，如下所示：

```
postgres=# show synchronous_standby_names ;
    synchronous_standby_names
```

```
---------------------------
    ANY 2 (node2,node3)
(1 row)
```

从上看出配置已生效，之后在主库上查询 pg_stat_replication 视图，如下所示：

```
postgres=# SELECT pid,usename,application_name,client_addr,state,sync_state,sync_priority
          FROM pg_stat_replication ;
   pid   | usename|application_name| client_addr   | state     | sync_state | sync_priority
---------+--------+--------------+-------------+---------+----------+-----------
   26906 | repuser | node3          | 192.168.28.76 | streaming| quorum     |           1
   26926 | repuser | node2          | 192.168.28.75 | streaming| quorum     |           1
(2 rows)
```

从以上看出，node2 和 node3 节点的 sync_state 字段都为 quorum，并且 sync_priority 优先级都为 1（基于 Quorum 的同步备库 sync_priority 的值对备库无影响，可忽略），接着关闭一个同步备库，测试主库上的写事务是否会有影响，关闭 node2，如下所示：

```
[postgres@pghost2 pg_root]$ pg_ctl stop
waiting for server to shut down.... done
server stopped
```

主库上再次查询 pg_stat_replication 视图，只有 node3 这条记录了，如下所示：

```
postgres=# SELECT pid,usename,application_name,client_addr,state,sync_state,sync_priority
          FROM pg_stat_replication ;
   pid | usename | application_name | client_addr | state | sync_state | sync_priority
-------+--------+-----------------+-------------+------+-----------+------------
 26906 | repuser | node3            | 192.168.28.76 | streaming | quorum|            1
(1 row)
```

之后在主库上尝试插入一条记录，如下所示：

```
postgres=# INSERT INTO test_delay(id,create_time) VALUES(5,now());
--注意这条命令被阻塞
```

主库上的 INSERT 命令处于阻塞状态，正好验证了本小节的推测，由于设置了 'ANY 2 (node2,node3)'，主库上的事务需等待任意两个同步备库完成接收 WAL 日志流并写入 WAL 日志文件后再向客户端返回成功，当其中任意一个同步备库关闭时，主库将处于阻塞状态。

12.8 级联复制

上一节搭建的一主两备流复制环境，两个备库都是直连主库的，实际上 PostgreSQL 支持备库既可接收主库发送的将 WAL，也支持 WAL 发送给其他备库，这一特性称为级联复制（Cascading Replication），这一小节介绍级联复制的物理架构和部署。

12.8.1　级联复制物理架构

介绍级联复制物理架构之前，先看下上一节部署的一主两备流复制物理架构，如图 12-3 所示。

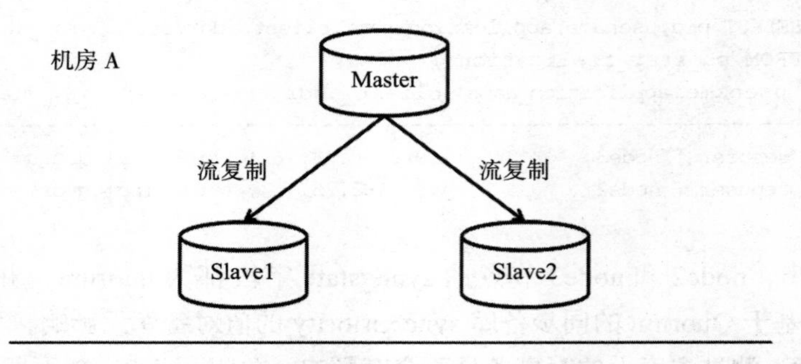

图 12-3　一主两备流复制物理架构图

上图中 Master 为主库，两个备库分别为 Save1、Slave2，Save1 和 Slave2 都通过流复制直连 Master，三个数据库主机都位于机房 A。

级联复制物理架构图如 12-4 所示。

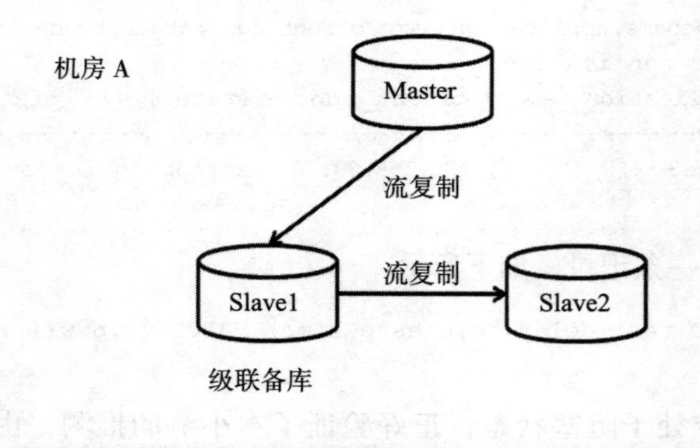

图 12-4　一主两备级联流复制物理架构图

上图的级联复制架构与图 12-3 中架构的主要区别在于 Slave2 备库不是直连 Master 主库，而是连接到 Slave1 备库，Slave1 备库一方面接收来自 Master 发送的 WAL 日志，另一方面将 WAL 日志发送给 Slave2 备库，将既接收 WAL 同时又发送 WAL 的备库称为级联备库（cascading standby），这里 Slave1 就是级联备库，另外，将直连到主库的备库称为上游节点，连接到上游节点的其他备库称为下游节点。

级联复制主要作用在于：

- 小幅降低主库 CPU 压力。
- 减少主库带宽压力。

- 异地建立多个备库时，由于只需要一个备库进行跨机房流复制部署，其他备库可连接到这个级联备库，这种部署方案将大幅降低跨机房网络流量。

级联复制一个典型应用场景为一主两备，其中一个备库和主库同机房部署以实现本地高可用，另一备库跨机房部署以实现异地容灾，如图 12-5 所示。

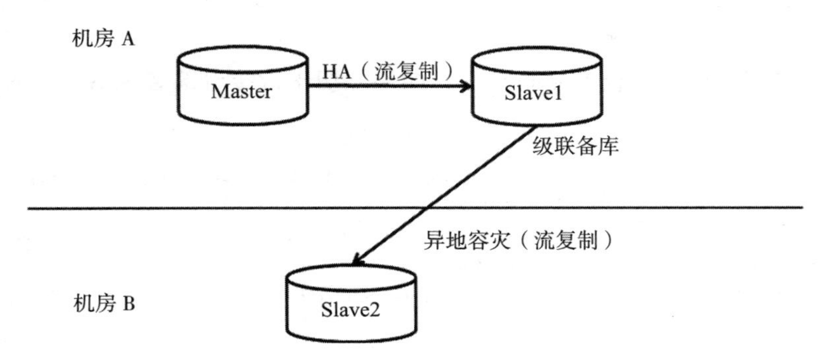

图 12-5　本地高可用 + 异地容灾物理架构图

上图中 Slave1 和 Master 为同机房，之间通过流复制实现本地高可用（第 14 章将介绍 PostgreSQL 高可用方案），Slave2 为异地机房，通过级联复制实现异地容灾。

12.8.2　级联复制部署

这一小节将演示级联复制的部署，测试环境详见表 12-5。

表 12-5　级联复制实验环境

主　　机	主　机　名	IP 地址	操 作 系 统	PostgreSQL 版本
Master	pghost1	192.168.28.74	CentOS6.9	PostgreSQL10
Slave1	pghost2	192.168.28.75	CentOS6.9	PostgreSQL10
Slave2	pghost3	192.168.28.76	CentOS6.9	PostgreSQL10

物理部署图详见图 12-6。

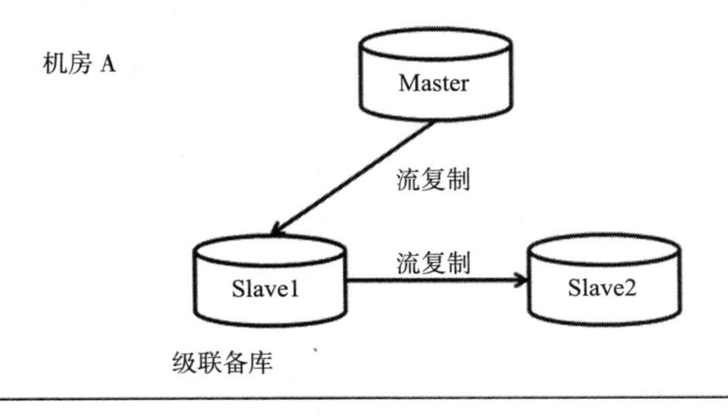

图 12-6　级联复制物理架构图

计划部署 Slave1 为级联复制节点，Slave2 为备节点并上联到 Slave1。

首先部署 Slave1，使用异步流复制方式，Slave1 的 recovery.conf 配置如下所示：

```
recovery_target_timeline = 'latest'
standby_mode = on
primary_conninfo = 'host=192.168.28.74  port=1921 user=repuser application_
    name=slave1'
```

Slave1 部署完成后，检查流复制状态，如果一切正常接着部署 Slave2，重做 Slave2 备库，如下所示：

```
[postgres@pghost3 pg10]$ pg_basebackup -D /database/pg10/pg_root -Fp -Xs -v -P -h
    192.168.28.74 -p 1921 -U repuser
pg_basebackup: initiating base backup, waiting for checkpoint to complete
pg_basebackup: checkpoint completed
pg_basebackup: write-ahead log start point: 4/4E000028 on timeline 7
pg_basebackup: starting background WAL receiver
9424317/9424317 kB (100%), 3/3 tablespaces
pg_basebackup: write-ahead log end point: 4/4E004AA8
pg_basebackup: waiting for background process to finish streaming ...
pg_basebackup: base backup completed
```

配置 Slave2 的 recovery.conf 配置文件，如下所示：

```
recovery_target_timeline = 'latest'
standby_mode = on
primary_conninfo = 'host=192.168.28.75  port=1921 user=repuser application_
    name=slave2'
```

之后启动 Slave2，如下所示：

```
[postgres@pghost3 pg_root]$ pg_ctl start
```

检查 Slave2 日志，如果有报错则根据错误信息排错，以上是级联复制部署的所有步骤。

在 Master 查询 pg_stat_replication 视图，如下所示：

```
postgres=# SELECT pid,usename,application_name,client_addr,state,sync_state,sync_priority
         FROM pg_stat_replication ;
    pid  |usename   | application_name   | client_addr   | state   | sync_state | sync_priority
---------+---------+-----------------+------------+---------+------+----------
   25041 | repuser | slave1            | 192.168.28.75 | streaming | async  |      0
(1 row)
```

以上显示了一条记录，为 Master 到 Slave1 的 WAL 发送进程。

在 Slave1 查询 pg_stat_replication 视图，如下所示：

```
postgres=# SELECT pid,usename,application_name,client_addr,state,sync_state,sync_priority
         FROM pg_stat_replication ;
   pid  | usename | application_name | client_addr |  state   | sync_state | sync_priority
--------+--------+----------------+-----------+--------+----------+------------
   5002| repuser| slave2          |192.168.28.76|streaming| async     |            0
(1 row)
```

以上显示了 Slave1 到 Slave2 的 WAL 发送进程，可见 Slave1 上也有了 WAL 发送进程。

接着做个数据测试，在 Master 上创建一张表，并插入数据，如下所示：

```
[postgres@pghost1 ~]$ psql postgres postgres
postgres=# CREATE table t_sr6(id int4);
CREATE TABLE
postgres=# INSERT INTO t_sr6 VALUES (1);
INSERT 0 1
```

在 Slave1 上验证数据，如下所示：

```
[postgres@pghost2 pg_root]$ psql postgres postgres
postgres=# SELECT * FROM t_sr6;
 id
----
 1
(1 row)
```

Slave1 上有了表 t_sr6，在 Slave2 上验证数据，如下所示：

```
[postgres@pghost3 pg_root]$ psql postgres postgres
postgres=# SELECT * FROM t_sr6;
 id
----
 1
(1 row)
```

Slave2 上也有了数据。

12.9 流复制维护生产案例

PostgreSQL 早在 9.0 版本开始支持流复制，笔者在维护流复制生产环境过程中曾踩过不少“陷阱”，这里选择其中三个流复制典型维护案例和大家分享。

12.9.1 案例一：主库上创建表空间时备库宕机

创建表空间是典型的维护操作之一，比如需要新部署一个项目，需要创建一个新数据库，这时需要创建一个新表空间；或者数据库新加了硬盘，需要创建新表空间指向新的硬盘。创建表空间前需要先创建对应的表空间目录，流复制环境也是如此，只是在主库创建表空间之前需在主库、备库主机上提前创建好表空间目录，如果忘记在备库上创建表空间目录，当在主库上创建表空间时备库会宕机，这是流复制维护过程中一个典型案例，刚接触 PostgreSQL 不久时笔者在生产环境维护时经历过这种情况，好在当时备库上没有只读业务接入，没有对生产系统造成影响。

接下来模拟这一案例，测试环境为一主一备异步流复制环境，pghost1 为主库，pghost2 为备库，如下所示：

```
postgres=# SELECT pid,usename,application_name,client_addr,state,sync_state,sync_priority
            FROM pg_stat_replication ;
    pid  | usename | application_name | client_addr |   state   | sync_state | sync_priority
---------+---------+------------------+-------------+-----------+------------+--------------
    24924| repuser | node2            |192.168.28.75| streaming | async      |             0
(1 row)
```

计划在主库上新增 tbs_his 表空间，在主节点 pghost1 上创建表空间目录，如下所示：

```
[postgres@pghost1 ~]$ mkdir -p /database/pg10/pg_tbs/tbs_his
```

之后在主库上创建 tbs_his 表空间，如下所示：

```
postgres=# CREATE TABLESPACE tbs_his OWNER pguser LOCATION '/database/pg10/pg_
    tbs/tbs_his';
CREATE TABLESPACE
```

这时，发现备库实例已经宕机，备库数据库错误日志如下所示：

```
2017-09-12 16:35:11.962 CST,,,16742,,59b79b9f.4166,6,,2017-09-12 16:32:31 CST,
    1/0,0,FATAL,58P01,"directory ""/database/pg10/pg_tbs/tbs_his"" does not
    exist",,"Create this directory for the tablespace before restarting the
    server.",,,"WAL redo at 3/AA17E8D0 for Tablespace/CREATE: 25227 ""/database/
    pg10/pg_tbs/tbs_his""",,,,""
2017-09-12 16:35:11.962 CST,,,16740,,59b79b9f.4164,3,,2017-09-12 16:32:31
    CST,,0,LOG,00000,"startup process (PID 16742) exited with exit code
    1",,,,,,,,,""
2017-09-12 16:35:11.963 CST,,,16740,,59b79b9f.4164,4,,2017-09-12 16:32:31
    CST,,0,LOG,00000,"terminating any other active server processes",,,,,,,,,""
2017-09-12 16:35:11.971 CST,,,16740,,59b79b9f.4164,5,,2017-09-12 16:32:31
    CST,,0,LOG,00000,"database system is shut down",,,,,,,,,""
```

错误日志提示表空间目录 /database/pg10/pg_tbs/tbs_his 不存在，由于主库创建表空间时备库主机上没有创建相应的表空间目录，导致备库实例异常关闭，根据数据库日志提示，在备库上创建相应表空间目录，之后重启备库即可，如下所示：

```
[postgres@pghost2 ~]$ mkdir -p  /database/pg10/pg_tbs/tbs_his
```

在 pghost2 上启动备库，如下所示：

```
[postgres@pghost2 ~]$ pg_ctl start
```

这时查看备库数据库日志，无错误信息，并且主库上可以查到 WAL 发送进程，如下所示：

```
postgres=# SELECT pid,usename,application_name,client_addr,state,sync_state,sync_priority
            FROM pg_stat_replication ;
    pid   | usename | application_name | client_addr   |   state   | sync_state | sync_priority
----------+---------+------------------+---------------+-----------+------------+--------------
    26841| repuser | node2            | 192.168.28.75 | streaming | async      |             0
(1 row)
```

说明异步流复制环境已经恢复。

案例一属于流复制生产环境典型案例，因为在主库上创建表空间时，很容易忘记提前先在所有备库主机上创建表空间目录，生产系统维护操作实施前需再三核实脚本，同时做好数据库监控，如有异常及时发现并修复。

12.9.2　案例二：备库查询被中止

部署流复制环境后，备库可提供只读操作，通常会将一些执行时间较长的分析任务、统计 SQL 跑在备库上，从而减轻主库压力，在备库上执行一些长时间 SQL 时，可能会出现以下错误并被中止：

```
ERROR:  canceling statement due to conflict with recovery
DETAIL:  User query might have needed to see row versions that must be removed.
```

根据报错信息，在主库上执行长时间查询过程中，由于此查询涉及的记录有可能在主库上被更新或删除，根据 PostgreSQL 的 MVCC 机制，更新或删除的数据不是立即从物理块上删除，而是之后 autovacuum 进程对老版本数据进行 VACUUM，主库上对更新或删除数据的老版本进行 VACUUM 后，从库上也会执行这个操作，从而与从库当前查询产生冲突，导致查询被中断并抛出以上错误。

实际上 PostgreSQL 提供了配置参数来减少或避免这种情况出现的概率，主要包括以下两个参数：

- max_standby_streaming_delay：此参数默认为 30 秒，当备库执行 SQL 时，有可能与正在应用的 WAL 发生冲突，此查询如果 30 秒没有执行完成则被中止，注意 30 秒不是备库上单个查询允许的最大执行时间，是指当备库上应用 WAL 时允许的最大 WAL 延迟应用时间，因此备库上查询的执行时间有可能不到这个参数设置的值就被中止了，此参数可以设置成 -1，表示当从库上的 WAL 应用进程与从库上执行的查询冲突时，WAL 应用进程一直等待直到从库查询执行完成。
- hot_standby_feedback：默认情况下从库执行查询时并不会通知主库，设置此参数为 on 后从库执行查询时会通知主库，当从库执行查询过程中，主库不会清理从库需要的数据行老版本，因此，从库上的查询不会被中止，然而，这种方法也会带来一定的弊端，主库上的表可能出现膨胀，主库表的膨胀程度与表上的写事务和从库上大查询的执行时间有关，此参数默认为 off。

接下来模拟这一案例，测试环境为一主一备异步流复制环境，pghost1 为主库，pghost2 为备库，调整备库 postgresql.conf 以下参数：

```
max_standby_streaming_delay = 10s
```

为了测试方便，将 max_standby_streaming_delay 参数降低到 10 秒，调整完成后执行 reload 使配置生效，如下所示：

```
[postgres@pghost2 pg_root]$ pg_ctl reload
server signaled
```

编写 update_per2.sql，如下所示：

```
\set v_id random(1,1000000)

update test_per2 set flag='1' where id=:v_id;
```

pghost1 执行 pgbench 压力测试脚本，执行时间为 120 秒，如下所示：

```
pgbench -c 8 -T 120 -d postgres -U postgres -n N -M prepared -f update_per2.sql
    >  update_8.out 2>&1 &
```

压力测试过程中，在备库上执行以下查询，如下所示：

```
postgres=# \timing
Timing is on.

postgres=# SELECT pg_sleep(15),count(*) FROM test_per2;
ERROR:  canceling statement due to conflict with recovery
DETAIL:  User query might have needed to see row versions that must be removed.
Time: 10433.102 ms (00:10.433)
```

以上代表统计表 test_per2 的数据量，同时使用了 pg_sleep 函数，查询执行到 10 秒左右时抛出了这个错误。

有两种方式可以避开这一错误。

方式一：调大 max_standby_streaming_delay 参数值

由于设置了 max_standby_streaming_delay 参数为 10 秒，当从库上执行查询与从库应用 WAL 日志产生冲突时，此 SQL 最多执行到 10 秒左右将被中止，因此可以将此参数值调大或调整成为 -1 绕开这一错误，以下将备库此参数调成 60 秒：

```
max_standby_streaming_delay = 60s
hot_standby_feedback = off
```

同时将 hot_standby_feedback 参数设置为 off，调整完成后执行 reload 使配置生效，如下所示：

```
[postgres@pghost2 pg_root]$ pg_ctl reload
server signaled
```

之后再次开启 pgbench 压力测试脚本，在从库上执行以下查询：

```
postgres=# SELECT pg_sleep(15),count(*) FROM test_per2;
 pg_sleep |  count
----------+----------
          | 10000000
(1 row)

Time: 15327.394 ms (00:15.327)
```

以上查询正常执行 15 秒未被中止。

方式二：开启 hot_standby_feedback 参数

hot_standby_feedback 参数设置成 on 后，从库执行查询时会通知主库，从库执行大查询过程中，主库不会清理从库需要用的数据行老版本，备库上开启此参数的代码如下所示：

```
hot_standby_feedback = on
max_standby_streaming_delay = 10s
```

以上设置 hot_standby_feedback 参数为 on，同时将 max_standby_streaming_delay 参数设置为 10 秒，调整完成后执行 reload 使配置生效，如下所示：

```
[postgres@pghost2 pg_root]$ pg_ctl reload
server signaled
```

之后再次开启 pgbench 压力测试脚本，在从库上执行以下查询，如下所示：

```
postgres=# SELECT pg_sleep(15),count(*) FROM test_per2;
    pg_sleep |  count
-------------+----------
             | 10000000
(1 row)

Time: 15349.958 ms (00:15.350)
```

以下查询正常执行了 15 秒，没有被中止。

以上两种方式都可以绕开这一错误，方式一中设置 max_standby_streaming_delay 参数为 -1 有可能造成备库上慢查询由于长时间执行而消耗大量主机资源，建议根据应用情况设置成一个较合理的值；方式二开启 hot_standby_feedback 参数可能会使主库某些表产生膨胀，两种方式无论选择哪一都应该加强对流复制主库、备库慢查询的监控，并分析是否需要人工介入维护。

12.9.3　案例三：主库上的 WAL 被覆盖导致备库不可用

接下来介绍的这一案例也是流复制环境维护的典型案例，这一案例虽然时隔已久，笔者至今仍然记得很清楚，当时一个异步流复制备库主机由于硬件故障宕机，需要做一次停机硬件检测，由于备库上没有业务在跑，因此白天就关闭了数据库并进行硬件检测，停机检测大概花了两小时，之后再次启动备库，备库启动后报了如下错误：

```
FATAL,XX000,"could not receive data from WAL stream: ERROR:  requested WAL
    segment 000000010000000100000022 has already been removed"
```

以上错误是说备库所需的 WAL 日志文件 000000010000000100000022 被清除了，由于异步流复制备库关闭了两小时，在这两小时内主库无法将 WAL 日志流发送给备库，这两小时产生的 WAL 保存在主库的 WAL 目录里，如果主库的 wal_keep_segment 设置比较小，主库可能会覆盖并循环使用还没有发给备库的 WAL 日志，当备库启动时就会报所需的 WAL

日志被清除，如果主库没有归档，这种情况下只能重做备库，对于数据量较大的数据库，重做备库的时间将会很长。当时出现此错误信息的数据库有1TB左右，一天的归档量大概在600GB，由于归档量太大，当时没有开启归档，最后通过重做备库解决。

为了更易理解，下面模拟这个故障，并介绍规避方法，测试环境为一主一备异步流复制环境，pghost1为主库，pghost2为备库，调整主库postgresql.conf参数，如下所示：

```
wal_keep_segments = 1
archive_mode = on
archive_command = 'cp %p /archive_dir/pg10/%f'
```

将wal_keep_segments设置成1，使主库pg_wal目录保留较少的WAL日志，重现本文本开头错误机率将更大，同时开启归档并设置归档命令，将WAL日志归档到目录/archive_dir/pg10，之后执行reload使配置生效，如下所示：

```
[postgres@pghost1 pg_root]$ pg_ctl reload
server signaled
```

虽然wal_keep_segments参数已设置成1，但pg_wal目录下仍然有100多个WAL日志文件，这时在主库上执行checkpoint命令清理主库pg_wal目录下的WAL日志文件，如下所示：

```
postgres=# CHECKPOINT;
CHECKPOINT
```

再次查看pg_wal目录下的WAL日志文件，发现大部分WAL日志文件已被清除，只剩余少数几个WAL日志文件。

之后停备库，如下所示：

```
[postgres@pghost2 ~]$ pg_ctl stop -m fast
waiting for server to shut down.... done
server stopped
```

在主库上进行update压力测试，编写update_per2.sql脚本，如下所示：

```
\set v_id random(1,1000000)

update test_per2 set flag='1' where id=:v_id;
```

执行pgbench压力测试脚本，如下所示：

```
pgbench -c 8 -T 120 -d postgres -U postgres -n N -M prepared -f update_per2.sql
    > update_8.out 2>&1 &
[1] 23803
```

以上pgbench压力测试脚本执行时间为两分钟，在这个过程中在主库上执行少数几次pg_switch_wal()和checkpoint命令，如下所示：

```
postgres=# SELECT pg_switch_wal();
```

```
    pg_switch_wal
----------------
    4/32983D58
(1 row)
...多做几次

postgres=# checkpoint;
CHECKPOINT
...多做几次
```

在压力测试过程中执行了 pg_switch_wal() 函数，切换当前 WAL 日志并归档到归档目录，这时查看归档目录，如下所示：

```
[postgres@pghost1 pg_root]$ ll /archive_dir/pg10/
total 352M
-rw------- 1 postgres postgres 16M Sep 14 21:34 000000070000000400000023
-rw------- 1 postgres postgres 16M Sep 14 21:34 000000070000000400000024
省略
```

这时 WAL 归档目录 /archive_dir/pg10/ 下已经有了少量 WAL 日志文件。

之后启动备库，如下所示：

```
[postgres@pghost2 ~]$ pg_ctl start
server started
```

备库可以启动，但是备库数据库日志报以下错误，并且备库 WAL 接收进程无法启动：

```
2017-09-14 21:44:34.764 CST,,,25011,,59ba87c2.61b3,2,,2017-09-14 21:44:34
    CST,,0,FATAL,XX000,"could not receive data from WAL stream: ERROR:  requested
    WAL segment 000000070000000400000023 has already been removed",,,,,,,,,""
```

正好重现了本节出现的案例，日志显示从库所需的 000000070000000400000023 日志文件不存在。接着查看主库 $PGDATA/pg_wal 目录，发现 000000070000000400000023 文件不存在了，如下所示：

```
[postgres@pghost1 pg_root]$ ll pg_wal/000000070000000400000023
ls: cannot access pg_wal/000000070000000400000023: No such file or directory
```

查看归档目录 /archive_dir/pg10/，发现此 WAL 文件已经归档到归档目录，如下所示：

```
[postgres@pghost1 pg_root]$ ll /archive_dir/pg10/000000070000000400000023
-rw------- 1 postgres postgres 16M Sep 14 21:34 /archive_dir/pg10/000000070000000400
    000023
```

于是将主库归档目录下的所有 WAL 日志文件复制到备库的归档目录，如下所示：

```
[postgres@pghost1 pg_root]$ scp /archive_dir/pg10/* postgres@pghost2:/archive_
    dir/pg10
postgres@pghost2's password:
```

之后在备库上设置 recovery.conf 配置文件，添加以下参数：

```
restore_command = 'cp /archive_dir/pg10/%f %p'
```

restore_command 参数是指通过 shell 命令从归档目录中查找 WAL 日志并应用 WAL 日志，之后重启备库，如下所示：

```
[postgres@pghost2 pg_root]$ pg_ctl restart
```

查看从库日志，发现以下信息：

```
2017-09-14 21:55:16.904 CST,,,25224,,59ba8a44.6288,1,,2017-09-14 21:55:16
    CST,,0,LOG,00000,"ending log output to stderr",,"Future log output will go to
    log destination ""csvlog"".",,,,,,,""
2017-09-14 21:55:16.911 CST,,,25226,,59ba8a44.628a,1,,2017-09-14 21:55:16
    CST,,0,LOG,00000,"database system was shut down in recovery at 2017-09-14
    21:55:11 CST",,,,,,,,,""
2017-09-14 21:55:16.913 CST,,,25226,,59ba8a44.628a,2,,2017-09-14 21:55:16
    CST,,0,LOG,00000,"entering standby mode",,,,,,,,,""
2017-09-14 21:55:16.933 CST,,,25226,,59ba8a44.628a,3,,2017-09-14 21:55:16
    CST,1/0,0,LOG,00000,"redo starts at 4/1A00D8A8",,,,,,,,,""
2017-09-14 21:55:18.052 CST,,,25226,,59ba8a44.628a,4,,2017-09-14 21:55:16
    CST,1/0,0,LOG,00000,"restored log file ""000000070000000400000023"" from
    archive",,,,,,,,,""
2017-09-14 21:55:18.526 CST,,,25226,,59ba8a44.628a,5,,2017-09-14 21:55:16
    CST,1/0,0,LOG,00000,"consistent recovery state reached at 4/23D6EA98",,,,,,,,,""
2017-09-14 21:55:18.527 CST,,,25224,,59ba8a44.6288,2,,2017-09-14 21:55:16
    CST,,0,LOG,00000,"database system is ready to accept read only
    connections",,,,,,,,,""
2017-09-14 21:55:18.552 CST,,,25226,,59ba8a44.628a,6,,2017-09-14 21:55:16
    CST,1/0,0,LOG,00000,"restored log file ""000000070000000400000024"" from
    archive",,,,,,,,,""
2017-09-14 21:55:18.685 CST,,,25226,,59ba8a44.628a,7,,2017-09-14 21:55:16
    CST,1/0,0,LOG,00000,"restored log file ""000000070000000400000025"" from
    archive",,,,,,,,,""
...
2017-09-14 21:55:22.192 CST,,,25264,,59ba8a4a.62b0,1,,2017-09-14 21:55:22
    CST,,0,LOG,00000,"started streaming WAL from primary at 4/38000000 on timeline
    7",,,,,,,,,""
```

从以上日志信息可以看到，从库从 WAL 归档目录中首先取到 000000070000000400000023 文件进行恢复，之后依次从归档目录获取其他 WAL 文件进行恢复，直到最后出现“started streaming WAL”信息时表示备库已完全追赶上主库。

接着验证流复制主备状态，发现备库上已经有了 WAL 接收进程，主库上有了 WAL 发送进程，说明流复制恢复正常。

以上步骤完整模拟了这一案例，根据此案例发生的原理，至少有三种方法可以应对这种情况。

第一种方法是将主、备库 wal_keep_segments 参数设置为较大值，从而保证 $PGDATA/pg_wal 目录下留存较多的 WAL 日志，主库 WAL 日志留存越多，允许备库宕机的时间越长，设置此参数时注意不要将 pg_wal 目录撑满。

第二种方法是主库上开启归档，如没有足够的硬盘空间保留 WAL 归档，至少在备库停机维护时临时开启主库归档，这样，当备库启动时，如果所需的 WAL 被主库循环清理掉，至少可以从归档里获取所需的 WAL 文件，这样比重做备库省时省力得多。

第三种方法是主库设置复制槽（Replication slots），复制槽概念比较难解释，我们从它的作用来理解它，设置了这个特性后，流复制主库将知道备库的复制状态，即使备库宕机主库也知道备库的复制状态，因此，当流复制备库宕机时，主库不会“删除”掉备库还没有接收的 WAL，这里的删除是指覆盖循环利用的意思，当从库启动时，不会出现所需 WAL 日志被清理的情况。当然，如果备库停机时间太长，主库的 pg_wal 目录将有可能被撑满，如果设置了复制槽，建议将 pg_wal 目录单独放在大容量硬盘上。

下面演示第三种方式，主库 postgresql.conf 主要设置以下参数：

```
max_replication_slots = 1
wal_keep_segments = 1
```

此参数调整后需重启数据库生效。

主库上创建物理复制槽，如下所示：

```
postgres=# SELECT * FROM pg_create_physical_replication_slot('phy_slot1');
  slot_name | lsn
-----------+-----
  phy_slot1 |
(1 row)
```

主库上查询 pg_replication_slots，pg_replication_slots 视图列出了数据库中的所有复制槽，每一个复制槽在此视图中有一条记录，如下所示

```
postgres=# SELECT slot_name,plugin,slot_type,database,active,active_pid,xmin
           FROM pg_replication_slots ;
  slot_name | plugin | slot_type | database | active | active_pid | xmin
-----------+--------+-----------+----------+--------+------------+------
  phy_slot1 |        | physical  |          | f      |            |
(1 row)
```

- slot_name：指复制槽名称，具有唯一性。
- plugin：如果是物理复制槽显示为空。
- slot_type：复制槽的类型，physical 或 logical。
- database：复制槽对应的数据库名称，如果是物理复制槽此字段显示为空，如果是逻辑复制槽则显示数据库名称。
- active：当前复制槽如果在使用显示为 t。
- active_pid：使用复制槽会话的进程号。
- xmin：数据库需要保留的最老事务。

备库的 recovery.conf 配置文件增加 primary_slot_name 参数，如下所示：

```
recovery_target_timeline = 'latest'
standby_mode = on
primary_conninfo = 'host=192.168.28.74   port=1921 user=repuser application_
    name=slave1'
primary_slot_name = 'phy_slot1'
```

重启备库使配置生效，如下所示：

```
[postgres@pghost2 pg_root]$ pg_ctl restart -m fast
waiting for server to shut down.... done
server stopped
```

主库上再次查看 pg_replication_slots，如下所示：

```
postgres=# SELECT slot_name,plugin,slot_type,database,active,active_pid,xmin
           FROM pg_replication_slots ;
    slot_name | plugin | slot_type | database | active | active_pid | xmin
--------------+--------+-----------+----------+--------+------------+------
    phy_slot1 |        | physical  |          | t      |      23833 |
(1 row)
```

发现 active 字段变成了 t，并且进程号为 23833，查看此进程，如下所示

```
[postgres@pghost1 pg_root]$ ps -ef | grep 23833
postgres 23833 19503  0 14:40 ?        00:00:00 postgres: wal sender process
    repuser 192.168.28.75(33141) streaming 4/52044950
```

23833 正好是主库上的 WAL 发送进程。

接着关闭备库，并在主库上进行压力测试，以测试再次启动备库后是否会出现所需的 WAL 被清除的情况。

关闭备库，如下所示：

```
[postgres@pghost2 ~]$ pg_ctl stop -m fast
waiting for server to shut down.... done
server stopped
```

之后在主库上进行压力测试，执行 pgbench 压力测试脚本，如下所示：

```
pgbench -c 8 -T 120 -d postgres -U postgres -n N -M prepared -f update_per2.sql
    >  update_8.out 2>&1 &
```

以上脚本执行过程中，在主库上多次执行 pg_switch_wal() 和 checkpoint 命令。

之后启动备库，如下所示：

```
[postgres@pghost2 ~]$ pg_ctl start
```

发现备库启动成功，没有报所需的 WAL 被清除的日志信息，同时查看主库 $PGDATA/pg_wal 目录下的 WAL 文件数量，发现比设置复制槽之前要多些。

12.10　逻辑复制

PostgreSQL10 一个重量级新特性为支持内置，详见第 8 章，PostgreSQL10 另一重量级新特性为逻辑复制（Logical Replication），这一新特性的主要提交者来自于 2ndquadrant 的开发者，感谢他们的付出！

本章前面一部分花了大量篇幅介绍流复制，流复制是基于实例级别的复制，相当于主库的一个热备，也就是说备库的数据库对象和主库一模一样，而逻辑复制是基于表级别的选择性复制，例如可以复制主库的一部分表到备库，这是一种粒度更细的复制，逻辑复制主要使用场景为：

- 根据业务需求，将一个数据库中的一部分表同步到另一个数据库。
- 满足报表库取数需求，从多个数据库采集报表数据。
- 实现 PostgreSQL 跨大版本数据同步。
- 实现 PostgreSQL 大版本升级。

流复制是基于 WAL 日志的物理复制，其原理是主库不间断地发送 WAL 日志流到备库，备库接收主库发送的 WAL 日志流后应用 WAL；而逻辑复制是基于逻辑解析（logical decoding），其核心原理是主库将 WAL 日志流解析成一定格式，订阅节点收到解析的 WAL 数据流后进行应用，从而实现数据同步，逻辑复制并不是使用 WAL 原始日志文件进行复制，而是将 WAL 日志解析成了一定格式。

12.10.1　逻辑解析

逻辑解析（logical decoding）是逻辑复制的核心，理解逻辑解析有助于理解逻辑复制原理，逻辑解析读取数据库的 WAL 并将数据变化解析成目标格式，这一小节将对逻辑解析进行演示。

逻辑解析的前提是设置 wal_level 参数为 logical 并且设置 max_replication_slots 参数至少为 1，如下所示：

```
wal_level = logical
max_replication_slots = 8
```

wal_level 参数控制 WAL 日志信息的级别，有 minimal、replica、logical 三种模式，12.1.1 小节中详细介绍了这三种模式，此参数调整后需重启数据库生效。

max_replication_slots 参数指允许的最大复制槽数，此参数调整后需重启数据库生效。

pghost1 数据库上创建逻辑复制槽，如下所示：

```
postgres=# SELECT pg_create_logical_replication_slot('logical_slot1','test_decoding');
   slot_name      |     lsn
------------------+------------
```

```
    logical_slot1 | 4/85004210
(1 row)
```

查询 pg_replication_slots 视图，如下所示：

```
postgres=# SELECT slot_name,plugin,slot_type,database,active,restart_lsn
              FROM pg_replication_slots;
    slot_name     |     plugin      | slot_type | database | active | restart_lsn
------------------+-----------------+-----------+----------+--------+-------------
    logical_slot1 | test_decoding | logical    | postgres | f      | 4/850041D8
    phy_slot1     |               | physical   |          | t      | 4/85016670
(2 rows)
```

可见此视图中多了一条逻辑复制槽 logical_slot1 的记录，pgh_slot1 这条数据是 12.9.3 小节中介绍物理复制槽时生成的，物理复制槽的主要作用是避免主库可能覆盖并循环使用还没有发给备库的 WAL 日志。

之后使用逻辑复制槽 logical_slot1 查看所解析的数据变化，如下所示：

```
postgres=# SELECT * FROM pg_logical_slot_get_changes('logical_slot1',null,null);
   lsn | xid | data
-------+-----+------
(0 rows)
```

pg_logical_slot_get_changes 函数用来查看指定逻辑复制槽所解析的数据变化，每执行一次，所解析的数据变化将被消费掉，也就是说查询结果不能复现。

接下来创建一张测试表，测试逻辑复制槽是否可以捕获 DDL 数据，如下所示

```
postgres=# CREATE TABLE t_logical(id int4);
CREATE TABLE
postgres=# SELECT * FROM pg_logical_slot_get_changes('logical_slot1',null,null);
    lsn         |    xid     |        data
----------------+------------+------------------
    4/85094B38 | 42976847 | BEGIN 42976847
    4/850A9DE8 | 42976847 | COMMIT 42976847
(2 rows)
```

以上只返回事务信息，没有显示建表 DDL，说明逻辑复制槽不会捕获 DDL，其他类型 DDL 读者可自行测试验证。

再次查看 logical_slot1 捕获的数据变化，发现为空，如下所示

```
postgres=# SELECT * FROM pg_logical_slot_get_changes('logical_slot1',null,null);
    lsn | xid | data
--------+-----+------
(0 rows)
```

由于此函数捕获的数据将被消费掉，因此，此函数查询结果仅能显现一次。

在表 t_logical 中插入一条数据，再次查看 logical_slot1 捕获的数据变化，如下所示：

```
postgres=# INSERT INTO t_logical VALUES (1);
```

```
INSERT 0 1
postgres=# SELECT * FROM pg_logical_slot_get_changes('logical_slot1',null,null);
      lsn      |   xid    |                         data
---------------+----------+----------------------------------------------
   4/850AB898 | 42976848 | BEGIN 42976848
   4/850AB898 | 42976848 | table public.t_logical: INSERT: id[integer]:1
   4/850AB908 | 42976848 | COMMIT 42976848
(3 rows)
```

从以上看出，这条 INSERT 语句被解析出来了。

注意　pg_logical_slot_get_changes 函数用来查看指定逻辑复制槽所解析的数据变化，每执行一次，所解析的数据变化将被消费掉，如果想解析的数据能重复查询可执行 pg_logical_slot_peek_changes 函数获取逻辑复制槽所解析的数据，但是此函数只能显示 pg_logical_slot_get_changes 函数没有消费的数据，如果数据被 pg_logical_slot_get_changes 函数消费掉了，pg_logical_slot_peek_changes 函数返回为空。

以上介绍了使用系统函数捕获逻辑复制槽解析的数据变化，也可以使用 pg_recvlogical 命令行工具捕获逻辑复制槽解析的数据变化，先在主库上插入一条记录，如下所示

```
postgres=# INSERT INTO t_logical VALUES (3);
INSERT 0 1
```

主库上使用 pg_recvlogical 命令获取逻辑复制槽 logical_slot1 捕获的数据变化，如下所示：

```
[postgres@pghost1 ~]$ pg_recvlogical -d postgres --slot logical_slot1 --start -f -
BEGIN 42976850
table public.t_logical: INSERT: id[integer]:3
COMMIT 42976850
光标
```

-d 指定数据库名称，--slot 指定逻辑复制槽名称，--start 表示通过 --slot 选项指定的逻辑复制槽来解析数据变化，-f 将解析的数据变化写入指定文件，“ - ”表示输出到终端，从以上输出信息可以看到 INSERT 语句被解析出来。

如果逻辑复制槽不需要使用了，需要及时删除，如下所示：

```
postgres=# SELECT pg_drop_replication_slot('logical_slot1');
 pg_drop_replication_slot
--------------------------

(1 row)
```

12.10.2　逻辑复制架构

逻辑复制架构图如 12-7 所示。

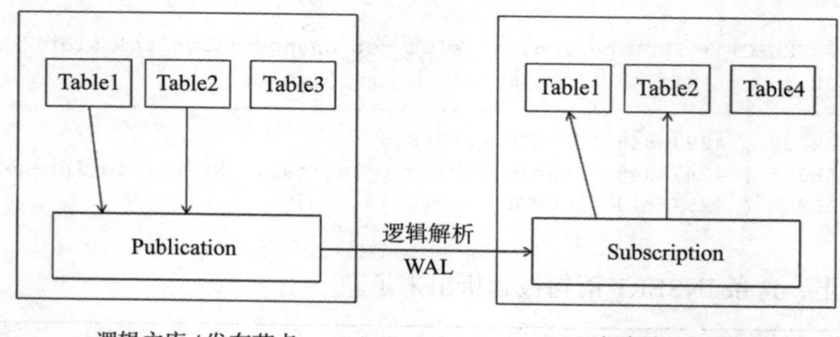

图 12-7　逻辑复制架构图

图中的逻辑主库和逻辑备库为不同的 PostgreSQL 实例，可以在同一主机上，也可以在不同主机上，并且逻辑主库的表 table1 和 table2 加入了 Publication，备库上的 Subscription 能够实时同步逻辑主库上的 table1 和 table2；

逻辑复制是基于逻辑解析，其核心原理是逻辑主库将 Publication 中表的 WAL 日志解析成一定格式并发送给逻辑备库，逻辑备库 Subscription 接收到解析后的 WAL 日志后进行重做，从而实现表数据同步。

逻辑复制架构图中最重要的两个角色为 Publication 和 Subscription。

Publication（发布）可以定义在任何可读写的 PostgreSQL 实例上，对于已创建 Publication 的数据库称为发布节点，一个数据库中允许创建多个发布，目前允许加入发布的对象只有表，允许将多个表注册到一个发布中。加入发布的表通常需要有复制标识（replica identity），从而使逻辑主库表上的 DELETE/UPDAE 操作可以标记到相应数据行并复制到逻辑备库上的相应表，默认情况下使用主键作为复制标识，如果没有主键，也可是唯一索引，如果没有主键或唯一索引，可设置复制标识为 full，意思是整行数据作为键值，这种情况下复制效率会降低。如果加入发布的表没有指定复制标识，表上的 UPDATE/DELETE 将会报错。

Subscription（订阅）实时同步指定发布者的表数据，位于逻辑复制的下游节点，对于已创建 Subscription 的数据库称为订阅节点，订阅节点的数据库上同时也能创建发布。发布节点上发布的表的 DDL 不会被复制，因此，如果发布节点上发布的表结构更改了，订阅节点上需手工对订阅的表进行 DDL 操作，订阅节点通过逻辑复制槽获取发布节点发送的 WAL 数据变化。

12.10.3　逻辑复制部署

了解了逻辑复制的架构主要由发布和订阅组成，本节将演示逻辑复制的部署，测试环境见表 12-6。

表 12-6　逻辑复制实验环境

角　色	主 机 名	IP	端　口	库　名	用 户 名	版　本
发布节点	pghost1	192.168.28.74	1921	mydb	pguser	PostgreSQL10
订阅节点	pghost3	192.168.28.76	1923	des	pguser	PostgreSQL10

发布节点的 postgresql.conf 配置文件设置以下参数：

```
wal_level = logical
max_replication_slots = 8
max_wal_senders = 10
```

- wal_level：设置成 logical 才支持逻辑复制。
- max_replication_slots：设置值需大于订阅节点的数量。
- max_wal_senders：由于每个订阅节点和流复制备库在主库上都会占用主库上一个 WAL 发送进程，因此此参数设置值需大于 max_replication_slots 参数值加上物理备库数量。

订阅节点 postgresql.conf 配置文件设置以下参数：

```
max_replication_slots = 8
max_logical_replication_workers = 8     # taken from max_worker_processes
```

- max_replication_slots：设置数据库复制槽数量，应大于订阅节点的数量。
- max_logical_replication_workers：设置逻辑复制进程数，应大于订阅节点的数量，并且给表同步预留一些进程数量，此参数默认值为 4。

同时 max_logical_replication_workers 会消耗后台进程数，并且从 max_worker_processes 参数设置的后台进程数中消费，因此 max_worker_processes 参数需要设置较大。

发布节点上创建逻辑复制用户，逻辑复制用户需要具备 REPLICATION 权限，如下所示：

```
CREATE USER logical_user
    REPLICATION
    LOGIN
    CONNECTION LIMIT 8
    ENCRYPTED PASSWORD 'logical_user';
```

逻辑复制用户需要 REPLICATION 权限即可，可以不需要 SUPERUSER 权限，之后需要在发布节点上将需要同步的表赋权给 logical_user 用户，使 logical_user 具有对这些表的读权限，这里暂不赋权。

发布节点上创建测试表，如下所示：

```
[postgres@pghost1 ~]$ psql mydb pguser
psql (10.0)
Type "help" for help.

mydb=> CREATE TABLE t_lr1(id int4,name text);
CREATE TABLE
```

```
mydb=> INSERT INTO t_lr1 VALUES (1,'a');
INSERT 0 1
```

注意以上测试表 t_lr1 上没有定义主键，之后在发布节点上创建发布，如下所示：

```
mydb=> CREATE PUBLICATION pub1 FOR TABLE t_lr1;
CREATE PUBLICATION
```

创建发布的语法如下：

```
CREATE PUBLICATION name
    [ FOR TABLE [ ONLY ] table_name [ * ] [, ...]
        | FOR ALL TABLES ]
    [ WITH ( publication_parameter [= value] [, ... ] ) ]
```

- name：指发布的名称。
- FOR TABLE：指加入到发布的表列表，目前仅支持普通表的发布，临时表、外部表、视图、物化视图、分区表暂不支持发布，如果想将分区表添加到发布中，需逐个添加分区表分区到发布。
- FOR ALL TABLES：将当前库中所有表添加到发布中，包括以后在这个库中新建的表。这种模式相当于在全库级别逻辑复制所有表。当然一个 PostgreSQL 实例上可以运行多个数据库，这仍然是仅复制了 PostgreSQL 实例上的一部分数据。

如果想查询刚创建的发布信息，在发布节点上查询 pg_publication 视图即可，如下所示

```
mydb=> SELECT * FROM pg_publication;
 pubname | pubowner | puballtables | pubinsert | pubupdate | pubdelete
---------+----------+--------------+-----------+-----------+-----------
 pub1    |    16391 | f            | t         | t         | t
(1 row)
```

- pubname：指发布的名称。
- pubowner：指发布的属主，和 pg_user 视图的 usesysid 字段关联。
- puballtables：是否发布数据库中的所有表，t 表示发布数据库中所有已存在的表和以后新建的表。
- pubinsert：t 表示仅发布表上的 INSERT 操作。
- pubupdate：t 表示仅发布表上的 UPDATE 操作。
- pubdelete：t 表示仅发布表上的 DELETE 操作。

订阅节点上创建表 t_lr1，注意仅创建表结构，不插入数据，如下所示：

```
[des@pghost3 ~]$ psql des pguser
psql (10.0)
Type "help" for help.

des=> CREATE TABLE t_lr1(id int4,name text);
CREATE TABLE
```

之后计划在订阅节点上创建订阅，语法如下：

```
CREATE SUBSCRIPTION subscription_name
    CONNECTION 'conninfo'
    PUBLICATION publication_name [, ...]
    [ WITH ( subscription_parameter [= value] [, ... ] ) ]
```

- subscription_name：指订阅的名称。
- CONNECTION：订阅的数据库连接串，通常包括 host、port、dbname、user、password 等连接属性，从安全角度考虑，密码文件建议写入 ~/.pgpass 隐藏文件。
- PUBLICATION：指定需要订阅的发布名称。
- WITH(subscription_parameter [= value] [, ...])：支持的参数配置有 copy_data(boolean)、create_slot(boolean)、enabled(boolean)、slot_name(string) 等，一般默认配置即可。

稍后创建订阅，先在订阅节点上创建 ~/.pgpass 文件，并写入以下代码：

```
192.168.28.74:1921:mydb:logical_user:logical_user
```

对 ~/.pgpass 文件进行权限设置，如下所示：

```
[des@pghost3 ~]$ chmod 0600 .pgpass
```

同时发布节点的 pg_hba.conf 需要设置相应策略，允许订阅节点连接。

之后在订阅节点上创建发布，只有超级用户才有权限创建发布，如下所示：

```
[des@pghost3 ~]$ psql des postgres
psql (10.0)
Type "help" for help.

des=# CREATE SUBSCRIPTION sub1 CONNECTION 'host=192.168.28.74 port=1921
        dbname=mydb user=logical_user' PUBLICATION pub1;
NOTICE:  created replication slot "sub1" on publisher
CREATE SUBSCRIPTION
```

从以上信息看出，订阅创建成功，并且在发布节点上创建了一个名为 sub1 的复制槽，在发布节点上查看复制槽，如下所示：

```
mydb=> SELECT slot_name,plugin,slot_type,database,active,restart_lsn
        FROM pg_replication_slots where slot_name='sub1';
   slot_name |  plugin   | slot_type | database | active | restart_lsn
-------------+-----------+-----------+----------+--------+-------------
   sub1      | pgoutput  | logical   | mydb     | t      | 4/9793A6F0
(1 row)
```

注意 plugin 模块为 pgoutput，这是逻辑复制的默认 plugin。

订阅节点上查看 pg_subscription 视图以查看订阅信息，如下所示：

```
des=# SELECT * FROM pg_subscription;
-[ RECORD 1 ]---+--------------------------------------------------------
subdbid         | 16387
subname         | sub1
subowner        | 10
subenabled      | t
```

```
subconninfo     | host=192.168.28.74 port=1921 dbname=mydb user=logical_user
subslotname     | sub1
subsynccommit   | off
subpublications | {pub1}
```

- subdbid：数据库的 OID，和 pg_database.oid 关联。
- subname：订阅的名称。
- subowner：订阅的属主。
- subenabled：是否启用订阅。
- subconninfo：订阅的连接串信息，显示发布节点连接串信息。
- subslotname：复制槽名称。
- subpublications：订阅节点订阅的发布列表。

之后在订阅节点上验证表 t_lr1 数据是否同步过来，如下所示：

```
des=> SELECT * FROM t_lr1;
 id | name
----+------
(0 rows)
```

发现订阅节点 t_lr1 数据为空，查看订阅节点数据库日志，发现如下错误：

```
2017-10-01 14:39:45.795 CST,,,16650,,59d08db1.410a,1,,2017-10-01 14:39:45
    CST,4/47,0,LOG,00000,"logical replication table synchronization worker for
    subscription ""sub1"", table ""t_lr1"" has started",,,,,,,,,""
2017-10-01 14:39:45.875 CST,,,16650,,59d08db1.410a,2,,2017-10-01 14:39:45
    CST,4/50,0,ERROR,XX000,"could not start initial contents copy for table
    ""pguser.t_lr1"": ERROR:  permission denied for schema pguser",,,,,,,,,""
2017-10-01 14:39:45.875 CST,,,6054,,59cf4455.17a6,286,,2017-09-30 15:14:29
    CST,,0,LOG,00000,"worker process: logical replication worker for subscription
    16396 sync 16389 (PID 16650) exited with exit code 1",,,,,,,,,""
```

根据以上三条数据库日志，订阅节点 sub1 上表 t_lr1 的逻辑复制已经开始，但是无法初始化复制数据，原因是没有对 pguser 模式的读权限。

逻辑复制用户为 logical_user，在发布节点上对 logical_user 赋权，如下所示：

```
mydb=> GRANT USAGE ON SCHEMA pguser TO logical_user;
GRANT
mydb=> GRANT SELECT ON t_lr1 TO logical_user;
GRANT
```

以上将 pguser 模式的使用权限赋给 logical_user 用户，同时将表 t_lr1 的 SELECT 权限赋给 logical_user 用户。

再次查看订阅节点数据库日志，如下所示：

```
2017-10-01 14:45:18.893 CST,,,16755,,59d08efe.4173,1,,2017-10-01 14:45:18
    CST,4/400,0,LOG,00000,"logical replication table synchronization worker for
    subscription ""sub1"", table ""t_lr1"" has started",,,,,,,,,""
2017-10-01 14:45:18.951 CST,,,16755,,59d08efe.4173,2,,2017-10-01 14:45:18
```

```
CST,4/404,0,LOG,00000,"logical replication table synchronization worker for
subscription ""sub1"", table ""t_lr1"" has finished",,,,,,,,,""
```

以上显示订阅节点 sub1 上表 t_lr1 的逻辑复制正常，在订阅节点上查看表数据以进行验证，如下所示：

```
des=> SELECT * from t_lr1 ;
    id | name
-------+------
    1  | a
(1 row)
```

订阅节点上 t_lr1 表数据已同步，以上仅验证了原始数据已同步。

这时候在发布节点主机上可以看到新增了一个 WAL 发布进程，如下所示：

```
postgres: wal sender process logical_user 192.168.28.76(47464) idle
```

订阅节点主机上可以看到新增了一个 WAL 订阅进程，如下所示：

```
postgres: bgworker: logical replication worker for subscription 16396
```

以上是逻辑复制的主要搭建步骤，下一小节对逻辑复制的 DML 操作进行数据验证。

12.10.4　逻辑复制 DML 数据验证

上一节介绍了逻辑复制的部署，并且验证了发布节点的原始数据同步到了订阅节点，这里验证发布节点的 INSERT/UPDATE/DELTE 操作是否会同步到订阅节点。

发布节点上插入另一条数据，如下所示：

```
mydb=> INSERT INTO t_lr1 VALUES (2,'b');
INSERT 0 1
```

订阅节点上验证，数据已复制，如下所示：

```
des=> SELECT * FROM t_lr1 WHERE id=2;
    id | name
-------+------
    2  | b
(1 row)
```

发布节点上更新数据，如下所示：

```
mydb=> UPDATE t_lr1 SET name='bb' WHERE id=2;
ERROR:  cannot update table "t_lr1" because it does not have replica identity and
    publishes updates
HINT:  To enable updating the table, set REPLICA IDENTITY using ALTER TABLE.
```

以上信息表示 t_lr1 表上没有设置复制标识 replica identity，所以不允许更新，在 12.10.2 节中提到了如果需要将发布节点表上的 UPDATE/DELETE 操作逻辑复制到订阅节点，加入发布的表需要有 replica identity，默认情况下使用主键作为复制标识，如果没有主键，也可以是唯一索引，我们给发布节点和订阅节点的 t_lr1 表加上主键后再次进行测试。

发布节点上给表 t_lr1 加上主键，如下所示：

```
mydb=> ALTER TABLE t_lr1 ADD PRIMARY KEY(id);
ALTER TABLE
```

订阅节点上给表 t_lr1 也加上主键，如下所示：

```
des=> ALTER TABLE t_lr1 ADD PRIMARY KEY(id);
ALTER TABLE
```

订阅节点和发布节点中需要同步的表的结构建议一致，尽管订阅节点的表可以定义额外的字段。

发布节点上更新数据，如下所示：

```
mydb=> UPDATE t_lr1 SET name='bb' WHERE id=2;
UPDATE 1
```

发布节点上给表 t_lr1 上创建主键后可以执行 UPDATE 操作。

订阅节点上验证这条数据，如下所示：

```
des=> SELECT * FROM t_lr1 WHERE id=2;
    id | name
-------+------
    2  | bb
(1 row)
```

可见，发布节点上的 UPDATE 操作已同步到订阅节点。

最后，验证发布节点上 DELETE 操作是否会同步到订阅节点，发布节点上删除 ID 等于 2 的记录，如下所示：

```
mydb=> DELETE FROM t_lr1 WHERE id=2;
DELETE 1
```

对订阅节点进行验证，如下所示：

```
des=> SELECT * FROM t_lr1 WHERE id=2;
    id | name
-------+------
(0 rows)
```

订阅节点上已查询不到 ID 等于 2 这条记录，说明 DELETE 操作已同步。

虽然订阅节点上的表 t_lr1 能够实时同步发布节点上 t_lr1 表上的数据，实际上订阅节点上的 t_lr1 表也支持写操作，只是对订阅节点逻辑复制的表进行写操作时有可能与逻辑同步产生冲突，导致逻辑复制停止，冲突详细信息可通过订阅节点的数据库日志查看，明确了冲突的来源后，需干预处理冲突的数据或约束。

12.10.5 逻辑复制添加表、删除表

以上逻辑复制示例中的发布节点仅设置了一张表，实际生产维护过程中有增加逻辑同

步表的需求，逻辑复制支持向发布中添加同步表，并且操作非常方便。

发布节点上创建一张大表 t_big，并插入 1000 万数据，如下所示：

```
mydb=> CREATE TABLE t_big(id int4 primary key,
create_time timestamp(0) without time zone default clock_timestamp(),
name character varying(32));)
CREATE TABLE

mydb=> INSERT INTO t_big(id,name)
SELECT n,n*random()*10000 FROM generate_series(1,10000000) n;
INSERT 0 10000000
```

将 t_big 的 SELECT 的权限赋给逻辑复制用户 logical_user。

```
mydb=> GRANT SELECT ON t_big TO logical_user;
GRANT
```

之后在发布节点上将表 t_big 加入到发布 pub1，如下所示：

```
mydb=> ALTER PUBLICATION pub1 ADD TABLE t_big;
ALTER PUBLICATION
```

如果要查看发布中的表列表，执行 \dRp+ 元命令即可，如下所示：

```
mydb=> \dRp+ pub1
            Publication pub1
    Owner   | All tables | Inserts | Updates | Deletes
-----------+------------+---------+---------+---------
   pguser | f          | t       | t       | t
Tables:
        "pguser.t_big"
        "pguser.t_lr1"
```

以上看出 t_big 已加入到发布 pub1 中。

也可以通过查看 pg_publication_tables 视图查看发布中的表列表，如下所示：

```
mydb=> SELECT * FROM pg_publication_tables ;
   pubname | schemaname | tablename
------------+------------+-----------
   pub1     | pguser     | t_lr1
   pub1     | pguser     | t_big
(2 rows)
```

订阅节点上也创建 t_big 表，注意，仅创建表结构，不插入数据，如下所示：

```
des=> CREATE TABLE t_big(id int4 primary key,
create_time timestamp(0) without time zone default clock_timestamp(),
name character varying(32));)
CREATE TABLE
```

由于 t_big 表是发布节点上新增加的表，这里订阅节点上 t_big 表的数据还没有复制过来，订阅节点需要执行以下命令：

```
des=# ALTER SUBSCRIPTION sub1 REFRESH PUBLICATION ;
ALTER SUBSCRIPTION
```

这条命令执行之后，订阅节点的 t_big 表在同步发布节点的数据了，同时在发布节点主机上产生了逻辑复制 COPY 发送进程，大概 33 秒左右，订阅节点 t_big 上的一千万数据已完成同步，如下所示：

```
des=# SELECT COUNT(*) FROM pguser.t_big;
   count
----------
   10000000
(1 row)
```

可见 t_big 表上的数据已完成同步。

如果由于需求调整，逻辑复制中 t_big 表不再需要逻辑同步，只需要在发布节点上将 t_big 表从发布 pub1 中去掉即可，执行如下命令：

```
mydb=> ALTER PUBLICATION pub1 DROP TABLE t_big;
ALTER PUBLICATION
```

这条命令执行之后，发布节点、订阅节点上的 t_big 表将没有任何同步关系，两张表为不同库中独立的表，只是表名一样而已。

12.10.6 逻辑复制启动、停止

逻辑复制配置完成之后，默认情况下订阅节点的表会实时同步发布节点中的表，逻辑复制通过启用、停止订阅方式实现逻辑复制的启动和停止。

订阅节点上停止 sub1 订阅从而中断实时同步数据，执行如下命令：

```
des=# ALTER SUBSCRIPTION sub1 DISABLE ;
ALTER SUBSCRIPTION
```

查询 pg_subscription 视图的 subenabled 字段判断是否已停止订阅，如下所示：

```
des=# SELECT subname,subenabled,subpublications FROM pg_subscription;
  subname | subenabled | subpublications
-----------+------------+-----------------
  sub1    | f          | {pub1}
(1 row)
```

这时发现发布节点上已经没有了 WAL 发布进程，同时订阅节点上没有了 WAL 订阅进程，也可以验证 t_lr1 表上的数据是否还会实时同步给订阅节点。

如果想开启订阅，执行如下命令：

```
des=# ALTER SUBSCRIPTION sub1 ENABLE ;
ALTER SUBSCRIPTION
```

查询 pg_subscription 视图，subenabled 字段值变成了 t，如下所示：

```
des=# SELECT subname,subenabled,subpublications FROM pg_subscription;
   subname | subenabled | subpublications
------------+------------+-----------------
   sub1     | t          | {pub1}
(1 row)
```

12.10.7　逻辑复制配置注意事项和限制

前面的内容演示了逻辑复制的部署和功能验证，逻辑复制部署过程中最主要的两个角色为发布和订阅，以下介绍两者配置的注意事项。

发布节点配置注意事项如下：

- 发布节点的 wal_level 参数需要设置成 logical。
- 发布节点上逻辑复制用户至少需要 replication 角色权限。
- 发布节点上需要发布的表如果需要将 UPDATE/DELETE 操作同步到订阅节点，需要给发布表配置复制标识。
- 发布时可以选择发布 INSERT、UPDATE、DELETE　DML 操作中的一项或多项，默认是发布这三项。
- 支持一次发布一个数据库中的所有表。
- 一个数据库中可以有多个发布。
- 逻辑复制目前仅支持普通表，序列、视图、物化视图、分区表、外部表等对象目前不支持。
- 发布节点配置文件 pg_hba.conf 需做相应配置，允许订阅节点连接。
- 发布表上的 DDL 操作不会自动同步到订阅节点，如果发布节点上发布的表执行了 DDL 操作，需手工给订阅节点的相应表执行 DDL。

订阅节点配置注意事项如下：

- 一个数据库中可以有多个订阅。
- 必须具有超级用户权限才可以创建订阅。
- 创建订阅时需指定发布节点连接信息和发布名称。
- 创建订阅时默认不会创建发布节点的表，因此创建订阅前需手工创建表。
- 订阅支持启动、停止操作。
- 订阅节点的表结构建议和发布节点一致，尽管订阅节点的表允许有额外的字段。
- 发布节点给发布增加表时，订阅结点需要刷新订阅才能同步新增的表。

对于配置了复制标识的表，UPDATE/DELETE 操作可以逻辑复制到订阅节点，但目前的版本中逻辑复制有以下限制：

- DDL 操作不支持复制，发布节点上发布表进行 DDL 操作后，DDL 操作不会复制到订阅节点，需在订阅节点对发布表手工执行 DDL 操作。
- 序列本身不支持复制，当前逻辑复制仅支持普通表，序列、视图、物化视图、分区表、外部表等对象都不支持。

- TRUNCATE 操作不支持复制。
- 大对象（Large Object）字段不支持复制。

以上只是 PostgreSQL10 版本逻辑复制的限制事项，或许以后新版本的限制条件能够减少。

12.10.8 逻辑复制延迟测试

这一小节将测试逻辑复制的延迟，计划分两个场景测试逻辑复制延迟，场景一为单表 INSERT 压力测试，场景二为单表千万级数据 UPDATE 压力测试。

场景一：单表 INSERT 压力测试。

发布节点上创建测试表 t_per1，并将此表 SELECT 权限赋给逻辑复制用户 logical_user，如下所示：

```
mydb=> CREATE TABLE t_per1 (id int4,name text,
create_time timestamp(0) without time zone DEFAULT '2000-01-01 00:00:00');
CREATE TABLE

mydb=> GRANT SELECT ON t_per1 TO logical_user;
GRANT
```

发布节点上给发布 pub1 添加表 t_per1，如下所示：

```
mydb=> ALTER PUBLICATION pub1 ADD TABLE t_per1 ;
ALTER PUBLICATION
```

订阅节点上也创建此表，如下所示：

```
des=> CREATE TABLE t_per1 (id int4,name text,
create_time timestamp(0) without time zone DEFAULT '2000-01-01 00:00:00');
CREATE TABLE
```

订阅节点上刷新订阅 sub1，如下所示

```
des=# ALTER SUBSCRIPTION sub1 REFRESH PUBLICATION ;
ALTER SUBSCRIPTION
```

发布节点上编写 insert_t.sql 脚本文件，写入以下内容：

```
\set v_id random(1,1000000)

INSERT INTO t_per1(id,name) VALUES (:v_id,:v_id||'a');
```

之后执行 pgbench 进行 INSERT 压力测试，如下所示：

```
pgbench -c 8 -T 120 -d mydb -U pguser -n N -M prepared -f insert_t.sql > insert_
    t.out 2>&1 &
```

在 INSERT 压力测试过程中，在发布节点上执行以下 SQL 以监控延迟：

```
mydb=# SELECT pid,usename,state,
        pg_wal_lsn_diff(pg_current_wal_lsn(),replay_lsn) replay_dely
        FROM pg_stat_replication WHERE application_name='sub1';
```

```
    pid |    usename     |    state    | replay_dely
--------+----------------+-------------+-------------
    457 | logical_user | streaming |         11936
(1 row)
```

replay_dely 显示逻辑复制 WAL 应用延迟，单位为字节，反复执行以上 SQL，WAL 应用延迟大概在 11MB 左右，延迟很低。

场景二：单表 UPDATE 压力测试。

发布节点上创建表 t_per2，并插入 1000 万数据，如下所示：

```
mydb=> CREATE TABLE t_per2 (id int4 primary key,
name text,
create_time timestamp(0) without time zone DEFAULT '2000-01-01 00:00:00');
CREATE TABLE

mydb=> INSERT INTO t_per2(id) SELECT generate_series(1,10000000);
INSERT 0 10000000
```

将表赋权并加入到发布中，如下所示

```
mydb=> GRANT SELECT ON t_per2 TO logical_user ;
GRANT
mydb=> ALTER PUBLICATION pub1 ADD TABLE t_per2;
ALTER PUBLICATION
```

订阅节点也创建 t_per2 表，并刷新发布，如下所示

```
des=> CREATE TABLE t_per2 (id int4 primary key,
name text,
create_time timestamp(0) without time zone DEFAULT '2000-01-01 00:00:00');
CREATE TABLE

des=# ALTER SUBSCRIPTION sub1 REFRESH PUBLICATION ;
ALTER SUBSCRIPTION
```

大概 40 秒左右，订阅节点 t_per2 表数据已完成同步。

发布节点上编写 update_t.sql 脚本，写入以下内容：

```
\set v_id random(1,1000000)

update t_per2 set create_time=clock_timestamp() where id=:v_id;
```

之后执行 pgbench 进行 UPDATE 压力测试，如下所示：

```
pgbench -c 8 -T 120 -d mydb -U pguser -n N -M prepared -f update_t.sql > update_
    t.out 2>&1 &
```

UPDATE 压测过程中，在发布节点上执行以下 SQL 以监控延迟：

```
mydb=# SELECT pid,usename,state,
          pg_wal_lsn_diff(pg_current_wal_lsn(),replay_lsn) replay_dely
       FROM pg_stat_replication WHERE application_name='sub1';
```

```
   pid |   usename    |   state   | replay_dely
--------+--------------+-----------+-------------
   457 | logical_user | streaming | 12352
```

反复执行以上 SQL，replay_dely 大概在 12MB 左右，延迟较低。

12.11　本章小结

本章主要介绍了 PostgreSQL 异步流复制、同步流复制部署、异步流复制与同步流复制性能测试、流复制监控、流复制主备切换、延迟备库、同步复制优选提交、级联复制、流复制维护生产案例、逻辑复制，并结合笔者在数据库维护过程中的实际经验进行了总结，熟练掌握这些内容能够使读者加深对 PostgreSQL 复制技术的理解。

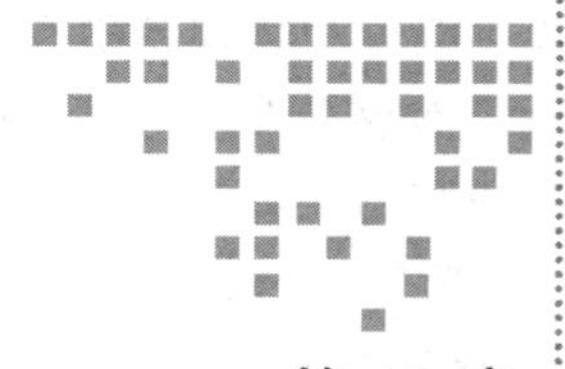

第 13 章 Chapter 13

备份与恢复

任何系统都有崩溃的可能，数据库备份工作的重要性毋庸置疑。通过备份和恢复来保护数据，避免数据丢失，在发生灾难或人为误操作的情况下，能够进行恢复是 DBA 的日常最重要的工作。不仅要保证能够成功备份，还要保证备份数据能够恢复，如果能在更短的时间进行恢复更是锦上添花。利用现有资源，基于现实情况考虑，制定严谨、可靠的备份策略，应对可能出现的需要恢复的情况是每个 DBA 都应该掌握的基本技能。本章就 PostgreSQL 的物理备份、逻辑备份以及恢复方式展开讨论。

13.1 备份与恢复概述

备份与恢复的目的是为了在发生灾难或人为误操作时，能够从一份数据副本中重建数据库。备份并不是我们笼统的所说的执行某些备份的命令、运行定时的备份脚本任务，有很多情况都可以归于备份这个话题。例如我们准备删除大量生产环境的过期数据，在操作之前就可以先拷贝一份数据作为备份，在出现意外时可以有效地回滚。操作系统层面的高可用技术也是数据库备份的一种补充，例如利用 DRBD、流复制、逻辑复制的方式搭建的从库，双机热备等。数据库层面的备份和恢复通常为了应对以下几种情况：

- 介质损坏，数据库系统无法读取和写入数据；
- 人为的误操作，例如“不小心”的 TRUNCATE 或 ALTER TABLE DROP COLUMN；
- 系统漏洞或恶意黑客攻击；
- 导致数据错误或损坏的程序 BUG，例如一个没有 WHERE 条件的 UPDATE 或 DELETE；
- 需求的变更，例如执行一次数据变更之后，却发现变更需求本身不符合预期。

备份的方式一般分为物理备份和逻辑备份。通过冗余数据文件提供数据保护，在文件系统对数据目录，参数文件进行物理拷贝，复制到其他路径或存储设备中的方法称为物理备份。逻辑备份是利用工具，按照一定逻辑将数据库对象导出到文件，需要时再利用工具把逻辑备份文件重新导入到数据库中，除了利用工具导出，用 CREATE TABLE AS、COPY 等 SQL 命令保存数据副本的方式也被认为是逻辑备份的一种。逻辑备份是数据库对象级的备份，在跨版本、跨平台的恢复中应用得更多一些。

在数据库处于关闭状态时进行备份通常称为冷备份，也称为冷备、脱机备份。冷备份通常不需要恢复过程就可以启动，但前提是数据库是正常关闭的。如果是发生掉电、主机故障的情况下关闭的，可能还是需要利用归档日志才能恢复。和冷备对应的是热备份，热备份就是数据库在启动状态时的备份，也称为热备、联机备份。热备份不需要关闭数据库，备份期间数据库处于活跃状态，可以接受用户的连接并操作数据。正常关闭的数据库做的冷备份一定是一致的，但热备份会有一致性的问题，因为在备份期间，可能备份完一部分数据，开始备份另外一部分数据时，前一部分备份完成的数据又被改写，那么就需要借助预写日志重做，将备份恢复到一致状态。对于互联网应用或其他 24 小时运行的应用通常使用热备为主要的备份方式，毕竟为了备份就停机停库不是好办法。

恢复通常在紧急情况下发生，并且通常会和备份一起讨论，不仅仅因为可恢复是备份的终极目的，而且是因为恢复和备份一样重要，当出现故障时能够利用备份集进行数据的恢复。DBA 应该根据自身业务情况和特点，对数据库系统的备份和恢复制定完善的策略。RTO（Recovery Time Objective）和 RPO（Recovery Point Objective）是规划备份和恢复策略时最重要的两个衡量指标。RTO 是恢复时间目标，指从故障发生开始到业务系统恢复服务所需的时间；RPO 是恢复点目标，指故障发生后可以容忍丢失多少数据。越低的 RTO 和 RPO 也就意味着更多的硬件设施和更高的维护成本。可以根据业务实际需要制定评估标准，规划合理的备份恢复方案，例如，是使用基于时间点的备份和恢复方案还是定期进行文件系统级别的备份？能承受的 RPO 和 RTO 越大，也就是能接受丢失的数据越多或者可以接受的恢复时间更长，备份方案越简单，反之备份方案越复杂，难度越大。

规划备份方案时，应该充分考虑备份操作对性能的影响，例如备份时 CPU、带宽的占用率，磁盘的性能等等。通常可以避开业务高峰，在业务低谷时进行备份，避免业务系统产生不可接受的性能波动。在备份的时间开销和性能开销之间也应该有所权衡，要么消耗较多的系统资源，达到快速备份的目的，要么使用较长的备份时间，避免太多的性能开销。备份集的保留和删除策略也应该详细地规划，可以考虑周期性地删除过期的备份集和归档，减小不必要的磁盘开销。

备份是恢复的前提。不发生故障时，世界很太平，但是发生故障时，如果不能顺利进行恢复，那将是一场噩梦！甚至可能是对企业的致命打击！这绝不是危言耸听。日常的备份有效性的检查就显得尤其重要，一个无效的备份集和没有备份是一样的，例如备份文件无法解压，或者存储备份的介质损坏等等。除了制定备份恢复策略，还应该制定一套定期、定时的恢复测试方案。应该定期、定时地自动对备份集进行恢复测试，当发现备份文件损坏或无法正常恢复的情况，应当及时发出告警，重做备份，并且刨根问底找到备份失效的原因并修复。总之，能够恢复的备份才是有意义的备份。恢复测试过程中，应该考量恢复需要花费的时间，日常测试时，也应当记录和统计恢复花费的时间，如果恢复时间太长，还应该优化恢复方案，消除恢复瓶颈，尽可能充分利用网络、存储和 CPU 加快恢复速度，在出现故障时才能胸有成竹，从容不迫。

PostgreSQL 提供了不同的方法来备份和恢复数据库，可以是某一时刻数据库快照的完整备份或增量备份，可以使用 SQL 转储或文件系统级别的备份，在增量备份的基础上还可以实现基于时间点恢复。有三种不同的基本方法来备份和恢复 PostgreSQL 数据：

- 使用 pg_dump 和 pg_dumpall 进行转储，从 SQL 转储文件中恢复
- 文件系统级别的备份
- 增量备份和基于时间点恢复（PITR）

我们将在以下小节中分别进行探讨。

13.2　增量备份

PostgreSQL 在做写入操作时，对数据文件做的任何修改信息，首先会写入 WAL 日志（预写日志），然后才会对数据文件做物理修改。当数据库服务器掉电或意外宕机，PostgreSQL 在启动时会首先读取 WAL 日志，对数据文件进行恢复。因此，从理论上讲，如果我们有一个数据库的基础备份（也称为全备），再配合 WAL 日志，是可以将数据库恢复到任意时间点的。但是 WAL 日志的文件个数并不是无限增长的，当增长到第 N 个（理论上 N=2×checkpoint_segment+1）文件时，PostgreSQL 会重复利用已生成的 WAL 日志文件。例如，当前数据库中已产生 256 个 WAL 日志，就会开始重复利用第 1 个、第 2 个或第 3 个产生的 WAL 日志文件，WAL 日志将会被改写。这时就会产生问题：此时如果我们想恢复到第 1 个 WAL 日志的状态时，因为 WAL 日志已被改写，注定是无法恢复了。因此我们要根据自身的业务情况，定时对 WAL 日志进行归档。

但是新的问题又产生了：当我们根据很早以前的基础备份和 WAL 的归档日志进行恢复时，因为需要做的回滚操作非常多，导致恢复时间很长，这也会严重影响到生产性能。为了解决这个问题，我们可以通过定期对数据库做基础备份，再配合 WAL 的归档日志，就可以在较短的时间将数据库恢复。具体到定期备份的周期，需要根据自身的业务需求制定合理的备份策略，在数据完整性和恢复所需时间之间达到最佳的平衡点。例如第一周的星期一，DBA 对数据库做了一次全备，生产在持续进行，本周没有发生故障；第二周的星期一，DBA 对数据库又做了一次全备，直到星期五数据库都工作正常，但在星期六和星期天，数据发生了异常，DBA 需要将数据恢复到星期五的状态，这时就可以通过第一周星期一或第二周星期一的全备文件配合归档日志进行恢复。显然，如果通过第一周星期一的全备文件

进行恢复，恢复时间会较长，通过第二周星期一的全备文件进行恢复则会快很多。

13.2.1 开启 WAL 归档

1. 创建归档目录

还记得我们在安装与配置时讲解过的，创建数据目录的步骤吗？我们在创建数据目录的同时，除了创建 data 目录，还创建了 backups,scripts,archive_wals 这几个目录，如下所示：

```
[root@pghost1 ~]$ mkdir -p /pgdata/10/{data,backups,scripts,archive_wals}
[root@pghost1 ~]$ chown -R postgres.postgres /pgdata/10
```

其中，data 目录是我们数据库的数据目录，backups 目录则可以用来存放基础备份，scripts 目录可以用来存放一些任务脚本，archive_wals 目录自然用来存放归档了。归档目录也可以是挂载的 NFS 目录或者磁带，注意这个目录的属主为 postgres 用户即可。

2. 修改 wal_level 参数

wal_level 参数可选的值有 minimal、replica 和 logical，从 minimal 到 replica 再到 logical 级别，WAL 的级别依次增高，在 WAL 中包含的信息也越多。由于 minimal 这一级别的 WAL 不包含从基本的备份和 WAL 日志中重建数据的足够信息，在 minimal 模式下无法开启 archive_mode，所以开启 WAL 归档 wal_level 至少设置为 replica，如下所示：

```
mydb=# ALTER SYSTEM SET wal_level = 'replica';
ALTER SYSTEM
```

3. 修改 archive_mode 参数

archive_mode 参数可选的值有 on、off 和 always，默认值为 off，开启归档需要修改为 on，如下所示：

```
mydb=# ALTER SYSTEM SET archive_mode = 'on';
ALTER SYSTEM
```

修改此参数需要重新启动数据库使之生效。

4. 修改 archive_command 参数

archive_command 参数的默认值是个空字符串，它的值可以是一条 shell 命令或者一个复杂的 shell 脚本。在 archive_command 的 shell 命令或脚本中可以用“ %p”表示将要归档的 WAL 文件的包含完整路径信息的文件名，用“ %f”代表不包含路径信息的 WAL 文件的文件名。

一个最简单的 archive_command 的例子是：archive_command = 'cp %p /pgdata/10/archive_wals/%f'。

修改 wal_level 和 archive_mode 参数都需要重新启动数据库才可以生效，修改 archive_command 不需要重启，只需要 reload 即可。但有一点需要注意，当开启了归档，应该注意 archive_command 设定的归档命令是否成功执行，如果归档命令未成功执行，它会周期性地重试，在此期间已有的 WAL 文件将不会被复用，新产生的 WAL 文件会不断占用 pg_wal 的磁盘空间，直到 pg_wal 所在的文件系统被占满后数据库关闭。由于 wal_level 和 archive_mode 参数都需要重新启动数据库才可以生效，所以在安装结束，启动数据库之前，可以先将这些参数开启，将 archive_command 的值设置为永远为真的值，例如 /bin/true，当需要真正开启归档时，只需要修改 archive_command 的值，reload 即可，而不需要由于参数调整而重启数据库。

如果考虑到归档占用较多的磁盘空间，配置归档时可以将 WAL 压缩之后再归档，可以用 gzip、bzip2 或 lz4 等压缩工具进行压缩。当前的例子中，把 archive_command 设置为在 pg_wal 目录使用 lz4 压缩 WAL，并将压缩后的文件归档到 /pgdata/10/archive_wals/ 目录：

```
mydb=# ALTER SYSTEM SET archive_command = '/usr/bin/lz4 -q -z %p /pgdata/10/
archive_wals/%f.lz4';
ALTER SYSTEM
mydb=# SELECT pg_reload_conf();
    pg_reload_conf
----------------
    t
(1 row)
mydb=#  show archive_command ;
        archive_command
-----------------------------------------------------
    /usr/bin/lz4 -q -z %p /pgdata/10/archive_wals/%f.lz4
(1 row)
```

13.2.2 创建基础备份

在较低的 PostgreSQL 版本中，使用 pg_start_backup 和 pg_stop_backup 这些低级 API 创建基础备份，从 PostgreSQL 9.1 版开始有了 pg_basebackup 实用程序，使得创建基础备份更便捷，pg_basebackup 用普通文件或创建 tar 包的方式进行基础备份，它在内部也是使用 pg_start_backup 和 pg_stop_backup 低级命令。如果希望用更灵活的方式创建基础备份，例如希望通过 rsync、scp 等命令创建基础备份，依然可以使用低级 API 的方式。同时，使用低级 API 创建基础备份也是理解 PIRT 的关键和基础，我们分别对这两种方式展开讨论。

1. 使用低级 API 创建基础备份

使用低级 API 创建基础备份主要有三个步骤：执行 pg_start_backup 命令开始执行备份，使用命令创建数据目录的副本和执行 pg_stop_backup 命令结束备份。

步骤 1 执行 pg_start_backup 命令。

pg_start_backup 的作用是创建一个基础备份的准备，这些准备工作包括：

1）判断 WAL 归档是否已经开启。

如果 WAL 归档没有开启，备份依然会进行，但在备份结束后会显示提醒信息：

```
NOTICE: WAL archiving is not enabled; you must ensure that all required WAL
    segments are copied through other means to complete the backup
```

意思是说 WAL 归档未启用，必须确保通过其他方式复制所有必需的 WAL 以完成备份。复制所有必需的 WAL 听上去似乎可行，但是对于一个较大的、写入频繁的生产环境数据库来说实际是不现实的，等 pg_start_backup 命令结束了再去复制必需的 WAL，可能那些 WAL 文件已经被重用了，所以务必按照 13.2.1 节的内容提前开启归档。

2）强制进入全页写模式。

判断当前配置是否为全页写模式，当 full_page_writes 的值为 off 时表示关闭了全页写模式，如果当前配置中 full_page_writes 的值为 off，则强制更改，full_page_writes 的值为 on，进入全页写模式；

3）创建一个检查点。

4）排他基础备份的情况下还会创建 backup_label 文件，一个 backup_label 文件包含以下五项：

- START WAL LOCATION：25/2B002118 (file 00000001000000250000002B)
- CHECKPOINT LOCATION：记录由命令创建的检查点的 LSN 位置；
- BACKUP METHOD：做基础备份的方法，值为 pg_start_backup 或是 pg_basebackup，如果只是配置流复制，BACK up METHOD 的值是 streamed；
- BACKUP FROM：备份来源，指是从 master 或 standby 做的基础备份；
- START TIME：执行 pg_start_backup 的时间戳；
- LABEL：在 pg_start_backup 中指定的标签。

系统管理函数 pg_start_backup 的定义如下：

```
pg_start_backup(label text [, fast boolean [, exclusive boolean ]])
```

该函数有一个必需的参数和两个可选参数，label 参数是用户定义的备份标签字符串，一般使用备份文件名加日期作为备份标签。执行 pg_start_backup 会立即开始一个 CHECKPOINT 操作，fast 参数默认值是 false，表示是否尽快开始备份。exclusive 参数决定 pg_start_backup 是否开始一次排他基础备份，也就是是否允许其他并发的备份同时进行，由于排他基础备份已经被废弃，最终将被去除，所以通常设置为 false。在系统管理函数中，有一个 pg_is_in_backup 函数，不能想当然地认为它是用于判断当前数据库是否有一个备份在进行，它只是检查是否在执行一个排他的备份，也就是是否有 exclusive 参数设置为 TRUE 的备份，不能用它检查是否有非排他的备份在进行。

步骤 2 使用命令创建数据目录的副本。

使用 rsync、tar、cp、scp 等命令都可以创建数据目录的副本。在创建过程中可以排除 pg_wal 和 pg_replslot 目录、postmaster.opts 文件、postmaster.pid 文件，这些目录和文件对恢复并没有帮助。

步骤 3　执行 pg_stop_backup 命令。

在执行 pg_stop_backup 命令时，进行五个操作来结束备份：

- 如果在执行 pg_start_backup 命令时，full-page-writes 的值曾被强制修改，则恢复到执行 pg-stop-backup 命令之前的值。
- 写一个备份结束的 XLOG 记录。
- 切换 WAL 段文件。
- 创建一个备份历史文件，该文件包含 backup_label 文件的内容以及执行 pg_stop_backup 的时间戳。
- 删除 backup_label 文件，backup_label 文件对于从基本备份进行恢复是必需的，一旦进行复制，原始数据库集群中就不需要了该文件了。

下面以一个创建非排他基础备份的例子演示制作基础备份的过程。

步骤 1　执行 pg_start_backup 开始备份，如下所示：

```
mydb=# SELECT pg_start_backup('base',false,false);
   pg_start_backup
-----------------
    0/4000028
(1 row)
```

步骤 2　创建数据目录的副本，如下所示：

```
[postgres@pghost1 ~]$ cd /pgdata/10/backups
[postgres@pghost1 /pgdata/10/backup]$ tar -cvf base.tar.gz /pgdata/10/
    data   --exclude=/pgdata/10/data/postmaster.pid --exclude=/pgdata/10/data/
    postmaster.opts --exclude=/pgdata/10/data/log/*
tar: Removing leading `/' from member names
/pgdata/10/data/
...
...
...
/pgdata/10/data/pg_wal/000000010000000000000002.00000028.backup
[postgres@pghost1 /pgdata/10/backup]$
[postgres@pghost1 /pgdata/10/backup]$ ll -h
total 80M
-rw-r--r-- 1 postgres postgres 80M Feb 13 00:35 base.tar.gz
```

步骤 3　执行 pg_stop_backup 结束备份，如下所示：

```
mydb=# SELECT pg_stop_backup(false);
NOTICE:  pg_stop_backup complete, all required WAL segments have been archived
         pg_stop_backup
---------------------------------------------------------------------------
    (0/4000168,"START WAL LOCATION: 0/4000028 (file 000000010000000000000004) +
    CHECKPOINT LOCATION: 0/4000098                                             +
    BACKUP METHOD: streamed                                                    +
    BACKUP FROM: master                                                        +
    START TIME: 2018-02-13 00:34:24 CST                                        +
```

```
    LABEL: base                                                              +
    ",""")
(1 row)
```

这样就完成了一个制作基础备份的过程。

2. 使用 pg_basebackup 创建基础备份

pg_basebackup 命令和相关的参数在第 12 章已经讲解，这里不再赘述。下面是一个如何使用 pg_basebackup 创建基础备份的例子：

```
[postgres@pghost1 ~]$ /usr/pgsql-10/bin/pg_basebackup -Ft -Pv -Xf -z -Z5 -p 1922
    -D /pgdata/10/backups/
pg_basebackup: initiating base backup, waiting for checkpoint to complete
pg_basebackup: checkpoint completed
pg_basebackup: write-ahead log start point: 33/A8000028 on timeline 1
52782/52782 kB (100%), 1/1 tablespace
pg_basebackup: write-ahead log end point: 33/A8000130
pg_basebackup: base backup completed
```

看到最后一行输出为 base backup completed 即表示备份已经完成，查看备份文件，如下所示：

```
[postgres@pghost1 ~]$ ll -h /pgdata/10/backups/
total 3.8M
-rw-r--r-- 1 postgres postgres 3.8M Feb 11 01:26 base.tar.gz
```

这样就完成了一个制作基础备份的过程。

13.3 指定时间和还原点的恢复

当出现故障进行恢复时，通过重做 WAL 日志可以将数据库恢复到最近的时间点或指定时间点，还可以恢复到指定的还原点。

为测试不同的恢复方法，首先创建一张测试表，如下所示：

```
CREATE TABLE tbl
(
    id SERIAL PRIMARY KEY,
    ival INT NOT NULL DEFAULT 0,
    description TEXT,
    created_time TIMESTAMPTZ NOT NULL DEFAULT now()
);
```

初始化一些测试数据作为基础数据，如下所示：

```
mydb=# INSERT INTO tbl (ival) VALUES (1);
INSERT 0 1
mydb=# SELECT id,ival,description,created_time FROM tbl;
    id | ival | description |          created_time
```

```
-------+------+-------------+------------------------------
     1 |    1 |             | 2018-02-13 01:26:36.767887+08
(1 row)
```

并且按照上文的方法创建一个基础备份。如果是测试，有一点需要注意，由于 WAL 文件是写满 16MB 才会进行归档，测试阶段可能写入会非常少，可以在执行完基础备份之后，手动进行一次 WAL 切换。例如：

```
mydb=# SELECT pg_switch_wal();
    pg_switch_wal
---------------
    0/3000350
(1 row)
```

或者通过设置 archive_timeout 参数，在达到 timeout 阈值时强行切换到新的 WAL 段。

13.3.1 恢复到最近时间点

为了实验恢复到最近时间点的恢复方法，在测试表中写入一条 ival 等于 2 的测试数据，如下所示：

```
mydb=# INSERT INTO tbl (ival) VALUES (2);
INSERT 0 1
mydb=# SELECT id,ival,description,created_time FROM tbl;
    id | ival | description |          created_time
-------+------+-------------+------------------------------
     1 |    1 |             | 2018-02-13 01:26:36.767887+08
     2 |    2 |             | 2018-02-13 01:47:42.280831+08
(2 rows)
```

记录最新一条数据的 created_time 时间点：01:47:42.280831+08。

恢复过程需要以下几个步骤：

1）移除故障数据库的数据目录。如果数据库还在运行状态先停掉它，并且将出现故障的数据目录移动到其他位置或者删除，如下所示：

```
[postgres@pghost1 ~]$ /usr/pgsql-10/bin/pg_ctl -D /pgdata/10/data/ -mi stop
waiting for server to shut down.... done
server stopped
[postgres@pghost1 ~]$ rm -rf /pgdata/10/data
```

2）创建数据目录并解压使用 pg_basebackup 创建的基础备份，如下所示：

```
[postgres@pghost1 ~]$ mkdir -p /pgdata/10/data
[postgres@pghost1 ~]$ chmod 0700 /pgdata/10/data
[postgres@pghost1 ~]$ tar -xvf /pgdata/10/backups/base.tar.gz -C /pgdata/10/data/
```

3）创建 recovery.conf 文件并进行配置。

在安装目录的 share 目录中会有一份 recovery.conf 的示例文件，将它复制到准备恢复的数据目录中，重命名为 recovery.conf，配置这个文件的权限为 0600，如下所示：

```
[postgres@pghost1 ~]$ cp /usr/pgsql-10/share/recovery.conf.sample /pgdata/10/
    data/recovery.conf
[postgres@pghost1 ~]$ chmod 0600 /pgdata/10/data/recovery.conf
[postgres@pghost1 ~]$ ll /pgdata/10/data/recovery.conf
-rw------- 1 postgres postgres 5762 Feb 13 01:07 /pgdata/10/data/recovery.conf
```

配置 recovery.conf，如下所示：

```
[postgres@pghost1 ~]$ vim /pgdata/10/data/recovery.conf
```

恢复到最近的时间点，只需要配置 resotre_command 一项参数，如下所示：

```
restore_command = '/usr/bin/lz4 -d /pgdata/10/archive_wals/%f.lz4 %p'
```

这里其实应该还有一项起决定作用的参数：recovery_target_timeline，它的默认值为 latest，不做显式配置也可以。要恢复到最近状态，完整的 recovery.conf 是这样的：

```
restore_command = '/usr/bin/lz4 -d /pgdata/10/archive_wals/%f.lz4 %p'
recovery_target_timeline = 'latest'
```

4）启动服务器开始恢复。

启动服务器后，便会读取 recovery.conf 的配置进入恢复模式，如下所示：

```
[postgres@pghost1 ~]$ /usr/pgsql-10/bin/pg_ctl -D /pgdata/10/data start
[postgres@pghost1 ~]$
[postgres@pghost1 ~]$ tailf /pgdata/10/data/log/postgresql-Tue.csv
...
...
...
2018-02-13 01:32:06.745 CST,,,41781,,5a81cf96.a335,2,,2018-02-13 01:32:06
    CST,,0,LOG,00000,"starting archive recovery",,,,,,,,,""
...
...
...
2018-02-13 01:32:06.908 CST,,,41781,,5a81cf96.a335,9,,2018-02-13 01:32:06
    CST,1/0,0,LOG,00000,"redo done at 0/3000060",,,,,,,,,""
2018-02-13 01:32:06.946 CST,,,41781,,5a81cf96.a335,10,,2018-02-13 01:32:06
    CST,1/0,0,LOG,00000,"restored log file ""000000010000000000000003"" from
    archive",,,,,,,,,""
2018-02-13 01:32:06.961 CST,,,41781,,5a81cf96.a335,11,,2018-02-13 01:32:06
    CST,1/0,0,LOG,00000,"selected new timeline ID: 2",,,,,,,,,""
2018-02-13 01:32:07.007 CST,,,41781,,5a81cf96.a335,12,,2018-02-13 01:32:06
    CST,1/0,0,LOG,00000,"archive recovery complete",,,,,,,,,""
2018-02-13 01:32:07.413 CST,,,41779,,5a81cf95.a333,3,,2018-02-13 01:32:05
    CST,,0,LOG,00000,"database system is ready to accept connections",,,,,,,,,""
...
...
...
```

恢复过程结束后，recovery.conf 将由 PostgreSQL 自动重命名为 recovery.done，以避免再次启动恢复过程。

5）检查数据是否已经恢复成功，如下所示：

```
mydb=# SELECT id,ival,description,created_time FROM tbl;
    id | ival | description |          created_time
-------+------+-------------+-------------------------------
     1 |    1 |             | 2018-02-13 01:26:36.767887+08
     2 |    2 |             | 2018-02-13 01:47:42.280831+08
(2 rows)
```

从查询结果可以看到数据库已经恢复到崩溃之前最近的时间点。

13.3.2　恢复到指定时间点

当有一些破坏性操作发生时，通常我们希望恢复到灾难之前的时间点，而不是恢复到最近的时间点。

下面我们通过一个实验了解恢复到指定时间点的方法。当前数据表中有以下这些数据：

```
mydb=# SELECT id,ival,description,created_time FROM tbl ORDER BY created_time
DESC;
    id | ival | description |          created_time
-------+------+-------------+-------------------------------
     3 |    3 |             | 2018-02-28 12:20:05.003997+08
     2 |    2 |             | 2018-02-28 12:14:05.248928+08
     1 |    1 |             | 2018-02-28 12:13:59.472933+08
(3 rows)
mydb=# SELECT current_timestamp;
       current_timestamp
-------------------------------
    2018-02-28 15:12:12.185701+08
(1 row)
```

模拟一个误操作的故障，假设运行了一条没有 WHERE 条件的 DELETE 操作，导致所有数据被删除，如下所示：

```
mydb=# DELETE FROM tbl;
DELETE 3
mydb=# SELECT id,ival,description,created_time FROM tbl ORDER BY created_time DESC;
    id | ival | description | created_time
-------+------+-------------+--------------
(0 rows)
```

需要恢复到 current_timestamp 这个时间点之前，那么我们只需要取出基础备份，将 recovery.conf 配置为：

```
restore_command = '/usr/bin/lz4 -d /pgdata/10/archive_wals/%f.lz4 %p'
recovery_target_time = '2018-02-28 15:12:12.185701+08'
```

然后启动数据库进入恢复状态，观察日志，如下所示：

```
2018-02-28 15:19:42.025 CST,,,16251,,5a96580e.3f7b,2,,2018-02-28 15:19:42CST,,
    0,LOG,00000, "starting point-in-time recovery to 2018-02-28 15:12:12.185701+
```

```
    08",,,,,,,,,""
2018-02-28  15:19:42.203  CST,,,16251,,5a96580e.3f7b,9,,2018-02-28  15:19:42
    CST,1/0,0,LOG,00000,"selected new timeline ID: 4",,,,,,,,,""
...
...
...
2018-02-28  15:19:42.678  CST,,,16249,,5a96580d.3f79,3,,2018-02-28  15:19:41
    CST,,0,LOG,00000,"database system is ready to accept connections",,,,,,,,,""
```

以上步骤结束后，校验误删除的数据是否已经恢复，如下所示：

```
mydb=# SELECT id,ival,description,created_time FROM tbl ORDER BY created_time DESC;
   id | ival | description |         created_time
-------+------+-------------+-------------------------------
     3 |    3 |             | 2018-02-28 12:20:05.003997+08
     2 |    2 |             | 2018-02-28 12:14:05.248928+08
     1 |    1 |             | 2018-02-28 12:13:59.472933+08
(3 rows)
```

可以看到数据已经恢复到指定的时间点。

13.3.3 恢复到指定还原点

有时候我们会希望将数据恢复到某一个重要事件发生之前的状态，例如对表做了一些变更，希望恢复到变更之前。这种情况可以在重要事件发生时创建一个还原点，通过基础备份和归档恢复到事件发生之前的状态。

创建还原点的系统函数为：pg_create_restore_point，它的定义如下：

```
mydb=# \df pg_create_restore_point
                                   List of functions
   Schema    |          Name           | Result data type | Argument data types| Type
------------+-------------------------+------------------+--------------------+-------
   pg_catalog | pg_create_restore_point | pg_lsn           | text               | normal
(1 row)
```

下面我们通过一个小实验演示如何恢复到指定的还原点之前，实验过程中依然使用上述测试数据，首先查询当前表中的数据，如下所示：

```
mydb=# INSERT INTO tbl (ival) VALUES (4);
INSERT 0 1
mydb=# SELECT id,ival,description,created_time FROM tbl ORDER BY created_time DESC;
   id | ival | description |         created_time
-------+------+-------------+-------------------------------
     4 |    4 |             | 2018-02-28 15:21:21.960729+08
     3 |    3 |             | 2018-02-28 12:20:05.003997+08
     2 |    2 |             | 2018-02-28 12:14:05.248928+08
     1 |    1 |             | 2018-02-28 12:13:59.472933+08
(4 rows)
```

创建一个还原点，如下所示：

```
mydb=# SELECT pg_create_restore_point('restore_point');
   pg_create_restore_point
-------------------------
   0/C0000C8
(1 row)
```

接下来我们对数据做一些变更，并且 DROP 表中的一列，如下所示：

```
mydb=# DELETE FROM tbl WHERE id = 4;
DELETE 1
mydb=# ALTER TABLE tbl DROP COLUMN description;
ALTER TABLE
mydb=# SELECT * FROM tbl ORDER BY created_time DESC;
   id | ival |         created_time
-------+------+-------------------------------
    3 |    3 | 2018-02-28 12:20:05.003997+08
    2 |    2 | 2018-02-28 12:14:05.248928+08
    1 |    1 | 2018-02-28 12:13:59.472933+08
(3 rows)
```

下面进行恢复到名称为“restore_point”还原点的实验，如下所示：

```
[postgres@pghost1 /pgdata/10/data]$ /usr/pgsql-10/bin/pg_ctl -D /pgdata/10/data
    -mi stop
waiting for server to shut down.... done
server stopped
[postgres@pghost1 /pgdata/10/data]$
[postgres@pghost1 /pgdata/10/data]$ rm -rf *
[postgres@pghost1 /pgdata/10/data]$ tar -xf /pgdata/10/backups/base.tar.gz -C /
    pgdata/10/data/
[postgres@pghost1 /pgdata/10/data]$ cp /usr/pgsql-10/share/recovery.conf.sample
    /pgdata/10/data/recovery.conf
[postgres@pghost1 /pgdata/10/data]$ chmod 0600 /pgdata/10/data/recovery.conf
[postgres@pghost1 /pgdata/10/data]$ ll /pgdata/10/data/recovery.conf
-rw------- 1 postgres postgres 5762 Feb 13 01:07 /pgdata/10/data/recovery.conf
```

配置 recovery.conf，如下所示：

```
[postgres@pghost1 ~]$ vim /pgdata/10/data/recovery.conf
```

恢复到指定的还原点，需要配置 restore_command 和 recovery_target_name 参数，如下所示：

```
restore_command = '/usr/bin/lz4 -d /pgdata/10/archive_wals/%f.lz4 %p'
recovery_target_name = 'restore_point'
```

然后启动数据库进入恢复状态，观察日志，如下所示：

```
...
...
...
2018-02-28 16:28:33.396 CST,,,32457,,5a966831.7ec9,2,,2018-02-28 16:28:33
    CST,,0,LOG,00000,"starting point-in-time recovery to ""restore_
```

```
    point""",,,,,,,,,""
...
...
...
2018-02-28 16:28:33.450 CST,,,32455,,5a966830.7ec7,2,,2018-02-28 16:28:32
    CST,,0,LOG,00000,"database system is ready to accept read only
    connections",,,,,,,,,""
...
...
...
2018-02-28 16:28:33.985 CST,,,32455,,5a966830.7ec7,3,,2018-02-28 16:28:32
    CST,,0,LOG,00000,"database system is ready to accept connections",,,,,,,,,""
...
...
...
```

启动结束后进行校验，如下所示：

```
mydb=# SELECT * FROM tbl ORDER BY created_time DESC;
    id | ival | description |          created_time
-------+------+-------------+-------------------------------
     4 |    4 |             | 2018-02-28 15:21:21.960729+08
     3 |    3 |             | 2018-02-28 12:20:05.003997+08
     2 |    2 |             | 2018-02-28 12:14:05.248928+08
     1 |    1 |             | 2018-02-28 12:13:59.472933+08
(4 rows)
```

可以看到数据已经恢复到指定的还原点：restore_point。

13.3.4 恢复到指定事务

PostgreSQL 还提供了一种可以恢复到指定事务的方法，下面我们通过一个小实验演示如何将数据库恢复到指定的事务之前的状态。

当前数据库中数据的状态如下：

```
mydb=# SELECT * FROM tbl ORDER BY created_time DESC;
    id | ival | description |          created_time
-------+------+-------------+-------------------------------
     4 |    4 |             | 2018-02-28 15:21:21.960729+08
     3 |    3 |             | 2018-02-28 12:20:05.003997+08
     2 |    2 |             | 2018-02-28 12:14:05.248928+08
     1 |    1 |             | 2018-02-28 12:13:59.472933+08
(4 rows)
```

我们开启一个事务，删除其中的一些数据，如下所示：

```
mydb=# BEGIN;
BEGIN
mydb=# SELECT txid_current();
   txid_current
--------------
```

```
        561
(1 row)
mydb=# DELETE FROM tbl WHERE id > 1;
DELETE 3
mydb=# END;
COMMIT
```

事务结束后，数据库中数据的状态如下：

```
mydb=# SELECT * FROM tbl ORDER BY created_time DESC;
   id | ival | description |          created_time
-------+------+-------------+-------------------------------
     1 |    1 |             | 2018-02-28 12:13:59.472933+08
(1 row)
```

通过事务中反馈的信息可以知道当前事务的 xid 为 561。下面进行恢复到事务 561 之前的实验，恢复基础备份，省略准备 recovery.conf 文件的步骤。配置 recovery.conf 如下：

```
restore_command = '/usr/bin/lz4 -d /pgdata/10/archive_wals/%f.lz4 %p'
recovery_target_xid = 561
```

恢复到指定的事务，需要配置 restore_command 和 recovery_target_xid 参数，然后启动数据库进入恢复状态，观察日志，如下所示：

```
...
...
...
2018-02-28  18:06:55.830  CST,,,7036,,5a967f3f.1b7c,2,,2018-02-28  18:06:55
    CST,,0,LOG,00000,"starting point-in-time recovery to XID 561",,,,,,,,,""
      2018-02-28  18:06:56.003  CST,,,7036,,5a967f3f.1b7c,9,,2018-02-28  18:06:55
CST,1/0,0,LOG,00000,"selected new timeline ID: 7",,,,,,,,,""
...
...
...
2018-02-28  18:06:55.883  CST,,,7033,,5a967f3e.1b79,2,,2018-02-28  18:06:54
    CST,,0,LOG,00000,"database system is ready to accept read only
    connections",,,,,,,,,""
...
...
...
```

恢复过程结束后，校验数据，如下所示：

```
mydb=# SELECT * FROM tbl ORDER BY created_time DESC;
   id | ival | description |          created_time
-------+------+-------------+-------------------------------
     4 |    4 |             | 2018-02-28 15:21:21.960729+08
     3 |    3 |             | 2018-02-28 12:20:05.003997+08
     2 |    2 |             | 2018-02-28 12:14:05.248928+08
     1 |    1 |             | 2018-02-28 12:13:59.472933+08
(4 rows)
```

可以看到数据已经恢复到指定的事务之前的状态。

13.3.5 恢复到指定时间线

前几小节已经讨论了恢复到最近时间点、恢复到指定时间点、恢复到指定还原点以及恢复到指定事务。在 13.3.1 节中，我们提到了一个参数：recovery_target_timeline。下面我们来认识 timeline：时间线，并进行一个恢复到指定时间线的实验。

当数据库初始化时，initdb 创建的原始数据目录的 TimeLineID 为 1。进行初始化并查看它的 TimeLineID，如下所示：

```
[postgres@pghost1 ~]$ /usr/pgsql-10/bin/initdb -D /pgdata/10/data
...
...
...
[postgres@pghost1 ~]$ /usr/pgsql-10/bin/pg_controldata /pgdata/10/data | grep
    TimeLineID
Latest checkpoint's TimeLineID:       1
Latest checkpoint's PrevTimeLineID:   1
```

每进行一次恢复，TimeLineID 将加 1。将刚才初始化的数据进行一次备份，模拟一些操作并进行一次恢复，恢复之后再查看它的 TimeLineID，如下所示：

```
mydb=# INSERT INTO tbl (ival,description) VALUES (1,'完成数据初始化');
INSERT 0 1
mydb=# INSERT INTO tbl (ival,description) VALUES (2,'第一次备份前');
INSERT 0 1
mydb=# SELECT id,ival,description,created_time FROM tbl;
    id | ival |  description   |          created_time
-------+------+----------------+-------------------------------
     1 |    1 | 完成数据初始化 | 2018-02-28 21:23:41.881687+08
     2 |    2 | 第一次备份前   | 2018-02-28 21:24:25.07764+08
(2 rows)
mydb=# SELECT pg_switch_wal();
    pg_switch_wal
---------------
    0/167D4D8
(1 row)
```

查看 pg_wal 目录和归档目录，如下所示：

```
[postgres@pghost1 ~]$ ll -h /pgdata/10/data/pg_wal/
total 33M
-rw------- 1 postgres postgres  16M Feb 28 21:29 000000010000000000000001
-rw------- 1 postgres postgres  16M Feb 28 21:29 000000010000000000000002
drwx------ 2 postgres postgres 4.0K Feb 28 21:29 archive_status
[postgres@pghost1 ~]$ ll -h /pgdata/10/data/pg_wal/archive_status/
total 0
-rw------- 1 postgres postgres 0 Feb 28 21:29 000000010000000000000001.done
```

```
[postgres@pghost1 ~]$ ll -h /pgdata/10/archive_wals/
total 2.3M
-rw------- 1 postgres postgres 2.3M Feb 28 21:29 000000010000000000000001.lz4
```

数据初始化之后，执行了一次 pg_switch_wal 手动切换了 WAL 文件段，所以归档目录已经有了第一个预写日志段，目前在 pg_wal 目录中只有预写日志文件和 archive_status 目录。

开始执行第一次备份及恢复，备份和恢复的过程略，恢复结束后，再次查看它的 TimeLineID，如下所示：

```
[postgres@pghost1 ~]$ /usr/pgsql-10/bin/pg_controldata /pgdata/10/data | grep
    TimeLineID
Latest checkpoint's TimeLineID:       2
Latest checkpoint's PrevTimeLineID:   1
```

分别查看 pg_wal 目录和归档目录，如下所示：

```
[postgres@pghost1 ~]$ ll -h /pgdata/10/data/pg_wal/
total 33M
-rw------- 1 postgres postgres  16M Feb 28 22:19 000000010000000000000003
-rw------- 1 postgres postgres  16M Feb 28 22:21 000000020000000000000004
-rw------- 1 postgres postgres   41 Feb 28 22:19 00000002.history
drwx------ 2 postgres postgres 4.0K Feb 28 22:19 archive_status
[postgres@pghost1 ~]$ ll -h /pgdata/10/data/pg_wal/archive_status/
total 0
-rw------- 1 postgres postgres 0 Feb 28 21:33 000000010000000000000003.done
-rw------- 1 postgres postgres 0 Feb 28 22:19 00000002.history.done
```

可以看到 pg_wal 目录中，除了 WAL 文件，还有一些后缀名为“.history”的文件，这些文件称为时间线文件，时间线文件用于区分原始数据库集群和恢复的数据库集群，是基于时间点恢复的最重要的概念。每个时间线都有一个相应的 TimeLineID，TimeLineID 是一个从 1 开始的 4 字节无符号整数。时间线文件的命名格式是“TimeLineID.history”，当前的 TimeLineID 为 2，时间线文件的名即为 00000002.history。

查看归档目录，可以看到时间线文件也会被归档，如下所示：

```
[postgres@pghost1 ~]$ ll -h /pgdata/10/archive_wals/
total 2.5M
-rw------- 1 postgres postgres 2.3M Feb 28 21:29 000000010000000000000001.lz4
-rw------- 1 postgres postgres  78K Feb 28 21:33 000000010000000000000002.lz4
-rw------- 1 postgres postgres  216 Feb 28 21:33 000000010000000000000003.000000
    28.backup.lz4
-rw------- 1 postgres postgres  78K Feb 28 21:33 000000010000000000000003.lz4
-rw------- 1 postgres postgres   60 Feb 28 22:19 00000002.history.lz4
```

插入一些测试数据作为下一步恢复的标记数据，如下所示：

```
mydb=# INSERT INTO tbl (ival,description) VALUES (3,'第一次恢复完成');
INSERT 0 1
mydb=# INSERT INTO tbl (ival,description) VALUES (4,'恢复时间点');
INSERT 0 1
mydb=# SELECT id,ival,description,created_time FROM tbl;
```

```
    id | ival |  description   |          created_time
-------+------+----------------+-------------------------------
     1 |    1 | 完成数据初始化  | 2018-02-28 21:23:41.881687+08
     2 |    2 | 第一次备份前    | 2018-02-28 21:24:25.07764+08
     3 |    3 | 第一次恢复完成  | 2018-02-28 22:21:03.68966+08
     4 |    4 | 恢复时间点      | 2018-02-28 23:01:58.253911+08
(4 rows)
```

再做一次恢复，改变时间线，这时恢复到时间线的是最后一个时间线，并且是最近的时间点，但我们期望恢复到上述插入时间的“4 | 4 | 恢复时间点 | 2018-02-28 23:01:58.253911+08”这条记录之前，那么就需要指定 recovery_target_timeline 参数为 2，并指定恢复的时间点，recovery.conf 的配置如下：

```
restore_command = '/usr/bin/lz4 -d /pgdata/10/archive_wals/%f.lz4 %p'
recovery_target_timeline = 2
recovery_target_time = '2018-02-28 23:00:00'
```

检查恢复后的数据，如下所示：

```
mydb=# SELECT id,ival,description,created_time FROM tbl;
    id | ival |  description   |          created_time
-------+------+----------------+-------------------------------
     1 |    1 | 完成数据初始化  | 2018-02-28 21:23:41.881687+08
     2 |    2 | 第一次备份前    | 2018-02-28 21:24:25.07764+08
     3 |    3 | 第一次恢复完成  | 2018-02-28 22:21:03.68966+08
(3 rows)
```

可以看到已经恢复到时间线 2 的指定时间点。

13.4 SQL 转储和文件系统级别的备份

上一节我们讨论了连续归档增量备份的方法和几种不同的恢复形式。还有一些日常的备份和恢复的场景，则需要使用其他的备份方式作为增量备份的补充。

例如需要将 PostgreSQL 数据库中的某些表的数据迁移到其他的关系型数据库中。这些备份方式有 SQL 转储和文件系统级别的备份，下面分别进行讨论。

13.4.1 SQL 转储

简单来讲，SQL 转储就是将数据对象通过工具输出到由 SQL 命令组成的文件中，也可以称为转储数据，PostgreSQL 提供了 pg_dump 和 pg_dumpall 工具进行 SQL 转储，这两个工具都不会阻塞其他数据库请求。pg_dump 和 pg_dumpall 的用法大致相同，只是 pg_dump 只能转储单个数据库，如果需要转储数据库的全局对象，则使用 pg_dumpall。

1. pg_dump 和 pg_dumpall 的用法

pg_dump 的语法如下：

```
pg_dump dumps a database as a text file or to other formats.
Usage:
    pg_dump [OPTION]... [DBNAME]
```

pg-dump 常用的 OPTION 可选项有：

```
-F, --format=c|d|t|p
```

这个参数选择 dump 输出的文件格式，可选的值有：

- c 输出一个自定义的格式
- d 将表和其他对象输出为文件，并保存在一个目录中
- t 输出为 tar 包
- p 输出为纯文本 SQL 脚本

```
-j, --jobs=NUM
```

当使用目录输出格式（F 参数的值为 d）时，可以同时开始多少个表进行 dump。

```
-a, --data-only
```

只 dump 表中的数据。

```
-c, --clean
```

在重建前先 DROP 准备重建的对象。

```
-C, --create
```

包含创建 Database 的命令。

```
-n, --schema=SCHEMA
-N, --exclude-schema=SCHEMA
```

指定 Schema 或排除指定的 Schema。

```
-s, --schema-only
-t, --table=TABLE
-T, --exclude-table=TABLE
```

这三个参数指定转储包含或排除的 Schema 和表。

```
--inserts                    dump data as INSERT commands, rather than COPY
--column-inserts             dump data as INSERT commands with column names
```

默认的，pg_dump 输出的 SQL 文件内使用 PostgreSQL 特有的 COPY 命令，可以使用这两个参数指定转储出的 SQL 文件使用 INSERT 命令。使用 INSERT 命令通过逐行插入数据的恢复方式会比较缓慢，但用于非 PostgreSQL 的异构数据库是非常有用的。这里要注意，一般使用 --insert 参数时，也应该使用 --column-inserts 参数使得输出的 INSERT 语句明确指定列名称，如果没有明确指定列的名称，当字段顺序重新进行了排列时可能不能正确恢复数据。

例如从数据库中转储出指定的表，并指定输出的SQL文件使用INSERT命令，如下所示：

```
[postgres@pghost1 ~]$ /usr/pgsql-10/bin/pg_dump -Fp -a --insert --column-inserts
    -t tbl -p 1921 mydb > dump.sql
[postgres@pghost1 ~]$ cat dump.sql
--
-- PostgreSQL database dump
--
-- Dumped from database version 10.2
-- Dumped by pg_dump version 10.2
SET statement_timeout = 0;
...
...
...
SET search_path = public, pg_catalog;
--
-- Data for Name: tbl; Type: TABLE DATA; Schema: public; Owner: postgres
--
INSERT INTO tbl (id, ival, description, created_time) VALUES (1, 1, '完成数据初始化
    ', '2018-02-28 21:23:41.881687+08');
INSERT INTO tbl (id, ival, description, created_time) VALUES (2, 2, '第一次备份前',
    '2018-02-28 21:24:25.07764+08');
INSERT INTO tbl (id, ival, description, created_time) VALUES (3, 3, '第一次恢复完成
    ', '2018-02-28 22:21:03.68966+08');
--
-- Name: tbl_id_seq; Type: SEQUENCE SET; Schema: public; Owner: postgres
--
SELECT pg_catalog.setval('tbl_id_seq', 36, true);
--
-- PostgreSQL database dump complete
--
```

pg_dumpall的用法和参数与pg_dump大致相同，但可以转储出数据库中的全局对象，例如所有数据库用户，如下所示：

```
[postgres@pghost1 ~]$ /usr/pgsql-10/bin/pg_dumpall -r -p 1921
--
-- PostgreSQL database cluster dump
--
SET default_transaction_read_only = off;
SET client_encoding = 'UTF8';
SET standard_conforming_strings = on;
--
-- Roles
--
CREATE ROLE postgres;
ALTER ROLE postgres WITH SUPERUSER INHERIT CREATEROLE CREATEDB LOGIN REPLICATION
    BYPASSRLS;
--
```

```
-- PostgreSQL database cluster dump complete
--
```

2. SQL 转储的恢复

当转储的格式是纯文本形式时，使用 psql 运行转储出的 SQL 文本即可。例如：

```
[postgres@pghost1 ~]$ /usr/pgsql-10/bin/psql -p 1922 mydb < dump.sql
```

当转储格式指定为自定义格式时，需要使用 pg_restore 命令进行恢复，例如：

```
[postgres@pghost1 ~]$ /usr/pgsql-10/bin/pg_dump -Fc -p 1922 mydb > custom.dat
```

恢复时使用 pg_restore 命令，如下所示：

```
[postgres@pghost1 ~]$ /usr/pgsql-10/bin/pg_restore -p 1922 -d mydb custom.dat
```

pg_dump、pg_dump 和 pg_restore 的参数众多，但恢复方法却非常简单，这里就不一一赘述了。

13.4.2 文件系统级别的备份

文件系统级别的备份就很简单了，只要停掉运行中的数据库，并将数据目录包括表空间使用 cp、tar、nc 等命令创建一份副本，保存在合适的地方即可。它与转储方式较大的不同在于转储方式不需要停掉运行中的数据库，而文件系统级别的备份如果在运行状态进行备份，将会得到一个不一致的备份集；并且文件系统级别的备份通常只能备份整个数据库，而转储方式则要灵活很多，可以按需备份，还可以方便地对超大的备份集进行分割，具体使用何种备份方式可根据实际需要进行选择。

13.5 本章小结

备份和恢复是数据库管理中非常重要的工作，本文通过一些简单的例子讲解了转储、文件系统级别方式的备份以及增量备份的备份方式，介绍了恢复到最近状态、指定时间点、指定时间线、指定还原点等多种恢复方式，并对备份和恢复的策略提出了一些建议。还有一些优秀的开源、免费工具，例如 pg_rman、pg_backrest 等，可以帮助数据库管理员完成较复杂的备份和恢复策略，在这里没有涉及太多内容，有兴趣的读者可以进行研究使用。大家应该通过这些备份方式的组合，配合备份策略进行周密的备份，并且周期性地进行恢复测试，保证数据的安全。

Chapter 14 第14章

高 可 用

制定数据库高可用方案是DBA的主要工作之一，熟悉Oracle的朋友应该了解Oracle常用的高可用方案为RAC，RAC高可用方案使用两台或两台以上物理机加共享存储实现，PostgreSQL现阶段不支持类似RAC的方案，但可以结合PostgreSQL流复制制定高可用方案，第12章中详细介绍了流复制相关内容。

PostgreSQL流复制主要有两种模式：同步流复制和异步流复制，在同步流复制模式中，主库上提交的事务会等待至少一个备库接收WAL日志流并发回确认信息后主库才向客户端返回成功，因此同步流复制模式下主库、备库的数据理论上是完全一致的，这种模式下高可用方案只需提供一个VIP（virtual ip）做高可用IP，通常这个VIP绑定在主库主机上，当主库异常时，将VIP飘移到备库主机上即可，同步流复制写性能损耗较大，生产环境很少使用同步流复制环境，特别是只有一主一备的环境，因为同步流复制备库宕机时，主库的写操作将被阻塞，相当于多了一个故障点，因此本章中介绍的高可用方案都是基于异步流复制模式。

异步流复制模式中，主库上提交的事务不会等待备库接收WAL日志流并发回确认信息后主库才向客户端返回成功，因此异步流复制模式下主库、备库的数据存在一定延迟，延迟的时间受主库压力、主备库主机性能、网络带宽影响，当主库不是很忙并且主备库主机压力不是很大时，主备数据延迟通常能在毫秒级，因此，基于异步流复制制定高可用方案时需要考虑主备数据延迟的因素，例如可以设置一个主备延迟阀值，当主库宕机时，只有当备库的延迟时间在指定阀值内才做主备切换，这方面属于主备切换规则问题，可根据实际应用场景进行定义设置。

本章介绍两种PostgreSQL高可用方案，一种是基于Pgpool-II+异步流复制方案，一种是基于Keepalived+异步流复制方案。

14.1 Pgpool-II+ 异步流复制实现高可用

本节介绍基于 Pgpool-II 和异步流复制的高可用方案，Pgpool-II 是一款数据库中间件，已经有十几年的历史，作者为来自日本的石井达夫，下面介绍 Pgpool-II 的主要特性，为了描述方便，后续将 Pgpool-II 简称为 pgpool。

- **连接池**：pgpool 提供连接池功能，降低建立连接带来的开销，同时增加系统的吞吐量。
- **负载均衡**：如果数据库运行在复制模式或主备模式下，SELECT 语句运行在集群中任何一个节点都能返回一致的结果，pgpool 能将查询语句分发到集群的各个数据库中，从而提升系统的吞吐量，负载均衡适用于只读场景。
- **高可用**：当集群中的主库不可用时，pgpool 能够探测到并且激活备库，实现故障转移。
- **复制**：pgpool 可以管理多个 PostgreSQL 数据库，这是 pgpool 内置的复制特性，也可以使用外部复制方式，例如 PostgreSQL 的流复制等。

本章主要测试 pgpool 提供的高可用功能，pgpool 提供的连接池、负载均衡、pgpool 内置复制功能本书不一一介绍，有兴趣的朋友可参考 pgpool 官网文档自行测试。

值得一提的是 pgpool 的运行模式有以下四种，pgpool 运行时这四种模式之间不能在线切换。

- **流复制模式**：使用 PostgreSQL 流复制方式，PostgreSQL 流复制负责 pgpool 后端数据库数据同步，对应的配置文件为 $prefix/etc/pgpool.conf.sample-stream，这种模式支持负载均衡。
- **主备模式**：使用第三方工具 Slony 对 pgpool 后端数据库进行数据同步，不推荐这种方式，除非有特别的理由使用 Slony，配置文件为 $prefix/etc/pgpool.conf.sample-master-slave，这种模式支持负载均衡。
- **内置复制模式**：这种模式下 pgpool 负责后端数据库数据同步，pgpool 节点上的写操作需等待所有后端数据库将数据写入后才向客户端返回成功，是强同步复制方式，配置文件为 $prefix/etc/pgpool.conf.sample-replication.，这种模式支持负载均衡。
- **原始模式**：这种模式 pgpool 不负责后端数据库数据同步，数据库的数据同步由用户负责，对应配置文件为 $prefix/etc/pgpool.conf.sample，这种模式不支持负载均衡。

Pgpool 官方推荐流复制模式，另外三种模式使用较少，本节的测试也是基于这种模式。

本节测试环境为两台物理机，并且预先部署好了 PostgreSQL 异步流复制，关于异步流复制的部署可参阅 12.1 节，测试环境详见表 14-1。

表 14-1 pgpool+ 异步流复制实验环境

主 机 名	组 件	IP 地址	端 口	版 本	VIP
pghost4	主库	192.168.26.57	1921	PostgreSQL10	192.168.26.72
	pgpool 主	192.168.26.57	9999	Pgpool-II 3.6.6	
pghost5	备库	192.168.26.58	1921	PostgreSQL10	
	pgpool 备	192.168.26.58	9999	Pgpool-II 3.6.6	

14.1.1 pgpool 部署架构图

pgpool 架构如图 14-1 所示。

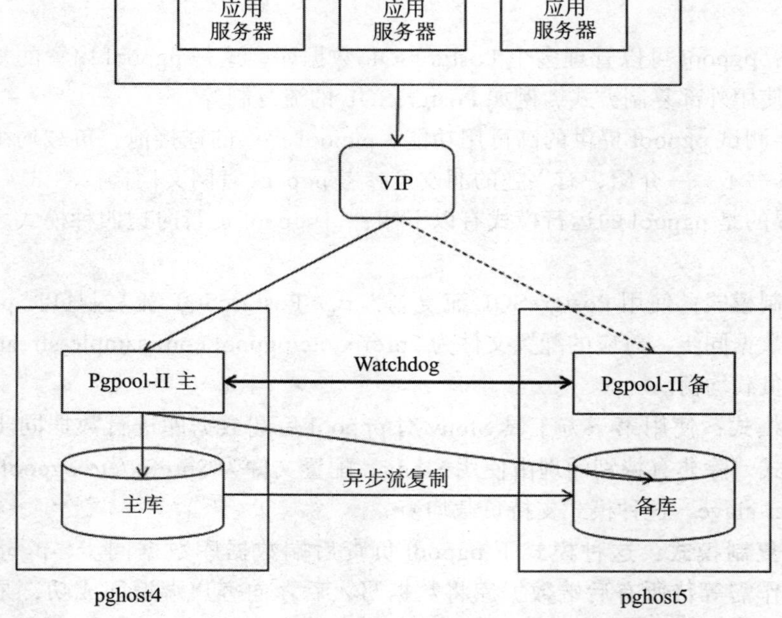

图 14-1 pgpool 部署架构图

pghost4 和 pghost5 部署异步流复制，其中 pghost4 部署流复制主库，pghost5 部署流复制备库，同时 pgpool 主进程部署在 pghost4 上，pgpool 备进程部署在 pghost5 上，两者通过看门狗（watchdog）进行通信，以上是此方案的初始环境，当发生故障转移时以上组件角色会发生切换。

watchdog 是 pgpool 的核心组件，watchdog 在 pgpool 方案中扮演非常重要的角色，当启动 pgpool 时会启动 watchdog 子进程，主要作用为：

- ❑ 和 pgpool 后端 PostgreSQL 数据库节点以及远程 pgpool 节点进行通信。
- ❑ 对远程 pgpool 节点是否存活进行检查。

- 当 watchdog 子进程启动时，对本地 pgpool 的配置和远程 pgpool 的配置参数进行检查，并且输出本地和远程 pgpool 不一致的参数。
- 当 pgpool 主节点宕机时，watchdog 集群将选举出新的 watchdog 主节点。
- 当 pgpool 备节点激活成主节点时，watchdog 负责将 VIP 飘移到新的 pgpool 节点。

14.1.2 pgpool 部署

pgpool 官网下载最新版本 Pgpool-II 3.6.6，可以下载 RPM 包，也可以下载源码，我们使用源码安装方式，下载源码地址为 http://www.pgpool.net/download.php?f=pgpool-II-3.6.6.tar.gz。

pghost4 和 pghost5 解压安装包 pgpool-II-3.6.6.tar.gz，如下所示：

```
# tar xvf pgpool-II-3.6.6.tar.gz
```

编译安装如下：

```
# ./configure --prefix=/opt/pgpool --with-pgsql=/opt/pgsql
# make
# make install
```

安装完成后，/opt/pgpool 目录下生成了相应文件，如下所示：

```
[root@pghost4 etc]# ll /opt/pgpool/
total 20
drwxr-xr-x 2 root root 4096 Oct  4 14:39 bin
drwxr-xr-x 2 root root 4096 Oct  4 19:13 etc
drwxr-xr-x 2 root root 4096 Oct  4 14:39 include
drwxr-xr-x 2 root root 4096 Oct  4 14:39 lib
drwxr-xr-x 3 root root 4096 Oct  4 14:39 share
```

其中 /opt/pgpool/bin 目录下存放 pgpool 相关命令脚本，例如 pgpool、pg_md5、pcp_attach_node 等，/opt/pgpool/etc 目录存储配置文件模板，例如 pcp.conf.sample、pgpool.conf.sample-stream 等配置文件模板。

计划以 root 操作系统用户进行 pgpool 的配置，并且将软件目录设置为 /opt/pgpool，pgpool 涉及的配置工作较多，下面逐一介绍。

1. pghost4、pghost5 节点配置 /etc/hosts

两节点 /etc/hosts 文件中写入以下内容：

```
192.168.26.57 pghost4
192.168.26.58 pghost5
```

2. 配置 pghost4、pghost5 节点互信（可选）

如果以 root 用户运行 pgpool，这步操作可省略，如果以普通用户运行 pgpool，由于 pgpool 故障后触发 failover_command 参数配置的脚本时可能需要 ssh 到远程主机，因此需要配置互信。

下面在 pghost4 和 pghost5 上配置 postgres 操作系统用户互信，首先在 pghost4 上执行以下操作：

```
# su - postgres
$ ssh-keygen
$ ssh-copy-id postgres@pghost5
```

之后在 pghost4 主机上测试以 postgres 操作系统账号是否可以免密码 ssh 到 pghost5，如下所示：

```
ssh postgres@pghost5
```

以上测试正常后，在 pghost5 上也做同样的互信配置。

为了操作方便，本章内容将以 root 运行 pgpool。

3. pghost4、pghost5 节点配置 pool_hba.conf 配置文件

大家知道 PostgreSQL 提供了 $PGDATA/pg_hba.conf 文件，可以设置应用连接策略，pgpool 方案中由于应用服务器不是直接连接到 PostgreSQL 数据库，而是先连接到 pgpool，pgpool 再连接到后端数据库，因此需要在 pgpool 层面对连接进行策略设置，好在 pgpool 支持这一功能。

从模板目录中复制 pool_hba.conf.sample 模板文件，并命名为 pool_hba.conf，如下所示：

```
# cd /opt/pgpool/etc
# cp pool_hba.conf.sample pool_hba.conf
```

之后在 pool_hba.conf 文件中加入以下内容，建议后端 PostgreSQL 数据库的 pg_hba.conf 配置和 pool_hba.conf 的配置一致，包括密码认证方式。

```
host   replication     repuser      192.168.26.57/32          md5
host   replication     repuser      192.168.26.58/32          md5
host   replication     repuser      192.168.26.72/32          md5
host   all      all    0.0.0.0/0       md5
```

4. pghost4、pghost5 节点配置 pool_passwd 配置文件

如果 pgpool 使用了 MD5 密码认证方式，pgpool 需要配置 pool_passwd 密码配置文件，pool_passwd 文件格式如下所示：

```
username: encrypted_passwd
```

此文件默认情况下不存在，pgpool 提供 pg_md5 命令生成并配置此文件，例如：

```
# pg_md5 -u postgres -m postgres123
```

pg_md5 命令表示生成指定用户的 MD5 密码，并将 MD5 密码保存在 pool_passwd 文件中，如下所示：

```
# cat pool_passwd
postgres:md5163311300b0732b814a34aabfdfffe62
```

从安全角度考虑，以上内容暴露了超级用户 postgres 的明文密码，也可以通过另一种

方式配置 pool_passwd 文件，如下所示：

```
postgres=# SELECT rolpassword FROM pg_authid WHERE rolname='postgres';
           rolpassword
-------------------------------------
 md5163311300b0732b814a34aabfdfffe62
(1 row)
```

之后将 postgres 用户名和以上 MD5 密码写入 pool_passwd 文件，并且用冒号分隔。

5. pghost4、pghost5 节点配置 pgpool.conf 配置文件

首先从目录 /opt/pgpool/etc 中获取模板，如下所示。

```
# cd /opt/pgpool/etc
# cp pgpool.conf.sample-stream  pgpool.conf
```

pgpool.conf 参数配置很多，以下分模块介绍主要配置参数。

pgpool 连接参数配置如下：

```
listen_addresses = '*'
port = 9999
```

- listen_addresses：pgpool 监听设置，* 表示监听所有连接。
- port = 9999：pgpool 的监听端口，默认为 9999。

pgpool 后端 PostgreSQL 节点配置参数如下所示，配置了 pghost4、pghost5 两个节点，后端数据库节点编号从 0 开始，后续依次加 1。

```
backend_hostname0 = 'pghost4'
backend_port0 = 1921
backend_data_directory0 = '/data1/pg10/pg_root'
backend_flag0 = 'ALLOW_TO_FAILOVER'
backend_hostname1 = 'pghost5'
backend_port1 = 1921
backend_data_directory1 = '/data1/pg10/pg_root'
backend_flag1 = 'ALLOW_TO_FAILOVER'
```

- backend_hostname0：配置后端 PostgreSQL 节点 0 的主机名或 IP。
- backend_port0：配置 PostgreSQL 节点 0 的端口。
- backend_data_directory0：配置 PostgreSQL 节点 0 的数据目录。
- backend_flag0：设置后端数据库节点的行为，默认为 ALLOW_TO_FAILOVER，表示允许故障转移。
- backend_hostname1：配置后端 PostgreSQL 节点 1 的主机名或 IP。
- backend_port1：配置 PostgreSQL 节点 1 的端口。
- backend_data_directory1：配置 PostgreSQL 节点 1 的数据目录。
- backend_flag1：设置后端数据库节点的行为，默认为 ALLOW_TO_FAILOVER，表示允许故障转移。

pgpool 认证配置如下所示：

```
enable_pool_hba = on
pool_passwd = 'pool_passwd'
```

- ❑ enable_pool_hba：表示 pgpool 启用 pool_hba.conf。
- ❑ pool_passwd ：设置 MD5 认证的密码文件，默认为 pool_passwd。

pgpool 日志配置，pid 文件配置如下所示：

```
log_destination = 'syslog'
pid_file_name = '/opt/pgpool/pgpool.pid'
```

- ❑ log_destination ：pgpool 支持两种类型日志输出，stderr 和 syslog，这里设置成 syslog，/var/log/message 系统日志里会显示 pgpool 日志。
- ❑ pid_file_name：pgpool 进程的 PID 文件。

pgpool 负载均衡配置，如下所示：

```
load_balance_mode = off
```

load_balance_mode 表示是否开启 pgpool 的负载均衡，如果开启此参数，SELECT 语句会被 pgpool 分发到流复制备库上，这里不开启。

pgpool 的复制模式设置和流复制检测配置，如下所示：

```
# pgpool 复制模式配置和复制检测
master_slave_mode = on
master_slave_sub_mode = 'stream'
sr_check_period = 10
sr_check_user = 'repuser'
sr_check_password = 're12a345'
sr_check_database = 'postgres'
delay_threshold = 10000000
```

- ❑ master_slave_mode：是否启用主备模式，默认为 off，设置成 on。
- ❑ master_slave_sub_mode ：设置主备模式，可选项为 slony 或 stream，slony 表示使用 slony 复制模式，stream 表示使用 PostgreSQL 内置的流复制模式，这里设置成 stream。
- ❑ sr_check_period：流复制延时检测的周期，默认为 10 秒。
- ❑ sr_check_user：流复制延时检测使用的数据库用户。
- ❑ sr_check_database：流复制延时检测时连接的数据库。
- ❑ delay_threshold ：当流复制备库延迟大于设置的 WAL 字节数时，pgpool 不会将 SELECT 语句分发到备库。

pgpool 可周期性地连接后端 PostgreSQL 节点进行健康检测，配置如下，分别表示检测的周期（秒单位）、检测的超时周期（秒为单位）、检测的数据库用户名、密码、数据库等信息。

```
health_check_period = 5
health_check_timeout = 20
health_check_user = 'repuser'
health_check_password = 're12a345'
health_check_database = 'postgres'
health_check_max_retries = 3
health_check_retry_delay = 3
```

设置故障转移脚本，如下所示：

```
failover_command = '/opt/pgpool/failover_stream.sh %d %P %H %R'
```

failover_command 表示设置故障转移的脚本，当 pgpool 主备实例或主机宕机时，触发此脚本进行故障转移，后面四个参数为 pgpool 系统变量，%d 表示宕机的节点 ID，%P 表示老的主库节点 ID，%H 表示新主库的主机名，%R 表示新主库的数据目录，后面会贴出 failover_stream.sh 脚本中的内容。

watchdog 配置参数，如下所示：

```
use_watchdog = on
wd_hostname = 'pghost4'
wd_port = 9000
wd_priority = 1
```

- use_watchdog：是否启用 watchdog，默认为 off。
- wd_hostname：watchdog 所在主机的 IP 地址或主机名，和相应 pgpool 位于同一主机。
- wd_port：watchdog 的端口号，默认为 9000。
- wd_priority：设置 watchdog 的优先级，当 pgpool 主节点服务通断后，优先级越高的 watchdog 将被选择成 pgpool 主节点，实验环境为一主一备，只有两个 pgpool 节点，此参数无影响。

VIP 设置相关参数，如下所示：

```
delegate_IP = '192.168.26.72'
if_cmd_path = '/sbin'
if_up_cmd = 'ip addr add $_IP_$/24 dev bond0 label bond0:1'
if_down_cmd = 'ip addr del $_IP_$/24 dev bond0'
```

- delegate_IP：设置 pgpool 的 VIP，pgpool 主节点上绑定这个 VIP，当 pgpool 主节点通断时，优先级高的 pgpool 备节点切换成 pgpool 主节点并接管 VIP。
- if_cmd_path：设置启动和关闭 VIP 命令的路径。
- if_up_cmd：设置启动 VIP 的命令，使用 ip addr add 命令启动一个 VIP，由于 pghost4、pghost5 使用的网络设备名称为 bond0，因此将 VIP 的网络设备别名设置为 bond0:1，一块物理网卡上可以绑定多个 IP。
- if_down_cmd：设置关闭 VIP 的命令，使用 ip addr del 命令。

watchdog 心跳设置参数如下所示：

```
heartbeat_destination0 = 'pghost5'     # 设置远程pgpool节点主机名或IP
heartbeat_destination_port0 = 9694    # 设置远程pgpool节点端口号
heartbeat_device0 = 'bond0'
```

- heartbeat_destination0：设置远程 pgpool 节点主机名或 IP，本地的 watchdog 心跳发往远程 pgpool 主机，heartbeat_destination 后的编号从 0 开始。
- heartbeat_destination_port0：设置远程 pgpool 节点的端口号，默认为 9694。
- heartbeat_device0：本地 pgpool 发送 watchdog 心跳的网络设备别名，这里使用的是 bond0。

watchdog 存活检查配置参数，如下所示：

```
wd_life_point = 3
wd_lifecheck_query = 'SELECT 1'
wd_lifecheck_dbname = 'postgres'
wd_lifecheck_user = 'repuser'
wd_lifecheck_password = 're12a345'
```

- wd_life_point：当探测 pgpool 节点失败后设置重试次数。
- wd_lifecheck_query：设置 pgpool 存活检测的 SQL。
- wd_lifecheck_dbname：设置 pgpool 存活检测的数据库。
- wd_lifecheck_user：设置 pgpool 存活检测的数据库用户名。
- wd_lifecheck_password：设置 pgpool 存活检测的数据库用户密码。

远程 pgpool 连接信息设置，如下所示：

```
other_pgpool_hostname0 = 'pghost5'     # 设置远程pgpool节点主机名或IP
other_pgpool_port0 = 9999              # 设置远程pgpool节点端口号
other_wd_port0 = 9000                  # 设置远程pgpool节点watchdog端口号
```

- other_pgpool_hostname0：设置远程 pgpool 节点的主机名或 IP。
- other_pgpool_port0：设置远程 pgpool 节点的端口号。
- other_wd_port0：设置远程 pgpool 节点的 watchdog 端口号。

以上是 pgpool.conf 配置文件的主要参数配置，关于详细的参数解释和其他参数可参考 pgpool 官网手册 http://www.pgpool.net/docs/latest/en/html/runtime-config.html。

> 注意　pgpool 备节点的 pgpool.conf 和 pgpool 主节点大部分配置一致，以上参数中带 # 的参数除外，pgpool 备节点的这些参数设置需调整成远程 pgpool 节点。

/etc/pgpool-II/failover_stream.sh 脚本代码如下所示：

```
#! /bin/bash
# Execute command by failover.
# special values:  %d = node id
#                  %h = host name
#                  %p = port number
#                  %D = database cluster path
```

```
#                   %m = new master node id
#                   %M = old master node id
#                   %H = new master node host name
#                   %P = old primary node id
#                   %R = new master database cluster path
#                   %r = new master port number
#                   %% = '%' character

falling_node=$1          # %d
old_primary=$2           # %P
new_primary=$3           # %H
pgdata=$4                # %R
pghome=/opt/pgsql
log=/tmp/failover.log
date >> $log

# 输出变量到日志，方便此脚本出现异常时调试。
echo "falling_node=$falling_node" >> $log
echo "old_primary=$old_primary" >> $log
echo "new_primary=$new_primary" >> $log
echo "pgdata=$pgdata" >> $log

# 如果故障的数据库为主库并且执行脚本的操作系统用户为root
if [ $falling_node = $old_primary ] && [ $UID -eq 0 ]; then
# 切换动作分为本机激活备库或远程激活备库，以$PGDATA目录是否存在recovery.conf为判断依据
    if [ -f $pgdata/recovery.conf ]; then
        su postgres -c "$pghome/bin/pg_ctl promote -D $pgdata"
        echo "Local promote" >> $log
    else
         su postgres -c "ssh -T postgres@$new_primary $pghome/bin/pg_ctl promote
-D $pgdata"
        echo "Remote promote" >> $log
    fi
fi;
exit 0;
```

以上脚本大致和 pgpool 手册提供的模板相同，主要完善了两部分内容，首先增加了将变量输出到日志文件的代码，当 pgpool 进行主备切换异常时方便脚本调试，第二块是完善了切换逻辑，将切换动作分为本机切换和远程切换模式，如果 $PGDATA 目录下存在 recovery.conf 文件，则这个库为备库（判断逻辑不是非常严谨），这时本机激活备库即可，在下一小节时将进行 pgpool 切换测试，到时会用到这个脚本，以上脚本逻辑适合一主一备环境。

由于 pgpool 程序会调用 ip addr 命令给指定网络设备增加或删除 IP 地址，使用 root 维护 pgpool 程序方便些，给 root 用户配置环境变量，增加以下内容：

```
export PGPOOL_HOME=/opt/pgpool
export PATH=$PGPOOL_HOME/bin:$PATH:.
```

之后在 pghost4 上以 root 用户启动 pgpool，如下所示：

```
# pgpool
```

启动 pgpool 只需要执行 pgpool 命令即可，pgpool 可指定如下三个配置文件：

- -a, --hba-file：指定 pgpool 的 hba 文件，默认为 $prefix /etc/pool_hba.conf。
- -f, --config-file：指定 pgpool 的配置文件，默认为 $prefix /etc/pgpool.conf。
- -F, --pcp-file：指定 pgpool 的 pcp 配置文件，默认为 $prefix/etc/pcp.conf。

这三个文件都放在默认的 /opt/pgpool/etc 目录下，因此执行 pgpool 命令时使用默认配置即可。

如果调整了 pgpool.conf 的配置参数，不需要重启的参数可执行 reload 操作使配置生效，如下所示：

```
# pgpool reload
```

关闭 pgpool，执行以下命令：

```
# pgpool -m fast stop
```

pgpool 关闭有三种可选模式，分别是 smart、fast、immediate，smart 模式表示等待所有客户端连接断开后才关闭 pgpool，fast 和 immediate 模式无明显区别，表示立即关闭 pgpool，不会等待客户端断开连接，通常使用 fast 模式。

查看 pghost4 的系统日志 /var/log/messages，如果有报错信息根据报错提示进行修复，如果没有报错，将 pghost5 上的 pgpooll 也启动，同时观察 pghost5 上的 /var/log/messages 系统日志，如果没有报错，说明 pgpool 部署工作基本完成。

通过 VIP 连接到 pgpool 查看状态，如下所示：

```
[postgres@pghost4 ~]$ psql -h 192.168.26.72 -p 9999 postgres postgres
postgres=# show pool_nodes;
    node_id | hostname | port | status | lb_weight |  role    | select_cnt | load_
        balance_node | replication_delay
---------+---------+-----+-----+---------+--------+----------+----------------
    0     | pghost4  | 1921 | up   | -nan      | primary | 0          | true          | 0
    1     | pghost5  | 1921 | up   | -nan      | standby | 0          | false         | 0
(2 rows)
```

注意以上连接的是 pgpool，端口号为 9999。以上内容显示了 pgpool 后端数据库节点信息，status 表示节点状态，up 表示 pgpool 后端节点已启动，down 表示 pgpool 后端节点没有启动，role 字段表示节点的角色，primary 表示主库，standby 表示备库，node_id 为 0 的这条记录表示 pghost4 上的主节点，node_id 为 1 的这条记录表示 pghost5 上的备节点。

> 注意 此方案没有考虑一主从多从的切换，有兴趣朋友可以自行测试，比如主库关闭后，哪个备库会被激活。

14.1.3 PCP 管理接口配置

pgpool 提供一个用于管理 pgpool 的系统层命令行工具，例如查看 pgpool 节点信息、增加 pgpool 节点、断开 pgpool 节点等。

PCP 命令使用的用户属于 pgpool 层面，和 PostgreSQL 数据库中的用户没有关系，但 pcp 命令的用户名和 MD5 加密的密码必须首先在 pcp.conf 文件中定义，pcp.conf 文件格式如下所示：

```
# USERID:MD5PASSWD
```

USERID 表示用户名，MD5PASSWD 表示加密的密码，两个字段用冒号分隔。

计划增加一个名为 pgpool 的用户作为 PCP 的用户名，用来执行 PCP 命令，密码设置成 pgpool，使用 pg_md5 获取 MD5 密码，如下所示：

```
# pg_md5 pgpool
ba777e4c2f15c11ea8ac3be7e0440aa0
```

编写 pcp.conf 并加入以下行：

```
# USERID:MD5PASSWD
pgpool:ba777e4c2f15c11ea8ac3be7e0440aa0
```

PCP 相关命令有 pcp_node_info、pcp_watchdog_info、pcp_attach_node 等，例如执行 pcp_node_info 命令查看节点信息，如下所示：

```
$ pcp_node_info --verbose -h 192.168.26.72 -U pgpool 0
Hostname   : pghost4
Port       : 1921
Status     : 2
Weight     : nan
Status Name: up
```

以上显示节点编号为 0 的节点信息，Status 字段值有以下值：

- ❑ 0：此状态仅在初始化时出现，PCP 命令不会显示。
- ❑ 1：节点已启动，没有连接。
- ❑ 2：节点已启动，有连接。
- ❑ 3：节点已关闭。

另外，pcp_attach_node 命令在后面小节的高可用测试时会用到。

14.1.4 pgpool 方案高可用测试

前面完成了 pgpool 的部署，总体而言需要配置的地方较多，但并不复杂，这一小节将对此方案的高可用进行测试，分三个场景，如下所示：

- ❑ 场景一：测试 pgpool 程序的高可用，关闭 pgpool 主节点时，测试是否能实现故障转移。
- ❑ 场景二：关闭主库，测试备库是否激活并实现故障转移。
- ❑ 场景三：关闭主库主机，测试备库是否激活并实现故障转移。

场景一：测试 pgpool 程序的高可用，关闭 pgpool 主节点时，测试是否能实现故障转移。

pghost4 部署了 pgpool 主节点和流复制主库，pghost5 部署了 pgpool 备节点和流复制备库，这时 VIP 在 pghost4 上。

使用 pcp_watchdog_info 命令查看 pgpool 的 watchdog 集群信息，watchdog 是 pgpool 的核心组件，两者的主备关系是一致的，因此，可通过 watchdog 的主备判断 pgpool 的主备，如下所示：

```
[postgres@pghost4 ~]$ pcp_watchdog_info --verbose -h 192.168.26.72 -U pgpool
Password:
Watchdog Cluster Information
Total Nodes           : 2
Remote Nodes          : 1
Quorum state          : QUORUM EXIST
Alive Remote Nodes    : 1
VIP up on local node : YES
Master Node Name      : pghost4:9999 Linux pghost4
Master Host Name      : pghost4

Watchdog Node Information
Node Name       : pghost4:9999 Linux pghost4
Host Name       : pghost4
Delegate IP     : 192.168.26.72
Pgpool port     : 9999
Watchdog port   : 9000
Node priority   : 1
Status          : 4
Status Name     : MASTER

Node Name       : pghost5:9999 Linux pghost5
Host Name       : pghost5
Delegate IP     : 192.168.26.72
Pgpool port     : 9999
Watchdog port   : 9000
Node priority   : 1
Status          : 7
Status Name     : STANDBY
```

以上显示了 watchdog 集群信息，pghost4 为 watchdog 主节点，pghost5 为 watchdog 的备节点，pgpool 的主备关系和 watchdog 组件的主备关系一致。

查看 pghost4 上的 IP 地址列表，如下所示：

```
[postgres@pghost4 ~]$ ip a
...
12: bond0: <BROADCAST,MULTICAST,MASTER,UP,LOWER_UP> mtu 1500 qdisc noqueue state UP
    link/ether a0:36:9f:9b:07:af brd ff:ff:ff:ff:ff:ff
    inet 192.168.26.57/24 brd 192.168.26.255 scope global bond0
    inet 192.168.26.72/24 scope global secondary bond0:1
...
```

可见 192.168.26.72　VIP 在 pghost4 主机上，说明 pghost4 为 pgpool 主节点。

pghost4 上停掉 pgpool 主节点，如下所示：

```
# pgpool -m fast stop
.done.
```

查看 pgpool 节点 /var/log/messages 系统日志，如下所示：

```
Oct 12 10:09:39 pghost4 pgpool[41818]: [13-1] 2017-10-12 10:09:39: pid 41818:
    LOG:  received fast shutdown request
Oct 12 10:09:39 pghost4 pgpool[41818]: [14-1] 2017-10-12 10:09:39: pid 41818:
    LOG:  shutdown request. closing listen socket
Oct 12 10:09:39 pghost4 pgpool[26337]: [1-1] 2017-10-12 10:09:39: pid 26337: LOG:
    stop request sent to pgpool. waiting for termination...
Oct 12 10:09:39 pghost4 pgpool: watchdog[41819]: [45-1] 2017-10-12 10:09:39: pid
    41819: LOG:  Watchdog is shutting down
Oct 12 10:09:39 pghost4 pgpool: watchdog de-escalation[26338]: [46-1] 2017-10-12
    10:09:39: pid 26338: LOG:  watchdog: de-escalation started
Oct 12 10:09:39 pghost4 pgpool: watchdog de-escalation[26338]: [47-1] 2017-
    10-12 10:09:39: pid 26338: LOG:  successfully released the delegate
    IP:"192.168.26.72"
Oct 12 10:09:39 pghost4 pgpool: watchdog de-escalation[26338]: [47-2] 2017-10-12
    10:09:39: pid 26338: DETAIL:  'if_down_cmd' returned with success
Oct 12 10:09:41 pghost4 ntpd[6835]: Deleting interface #14 bond0:1, 192.168.26.72#123,
    interface stats: received=0, sent=0, dropped=0, active_time=390 secs
```

从以上系统日志中看出，pgpool 接收到了 fast 模式的关闭命令，随后关闭了连接并关闭了 watchdog，最后执行 pgpool.conf 配置文件的 if_down_cmd 参数设置的命令关闭了 VIP，Deleting interface 这行说明 VIP 删除成功。

pghost4 上再次查看 IP 地址列表，发现 VIP 已经不存在了，如下所示：

```
[postgres@pghost4 ~]$ ip a
12: bond0: <BROADCAST,MULTICAST,MASTER,UP,LOWER_UP> mtu 1500 qdisc noqueue state UP
    link/ether a0:36:9f:9b:07:af brd ff:ff:ff:ff:ff:ff
    inet 192.168.26.57/24 brd 192.168.26.255 scope global bond0
```

同时查看 pghost5 的 IP 地址列表，VIP 已经绑定在 pghost5 的网卡 bond0 上了。

再次通过 pcp_watchdog_info 命令查看 pgpool 状态，发现 pghost5 上 pgpool 节点状态为 MASTER，并且 pghost4 上的 pgpool 状态为 SHUTDOWN。

连接 pgpool 以测试是否能正常连接，如下所示：

```
[postgres@pghost4 ~]$ psql -h 192.168.26.72 -p 9999 postgres postgres
Password for user postgres:
psql (10.0)
Type "help" for help.
```

pgpool 连接正常，说明切换成功。

这个时候读者可能有个疑问，pgpool 切换是成功了，PostgreSQL 数据库是否会做主备切换呢？通过验证，pghost4 依然是主库，pghost5 为备库，也就是说，单独的 pgpool 程序故障切换不会触发数据库主备切换（pgpool 主节点所在主机宕机情况除外，后面会测试这种场景)。

场景二:关闭流复制主库,测试是否能实现故障转移。

将测试环境恢复成初始环境,pghost4 为 pgpool 主节点并部署了流复制主库,pghost5 为 pgpool 备节点并部署了流复制备库,这时 VIP 在 pghost4 上。

连接 pgpool 查看后端节点初始信息,如下所示:

```
[postgres@pghost4 ~]$ psql -h 192.168.26.72 -p 9999 postgres postgres
postgres=# show pool_nodes;
   node_id | hostname | port | status | lb_weight |  role   | select_cnt | load_
        balance_node | replication_delay
-----------+---------+-----+------+---------+---------+----------+--------------
   0        | pghost4 | 1921 | up    | -nan     | primary | 0         | true         | 0
   1        | pghost5 | 1921 | up    | -nan     | standby | 0         | false        | 0
(2 rows)
```

pghost4 上关闭主库,如下所示:

```
[postgres@pghost4 ~]$ pg_ctl stop -m fast
waiting for server to shut down.... done
server stopped
```

主库关闭后,会触发 pgpool 主节点执行 pgpool.conf 配置文件的 failover_command 命令以执行 /opt/pgpool/failover_stream.sh 脚本,这个脚本的执行日志为 /tmp/failover.log,此日志文件中包含以下日志信息:

```
Thu Oct 12 11:01:50 CST 2017
falling_node=0
old_primary=0
new_primary=pghost5
pgdata=/data1/pg10/pg_root
Remote promote
```

falling_node 表示故障 PostgreSQL 数据库编号,old_primary 表示老的主库编号,new_primary 表示新的主库主机名,pgdata 表示新主库数据目录。

pghost5 上查看数据库状态,如下所示:

```
[postgres@pghost5 ~]$ pg_controldata | grep cluster
Database cluster state:               in production
```

这时 pghost5 上的备库已成功激活成主库,查看 pghost5 上数据库日志,显示备库已成功激活。

再次查看 pgpool 后端数据库节点信息,如下所示:

```
[postgres@pghost4 ~]$ psql -h 192.168.26.72 -p 9999 postgres postgres
postgres=# show pool_nodes;
   node_id | hostname | port | status | lb_weight |  role   | select_cnt | load_
        balance_node | replication_delay
---------+---------+------+-------+-----------+---------+--------+---------
```

```
   0      | pghost4   | 1921 | down     | -nan        | standby | 0        | false     | 0
   1      | pghost5   | 1921 | up       | -nan        | primary | 0        | true      | 0
(2 rows)
```

发现 pghost4 上的库状态为 down 并且数据库角色为 standby，pghost5 上的数据库状态为 up 并且数据库角色为 primary。

这时验证 pgpool 状态，发现 pgpool 状态依然为初始状态，没有做主备切换，也就是说，单独的数据库故障切换不会触发 pgpool 主备切换（PostgreSQL 主库所在主机宕机情况除外，后面会测试这种场景）。

场景三：关闭主库主机，测试是否能实现故障转移。

将环境恢复成初始环境，pghost4 为 pgpool 主节点并部署了流复制主库，pghost5 为 pgpool 备节点并部署了流复制备库，这时 VIP 在 pghost4 上。

重启 pghost4 主机，由于 pghost4 上部署了 pgpool 主节点和流复制主库，之后需要验证 pghost5 上的 pgpool 和流复制备库是否激活，重启命令如下所示：

```
[root@pghost4 pgpool]# reboot
```

查看 pghost5 上的 /tmp/failover.log 日志，如下所示：

```
Thu Oct 12 11:43:13 CST 2017
falling_node=0
old_primary=0
new_primary=pghost5
pgdata=/data1/pg10/pg_root
Local promote
```

从日志看出，当关闭 pghost4 时，触发了 pghost5 主机执行 /etc/pgpool-II/failover_stream.sh 切换脚本。

pghost5 上查看数据库状态，发现已经切换成了主库，如下所示：

```
[postgres@pghost5 ~]$ pg_controldata | grep cluster
Database cluster state:                 in production
```

查看 pghost5 上数据库日志，显示备库已成功激活。

查看 pgpool 后端节点信息，如下所示：

```
[postgres@pghost5 ~]$ psql -h 192.168.26.72 -p 9999 postgres postgres
postgres=# show pool_nodes;
    node_id | hostname | port | status | lb_weight |  role   | select_cnt | load_
        balance_node | replication_delay
------------+----------+------+--------+-----------+---------+-----+------------
    0        | pghost4   | 1921  | down    | -nan       | standby  | 0     | false    |    0
    1        | pghost5   | 1921  | up      | -nan       | primary  | 0     | true     |    0
(2 rows)
```

以上显示 phost4 上的库状态为 down 并且数据库角色为 standby，pghost5 上的数据库状态为 up 并且数据库角色为 primary。

之后在 pghost5 上查看 /var/log/messages，以查看 pgpool 是否切换为主，日志如下：

```
...
Oct 12 11:43:15 pghost5 ntpd[6835]: Listen normally on 9 bond0:1 192.168.26.72 UDP 123
Oct 12 11:43:17 pghost5 pgpool: watchdog escalation[44067]: [125-1] 2017-
    10-12 11:43:17: pid 44067: LOG:  successfully acquired the delegate
    IP:"192.168.26.72"
Oct 12 11:43:17 pghost5 pgpool: watchdog escalation[44067]: [125-2] 2017-10-12
    11:43:17: pid 44067: DETAIL:  'if_up_cmd' returned with success
Oct 12 11:43:17 pghost5 pgpool: watchdog[42054]: [145-1] 2017-10-12 11:43:17: pid
    42054: LOG:  watchdog escalation process with pid: 44067 exit with SUCCESS.
...
```

以上日志显示执行了 pgpool.conf 配置文件中 if_up_cmd 参数配置的脚本，从而获取到了 VIP，也可以通过 ip addr 命令再次验证，如下所示：

```
[postgres@pghost5 ~]$ ip a
...
12: bond0: <BROADCAST,MULTICAST,MASTER,UP,LOWER_UP> mtu 1500 qdisc noqueue state UP
    link/ether a0:36:9f:9d:c7:5f brd ff:ff:ff:ff:ff:ff
    inet 192.168.26.58/24 brd 192.168.26.255 scope global bond0
    inet 192.168.26.72/24 scope global secondary bond0:1
...
```

可见，VIP 已飘移到 pghost5 主机，由此可见场景三切换成功。

关于数据库主备切换后的恢复可参考 12.5 节。

根据以上三个高可用测试场景，可以得出如下结论：

- 单独的 pgpool 主备切换不会触发数据库的主备切换（pgpool 主节点所在主机宕机情况除外）。
- 单独的 PostgreSQL 数据库主备切换不会触发 pgpool 主备切换（PostgreSQL 主库所在主机宕机情况除外）。
- 当流复制主库所在主机宕机时，pgpool 和 PostgreSQL 两者都触发主备切换，并且 pgpool 的 VIP 飘移到 pgpool 备节点。

从以上测试看出 pgpool 主节点可以位于主库主机上，也可以位于备库主机上。

> 注意 大家知道异步流复制的备库和主库存在数据延迟，当生产库故障激活备库前，建议对备库的数据进行延迟检测，pgpool 官网的故障切换脚本 failover_stream.sh 中没有进行主备数据延迟检查，有兴趣的朋友可以把这块逻辑加上。本章节后面介绍的 Keepalived+ 异步流复制高可用方案中的主备切换逻辑将包含主备数据延迟检测。

14.1.5 pgpool 方案常见错误处理

总体来说，pgpool 高可用方案部署涉及的配置文件多，配置过程中出现错误很正常，这一小节总结了 pgpool 部署和使用过程中的常见错误。

错误一：连接 pgpool 失败，报 pool_passwd 文件没有用户信息。

```
[postgres@pghost4 ~]$ psql -h 192.168.26.72 -p 9999 postgres pguser
psql: FATAL:  md5 authentication failed
DETAIL:  pool_passwd file does not contain an entry for "pguser"
```

如果启用了 pgpool 的 enable_pool_hba 参数，pgpool 将启用 pool_hba.conf 文件进行认证，如果 pool_hba.conf 配置文件使用了 md5 认证方式，需要在 pool_passwd 文件进行用户信息注册，14.1.2 小节中介绍了 pool_passwd 文件的配置，将 repuser 用户信息写入 pool_passwd 文件中可解决此问题，如下所示：

```
repuser:md54f87427f75b5a59ba0abffe11a6f79a8
```

因此，需要连接 pgpool 的所有数据库用户都需要在此文件写入用户信息。

错误二：执行 pcp 相关命令时认证不通过。

错误信息如下所示：

```
[postgres@pghost5 ~]$ pcp_node_info -h 192.168.26.72 -U pgpool 0
Password:
FATAL:  authentication failed for user "pgpool"
DETAIL:  username and/or password does not match
```

14.1.3 小节中介绍了 pcp 相关命令和 pcp.conf 文件配置，出现以上错误有两种原因，一种是 pcp.conf 文件中没有配置用户信息，另一种情况是输入了错误的密码，pcp.conf 文件的格式如下所示：

```
# USERID:MD5PASSWD
pgpool:ba777e4c2f15c11ea8ac3be7e0440aa0
```

错误三：关闭 pgpool 主节点时 VIP 不会切换到 pgpool 备节点。

pgpool 程序 VIP 的切换是通过 pgpool.conf 配置文件 if_up_cmd 和 if_down_cmd 参数设置的脚本来控制 VIP 的开启和关闭，如下所示：

```
if_up_cmd = 'ip addr add $_IP_$/24 dev bond0 label bond0:1'
if_down_cmd = 'ip addr del $_IP_$/24 dev bond0'
```

注意以上需要调整网络设备名称，本机使用的网络设备为 bond0，因此将 VIP 的网络设备命名为 bond0:1。

当关闭 pgpool 主节点时，如果 VIP 没有切换到 pgpool 备节点，这时观察 pgpool 两个节点的系统日志，日志中会提示 if_up_cmd 和 if_down_cmd 命令是否执行成功，如果日志中显示这两个命令不成功，手工测试 ip addr add、ip addr del 命令，如下所示：

```
$ ip addr add 192.168.26.72/24 dev bond0 label bond0:1
$ ip addr del 192.168.26.72/24 dev bond0:1
```

通常这两条命令执行失败是因为配置的两条 ip addr 命令有问题，如果以上两条命令手工测试通过，if_up_cmd 和 if_down_cmd 命令几乎不会出错。

错误四：关闭主库时，备库没有被激活成主库。

当关闭流复制主库时，理论上 pgpool 会触发 pgpool.conf 配置文件中 failover_command 命令配置的 '/opt/pgpool/failover_stream.sh %d %P %H %R' 脚本来激活备库，如果备库没被激活主要有两种情况，第一种情况是没有触发执行这个脚本，第二种情况是触发执行了此脚本，但没触发主备切换。

由于 failover_stream.sh 主备切换脚本将脚本的运行日志写到了 /tmp/failover.log 日志文件中，关闭主库后，可观察是否有新日志写入这个日志，从而判断是否执行了 failover_stream.sh 脚本。

如果此脚本执行了，但发现备库没有被激活，同样需观察此脚本中的日志进行判断，以下是 /tmp/failover.log 一个切换日志：

```
Thu Oct 12 11:21:20 CST 2017
falling_node=1
old_primary=1
new_primary=pghost4
pgdata=/data1/pg10/pg_root
Local promote
```

根据 /failover_stream.sh 脚本代码，只有当 falling_node 值等于 old_primary 值时（意思是主库故障）才会触发 PostgreSQL 库主备切换，如果这两个值不相等则不会触发主备切换。

错误五：PostgreSQL 数据库关闭后需要执行 pcp_attach_node 命令让数据库重新对接 pgpool。

pgpool 初始节点信息如下所示：

```
postgres=# show pool_nodes;
    node_id | hostname | port | status | lb_weight | role    | select_cnt | load_
        balance_node | replication_delay
------------+----------+------+--------+-----------+---------+------------+-----
    0       | pghost4  | 1921 | up     | -nan      | primary | 0   | true  | 0
    1       | pghost5  | 1921 | up     | -nan      | standby | 0   | false | 0
(2 rows)
```

将 pghost5 上的备库关闭，如下所示：

```
[postgres@pghost5 ~]$ pg_ctl stop -m fast
waiting for server to shut down.... done
server stopped
```

之后再次连接 pgpool 执行 show pool_nodes 命令查看节点信息，显示 pghost5 上节点状态为 down，启动 pghost5 上的数据库，如下所示：

```
[postgres@pghost5 ~]$ pg_ctl start
```

再次查看 pgool 节点信息，如下所示：

```
postgres=# show pool_nodes;
```

```
 node_id | hostname | port | status | lb_weight |  role   | select_cnt | load_
     balance_node | replication_delay
---------+---------+-----+-------+---------+--------+----------+---------------
  0      | pghost4 | 1921 | up    | -nan     | primary | 0         | true        | 0
  1      | pghost5 | 1921 | down  | -nan     | standby | 0         | false       | 0
(2 rows)
```

pghost5 上节点状态依然为 down，这时需要执行 pcp_attach_node 命令将 PostgreSQL 数据库重新和 pgpool 对接，如下所示：

```
[postgres@pghost4 ~]$ pcp_attach_node -h 192.168.26.72 -U pgpool 1
Password:
pcp_attach_node -- Command Successful
```

pcp_attach_node 命令语法如下所示：

```
pcp_attach_node [options...] [node_id]
```

node_id 指 PostgreSQL 数据库编号，pghost4 上数据库编号为 0，pghost5 上数据库编号为 1，这里将 pghost5 上的数据库重新对接 pgpool。

再次连接 pgpool 执行 show pool_nodes 命令查看节点信息，显示 pghost5 上节点状态为 up。

14.2 基于 Keepalived+ 异步流复制实现高可用

上一小节介绍了基于 pgpool 和 PostgreSQL 异步流复制实现的高可用方案，这一小节将介绍基于 Keepalived 和异步流复制的高可用方案，这一方案中 Keepalived 程序主要用来探测 PostgreSQL 主库是否存活，如果 Keepalived 主节点或主库故障，Keepalived 备节点将接管 VIP 并且激活流复制备库，从而实现高可用。

此方案部署前提条件如下：

- 使用两台物理机并提前部署好了 PostgreSQL 异步流复制。
- 两台物理机配备远程管理卡，数据库故障转移时需通过远程管理卡管理设备。

本方案基于 PostgreSQL10，测试环境详见表 14-2。

表 14-2 Keepalived+ 异步流复制实验环境

主 机 名	组 件	IP 地址	版 本	VIP
pghost4	主库	192.168.26.57	PostgreSQL10	192.168.26.72
	Keepalived 主	192.168.26.57	Keepalived-1.3.7	
pghost5	备库	192.168.26.58	PostgreSQL10	
	Keepalived 备	192.168.26.58	Keepalived-1.3.7	

14.2.1 Keepalived+ 异步流复制部署架构图

Keepalived+ 异步流复制方案物理部署如图 14-2。

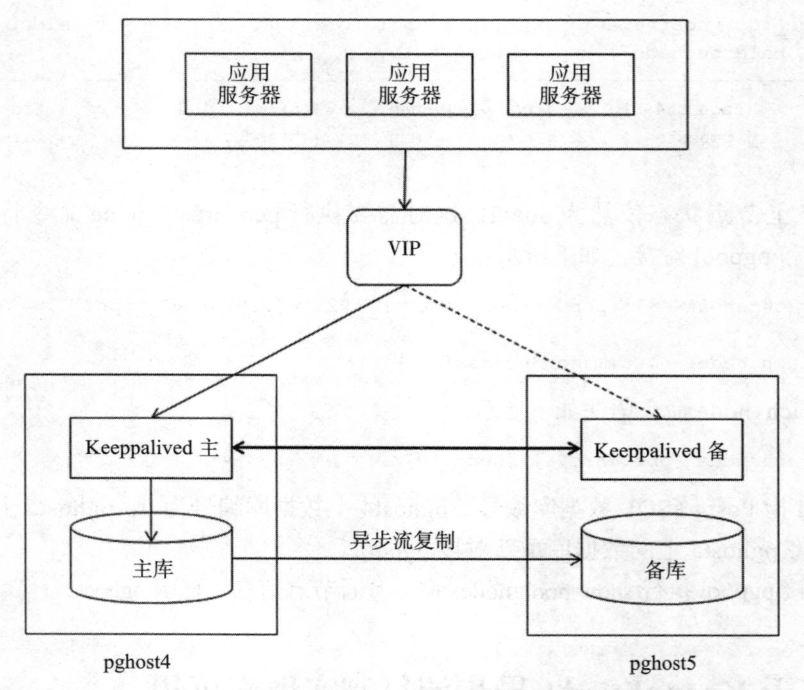

图 14-2 Keepalived+ 异步流复制部署架构图

Keepalived 主节点和流复制主库部署在 pghost4 主机上，Keepalived 备节点和流复制备库部署在 pghost5 主机上，以上是此方案的初始环境，当发生故障转移时以上组件角色会发生切换。

此方案中 Keepalived 主要监控流复制主库、备库是否存活，如果主库故障将进行故障转移，当然，Keepalived 程序自身也能做到高可用，当 Keepalived 主节点宕掉时，VIP 能切换到 Keepalived 备节点。

14.2.2 Keepalived+ 异步流复制高可用方案部署

此方案部署过程中涉及的配置调整较多，主要分为以下几个步骤：

1）异步流复制环境部署。pghost4 部署异步流复制主库，pghost5 上部署异步流复制备库，并确保流复制主备工作正常。

2）Keepalived 数据库配置。创建数据库 Keepalived，并且创建表 sr_delay，后续 Keepalived 每探测一次会刷新这张表的 last_alive 字段为当前探测时间，这张表用来判断主备延迟，数据库故障切换时会用到这张表。数据库配置如下所示：

```
postgres=# CREATE ROLE keepalived NOSUPERUSER NOCREATEDB
           login ENCRYPTED PASSWORD 'keeplaived';
CREATE ROLE
postgres=# CREATE DATABASE keepalived
           WITH OWNER=keepalived
           TEMPLATE=TEMPLATE0
```

```
            ENCODING='UTF8';
CREATE DATABASE

postgres=# \c keepalived keepalived
keepalived=> CREATE TABLE sr_delay(id int4,last_alive timestamp(0) without time zone);
CREATE TABLE
```

表 sr_delay 只允许写入一条记录，并且不允许删除此表数据，通过触发器实现。创建触发器函数，如下所示：

```
CREATE FUNCTION cannt_delete ()
RETURNS trigger
LANGUAGE plpgsql AS $$
BEGIN
RAISE EXCEPTION 'You can not delete!';
END; $$;
```

创建 cannt_delete 和 cannt_truncate 触发器，如下所示：

```
keepalived=> CREATE TRIGGER cannt_delete BEFORE DELETE ON sr_delay
    FOR EACH ROW EXECUTE PROCEDURE cannt_delete();
CREATE TRIGGER
keepalived=> CREATE TRIGGER cannt_truncate BEFORE TRUNCATE ON sr_delay
    FOR STATEMENT EXECUTE PROCEDURE cannt_delete();
CREATE TRIGGER
```

sr_delay 表插入初始数据，如下所示：

```
keepalived=> INSERT INTO sr_delay VALUES(1,now());
INSERT 0 1
```

由于后续 Keepalived 会每隔指定时间探测 PostgreSQL 数据库存活，并且以 Keepalived 用户登录 Keepalived 数据库刷新这张表，配置主备库 pg_hba.conf，增加如下内容：

```
# keepalived
host keepalived keepalived 192.168.26.57/32 md5
host keepalived keepalived 192.168.26.58/32 md5
host keepalived keepalived 192.168.26.72/32 md5
```

之后执行 pg_ctl reload 操作使配置生效。

3）pghost4 和 pghost 部署 Keepalived 程序。

下载 Keepalived 最新版程序，下载地址为 http://www.keepalived.org/software/keepalived-1.3.7.tar.gz。

安装系统依赖包，如下所示：

```
# yum install openssl openssl-devel popt popt-devel
```

pghost4 和 pghost 解压并编译安装 Keepalived，如下所示：

```
# tar xvf keepalived-1.3.7.tar.gz
# ./configure --prefix=/usr/local/keepalived
```

```
# make
# make install
```

将 Keepalived 配置成服务，方便管理，如下所示：

```
# ln -s /usr/local/keepalived/sbin/keepalived  /usr/sbin/
# cp /opt/soft_bak/keepalived-1.3.7/keepalived/etc/init.d/keepalived  /etc/init.d/
# cp /usr/local/keepalived/etc/sysconfig/keepalived  /etc/sysconfig
```

以上将可执行文件做成软链接，并从压缩包中将 Keepalived 服务文件复制到 /etc/init.d 目录，之后测试服务配置是否成功，执行以下命令：

```
# service keepalived status
keepalived is stopped
```

由此说明 Keepalived 服务配置成功，将 Keepalived 服务加入开机自启动，如下所示：

```
# chkconfig keepalived on
```

14.2.3 Keepalived 配置

上一小节完成了 Keepalived 的安装和初始环境准备，接下来配置 Keepalived。

创建 Keepalived 配置目录，如下所示：

```
# mkdir -p /etc/keepalived
```

创建 /etc/keepalived/keepalived.conf 配置文件，新增以下内容：

```
! Configuration File for keepalived

global_defs {
    notification_email {
        francs3@163.com
    }
    smtp_server 127.0.0.1
    smtp_connect_timeout 30
    router_id DB1_PG_HA
}

vrrp_script check_pg_alived {
    script "/usr/local/bin/pg_monitor.sh"
    interval 10
    fall 3   # require 3 failures for KO
}

vrrp_instance VI_1 {
    state BACKUP
    nopreempt
    interface bond0
    virtual_router_id 10
    priority 100
    advert_int 1
```

```
    authentication {
        auth_type PASS
        auth_pass t9rveMP0Z9S1
    }
        track_script {
        check_pg_alived
    }
    virtual_ipaddress {
        192.168.26.72
    }
    smtp_alert
    notify_master /usr/local/bin/active_standby.sh
}
```

以上是 Keepalived 主节点的配置，Keepalived 备节点的 priority 参数改成 90，其余参数配置一样。以上程序主要分为以下三块：

- global_defs：通知模块，定义邮件列表，当 Keepalived 发生事件时给邮件列表发邮件通知。
- vrrp_script：定义本机检测模块，每隔 10 秒执行检测脚本 /usr/local/bin/pg_monitor.sh，脚本内容后面会贴出，fall 3 表示检测失败时重试三次。
- vrrp_instance：vrrp 实例定义模块，定义了实例名称和实例路由 ID，实例的状态定义为 backup 同时设置非抢占模式 nopreempt，当节点启动时不会抢占 VIP；备节点的 priority 需设置成比主节点低，这样两台主机启动 Keepalived 时 priority 高的节点为 Keepalived 主节点，同时设置了 Keepalived 的 VIP，使用的网络设备为 bond0。
- smtp_alert：定义了 notify_master 脚本，当 Keepalived 角色从备转换成主时触发脚本 /usr/local/bin/active_standby.sh，脚本内容将在后面贴出。

/usr/local/bin/pg_monitor.sh 脚本内容如下所示：

```
#!/bin/bash
# 配置变量
export PGPORT=1921
export PGUSER=keepalived
export PGDBNAME=keepalived
export PGDATA=/data1/pg10/pg_root
export LANG=en_US.utf8
export PGHOME=/opt/pgsql
export  LD_LIBRARY_PATH=$PGHOME/lib:/lib64:/usr/lib64:/usr/local/lib64:/lib:/usr/
    lib:/usr/local/lib
export PATH=$PGHOME/bin:$PGPOOL_HOME/bin:$PATH:.

MONITOR_LOG="/tmp/pg_monitor.log"
SQL1="UPDATE sr_delay SET last_alive = now();"
SQL2='SELECT 1;'
# 此脚本不检查备库存活状态，如果是备库则退出
standby_flg=`psql -p $PGPORT -U postgres -At -c "SELECT pg_is_in_recovery();"`
if [ ${standby_flg} == 't' ]; then
    echo -e "`date +%F\ %T`: This is a standby database, exit!\n" >> $MONITOR_LOG
```

```
    exit 0
fi

# 主库更新sr_delay表
echo $SQL1 | psql -At -p $PGPORT -U $PGUSER -d $PGDBNAME >> $MONITOR_LOG

# 判断主库是否可用
echo $SQL2 | psql -At -h -p $PGPORT -U $PGUSER -d $PGDBNAME
if [ $? -eq 0 ]; then
    echo -e "`date +%F\ %T`:  Primary db is health."  >> $MONITOR_LOG
    exit 0
else
    echo -e "`date +%F\ %T`:  Attention: Primary db is not health!" >> $MONITOR_LOG
    exit 1
fi
```

此脚本每隔 10 秒执行一次，执行频率由 keepalived.conf 配置文件中 interval 参数设置，脚本主要作用为：

- ❑ 检测主库是否存活。
- ❑ 更新 sr_delay 表 last_alive 字段为当前探测时间。

当 Keepalived 进程检测到主库宕机时触发 Keepalived 进行主备切换，Keepalived 备节点激活成主节点后触发 notify_master 参数定义的 /usr/local/bin/active_standby.sh 脚本。

/usr/local/bin/active_standby.sh 脚本处理逻辑如图 14-3 所示。

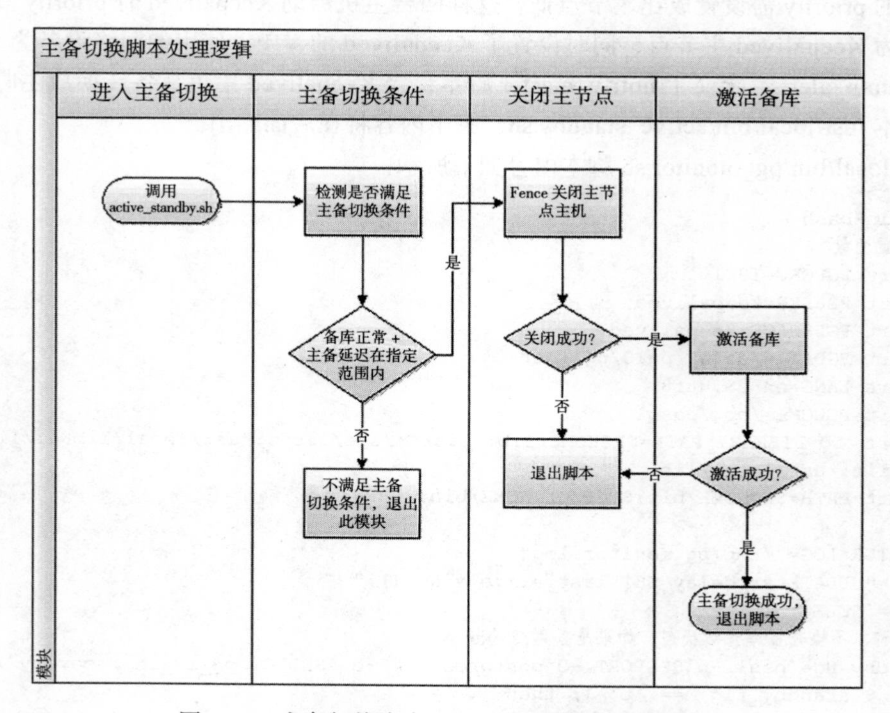

图 14-3 主备切换脚本 active_stadnby.sh 处理逻辑

从以上逻辑看出，active_standby.sh 脚本进行主备切换的条件为：

1）当前数据库为备库，并且可用。

2）备库延迟时间在指定范围内。

满足以上两个条件进入主备切换，主备切换的处理流程为：

1）通过远程管理卡关闭主库主机。

2）激活备库。

主备切换过程为什么要先关闭老的主库主机？一方面避免脑裂，另一方面当需要将老的主库恢复成备库时，不需要重做备库，如果数据库比较大，重做备库将带来较大维护时间开销。

/usr/local/bin/active_standby.sh 脚本代码如下所示：

```
#/bin/bash
# 环境变量
export PGPORT=1921
export PGUSER=keepalived
export PG_OS_USER=postgres
export PGDBNAME=keepalived
export PGDATA=/data1/pg10/pg_root
export LANG=en_US.utf8
export PGHOME=/opt/pgsql
export  LD_LIBRARY_PATH=$PGHOME/lib:/lib64:/usr/lib64:/usr/local/lib64:/lib:/usr/
    lib:/usr/local/lib
export PATH=/opt/pgbouncer/bin:$PGHOME/bin:$PGPOOL_HOME/bin:$PATH:.

# 设置变量，LAG_MINUTES 指允许的主备延迟时间，单位秒
LAG_MINUTES=60
HOST_IP=`hostname -i`
NOTICE_EMAIL="francs3@163.com"
FAILOVE_LOG='/tmp/pg_failover.log'

SQL1="SELECT 'this_is_standby' AS cluster_role FROM ( SELECT pg_is_in_recovery()
    AS std ) t WHERE t.std is true;"
SQL2="SELECT  'standby_in_allowed_lag' AS cluster_lag FROM sr_delay WHERE now()-
    last_alive < interval '$LAG_MINUTES SECONDS';"

# 配置对端远程管理卡IP地址、用户名、密码
FENCE_IP=50.1.225.101
FENCE_USER=root
FENCE_PWD=xxxx

# VIP 已发生漂移，记录到日志文件
echo -e "`date +%F\ %T`: keepalived VIP switchover!" >> $FAILOVE_LOG

# VIP 已漂移，邮件通知
#echo -e "`date +%F\ %T`: ${HOST_IP}/${PGPORT} VIP 发生漂移，需排查问题！\n\nAuthor:
    francs(DBA)" | mutt -s "Error: 数据库 VIP 发生漂移 " ${NOTICE_EMAIL}
```

```
# pg_failover 函数，当主库故障时激活备库
pg_failover()
{
# FENCE_STATUS  表示通过远程管理卡关闭主机成功标志，1 表示失败，0 表示成功
# PROMOTE_STATUS  表示激活备库成功标志，1 表示失败，0 表示成功
FENCE_STATUS=1
PROMOTE_STATUS=1

# 激活备库前需通过远程管理卡关闭主库主机
for ((k=0;k<10;k++))
do
# 使用ipmitool命令连接对端远程管理卡关闭主机，不同X86设备命令可能不一样
    ipmitool -I lanplus -L OPERATOR -H $FENCE_IP -U $FENCE_USER -P $FENCE_PWD
        power reset
    if [ $? -eq 0 ]; then
        echo -e "`date +%F\ %T`: fence primary db host success."
        FENCE_STATUS=0
        break
    fi
sleep 1
done

if [ $FENCE_STATUS -ne 0 ]; then
    echo -e "`date +%F\ %T`: fence failed. Standby will not promote, please fix
        it manually."
return $FENCE_STATUS
fi

# 激活备库
su - $PG_OS_USER -c "pg_ctl promote"
if [ $? -eq 0 ]; then
    echo -e "`date +%F\ %T`: `hostname` promote standby success. "
    PROMOTE_STATUS=0
fi

if [ $PROMOTE_STATUS -ne 0 ]; then
    echo -e "`date +%F\ %T`: promote standby failed."
    return $PROMOTE_STATUS
fi

    echo -e "`date +%F\ %T`: pg_failover() function call success."
    return 0
}

# 故障切换过程
# 备库是否正常的标记，STANDBY_CNT=1 表示正常.
STANDBY_CNT=`echo $SQL1 | psql -At -p $PGPORT -U $PGUSER -d $PGDBNAME -f - | grep
    -c this_is_standby`
echo -e "STANDBY_CNT: $STANDBY_CNT"  >> $FAILOVE_LOG

if [ $STANDBY_CNT -ne 1 ]; then
```

```
    echo -e "`date +%F\ %T`: `hostname` is not standby database, failover not
        allowed! " >> $FAILOVE_LOG
    exit 1
fi

# 备库延迟时间是否在接受范围内, LAG=1 表示备库延迟时间在指定范围
LAG=`echo $SQL2 | psql -At -p $PGPORT -U $PGUSER -d $PGDBNAME | grep -c standby_
    in_allowed_lag`
echo -e "LAG: $LAG"  >> $FAILOVE_LOG

if [ $LAG -ne 1 ]; then
    echo -e "`date +%F\ %T`: `hostname` is laged far $LAG_MINUTES SECONDS from
        primary , failover not allowed! " >> $FAILOVE_LOG
    exit 1
fi

# 同时满足两个条件执行主备切换函数：1、备库正常；2、备库延迟时间在指定范围内。
if [ $STANDBY_CNT -eq 1 ] && [ $LAG -eq 1 ]; then
    pg_failover >> $FAILOVE_LOG
    if [ $? -ne 0 ]; then
        echo -e "`date +%F\ %T`: pg_failover failed." >> $FAILOVE_LOG
        exit 1
    fi
fi

# 判断是否执行故障切换pg_failover函数
# 1. 当前数据库为备库，并且可用。
# 2. 备库延迟时间在指定范围内

# pg_failover函数处理逻辑
# 1. 通过远程管理卡关闭主库主机
# 2. 激活备库
```

以上脚本备库只需要调整 FENCE_IP、FENCE_USER、FENCE_PWD 三个变量，配置成对端远程管理卡信息，其余代码与主库一致。

给脚本加上可执行权限，如下所示：

```
# chmod 700 /usr/local/bin/pg_monitor.sh
# chmod 700 /usr/local/bin/active_standby.sh
```

> **注意** 当异步流复制主库故障时，流复制的备库延迟时间在指定范围内才进行主备切换，如果备库延迟时间超出指定范围不进行主备切换，本例设置的主备允许的延迟时间为 60 秒，以上主备切换逻辑读者可根据生产环境情况进行完善。另外，此方案运用于生产环境需要调整 pg_monitor.sh 和 active_standby.sh 脚本中的相关配置变量。

14.2.4 Keepalived 方案高可用测试

前面完成了 Keepalived+ 异步流复制高可用方案部署，这一小节对此方案进行高可用测

试，分三个场景进行，如下所示：

- 场景一：关闭 Keepalived 主节点，测试 keepalived 备节点是否激活并实现故障转移。
- 场景二：关闭主库，测试备库是否激活并实现故障转移。
- 场景三：关闭主库主机，测试备库是否激活并实现故障转移。

场景一：关闭 Keepalived 主节点，测试 Keepalived 备节点是否激活并实现故障转移。

pghost4 部署了 Keepalived 主节点和流复制主库，pghost5 部署了 Keepalived 备节点和流复制备库，VIP 部署在 pghost4 上。

pghost4 上关闭 Keepalived 主节点，模拟 Keepalived 故障，如下所示：

```
[root@pghost4 ~]# ps -ef | grep keepalived | grep -v grep
root       7527      1  0 10:31 ?        00:00:00 keepalived -D
root       7528   7527  0 10:31 ?        00:00:00 keepalived -D
root       7529   7527  0 10:31 ?        00:00:00 keepalived -D
    [root@pghost4 ~]# kill 7527
```

pghost5 查看 /var/log/messages 系统日志，如下所示：

```
Oct 16 11:00:55 pghost5 Keepalived_vrrp[6561]: VRRP_Instance(VI_1) Transition to MASTER
    STATE
Oct 16 11:00:56 pghost5 Keepalived_vrrp[6561]: VRRP_Instance(VI_1) Entering MASTER
    STATE
Oct 16 11:00:56 pghost5 Keepalived_vrrp[6561]: VRRP_Instance(VI_1) setting protocol
    VIPs.
...
Oct 16 11:00:57 pghost5 ntpd[6917]: Listen normally on 6 bond0 192.168.26.72 UDP 123
Oct 16 11:01:01 pghost5 Keepalived_vrrp[6561]: Sending gratuitous ARP on bond0 for
    192.168.26.72
...
```

从以上看出 pghost5 上的 Keepalived 由备节点转换成主节点，并接管了 VIP 192.168.26.72。

pghost5 上可以通过 ip addr 命令确认，如下所示：

```
[root@pghost5 ~]# ip addr
...
12: bond0: <BROADCAST,MULTICAST,MASTER,UP,LOWER_UP> mtu 1500 qdisc noqueue state UP
    link/ether a0:36:9f:9d:c7:5f brd ff:ff:ff:ff:ff:ff
    inet 192.168.26.58/24 brd 192.168.26.255 scope global bond0
    inet 192.168.26.72/32 scope global bond0
...
```

可见 VIP 已经飘移到 pghost5 主机上。

pghost5 上查看日志 /tmp/pg_failover.log，这个日志记录了主备切换脚本 active_standby.sh 的执行日志，如下所示：

```
2017-10-16 11:00:56: keepalived VIP switchover!
STANDBY_CNT: 1
LAG: 1
Chassis Power Control: Reset
2017-10-16 11:00:56: fence primary db host success.
```

```
waiting for server to promote.... done
server promoted
2017-10-16 11:00:56: pghost5 promote standby success.
2017-10-16 11:00:56: pg_failover() function call success.
```

从以上日志看出，Keepalived 的 VIP 已经飘移，并且远程关闭了老的主库主机，pghost5 上的备库激活成功。同时发现 pghost4 主机已经被关闭。

查看 pghost5 上数据库状态，如下所示：

```
[postgres@pghost5 pg_root]$ pg_controldata | grep cluster
Database cluster state:               in production
```

可见 pghost5 上的备库已经转换成了主库，并且观察数据库日志，如果无报错，说明切换成功。

场景二：关闭主库，测试备库是否激活并实现故障转移。

将测试环境恢复成初始状态，pghost4 为 Keepalived 主节点并部署了流复制主库，pghost5 为 Keepalived 备节点并部署了流复制备库，这时 VIP 在 pghost4 上，将 pghost4 恢复成备库过程中不需要重做备库，只需要将 $PGDATA 目录下的 recovery.done 修改成 recovery.conf 并启动数据库即可。

关于数据库主备切换后的恢复可参考 12.5 节。

接下来关闭主库模拟主库故障，测试是否能实现故障转移。

pghost4 关闭主库，如下所示：

```
[postgres@pghost4 ~]$ pg_ctl stop -m fast
waiting for server to shut down.... done
server stopped
```

pghost4 上这时还能查系统日志，发现如下信息：

```
...
Oct 16 11:20:35 pghost4 Keepalived_vrrp[7436]: /usr/local/bin/pg_monitor.sh
    exited with status 1
Oct 16 11:20:35 pghost4 Keepalived_vrrp[7436]: VRRP_Script(check_pg_alived)
    failed
Oct 16 11:20:35 pghost4 Keepalived_vrrp[7436]: VRRP_Instance(VI_1) Entering FAULT
    STATE
Oct 16 11:20:35 pghost4 Keepalived_vrrp[7436]: VRRP_Instance(VI_1) removing
    protocol VIPs.
Oct 16 11:20:35 pghost4 Keepalived_vrrp[7436]: VRRP_Instance(VI_1) Now in FAULT
    state
Oct 16 11:20:36 pghost4 ntpd[6888]: Deleting interface #6 bond0,
    192.168.26.72#123, interface stats: received=0, sent=0, dropped=0, active_
    time=442 secs
...
```

以上日志显示 check_pg_alived 检测失败，Keepalived 发生故障，并且 VIP 从 pghost4 的 bond0 设备移除，过了一会儿 pghost4 主机被关闭（pghost5 上的 Keepalived 切换成主节

点后会触发执行 active_standby.sh 脚本，此脚本通过远程管理卡关闭老的主库主机）。

查看 pghost5 系统日志，如下所示：

```
...
Oct 16 11:20:38 pghost5 ntpd[6917]: Listen normally on 6 bond0 192.168.26.72 UDP
    123
Oct 16 11:20:41 pghost5 Keepalived_vrrp[6561]: Sending gratuitous ARP on bond0
    for 192.168.26.72
Oct 16 11:20:41 pghost5 Keepalived_vrrp[6561]: VRRP_Instance(VI_1) Sending/
    queueing gratuitous ARPs on bond0 for 192.168.26.72
...
```

从以上信息看出 pghost5 上的 Keepalived 由备节点转换成主节点，并接管了 VIP 192.168.26.72。

pghost5 上查看日志 /tmp/pg_failover.log，如下所示：

```
2017-10-16 11:20:36: keepalived VIP switchover!
STANDBY_CNT: 1
LAG: 1
Chassis Power Control: Reset
2017-10-16 11:20:37: fence primary db host success.
waiting for server to promote.... done
server promoted
2017-10-16 11:20:37: pghost5 promote standby success.
2017-10-16 11:20:37: pg_failover() function call success.
```

从以上日志看出，Keepalived 的 VIP 已经飘移，并且远程关闭了老的主库主机，pghost5 上的备库激活成功。

在 pghost5 上查看数据库状态，如下所示：

```
[postgres@pghost5 pg_root]$ pg_controldata | grep cluster
Database cluster state:               in production
```

可见 pghost5 上的数据库已切换成主库，观察数据库日志，如果无报错，说明切换成功。

场景三：关闭主库主机，测试备库是否激活并实现故障转移。

场景三的测试与场景一、场景二测试步骤基本一致，只是测试过程中需要将 pghost5 主库主机关闭，测试是否实现故障转移。在测试过程中，我们通过 ipmitool 的 power reset 命令模拟 pghost5 异常宕机，之后发现 pghost4 上的 Keepalived 成功切换成主节点，并且 pghost5 上的数据库成功激活成主库，测试过程与场景一、场景二一样，这里不再演示。

根据以上三个高可用测试场景，可以得出以下结论：

- 单 Keepalived 主节点关闭时，Keepalived 备节点被激活并触发 PostgreSQL 主备切换。
- 当关闭主库时，Keepalived 备节点被激活并触发 PostgreSQL 主备切换。
- 当关闭主库主机时，Keepalived 备节点被激活并触发 PostgreSQL 主备切换。

从以上测试可以看出 Keepalived 主节点始终和主库在同一台主机上（异常情况除外，

比如主备切换异常)。而 pgpool+ 异步流复制方案中的 pgpool 主节点可以位于主库主机，也可以位于备库主机上。

14.3　本章小结

本章介绍了两种高可用方案，一种是基于 pgpool 和异步流复制的高可用方案，一种是基于 Keepalived 和异步流复制的高可用方案，pgpool 功能丰富，除了高可用功能外，还有连接池、负载均衡、复制等特性，本章不介绍这些内容，有兴趣的读者可通过 pgpool 官网了解这些特性。pgpool 的高可用方案虽然能实现故障转移，但主备切换逻辑并不严谨，比如备库切换成主库前没有对主备延迟进行判断，读者可自行完善这块功能；Keepalived 的高可用方案对主备切换逻辑进行了完善，比如激活备库前首先检测备库状态，并计算主备延时，只有备库正常同时主备延时在指定范围内才触发主备切换，激活备库前会先通过远程管理卡关闭老的主库主机，当老的主库主机关闭成功后再激活备库。

PostgreSQL 的高可用方案还有其他可选方案，读者可查阅相关资料了解、探索。

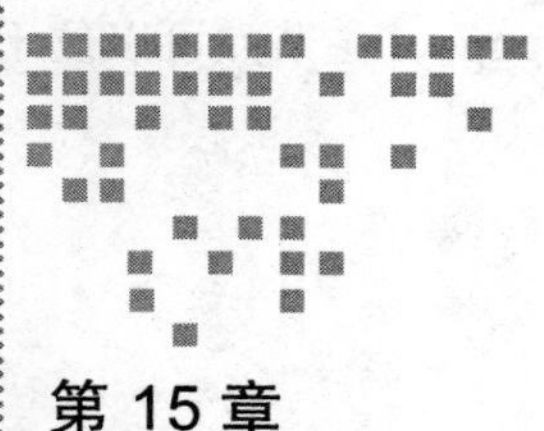

Chapter 15 第 15 章

版本升级

PostgreSQL 是一个非常活跃的社区开源项目，版本迭代速度很快，每一次的版本更新都会积极修复旧版本的 BUG，增加很多新特性，性能也会有不同幅度的提升。过于老旧的软件版本也可能不符合 PostgreSQL 产品生命周期支持策略，同时，硬件老化、应用程序需要新的特性以及业务增长，这些都是推动 PostgreSQL 使用者升级的理由。本章将对 PostgreSQL 近几年发行的各个版本新增和加强的特性进行简单介绍，并将详细讲解如何安全、可靠地对数据库进行升级。

15.1 版本介绍

在 PostgreSQL 10 之前的版本命名由三部分组成，其中第一位和第二位合称为主版本号，第三位为子版本号，以 PostgreSQL 9.6.14 为例，9.6 为主版本，14 为这个主版本的子版本。从 2017 年 10 月发布的 PostgreSQL 10 开始，PostgreSQL 全球开发社区修改了版本命名策略，版本号命名只由两部分数字组成，例如 10.0。PostgreSQL 社区每年会发布一个包含新特性的主版本，每年的 2 月、5 月、8 月、11 月会发布一个小版本，当有 BUG 修复、安全性问题时也会不定期发行小版本。

PostgreSQL 的每个大版本都是长期支持版本（Long-term support，LTS），每个长期支持版本周期为 5 年。在长期支持结束之后，主版本会发行一个最终的小版本，并在此之后停止该版本的 BUG 修复。

PostgreSQL 各历史版本的特性如下表所示：

版　本	发行时间	特　　性
8.4	2009-07-01	窗口函数，列级权限，并行数据库恢复，公用表表达式和递归查询
9.0	2010-09-20	内置流复制、热备、支持 64 位 Windows 操作系统
9.1	2011-09-12	同步流复制，UNLOGGED 表，可串行化快照隔离，可写公用表表达式，SELinux 集成，外部扩展，外部表
9.2	2012-09-10	级联流复制，只用索引的扫描，原生 json 支持，范围类型，pg_receivexlog 工具，Space-Partitioned GiST 索引
9.3	2013-09-09	自定义后台工作进程，数据校验，专用 JSON 运算符，LATERAL JOIN，更快的 pg_dump，pg_isready 服务器监控工具，触发器，视图，可写外部表，物化视图
9.4	2014-12-18	JSONB 数据类型，用于更改配置值的 ALTER SYSTEM 语句，后台工作进程动态注册 / 启动 / 停止，逻辑解析 API，Linux 大页支持，pg_prewarm 缓存预热
9.5	2016-01-07	UPSERT, 行级安全 , 数据抽样 , BRIN 索引
9.6	2016-09-29	并行查询，PostgreSQL 外部表增加排序合并操作下推、多个同步复制从库、vacuum 大表速度增加
10	2017-10-05	逻辑复制，原生分区表、并行查询增强

15.2　小版本升级

PostgreSQL 每次的小版本升级不会改变内部的存储格式，也不会改变数据目录，并且总是向上兼容同一主版本，例如 9.6.2 与 9.6.1 总是兼容的，以此类推，9.6.3 与 9.6.2 也是兼容的，不论他们之间跨越了几个小版本。升级小版本也很简单，只需要安装新的可执行文件，并重新启动数据库实例。

下面以 9.6.4 升级到 9.6.5 为例，演示如何对小版本进行升级。

查看当前安装的服务器版本

在查看服务器版本的时候，使用 psql 客户端工具连接到数据库实例，运行 SELECT version();，如下所示：

```
[postgres@pghost1 ~]$ /usr/pgsql-9.6/bin/psql -p 1921 -U pguser mydb
psql (9.6.4)
Type "help" for help.
mydb=> SELECT version();
         version
------------------------------------------
    PostgreSQL 9.6.4 on x86_64-pc-linux-gnu, compiled by gcc (GCC) 4.4.7 20120313
        (Red Hat 4.4.7-18), 64-bit
(1 row)
```

安装新的服务器版本

首先检查当前的安装位置，在原来的安装位置覆盖安装新的服务器版本即可，安装步骤略。

重启数据库验证升级

安装完可执行文件后，可以不必立即重启数据库服务器。在重启数据库服务之前，升级并不会立即生效。可以有计划地在数据库的维护窗口期间对数据库服务器进行重启。

```
[postgres@pghost1 ~]$ /usr/pgsql-9.6/bin/psql -U pguser -p 1921 mydb
psql (9.6.5, server 9.6.4)
Type "help" for help.
mydb=> SELECT version();
        version
------------------------------------------------------------
     PostgreSQL 9.6.5 on x86_64-pc-linux-gnu, compiled by gcc (GCC) 4.4.7 20120313
         (Red Hat 4.4.7-18), 64-bit
(1 row)
```

在重启之前，可以看到命令提示符处显示，psql 客户端的版本已经升级到了 9.6.5，但 server 的版本还是 9.6.4，这里应当注意理解和区分命令行中 psql 客户端的版本和 server 端的版本。重启之后再检查服务器的版本，server 端才会升级到 9.6.5，此处略去重启和再次检查的步骤，请自行实验。

15.3 大版本升级

PostgreSQL 发行的大版本通常不会改变内部数据存储格式，但可能会有一些系统表的表结构变更以及内置函数的变化等，使得升级并不像小版本升级那么容易。大版本的升级可以将数据以转储的方式转储到文件，再将转储的数据文件导入新版本中，也可以通过 pg_upgrade 和 pg_logical 扩展进行升级，PostgreSQL 10 还可以通过逻辑复制的方式进行版本升级，为数据库版本升级提供了更多的便利。

无论采用哪一种升级方式，升级之前的应用程序测试、数据库功能测试、连接驱动测试都是非常必要的。PostgreSQL 开发人员会在发行新版本时发布该版本的 release notes，升级之前也应该仔细阅读它，关注与上一版本的差异以及升级注意事项。数据库管理员在升级之前还应该做好升级失败的应对措施，尽可能保留一份升级前的副本，以应对意外时的快速回滚。

15.3.1 通过 pg_dumpall 进行大版本升级

如果使用 pg_dumpall 方式升级，也就是转储方式升级，实际上是将数据库在旧版本中先备份，备份结束后在新版本中进行还原的过程，需要有一定时间的停机维护窗口，升级持续的时间主要取决于数据量的大小和磁盘的写入速度，如果数据量很大，升级会持续很长时间，所以在升级之前一定要规划好停机维护时间。

使用转储方式升级也有一些优点。通过一次全库的转储和恢复的过程，新版本的数据库会比较“纯净”，一些历史遗留的、未能回收的垃圾都可以清理干净。

我们以 PostgreSQL 9.3 升级到 10 为例，学习如何通过转储方式升级到大版本。

1. 安装新版本

如果使用源码编译安装或自行制作的 RPM 软件包安装，需要注意安装文件除 --prefix 之外的编译参数保持一致。首先安装 PostgreSQL 10，并创建新版本的数据库实例，如下所示：

```
[postgres@pghost1 ~]$ /usr/pgsql-10/bin/initdb -D /pgdata/10/data/
```

2. 应用旧版本的配置文件

因为 pg_dumpall 并不会备份你的配置文件，所以需要手动移动旧版本数据库实例的配置文件到新版本，包括 pg_hba.conf、pg_ident.conf、postgresql.conf 文件，如果有自定义的配置文件，也应该将它们复制到新版本中。

覆盖新版本的 pg_hba.conf 和 pg_ident.conf 文件，如下所示：

```
[postgres@pghost1 ~]$ cp /pgdata/9.3/data/pg_hba.conf /pgdata/10/data/
[postgres@pghost1 ~]$ cp /pgdata/9.3/data/pg_ident.conf /pgdata/10/data/
```

对于大版本的变化，由于 GUC 参数的变更，postgresql.conf 文件的参数也会发生变化。所以对于 postgresql.conf 配置文件，不要直接覆盖新版本的配置，可以修改新版本 postgresql.conf 的 include 参数指定旧版本的参数文件，例如 pg93.conf，并将它放置在新版本的数据目录中，启动新版本的时候会加载 pg93.conf 文件，如果有参数变更的情况，调整 pg93.conf 后在 postgresql.conf 重新配置，如下所示：

```
[postgres@pghost1 ~]$ cp /pgdata/9.3/data/postgresql.conf /pgdata/10/data/pg93.conf
```

3. 尝试启动新版本

做完配置的迁移之后，可以尝试启动一次新版本。由于版本更替，启动时可能会有一些参数不兼容的情况发生，例如：

```
[postgres@pghost1 ~]$ /usr/pgsql-10/bin/pg_ctl -D /pgdata/10/data/ start
waiting for server to start....
2017-10-06 06:51:12.950 GMT [652] LOG:  unrecognized configuration parameter
    "checkpoint_segments" in file "/pgdata/10/data/postgresql.auto.conf" line 28
2017-10-06 06:51:12.950 GMT [652] FATAL:  configuration file "/pgdata/10/data/
    postgresql.auto.conf" contains errors
    stopped waiting
pg_ctl: could not start server
```

由于参数的变化，导致启动失败。发生这种情况，仔细阅读 9.3 到 10 版本的 release notes，找到参数是如何变化的，了解它的意义后调整这些参数，保证新版本实例可以启动。

4. 检查旧版本状态

在升级期间，应该阻止旧版本的写入和更新，因为旧版本的写入和更新不会包括在 pg_dumpall 的备份中，可以通过 iptables 或 pg_hba.conf 限制访问。还可以将数据库设置为只读，确保不会有新的插入和更新、删除操作。将数据库设置为只读的方法有：

修改 postgresql.conf 的 default_transaction_read_only 参数的值为 on，该方法适合大部分的版本。

9.4 及以后版本还可以使用 ALTER DATABASE 的方法进行设置，如下所示：

```
mydb=# ALTER DATABASE mydb SET default_transaction_read_only = TRUE;
```

如果使用了 pgbouncer 连接池，可以通过 pgbouncer 连接池进行检查，查看是否有新的请求。如果停机升级，应该在数据库层面再进行检查是否还有活动的连接，如下所示：

```
[postgres@pghost1 ~]$ /usr/pgsql-9.3/bin/psql -p 5433 -U pguser mydb
psql (9.3.15, server 9.3.15)
Type "help" for help.
mydb=> SELECT state,COUNT(*) FROM pg_stat_activity WHERE pid <> pg_backend_pid()
    GROUP BY state;
    state | count
----------+-------
(0 rows)
```

5. 升级到新版本

首先使用 pg_dumpall 命令把旧版本数据备份到文件，在备份时应该使用新版本的 pg_dumpall 工具，如下所示：

```
[postgres@pghost1 ~]$ /usr/pgsql-10/bin/pg_dumpall -p 5432 > backup.sql
```

然后把备份数据文件移动到新版本所在服务器上，并在新版本还原旧版本的备份数据，如下所示：

```
/usr/pgsql-10/bin/psql -p 1921 -f backup.sql
```

这样做简单明了，但是它会在备份时把文件写入磁盘，把备份文件移动到新版本的服务器上时再写入一次磁盘，效率会比较低。在 Linux 中我们通常使用管道来省去数据落盘的这个中间环节，如下所示：

```
[postgres@pghost1 ~]$ /usr/pgsql-10/bin/pg_dumpall -p 5432 | /usr/pgsql-10/bin/
    psql -p 1921
SET
...
CREATE ROLE
ALTER ROLE
ERROR:  role "postgres" already exists
ALTER ROLE
CREATE DATABASE
REVOKE
GRANT
You are now connected to database "mydb" as user "postgres".
...
SET
CREATE EXTENSION
```

```
COMMENT
...
ALTER TABLE
COPY 3
 setval
--------
  3
(1 row)
...
```

命令结束后没有错误提示就说明已经升级成功，可以关闭旧版本数据库，如果遇到“ERROR: role "postgres" already exists”这种postgres已存在的错误，可以忽略它。可以连接到新版本的数据库再次校验。确认升级成功后，可以先把旧版本保留一段时间，并尽快在新版本中恢复备份、归档机制，确保数据安全之后再酌情处理旧版本的数据。

15.3.2 通过pg_upgrade进行大版本升级

大版本升级通常使用pg_upgrade工具。用pg_upgrade进行大版本升级不需要费时的转储方式，但是升级总是有风险的，例如升级过程中的硬件故障等，所以第一重要的事情依然是做好备份。升级之前需要检查旧版本已经安装的外部扩展，有一些外部扩展要求在升级之前先升级旧版本的外部扩展，例如PostGIS。

我们以PostgreSQL 9.3升级到10为例，学习如何使用pg_upgrade升级到大版本。

1. pg_upgrade介绍

pg_upgrade会创建新的系统表，并以重用旧的数据文件的方式进行升级，如果将来有大版本更改数据存储格式，这种升级方式将不适用，但PostgreSQL社区会尽量避免这种情况的发生。

通过帮助可以查看pg_upgrade的参数选项，参数选项如下所示：

```
-b, --old-bindir=BINDIR          旧版本PostgreSQL的可执行文件目录
-B, --new-bindir=BINDIR          新版本PostgreSQL的可执行文件目录
-c, --check                      只检查升级兼容性，不会真正的升级
-d, --old-datadir=DATADIR        旧版本的数据目录
-D, --new-datadir=DATADIR        新版本的数据目录
-j, --jobs                       允许多个CPU核复制或链接文件以及并行地转储和重载数据库
                                 模式，一般可以设置为CPU核数。这个选项可以显著地减少升级
                                 时间。
-k, --link                       硬链接方式升级
-o, --old-options=OPTIONS        直接传送给旧postgres 命令的选项，多个选项可以追加在后面
-O, --new-options=OPTIONS        直接传送给新postgres 命令的选项，多个选项可以追加在后面
-p, --old-port=PORT              旧版本使用的端口号，pg_upgrade默认会在端口50432上
                                 运行实例避免意外的客户端连接。
-P, --new-port=PORT              新版本使用的端口号。由于升级期间新旧版本不会被同时运行，
                                 所以新版本也会默认使用50432端口启动实例。但是在检查一个
                                 运行中的旧版本实例时，新旧版本实例使用的端口号必须不同。
-r, --retain                     即使在成功完成后也保留SQL和日志文件
```

在升级之前应该运行 pg_upgrade 并用 -c 参数检查新旧版本的兼容性，把每一项不兼容的问题都解决了才可以顺利升级。使用 pg_upgrade 时加上 -c 参数只会检查新旧版本的兼容性，不会运行真正的升级程序，不会修改数据文件，并且在命令结束时，会输出一份检查结果的报告，还会对需要手动调整的项做出简要的描述。

pg_upgrade 有普通模式和 Link 模式两种升级模式。在普通模式下，会把旧版本的数据拷贝到新版本中，所以如果使用普通模式升级，要确保有足够的磁盘空间存储新旧两份数据；link 模式下，只是在新版本的数据目录中建立了旧版本数据文件的硬链接，可以有效减少磁盘占用的空间。

2. 使用 pg_upgrade 升级

1）安装新版本 PostgreSQL 并初始化数据目录。

2）停止旧版本数据库。

3）检查新旧版本兼容性。

好的习惯是先使用“ --check”参数检查新旧版本的兼容性，避免因升级失败造成长时间的宕机，如下所示：

```
[postgres@pghost1 ~]$ /usr/pgsql-10/bin/pg_upgrade -b /usr/pgsql-9.3/bin -B /
    usr/pgsql-10/bin -d /pgdata/9.3/data/ -D /pgdata/10/data/ -k -c
Performing Consistency Checks
-----------------------------
Checking cluster versions                                    ok
...
Checking for prepared transactions                           ok
*Clusters are compatible*
```

最后一行输出“ Clusters are compatible”说明已经通过兼容性测试，如果最后一行输出“Failure, exiting”，说明新旧版本不兼容，这时应该查看输出中给出的提示，例如：

```
Your installation references loadable libraries that are missing from the
new installation.  You can add these libraries to the new installation,
or remove the functions using them from the old installation.  A list of
problem libraries is in the file:
    loadable_libraries.txt
```

根据提示查看 loadable_libraries.txt 文件，如下所示：

```
[postgres@pghost1 ~]$ cat loadable_libraries.txt
could not load library "$libdir/postgis-2.3": ERROR:  could not access file
    "$libdir/postgis-2.3": No such file or directory
could not load library "$libdir/rtpostgis-2.3": ERROR:  could not access file
    "$libdir/rtpostgis-2.3": No such file or directory
```

这时应该手动消除这些冲突，直到通过兼容性测试。

还有一类常见的 warning，如下所示：

```
Checking for hash indexes warning
```

```
Your installation contains hash indexes.  These indexes have different
internal formats between your old and new clusters, so they must be
reindexed with the REINDEX command.  After upgrading, you will be given
REINDEX instructions.
```

这是因为在 PostgreSQL 10 和以前的版本中的 hash 索引的内部结构发生了变化，在升级之后，hash 索引会变为不可用，例如：

```
mydb=# \d+ tbl
...
Indexes:
    "tbl_hash_idx" hash (column_name) INVALID
```

但是这个 warning 可以不用处理，在升级结束后重建 hash 类型的索引并删除无效索引即可，如下所示：

```
mydb=# CREATE INDEX CONCURRENTLY ON th USING HASH(column_name);
CREATE INDEX
mydb=# DROP INDEX tbl_hash_idx;
DROP INDEX
```

4）使用 pg_upgrade 普通模式升级，如下所示：

```
[postgres@pghost1 ~]$ /usr/pgsql-10/bin/pg_upgrade -b /usr/pgsql-9.3/bin -B /
    usr/pgsql-10/bin -d /pgdata/9.3/data/ -D /pgdata/10/data/
Performing Consistency Checks
-----------------------------
Checking cluster versions                                   ok
Checking database user is the install user                  ok
Checking database connection settings                       ok
Checking for prepared transactions                          ok
Checking for reg* data types in user tables                 ok
Checking for contrib/isn with bigint-passing mismatch       ok
Checking for invalid "unknown" user columns                 ok
Checking for roles starting with "pg_"                      ok
Checking for incompatible "line" data type                  ok
Creating dump of global objects                             ok
Creating dump of database schemas
                                                            ok

Checking for presence of required libraries                 ok
Checking database user is the install user                  ok
Checking for prepared transactions                          ok
If pg_upgrade fails after this point, you must re-initdb the
new cluster before continuing.
Performing Upgrade
------------------
Analyzing all rows in the new cluster                       ok
Freezing all rows in the new cluster                        ok
Deleting files from new pg_xact                             ok
Copying old pg_clog to new server                           ok
Setting next transaction ID and epoch for new cluster       ok
Deleting files from new pg_multixact/offsets                ok
```

```
Copying old pg_multixact/offsets to new server              ok
Deleting files from new pg_multixact/members                ok
Copying old pg_multixact/members to new server              ok
Setting next multixact ID and offset for new cluster        ok
Resetting WAL archives                                      ok
Setting frozenxid and minmxid counters in new cluster       ok
Restoring global objects in the new cluster                 ok
Restoring database schemas in the new cluster
                                                            ok
Copying user relation files
                                                            ok
Setting next OID for new cluster                            ok
Sync data directory to disk                                 ok
Creating script to analyze new cluster                      ok
Creating script to delete old cluster                       ok
Checking for hash indexes                                   ok
Upgrade Complete
----------------
Optimizer statistics are not transferred by pg_upgrade so,
once you start the new server, consider running:
    ./analyze_new_cluster.sh
Running this script will delete the old cluster's data files:
    ./delete_old_cluster.sh
```

如果运行pg_upgrade失败，必须重新初始化新版本的数据目录。看到“Upgrade Complete”说明升级已经顺利完成。

5）使用pg_upgrade的link模式升级。

使用link模式升级和普通模式升级有一些区别。首先需要了解旧版本有哪些Extension及表空间，如下所示：

```
mydb=# \db
            List of tablespaces
     Name     |  Owner   |      Location
--------------+----------+----------------------
 pg_default   | postgres |
 pg_global    | postgres |
 pgtablespace | postgres | /pgdata/pgtablespace
(3 rows)
mydb=# \dx
                                  List of installed extensions
       Name         | Version |   Schema   |                 Description
--------------------+---------+------------+------------------------------------
pg_stat_statements | 1.1     | public     | track execution statistics of all SQL
    statements executed
plpgsql            | 1.0     | pg_catalog | PL/pgSQL procedural language
(2 rows)
```

运行pg_upgrade程序，如下所示：

```
[postgres@pghost1 ~]$ /usr/pgsql-10/bin/pg_upgrade -b /usr/pgsql-9.3/bin -B /
    usr/pgsql-10/bin -d /pgdata/9.3/data/ -D /pgdata/10/data/ -k
```

```
Performing Consistency Checks
-----------------------------
Checking cluster versions                                   ok
...
Checking for prepared transactions                          ok
If pg_upgrade fails after this point, you must re-initdb the
new cluster before continuing.
Performing Upgrade
------------------
Analyzing all rows in the new cluster                       ok
Freezing all rows in the new cluster                        ok
Deleting files from new pg_xact                             ok
Copying old pg_clog to new server                           ok
Setting next transaction ID and epoch for new cluster       ok
Deleting files from new pg_multixact/offsets                ok
Copying old pg_multixact/offsets to new server              ok
Deleting files from new pg_multixact/members                ok
Copying old pg_multixact/members to new server              ok
Setting next multixact ID and offset for new cluster        ok
Resetting WAL archives                                      ok
Setting frozenxid and minmxid counters in new cluster       ok
Restoring global objects in the new cluster                 ok
Restoring database schemas in the new cluster
                                                            ok
Adding ".old" suffix to old global/pg_control               ok
If you want to start the old cluster, you will need to remove
the ".old" suffix from /pgdata/9.3/data/global/pg_control.old.
Because "link" mode was used, the old cluster cannot be safely
started once the new cluster has been started.
Linking user relation files
                                                            ok
Setting next OID for new cluster                            ok
Sync data directory to disk                                 ok
Creating script to analyze new cluster                      ok
Creating script to delete old cluster                       ok
Checking for hash indexes                                   ok
Upgrade Complete
----------------
Optimizer statistics are not transferred by pg_upgrade so,
once you start the new server, consider running:
    ./analyze_new_cluster.sh
Running this script will delete the old cluster's data files:
    ./delete_old_cluster.sh
```

当使用链接模式运行 pg_upgrade 之后，pg_upgrade 程序会把旧版本数据目录中的 pg_control 文件重命名为 pg_control.old，如果仍然想运行旧版本的数据库实例，需要把 pg_control.old 重命名回 pg_control。但是一旦使用新版本启动了数据库实例，旧的实例将无法再被访问，这一点一定要注意。

6）更新统计信息。

pg_upgrade会创建新的系统表，并重用旧的数据进行升级，统计信息并不会随升级过程迁移，所以在启用新版本之前，应该首先重新收集统计信息，避免没有统计信息导致错误的查询计划。

在升级结束后，会在执行pg_upgrade命令时的所在目录生成analyze_new_cluster.sh，通过查看它的内容知道它只是执行了vacuumdb --analyze-in-stages命令，它不执行VACUUM命令，只是快速创建最少的优化统计信息让数据库可用。我们可以手动运行VACUUM命令，如下所示：

```
[postgres@pghost1 ~]$ /usr/pgsql-10/bin/vacuumdb -a --analyze-in-stages -h
    pghost1 -p 1921
```

7）启动新版本实例，连接并验证数据，如下所示：

```
[postgres@pghost1 ~]$ /usr/pgsql-10/bin/pg_ctl -D /pgdata/10/data/ start

[postgres@pghost1 ~]$ /usr/pgsql-10/bin/psql -p 1921 mydb
psql (10.0)
Type "help" for help.
mydb=# SELECT version();
          version
-----------------------------------------
PostgreSQL 10.0 on x86_64-pc-linux-gnu, compiled by gcc (GCC) 4.4.7 20120313 (Red
    Hat 4.4.7-18), 64-bit
(1 row)
```

8）移除旧版本数据。

确认新版本运行正常，酌情移除旧版本的数据目录即可，这一步不是升级之后必须立即做的。

3. 使用pg_upgrade升级从库

单机或主库的升级很常规，但如果是一主多从的复制模式，还需要升级对应的从库，升级从库的步骤如下：

1）配置为同步复制模式。

PostgreSQL的复制模式是异步复制模式，我们需要先确定当前从库的复制模式是同步模式还是异步模式，如下所示：

```
postgres=# SELECT application_name,client_addr,sync_state FROM pg_stat_replication;
    application_name | client_addr   | sync_state
---------------------+---------------+------------
    walreceiver      | 10.191.136.3 | async
(1 row)
```

查看sync_state的值。async表示异步复制，sync表示同步复制，从上面的查询可知当前的复制模式是异步复制，我们通过需要将它修改为同步复制。

修改postgresql.conf的参数“synchronous_standby_names”，作为升级的处理，我们可

以简单地将它的值设置为 *，表示所有的从库都使用同步复制模式进行复制。

修改之后 reload 使之生效，如下所示：

```
mydb=# SELECT pg_reload_conf();
 pg_reload_conf
----------------
 t
(1 row)
```

2）关闭集群并校验检查点。

将复制集群修改为同步复制之后，先关闭主库，再关闭从库，确保：主库和从库的“Latest checkpoint location”一致，如下所示：

```
[postgres@pghost1 ~]$ /usr/pgsql-9.3/bin/pg_ctl -D /pgdata/9.3/data_master -m
    fast stop
waiting for server to shut down.... done
server stopped
[postgres@pghost1 ~]$
```

通过 pg_controldata 验证主库和从库的“Latest checkpoint location”是否相同，如下所示：

```
[postgres@pghost1 ~]$ /usr/pgsql-9.3/bin/pg_controldata /pgdata/9.3/data_master |
    grep "Latest checkpoint location"
Latest checkpoint location:           0/1F000028
[postgres@pghost2 ~]$ /usr/pgsql-9.3/bin/pg_controldata /pgdata/9.3/data_slave |
    grep "Latest checkpoint location"
Latest checkpoint location:           0/1F000028
```

3）升级主库到新版本。

首先初始化高版本数据目录，如下所示：

```
[postgres@pghost1 ~]$ /usr/pgsql-10/bin/initdb -k -D /pgdata/10/data_master
```

然后复制一份初始化后的高版本数据目录到从库服务器，并校验两份初始化目录的“Database system identifier”，如下所示：

```
[postgres@pghost1 ~]$ /usr/pgsql-10/bin/pg_controldata /pgdata/10/data_master |
    grep "Database system identifier"
Database system identifier:           6504563477800205659
[postgres@pghost2 ~]$ /usr/pgsql-10/bin/pg_controldata /pgdata/10/data_slave |
    grep "Database system identifier"
Database system identifier:           6504563477800205659
```

备份旧版本的配置文件，使用 pg_upgrade 将主库升级到新版本，如下所示：

```
[postgres@pghost1 ~]$ /usr/pgsql-10/bin/pg_upgrade -b /usr/pgsql-9.3/bin -B /
    usr/pgsql-10/bin -d /pgdata/9.3/data_master/ -D /pgdata/10/data_master/ -k
```

升级之后应用旧版本的配置文件。

4）升级从库到新版本。

首先备份从库服务器的配置文件，如下所示：

```
[postgres@pghost2 ~]$ cp /pgdata/9.3/data_slave/*.conf /pgdata/9.3/backup/
```

然后使用 pg_upgrade 将从库升级到新版本，如下所示：

```
[postgres@pghost2 ~]$ /usr/pgsql-10/bin/pg_upgrade -b /usr/pgsql-9.3/bin -B /
    usr/pgsql-10/bin -d /pgdata/9.3/data_slave/ -D /pgdata/10/data_slave/ -k
```

如果不是通过复制一份主库的初始化数据目录到从库，而是在从库再次初始化数据目录，在升级从库并启动它时，由于控制文件的“Database system identifier”不一致，会有如下错误：

```
2017-11-28 18:42:24.692 CST,,,82112,,5a44ca90.140c0,1,,2017-11-28 18:42:24
    CST,,0,FATAL,XX000,"database system identifier differs between the primary
    and standby","The primary's identifier is 6504542580012252832,
the standby's identifier is 6504544106935856722.",,,,,,,,"WalReceiverMain,
     walreceiver.c:347",""
```

5）启动新版本主库。

应用旧版本主库的配置文件之后启动新版本的 Master 实例，如下所示：

```
[postgres@pghost1 ~]$ /usr/pgsql-10/bin/pg_ctl -D /pgdata/10/data_master start
```

6）启动新版本从库。

应用旧版本从库的配置文件及 recovery.conf 之后启动新版本的从库实例，如下所示：

```
[postgres@pghost2 ~]$ /usr/pgsql-10/bin/pg_ctl -D /pgdata/10/data_slave start
```

7）检查升级结果。

检查升级后的版本，如下所示：

```
mydb=# select version();
version
----------------------------------------
    PostgreSQL 10.1 on x86_64-pc-linux-gnu, compiled by gcc (GCC) 4.4.7 20120313
        (Red Hat 4.4.7-18), 64-bit
(1 row)
```

查看从库是否能否正常复制，如下所示：

```
mydb=# SELECT client_addr,sync_state FROM pg_stat_replication;
    client_addr | sync_state
----------------+------------
    pghost2     | sync
(1 row)
```

15.3.3 使用 pglogical 升级大版本

1. pglogical 介绍

2ndQuadrant 公司的开源 pglogical Extension 为 PostgreSQL 提供了逻辑复制的能力，

逻辑复制也可以作为跨版本升级的另一种解决方案。pglogical的术语用Node指代一个PostgreSQL实例，Providers和Subscribers指不同Node的角色，Replication Set是所需复制的表的集合。

2. 使用pglogical升级的限制

使用pglogical升级的优点是可以在更短的停机时间内完成升级，并且即使升级失败也很容易进行回滚，但在升级之前则有大量的检查和准备工作要做。

pglogical有如下限制：

- PostgreSQL 9.4及以上版本；
- 每张表都必须有PRIMARY KEY或者REPLICA IDENTITY；
- 不能复制UNLOGGED和TEMPORARY表；
- 一次只复制一个实例中的一个Database；
- 无法复制DDL（在升级期间的DDL都通过pglogical.replicate_ddl_command执行，但依然有其他影响）；

了解以上限制之后，才可以决定pglogical是否适合对当前环境进行升级，因此如果数据库中有较多的表是没有主键的，或者其他条件不满足，则可能不适合使用pglogical进行升级。

3. 使用pglogical进行大版本升级

下面以PostgreSQL 9.4升级到PostgreSQL 10为例，简单介绍使用pglogical的升级步骤。

1）实例化新版本数据目录，如下所示：

```
[postgres@pghost2 ~]$ /usr/pgsql-10/bin/initdb -k -D /pgdata/10/data_master
```

2）启动新版本，如下所示：

```
[postgres@pghost2 ~]$ /usr/pgsql-10/bin/pg-ctl -D /pgdata/10/data_master start
```

3）从低版本导入schema到新版本中，如下所示：

```
[postgres@pghost2 ~]$ /usr/pgsql-10/bin/pg_dump -Fp -v -c -s -h pghost1 -p 1921 -d mydb |
    /usr/pgsql-10/bin/psql -h pghost2 -p 1922 -d mydb
```

4）安装pglogical。

在新旧版本分别安装pglogical的repo RPM，如下所示：

```
[root@pghost1 ~]# yum install http://packages.2ndquadrant.com/pglogical/yum-repo-
    rpms/pglogical-rhel-1.0-3.noarch.rpm
```

在新旧版本上分别安装pglogical，如下所示：

```
# PostgreSQL 9.4
[root@pghost1 ~]# yum install postgresql94-pglogical.x86_64
# PostgreSQL 10
[root@pghost2 ~]# yum install postgresql10-pglogical.x86_64
```

5）配置pglogical所需参数。

在 PostgreSQL 9.4 中需要修改以下配置：

- ❑ 修改 pg_hba.conf 允许复制。
- ❑ 修改 postgresql.conf 的参数 wal_max_sender，使其值大于 0，例如 10。
- ❑ 修改 postgresql.conf 的参数 wal_level 的值为 logical。
- ❑ 修改 postgresql.conf 的参数 max_replication_slots，使其值大于 0, 例如 10。

分别在新旧版本 postgresql.conf 的 shared_preload_libraries 配置项中增加 pglogical，修改 shared_preload_libraries 参数之后重新启动实例使之生效，如下所示：

```
shared_preload_libraries = 'pglogical'
```

6）创建 pglogical Extension。

分别在新旧版本创建 pglogical Extension。如果使用 PostgreSQL 9.4，还需要先创建 pglogical_origin Extension，如下所示：

```
mydb=# SELECT version();
        version
--------------------------------------------------
    PostgreSQL 9.4.15 on x86_64-unknown-linux-gnu, compiled by gcc (GCC) 4.8.5 20150623
        (Red Hat 4.8.5-16), 64-bit
(1 row)
mydb=# CREATE EXTENSION pglogical_origin;
CREATE EXTENSION
mydb=# CREATE EXTENSION pglogical;
CREATE EXTENSION
mydb=# \dx pglogical
        List of installed extensions
    Name      | Version |  Schema    |            Description
--------------+---------+------------+-----------------------------------
    pglogical | 2.1.0   | pglogical | PostgreSQL Logical Replication
(1 row)
```

在新版本创建 pglogical Extension，如下所示：

```
mydb=# SELECT version();
    version
-------------------------------------------
    PostgreSQL 10.1 on x86_64-pc-linux-gnu, compiled by gcc (GCC) 4.8.5 20150623
        (Red Hat 4.8.5-16), 64-bit
(1 row)
mydb=# CREATE EXTENSION pglogical;
CREATE EXTENSION
mydb=# \dx pglogical
                    List of installed extensions
      Name    | Version |  Schema    |            Description
--------------+---------+------------+-----------------------------------
    pglogical | 2.1.0   | pglogical | PostgreSQL Logical Replication
(1 row)
```

7）在低版本创建 provider node，如下所示：

```
mydb=# SELECT pglogical.create_node(node_name := 'pg94provider', dsn :=
    'host=127.0.0.1 port=1921 dbname=mydb');
    create_node
-------------
    3412564209
(1 row)
```

使用 pglogical 提供的 pglogical_node_info 函数可查看当前的 provider node 的信息，如下所示：

```
mydb=# SELECT * FROM pglogical.pglogical_node_info();
node_id    | node_name     |        sysid        | dbname |        replication_sets
----------+--------------+--------------------+--------+---------------------
3412564209| pg94provider | 6488108006998879651 | mydb    | ".\x0Bg0\x02",",vg\x18\
    x02","Lg\x02"
(1 row)
```

8）在 provider node 配置一个复制规则，如下所示：

```
mydb=# SELECT pglogical.create_replication_set('insert_update_delete_notruncate'
    ,TRUE,TRUE,TRUE,FALSE);
    create_replication_set
------------------------
        798613796
(1 row)
mydb=# SELECT * FROM pglogical.replication_set WHERE set_name = 'insert_update_
    delete_notruncate';
    set_id    | set_nodeid |              set_name              | replicate_insert |
        replicate_update | replicate_delete | replicate_truncate
    -----------+------------+-----------------------------------+-----------------
        -+------------------+------------------+--------------------
    798613796 | 3412564209 | insert_update_delete_notruncate | t                |
        t                | t                 | f
(1 row)
```

9）在 provider node 配置需要复制的表，如下所示：

```
mydb=# SELECT pglogical.replication_set_add_all_tables('insert_update_delete_
notruncate', ARRAY['public']);
    replication_set_add_all_tables
--------------------------------
    t
(1 row)
```

10）在 PostgreSQL 10 实例中创建 subscription node，如下所示：

```
mydb=# SELECT pglogical.create_node(node_name := 'pg10subscriber',dsn := 'host=
    127.0.0.1 port=1922 dbname=mydb');
    create_node
-------------
    3105221948
(1 row)
```

```
mydb=# SELECT pglogical.create_subscription(subscription_name := 'pg10subscription',
    provider_dsn := 'host=127.0.0.1 port=1921 dbname=mydb');
    create_subscription
---------------------
        1639099831
(1 row)
```

11）在 subscription node 启动同步数据，如下所示：

```
mydb=# SELECT pglogical.alter_subscription_synchronize('pg10subscription',FALSE);
 alter_subscription_synchronize
--------------------------------
 t
(1 row)
```

在日志中看到“ finished sync of table xxx for subscriber pg10subscription”说明该表的数据已经同步结束，如下所示：

```
mydb=# SELECT pglogical.show_subscription_status('pg10subscription');
show_subscription_status
-----------------------------------
    (pg10subscription,replicating,pg94provider,"host=127.0.0.1 port=1921
        dbname=mydb",pgl_mydb_pg94provider_pg10subscription,{insert_update_
        delete_notruncate},{all})
   (1 row)
```

通过以上的检查方法，确认数据都已经开始复制。

12）设置低版本实例为只读，如下所示：

```
mydb=# ALTER SYSTEM SET default_transaction_read_only = 'on';
ALTER SYSTEM
```

13）升级完成后的检查。

在旧版本没有写入的情况下，逐个验证需要同步的表是否已经一致。

在 github 上还有一些使用 pglogical 进行升级的封装工具，使用这些工具进行升级也是不错的方式。

15.4 本章小结

在本章我们详细介绍了 PostgreSQL 的各个历史版本的特性和功能增强，以及如何升级小版本，介绍了如何使用 pg_dumpall 和 pglogical 扩展进行大版本升级，并重点介绍 pg_upgrade 工具和 pg_upgrade 两种升级模式，以及如何使用 pg_upgrade 升级从库节点。在 PostgreSQL 10 中有了逻辑订阅的新特性，因此在 PostgreSQL 10 以后的大版本升级方法中，又多了一种选择，以上讲到的升级的方法都应该切实掌握并付诸实践。

版本升级的方法固然很多，但是最根本、最关键的依然是对新版本充分测试，升级之前做好备份以及回滚方案，升级过程仔细校验。做到这几点，版本升级已经成功了一半。

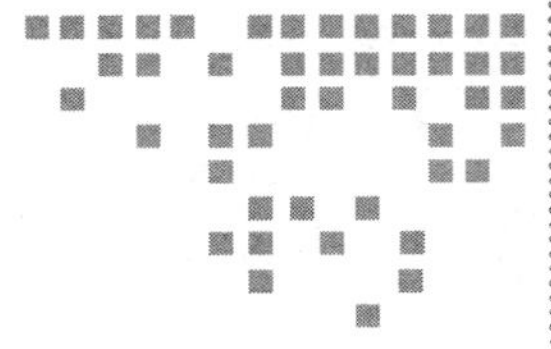

第 16 章 Chapter 16

扩展模块

PostgreSQL 支持丰富的扩展模块，扩展模块可以完善 PostgreSQL 的功能，这些扩展模块主要分为两类：

- ❑ 编译安装 PostgreSQL 时使用 world 选项安装的扩展模块
- ❑ 来自 GitHub 或第三方网站上的开源项目

第一类扩展模块大概有 50 个，这些扩展模块提供的功能包含性能监控、外部表、缓存等，这些扩展模块之所以不是 PostgreSQL 的内置模块仅仅是因为这些特性使用较少或者还处于实验阶段，但并不影响它的使用，特别是一些常用的扩展模块早在 PostgreSQL 9.0 版本时就已支持。

这一章主要介绍第一种扩展模块，并选择其中一些常用的扩展模块进行讲解。

16.1 CREATE EXTENSION

使用 gmake 命令编译安装 PostgreSQL 时，如果指定 world 选项，将安装一些扩展模块到 $PGHOME/share/extension/ 目录，编译安装 PostgreSQL 的命令如下：

```
# gmake world
# gmake install-world
```

以上命令安装完成后，$PGHOME/share/extension/ 目录下可看到以下文件。

```
$ ll $PGHOME/share/extension/
...
-rw-r--r-- 1 root root  794 Oct  6 10:20 pg_buffercache--1.2.sql
-rw-r--r-- 1 root root  157 Oct  6 10:20 pg_buffercache.control
...
```

以 .control 结尾的文件为扩展模块的名称，如果不使用 gmake world 编译安装命令，这些扩展模块将不会安装在这个目录中。

使用 gmake world 编译安装命令安装完 PostgreSQL 软件之后，并不是说这些外部模块已经载入数据库中，需使用 CREATE EXTENSION 命令将扩展模块载入数据库，语法如下：

```
CREATE EXTENSION [ IF NOT EXISTS ] extension_name
```

以上命令通常需要超级用户权限，创建扩展模块的同时会在数据库中创建额外的表、函数等对象，值得一提的是，PostgreSQL 9.1 之前版本不支持 CREATE EXTENSION 命令，安装扩展模块时需将外部扩展的 SQL 文件导入数据库中。

创建 pg_buffercache 扩展模块，如下所示：

```
postgres=# CREATE EXTENSION pg_buffercache;
CREATE EXTENSION
```

可通过 \dx 元命令查看当前数据库中已安装的扩展模块，如下所示：

```
postgres=# \dx
          List of installed extensions
     Name       | Version |   Schema   |              Description
----------------+---------+------------+---------------------------------
 pg_buffercache | 1.3     | public     | examine the shared buffer cache
 plpgsql        | 1.0     | pg_catalog | PL/pgSQL procedural language
(2 rows)
```

也可以通过 pg_extension 系统表查看已安装的扩展模块，如下所示：

```
postgres=# SELECT * FROM pg_extension ;
extname        | extowner | extnamespace | extrelocatable | extversion | extconfig | extcondition
---------------+----------+--------------+----------------+------------+-----------+----------+
plpgsql        |       10 |           11 | f              | 1.0        |           |
pg_buffercache |       10 |         2200 | t              | 1.3        |           |
(2 rows)
```

如果想查看数据库有哪些可加载的扩展模块，可查看 pg_available_extensions 视图，如下所示：

```
postgres=# SELECT * FROM pg_available_extensions;
    name        | default_version | installed_version |          comment
----------------+-----------------+-------------------+---------------------
...
pg_buffercache  | 1.3             | 1.3               | examine the shared buffer cache
...
(43 rows)
```

pg_available_extensions 视图显示数据库中可以安装的扩展模块列表，主要信息包括：

- name：指扩展模块名称。

- default_version：扩展模块的默认版本。
- installed_version：当前安装的扩展模块版本。
- comment：扩展模块注释。

后续小节将介绍常用的扩展模块。

16.2 pg_stat_statements

pg_stat_statements 扩展模块用于收集数据库中的 SQL 运行信息，例如 SQL 的总执行时间、调用次数、共享内存命中情况等信息，常用于监控 PostgreSQL 数据库 SQL 性能，是数据库性能监控的重要扩展模块。

pg_stat_statements 扩展模块的安装比较特殊，首先需要在 postgresql.conf 配置文件中定义 shared_preload_libraries 参数值为 pg_stat_statements，如下所示：

```
shared_preload_libraries = 'pg_stat_statements'          # (change requires restart)
pg_stat_statements.max = 10000
pg_stat_statements.track = all
pg_stat_statements.track_utility = on
pg_stat_statements.save = on
```

shared_preload_libraries 设置数据库启动时需要加载的共享库，可设置多个共享库，多个共享库列表用逗号分隔，这里设置成 pg_stat_statements，此参数设置后需重启数据库生效，如果设置了 PostgreSQL 不支持的共享库，数据重启后将报错并且无法启动。

以上设置中以 pg_stat_statements. 为前缀的参数为 pg_stat_statements 模块参数，postgresql.conf 配置文件模板中没有这些参数，需要手工添加。

- pg_stat_statements.max：pg_stat_statements 参数，设置此模块记录的最大 SQL 数，默认 5000 条，如果达到设置值，执行频率最小的 SQL 将被丢弃。
- pg_stat_statements.track：pg_stat_statements 参数，设置哪类 SQL 被记录，top 指最外层的 SQL，all 包含函数中涉及的 SQL，这里设置成 all。
- pg_stat_statements.track_utility：pg_stat_statements 参数，设置是否记录 SELECT、UPDATE、DELETE、INSERT 以外的 SQL 命令，默认为 on。
- pg_stat_statements.save：pg_stat_statements 参数，设置当数据库关闭时是否将 SQL 信息记录到文件中，off 表示当数据库关闭时 SQL 信息不会记录到文件中，默认为 on。

之后重启数据库，如下所示：

```
[postgres@pghost1 pg_root]$ pg_ctl restart -m fast
```

以 postgres 超级用户登录到目标库，这里登录到 postgres 数据库，创建 pg_stat_statements 模块，如下所示：

```
[postgres@pghost1 loadtest]$ psql postgres
```

```
psql (10.0)
Type "help" for help.

postgres=# CREATE EXTENSION pg_stat_statements ;
CREATE EXTENSION
```

之后会生成 pg_stat_statements 视图和 pg_stat_statements_reset() 函数等数据库对象。pg_stat_statements 视图主要字段信息如表 16-1 所示。

表 16-1 pg_stat_statements 视图字段信息

名称	类型	关联信息	描述
userid	oid	pg_authid.oid	执行此 SQL 的用户 OID
dbid	oid	pg_database.oid	此 SQL 执行的数据库 OID
queryid	bigint		此 SQL 的编号
query	text		此 SQL 内容
calls	bigint		此 SQL 调用次数
total_time	double precision		此 SQL 执行的总时间，单位毫秒
min_time	double precision		此 SQL 执行的最小时间，单位毫秒
max_time	double precision		此 SQL 执行的最大时间，单位毫秒
mean_time	double precision		此 SQL 执行的平均时间，单位毫秒
rows	bigint		此 SQL 影响的数据行
shared_blks_hit	bigint		此 SQL 命中的共享内存数据块数
shared_blks_read	bigint		此 SQL 读取的共享内存数据块数
shared_blks_dirtied	bigint		此 SQL 产生的共享内存数据脏块数量
shared_blks_written	bigint		此 SQL 写入的共享内存数据块数

以上只列出了 pg_stat_statements 视图的主要字段信息，少量字段信息未列出，接下来通过 pgbench 执行两条 SQL 进行压力测试，观察 SQL 信息是否会记录到 pg_stat_statements 视图中。

编写 tran_per1.sql，写入以下内容，如下所示：

```
\set v_id random(1,10000000)

SELECT name FROM test_per1 WHERE id=:v_id;
UPDATE test_per2 SET flag='1' WHERE id=:v_id;
```

运行 pgbench 命令，大量执行以上两条 SQL，如下所示：

```
$ pgbench -c 4 -T 120 -d postgres -U postgres -n N -M prepared -f tran_per1.sql >
    tran_per1_4.out 2>&1 &
```

根据 pg_stat_statements 视图，可以从多个维度监控 SQL，例如监控执行最频繁的 SQL，只需根据 SQL 调用次数 calls 降序排序即可，如下所示：

```
postgres=# SELECT userid,dbid,queryid,query,calls,
    total_time,min_time,max_time,mean_time,rows
 FROM pg_stat_statements ORDER BY calls DESC LIMIT 2;
-[ RECORD 1 ]------------------------------------
userid      | 10
dbid        | 13158
queryid     | 1758110241
query       | UPDATE test_per2 SET flag=$2 WHERE id=$1
calls       | 812691
total_time  | 83537.8480209997
min_time    | 0.015113
max_time    | 6583.11359
mean_time   | 0.102791649004361
rows        | 812691
-[ RECORD 2 ]------------------------------------
userid      | 10
dbid        | 13158
queryid     | 2354798721
query       | SELECT name FROM test_per1 WHERE id=$1
calls       | 812691
total_time  | 28687.6311289994
min_time    | 0.008581
max_time    | 76.785687
mean_time   | 0.0352995555863171
rows        | 812691
```

监控慢 SQL，如下所示：

```
postgres=# SELECT userid,dbid,queryid,query,calls,
                     total_time,min_time,max_time,mean_time,rows
FROM pg_stat_statements ORDER BY mean_time DESC LIMIT 1;
-[ RECORD1 ]-------------------------------------
userid      | 10
dbid        | 13158
queryid     | 125206108
query       | select pg_sleep($1)
calls       | 1
total_time  | 6019.78287
min_time    | 6019.78287
max_time    | 6019.78287
mean_time   | 6019.78287
```

监控慢 SQL 只需根据 mean_time 降序排序即可，其他监控 SQL 可根据实际情况编写，这里不再举例。

随着数据库运行，pg_stat_statements 视图数据越来越大，可通过 pg_stat_statements_reset() 函数清理已获取的 SQL 信息，如下所示：

```
postgres=# SELECT COUNT(*) FROM pg_stat_statements ;
    count
-------
```

```
        20
(1 row)

postgres=# SELECT pg_stat_statements_reset();
    pg_stat_statements_reset
--------------------------

(1 row)

postgres=# SELECT COUNT(*) FROM pg_stat_statements ;
 count
-------
 2
(1 row)
```

pg_stat_statements 外部扩展是数据库性能监控的必备工具，建议数据库安装时提前将此模块安装好，需要使用时只需执行 CREATE EXTENSION 命令载入数据库即可。

16.3 auto_explain

大家知道可以通过 EXPLAIN 和 EXPLAIN ANALYZE 命令查看 SQL 的预计执行计划和实际执行计划，当生产数据库 SQL 性能出现问题时通常会查看当前 SQL 的执行计划是否正常，如果当前 SQL 执行计划正常，需要进一步查看数据库出现性能问题时的 SQL 的执行计划，PostgreSQL 默认不提供历史执行计划的查看功能，但可以通过加载扩展模块来实现。

这一小节将介绍 auto_explain 扩展模块，此模块能够自动将 SQL 的执行计划记录到日志文件，这个模块也是数据库性能分析的一个重要模块，当数据库出现 SQL 性能问题时，可通过此模块输出的 SQL 执行计划进行性能分析。

auto_explain 模块加载和 pg_stat_statements 模块一样，同样需要首先在 postgresql.conf 配置文件中设置 shared_preload_libraries 参数，如下所示：

```
shared_preload_libraries = 'pg_stat_statements,auto_explain'
auto_explain.log_min_duration = 0
auto_explain.log_analyze = on
auto_explain.log_buffers = off
```

以 auto_explain 开头的参数为 auto_explain 模块参数，postgresql.conf 配置文件模板中没有这些参数，需要手工添加。

- auto_explain.log_min_duration：设置 SQL 执行时间，单位为毫秒，数据库中执行时间超过这个值的 SQL 的执行计划将被记录到数据库日志中，设置成 0 表示记录所有 SQL 的执行计划，设置成 -1 表示不启用此功能，例如设置成 100ms，数据库中所有执行时间超过 100 毫秒的 SQL 的执行计划将被记录到数据库日志中。
- auto_explain.log_analyze：此选项控制日志文件中 SQL 执行计划输出是否是 ANALYZE 模式，相当于 EXPLAIN 命令开启了 ANALYZE 选项，默认为 off。

- auto_explain.log_buffers：此选项控制日志文件中 SQL 执行计划输出是否包含数据块信息，相当于 EXPLAIN 命令开启了 BUFFERS 选项，默认为 off。

以上仅列出主要的 auto_explain 参数，其他参数主要为 EXPLAIN 格式相关的参数，和 EXPLAIN 命令的选项设置是对应的。

设置完成以上参数后重启数据库，如下所示：

```
[postgres@pghost1 pg_log]$ pg_ctl restart -m fast
```

查看数据库日志以排查是否有错误信息，如果以上参数设置不正确日志中会显示错误日志。

接着演示 SQL 的执行计划是否会自动输出到数据库日志文件，开启一个会话执行以下 SQL：

```
postgres=# SELECT * FROM test_per1 WHERE id=1;
    id |  name   |     create_time
-------+--------+---------------------
     1 | 1_per1 | 2017-09-04 21:21:44
(1 row)
```

查看数据库日志，发现如下信息：

```
    [postgres@pghost1 pg_log]$ tail -f postgresql-2017-10-22_201048.csv
2017-10-22 20:18:25.927 CST,"postgres","postgres",24856,"[local]",59ec8c8d.6118,1,
    "SELECT",2017-10-22 20:18:21 CST,5/367,0,LOG,00000,"duration: 0.049 ms  plan:
Query Text: SELECT * FROM test_per1 WHERE id=1;
Index Scan using test_per1_pkey on test_per1  (cost=0.43..4.45 rows=1 width=24)
    (actual time=0.023..0.023 rows=1 loops=1)
    Index Cond: (id = 1)",,,,,,,,,"psql"
```

从以上日志可以看出，显示了 SQL 的内容和 SQL 的实际执行计划。

以上示例中为了测试方便将 auto_explain.log_min_duration 设置成了 0，生产数据库可以根据实际情况设置，例如业务比较敏感的系统，设置成 100 毫秒可能比较合适，及时发现并优化慢 SQL，对于一些日志库，这个值可设置得较大些。

auto_explain 扩展模块是 PostgreSQL 数据库性能分析的一个重要工具，特别是当数据库性能出现波动时对于历史的 SQL 排查本身就有较大难度，这个模块将 SQL 历史执行计划记录到数据库日志，为后期的故障分析、性能优化提供了很好的途径，当然，这个模块打开将会一定程度增加数据库负担。

16.4 pg_prewarm

数据库重启后，数据库的缓存将被清空，如果是生产系统，应用系统在数据库重启后的开始一段时间内将会读取硬盘的数据，这对数据库性能有一定影响，特别是处于应用系统业务高峰期时，PostgreSQL9.4 版本之后支持 pg_prewarm 扩展模块，可以预先将数据加载到操作系统缓存或数据库缓存中，下面举例说明。

以 postgres 超级用户登录到目标库 mydb，创建 pg_prewarm 扩展模块，如下所示：

```
[postgres@pghost1 ~]$ psql mydb postgres
psql (10.0)
Type "help" for help.

mydb=# CREATE EXTENSION pg_prewarm;
CREATE EXTENSION
```

创建 pg_prewarm 扩展后会生成 pg_prewarm 函数，函数语法如下：

```
pg_prewarm(regclass, mode text default 'buffer', fork text default 'main',
    first_block int8 default null,
    last_block int8 default null) RETURNS int8
```

此函数返回成功缓存的数据块数，输入参数有五个，分别为：

- regclass：需要缓存的数据库对象，可以是表和索引。
- mode：缓存的模式，支持三种缓存模式，prefetch 模式表示将数据异步读入操作系统缓存，read 模式表示将数据同步读入操作系统缓存，但效率要慢些，buffer 模式将数据读入数据库缓存。
- fork：此参数默认为 main，通常不需要设置。
- first_block：需要预热的第一个数据块编号，null 表示数据库对象的第 0 个块。
- last_block：需要预热的最后一个数据块，null 表示预热的数据库对象的最后一个数据块。

在数据库 mydb 库中创建一张测试表 t_pre 并插入 200 万数据，如下所示：

```
[postgres@pghost1 ~]$ psql mydb pguser
mydb=> CREATE TABLE t_pre(id int4 PRIMARY KEY,
        info text,
        create_time timestamp(0) without time zone);
CREATE TABLE

mydb=> INSERT INTO t_pre(id,info,create_time)
    SELECT n,n||'_pre',clock_timestamp() FROM generate_series(1,2000000) n ;
INSERT 0 2000000
```

将表 t_pre 表数据缓存到数据库缓存中，如下所示：

```
mydb=> SELECT pg_prewarm('t_pre','buffer');
 pg_prewarm
------------
 12739
(1 row)
```

以上代码返回 12739，表示缓存到数据库缓存的数据块，这个正好是表 t_pre 的数据块数，可查询 pg_class 进行验证，如下所示：

```
mydb=> SELECT relname,relpages FROM pg_class WHERE relname='t_pre';
    relname | relpages
------------+----------
    t_pre   |    12739
(1 row)
```

relpages 表示占用数据块个数，是一个预估值，ANALYZE 命令可以刷新此数据。

也可以将表数据异步缓存到操作系统缓存中，如下所示：

```
mydb=> SELECT pg_prewarm('t_pre','prefetch');
 pg_prewarm
------------
 12739
(1 row)
```

将表数据同步缓存到操作系统缓存中，如下所示：

```
mydb=> SELECT pg_prewarm('t_pre','read');
    pg_prewarm
------------
        12739
(1 row)
```

当生产数据库重启后，建议使用 pg_prewarm 扩展模块将访问频繁的小表缓存到操作系统缓存或数据库缓存中，减少数据库压力，当内存不够时，被缓存的数据有可能被挤出，pg_prewarm 扩展模块仅用于数据库重启后对热表数据预热，不能用来持久化到内存中。

也有第三方工具可以将数据库表数据缓存，例如 pgfincore 项目，早在 PostgreSQL9.4 版本前，pg_prewarm 扩展模块还没出现时，通常使用 pgfincore 工具，这个工具功能比较丰富，支持将数据库表、索引加载到操作系统缓存，也支持将数据从操作系统缓存中刷出，同时支持查看数据表被缓存的情况，项目地址：https://github.com/klando/pgfincore。

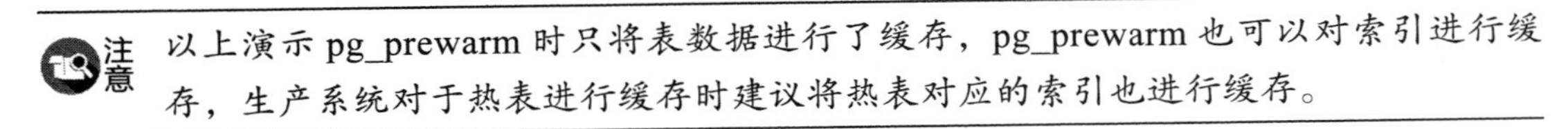

注意　以上演示 pg_prewarm 时只将表数据进行了缓存，pg_prewarm 也可以对索引进行缓存，生产系统对于热表进行缓存时建议将热表对应的索引也进行缓存。

16.5 file_fdw

file_fdw 同样是 PostgreSQL 的扩展模块，介绍 file_fdw 之前，首先介绍 SQL/MED(SQL Management of External Data)。

16.5.1 SQL/MED 简介

SQL/MED 是 PostgreSQL 另一特色功能，这一特性是指在 PostgreSQL 数据库中通过 SQL 访问外部数据源数据，就像访问本地库数据一样，这和 Oracle 中的 dblink 功能类似，SQL/MED 示例如图 16-1 所示。

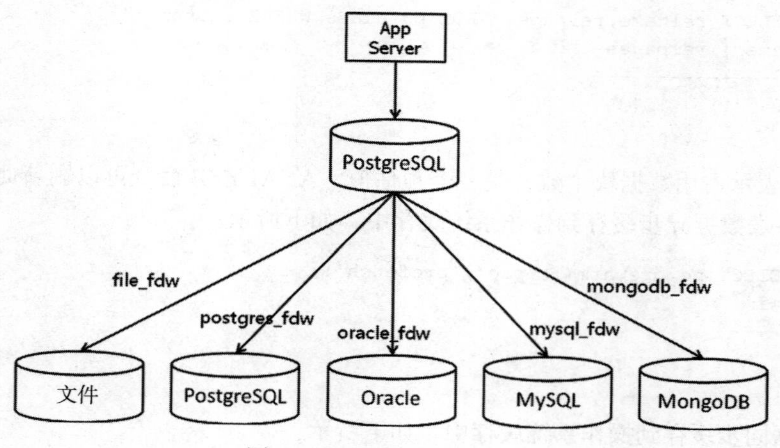

图 16-1 SQL/MED 示例图

目前支持访问的外部数据源主要有以下几类：

- **文件**：在 PostgreSQL 数据库中访问数据库主机文件，文件需具备一定的格式，常见的文件格式为 csv 和 text。
- **关系型数据库**：在 PostgreSQL 数据库中访问远程的数据库，例如 PostgreSQL、Oracle、MySQL、SQL Server 等。
- **非关系型数据库**：MongoDB、Redis、Cassandra 等非关系数据库。
- **大数据**：Elastic Search、Hadoop 等。

这些外部模块大部分都不属于 PostgreSQL 官方维护，由第三方维护，有些模块还处于测试阶段，生产使用时需要注意，本章将对其中部分数据源模块进行介绍。

16.5.2 file_fdw 部署

本节介绍基于文件的外部数据源的访问，PostgreSQL 使用 file_fdw 外部扩展访问本地文件，文件的格式要求为 text、csv 或者 binary。

使用 file_fdw 外部扩展访问本地文件主要步骤如下：

1）创建 file_fdw 外部扩展。

2）创建 foreign server 外部服务，外部服务是指连接外部数据源的连接信息。

3）设置本地文件格式为 file_fdw 可识别的格式。

4）创建外部表。

创建外部扩展通常需要超级权限，使用 postgres 超级用户登录到 mydb 创建 file_fdw 外部扩展，如下所示：

```
[postgres@pghost1 ~]$ psql mydb postgres
psql (10.0)
Type "help" for help.
```

```
mydb=# CREATE EXTENSION file_fdw;
CREATE EXTENSION
```

创建基于 file_fdw 的外部服务 fs_file，如下所示：

```
mydb=# CREATE SERVER fs_file FOREIGN DATA WRAPPER file_fdw;
CREATE SERVER
```

创建外部服务时需指定外部服务的名称，这里名称为 fs_file，外部服务创建完成之后，可通过 \des 元命令查询当前库中已创建的外部服务，如下所示：

```
mydb=# \des
          List of foreign servers
      Name|  Owner    | Foreign-data wrapper
-----------+----------+---------------------
   fs_file | postgres | file_fdw
(1 row)
```

外部服务定义了具体外部数据源连接信息，如果外部数据源是数据库，通常包含了数据库的 IP、端口号、数据库名称等信息，本例是以文件为外部数据源，因此没有这些信息。

创建文件 /home/postgres/script/file1.txt ，写入以下内容，使用 tab 键分隔：

```
1       a
2       b
```

定义基于 file_fdw 的外部表，如下所示：

```
mydb=# CREATE FOREIGN TABLE ft_file1(
        id int4,
        flag text
    ) SERVER fs_file
        OPTIONS (filename '/home/postgres/script/file1.txt',format 'text');
CREATE FOREIGN TABLE
```

OPTIONS 是指 file_fdw 外部扩展的选项，与 fdw 支持的选项不同，file_fdw 的主要选项如下：

- filename：指定要访问的文件路径和名称，需指定文件的绝对路径。
- format：指定文件的格式，支持的格式为 text、csv、binary，默认为 text。
- header：指定文件是否包含字段名称行，此选项仅对 csv 格式有效，通常将数据库表数据导出到文件时才会使用此选项。
- delimiter：设置字段的分隔符，text 格式的文件字段分隔符默认为 tab 键。
- encoding：设置文件的编码。

以上选项除了 filename 选项外，其他选项和 copy 命令一致。

外部表定义完成后，在数据库中像访问本地表一样访问外部表即可，如下所示：

```
mydb=# SELECT * FROM ft_file1 ;
   id | flag
-------+------
```

```
    1 | a
    2 | b
(2 rows)
```

外部表实质上不存储数据，只是指向外部数据源的一个链接，可理解成操作系统层面的软链接，数据依旧存储在外部数据源中。通过 file_fdw 外部扩展使 PostgreSQL 数据库就像访问数据库表一样访问外部文件。

目前基于 file_fdw 的外部表仅支持只读，不支持 INSERT/UPDATE/DELETE 操作。

创建完外部表后，可通过 \det 元命令查看当前数据库中的外部表列表，如下所示：

```
mydb=# \det
        List of foreign tables
   Schema |  Table    | Server
-----------+----------+---------
   public | ft_file1 | fs_file
(1 row)
```

16.5.3 使用 file_fdw 分析数据库日志

另一个 file_fdw 典型示例为通过外部表访问 PostgreSQL 数据库的 csv 日志，方便数据库日志分析，首先设置数据库日志为 csv 格式，设置 postgresql.conf 以下参数，如下所示：

```
log_destination = 'csvlog'
logging_collector = on
log_directory = 'pg_log'
log_filename = 'postgresql-%Y-%m-%d_%H%M%S.log'
```

主要设置以上日志相关参数，参数解释如下：

- log_destination：设置 postgresql 数据库日志输出方式，支持 stderr、csvlog、syslog 方式，这里设置成 csv 格式（csv 格式需设置 logging_collector 参数为 on）。
- logging_collector：此参数设置成 on 将开启日志收集后台进程，用于将输出到 stderr 标准错误的信息重定向到 PostgreSQL 日志文件，建议开启此参数，此参数调整后需重启数据库生效。
- log_directory：当 logging_collector 参数开启时，设置 PostgreSQL 日志文件的目录，可以设置绝对路径或相对路径，相对路径位于目录 $PGDATA 下。
- log_filename：当 logging_collector 参数开启时，设置 PostgreSQL 日志文件的命名方式，这里使用默认的配置即可。

$PGDATA/pg_log/ 目录下产生了不少数据库日志，我们从其中一个日志文件中查看日志数据，例如在 postgresql-2017-10-26_000000.csv 中查看到了以下日志，如下所示：

```
...
2017-10-26 14:29:16.298 CST,"postgres","mydb",18701,"[local]",59f1762a.490d,31,
    "DELETE",2017-10-26 13:44:10 CST,5/16770,0,ERROR,0A000,"cannot delete from
    foreign table ""ft_file1""",,,,,,"DELETE FROM ft_file1 ;",,,"psql"
...
```

可以通过外部表访问 PostgreSQL 的日志。创建外部表，如下所示：

```
CREATE FOREIGN TABLE ft_pglog (
    log_time timestamp(0) without time zone,
    user_name text,
    database_name text,
    process_id integer,
    connection_from text,
    session_id text,
    session_line_num bigint,
    command_tag text,
    session_start_time timestamp with time zone,
    virtual_transaction_id text,
    transaction_id bigint,
    error_severity text,
    sql_state_code text,
    message text,
    detail text,
    hint text,
    internal_query text,
    internal_query_pos integer,
    context text,
    query text,
    query_pos integer,
    location text,
    application_name text
) SERVER fs_file
OPTIONS ( filename '/database/pg10/pg_root/pg_log/postgresql-2017-10-26_000000.
    csv', format 'csv' );
```

以上 OPTIONS 选项指定日志文件的路径和名称，并且格式为 csv 格式，查看其中一条日志，如下所示：

```
mydb=# SELECT * FROM ft_pglog WHERE error_severity='ERROR' AND command_
    tag='DELETE';
-[ RECORD 1 ]----------+-----------------------------------------
log_time               | 2017-10-26 14:29:16
user_name              | postgres
database_name          | mydb
process_id             | 18701
connection_from        | [local]
session_id             | 59f1762a.490d
session_line_num       | 31
command_tag            | DELETE
session_start_time     | 2017-10-27 03:44:10+08
virtual_transaction_id | 5/16770
transaction_id         | 0
error_severity         | ERROR
sql_state_code         | 0A000
message                | cannot delete from foreign table "ft_file1"
detail                 |
```

```
hint                       |
internal_query             |
internal_query_pos         |
context                    |
query                      | DELETE FROM ft_file1 ;
query_pos                  |
location                   |
application_name           | psql
```

刚好是前面 postgresql-2017-10-26_000000.csv 日志文件中的这条日志信息，通过外部表 ft_pglog 很容易对数据库日志进行分析。

16.6 postgres_fdw

上一节介绍了 file_fdw 扩展，通过此扩展 PostgreSQL 可以访问文本或 csv 格式的文件，这一节将介绍 postgres_fdw，通过此扩展可以访问远程 PostgreSQL 数据库表，类似 Oracle 的 dblink。

16.6.1 postgres_fdw 部署

本节将演示 postgres_fdw 的部署，测试环境见表 16-2。

表 16-2 postgres_fdw 实验环境

角 色	主机名	IP	端 口	库 名	用户名	版 本
本地库	pghost1	192.168.28.74	1921	mydb	pguser	PostgreSQL10
远程库	pghost3	192.168.28.76	1923	des	pguser	PostgreSQL10

计划在 pghost1 上的 mydb 库创建 postgres_fdw 外部扩展，使得 pghost1 主机上的 mydb 库通过外部表访问远程 pghost3 主机上 des 库中的表。

postgres_fdw 外部表部署的主要步骤如下：

1）创建 postgres_fdw 外部扩展。

2）创建 foreign server 外部服务，外部服务是指连接外部数据源的连接信息。

3）创建映射用户，映射用户指定了访问外部表的本地用户和远程用户信息。

4）创建外部表，外部表的表定义建议和远程表一致。

在 pghost1 上以 postgres 超级用户登录 mydb 库创建 postgres_fdw 扩展，如下所示：

```
[postgres@pghost1 ~]$ psql mydb postgres
psql (10.0)
Type "help" for help.

mydb=# CREATE EXTENSION postgres_fdw;
CREATE EXTENSION
```

创建外部扩展需要超级权限，普通用户使用postgres_fdw需要单独赋权，计划以pguser普通用户使用postgres_fdw外部扩展，因此需要给pguser用户赋postgres_fdw的使用权限，如下所示：

```
mydb=# GRANT USAGE ON FOREIGN DATA WRAPPER postgres_fdw TO pguser;
GRANT
```

之后以pguser用户登录mydb库创建外部服务，如下所示：

```
mydb=> \c mydb pguser
You are now connected to database "mydb" as user "pguser".

mydb=> CREATE SERVER fs_postgres_pghost3
    FOREIGN DATA WRAPPER postgres_fdw OPTIONS (host 'pghost3', port '1923', dbname
        'des');
CREATE SERVER
```

以上定义了名称为fs_postgres_pghost3的外部服务，OPTIONS设置远程PostgreSQL数据源连接选项，通常为主机名、端口号、数据库名等。

之后创建映射用户，需要给外部服务创建映射用户，如下所示：

```
mydb=> CREATE USER MAPPING FOR pguser
    SERVER fs_postgres_pghost3 OPTIONS (user 'pguser', password 'pguser');
CREATE USER MAPPING
```

FOR后面接的用户为本地的数据库用户，OPTIONS里接的是远程PostgreSQL数据库的用户和密码，也就是说，外部服务定义了远程PostgreSQL数据库的IP、端口、数据库连接信息，映射用户指定了连接远程PostgreSQL数据库的用户名、密码信息。

之后在pghost4主机上的des库中创建一张测试表，并插入测试数据，如下所示：

```
[des@pghost3 ~]$ psql des pguser
des=> CREATE TABLE t_fdw1 (id int4,info text);
CREATE TABLE

des=> INSERT INTO t_fdw1 (id, info ) VALUES (1,'a'),('2','b');
INSERT 0 2
```

在pghost1上创建外部表，如下所示：

```
mydb=> CREATE FOREIGN TABLE ft_t_fdw1 (
    id    int4,
    info  text
) SERVER fs_postgres_pghost3 OPTIONS (schema_name 'pguser', table_name 't_fdw1');
```

OPTIONS选项中的schema_name指远程库的模式名，table_name指远程库的表名。

以上就完成了postgres_fdw外部表的部署，查询外部表ft_t_fdw1，如下所示：

```
mydb=> SELECT * FROM ft_t_fdw1 ;
ERROR:  could not connect to server "fs_postgres_pghost3"
DETAIL:  FATAL:  no pg_hba.conf entry for host "20.26.28.74", user "pguser",
    database "des"
```

以上错误报 pg_hba.conf 文件中没有相应访问策略，在 pghost3 的 $PGDATA/pg_hba.conf 文件中添加访问策略即可，如下所示：

```
host    des     pguser  20.26.28.0/24   md5
```

之后执行 pg_ctl reload 命令使配置生效。

pghost1 上再次查询外部表 ft_t_fdw1 测试，如下所示：

```
mydb=> SELECT * FROM ft_t_fdw1 ;
    id | info
-------+------
     1 | a
     2 | b
(2 rows)
```

可见，从 pghost1 主机上的 mydb 库已成功访问远程主机 pghost3 上 des 库中的数据。

16.6.2 postgres_fdw 外部表支持写操作

postgres_fdw 外部表最早只支持只读，PostgreSQL9.3 版本开始支持可写，这里演示 postgres_fdw 对写操作的支持。

在 pghost1 上对外部表进行数据插入测试，如下所示：

```
mydb=> INSERT INTO ft_t_fdw1 (id,info) VALUES (3,'c');
INSERT 0 1
mydb=> SELECT * FROM ft_t_fdw1 WHERE id=3;
   id | info
------+------
    3 | c
(1 row)
```

在 pghost3 远程库 des 上进行验证，如下所示：

```
des=> SELECT * FROM t_fdw1 WHERE ID=3;
    id | info
-------+------
     3 | c
(1 row)
```

可见，新的数据已写入远程库 des 中。

接下来测试更新操作，在 pghost1 对外部表进行更新操作，如下所示：

```
mydb=> UPDATE ft_t_fdw1 SET info='ccc' WHERE ID=3;
UPDATE 1
mydb=> SELECT * FROM ft_t_fdw1 WHERE id=3;
    id | info
-------+------
     3 | ccc
(1 row)
```

在 pghost3 远程库 des 上进行验证，如下所示：

```
des=> SELECT * FROM t_fdw1 WHERE ID=3;
    id | info
-------+------
     3 | ccc
(1 row
```

可见数据已更新。

最后测试 DELETE 操作，在 pghost1 上的外部表上执行 DELETE，如下所示：

```
mydb=> DELETE FROM ft_t_fdw1 WHERE id=3;
DELETE 1
```

在 pghost3 远程库 des 上进行验证，如下所示：

```
des=> SELECT * FROM t_fdw1 WHERE ID=3;
    id | info
-------+------
(0 rows)
```

可见数据已删除。

> 注意　postgres_fdw 支持外部表可写有两个条件，首先是创建映射用户时配置的远程数据库用户需要对远程表有写的权限，其次是 PostgreSQL 数据库版本需 9.3 或以上。

16.6.3　postgres_fdw 支持聚合函数下推

PostgreSQL10 版本在 postgres_fdw 扩展模块中新增了一个非常给力的特性，可以将聚合、关联操作下推到远程 PostgreSQL 数据库进行，而之前的版本是将外部表相应的远程数据全部取到本地再做聚合，10 版本的这个新特性大幅度减少了从远程库传送到本地库的数据量，提升了 postgres_fdw 外部表上聚合查询的性能，本小节测试 10 版本这一新特性。

测试一：在 PostgreSQL10 版本进行测试

在 pghost3 主机的 des 库上创建测试表并插入测试数据，如下所示：

```
[des@pghost3 ~]$ psql des pguser
psql (10.0)
Type "help" for help.

des=> CREATE TABLE t_fdw2(id int4,flag int4);
CREATE TABLE

des=> INSERT INTO t_fdw2(id,flag) SELECT n,mod(n,3) FROM generate_series(1,100000) n;
INSERT 0 100000
```

在 pghost1 上的 mydb 库创建外部表，如下所示：

```
mydb=> CREATE FOREIGN TABLE ft_t_fdw2 (
    id    int4,
    flag  int4
) SERVER fs_postgres_pghost3 OPTIONS (schema_name 'pguser', table_name 't_fdw2');
```

之后计划对外部表 ft_t_fdw2 进行聚合查询，执行如下 SQL：

```
mydb=> SELECT flag,count(*) FROM ft_t_fdw2 GROUP BY flag ORDER BY flag;
    flag | count
--------+-------
       0 | 33333
       1 | 33334
       2 | 33333
(3 rows)
```

执行计划如下所示：

```
mydb=> EXPLAIN (ANALYZE on,VERBOSE on)
    SELECT flag,count(*) FROM ft_t_fdw2 GROUP BY flag ORDER BY flag;
                                                  QUERY PLAN
--------------------------------------------------------------------------------
    Sort   (cost=167.52..168.02  rows=200  width=12)  (actual  time=18.888..18.888
        rows=3 loops=1)
        Output: flag, (count(*))
        Sort Key: ft_t_fdw2.flag
        Sort Method: quicksort  Memory: 25kB
        ->  Foreign Scan   (cost=114.62..159.88 rows=200 width=12)  (actual time=
              18.877..18.878 rows=3 loops=1)
                Output: flag, (count(*))
                Relations: Aggregate on (pguser.ft_t_fdw2)
                Remote SQL: SELECT flag, count(*) FROM pguser.t_fdw2 GROUP BY flag
    Planning time: 0.109 ms
    Execution time: 19.496 ms
(10 rows)
```

详细查看以上执行计划，执行计划主要分为以下几个阶段：

- Remote SQL：远程库上的执行 SQL，此 SQL 为聚合查询 SQL。
- Relation Aggregate：在外部表上执行聚合操作。
- Foreign Scan ："rows=3"说明 Foreign Scan 阶段仅返回三条记录，同时这也说明聚合操作是在远程库执行，仅返回聚合操作后的数据。
- Sort：排序。

以上 SQL 执行时间为 19.496 ms，从以上执行计划可以看出，在远程库执行的 SQL 为：

```
Remote SQL: SELECT flag, count(*) FROM pguser.t_fdw2 GROUP BY flag
```

这说明聚合操作是在远程库进行，并没有将远程库数据全部拉到本地库做聚合。

测试二：在 PostgreSQL9.6 版本进行测试

接着在 9.6 版本进行测试，测试环境见表 16-3。

表 16-3　postgres_fdw 实验环境

角　色	主机名	IP	端　口	库　名	用户名	版　本
本地库	pghost1	192.168.28.74	1922	mydb	pguser	PostgreSQL9.6
远程库	pghost3	192.168.28.76	1924	des	pguser	PostgreSQL9.6

PostgreSQL9.6 的安装略，postgres_fdw 的部署和 16.6.1 节的部署一致，聚合查询执行计划如下所示：

```
mydb=> EXPLAIN (ANALYZE on,VERBOSE on)
        SELECT flag,count(*) FROM ft_t_fdw2 GROUP BY flag ORDER BY flag;
                                    QUERY PLAN
--------------------------------------------------------------------------------
Sort   (cost=324.43..324.93 rows=200 width=12) (actual time=354.879..354.880
    rows=3 loops=1)
    Output: flag, (count(*))
    Sort Key: ft_t_fdw2.flag
    Sort Method: quicksort  Memory: 25kB
    ->  HashAggregate   (cost=314.78..316.78 rows=200 width=12) (actual time=
          354.863..354.863 rows=3 loops=1)
        Output: flag, count(*)
        Group Key: ft_t_fdw2.flag
        ->  Foreign  Scan  on  pguser.ft_t_fdw2   (cost=100.00..285.53  rows=5851
              width=4) (actual time=1.014..333.186 rows=100000 loops=1)
            Output: id, flag
            Remote SQL: SELECT flag FROM pguser.t_fdw2
    Planning time: 0.152 ms
    Execution time: 355.649 ms
(12 rows)
```

以上执行计划执行时间为 355 毫秒，相比 PostgreSQL10 性能慢了 17 倍左右，仔细分析以上执行计划，Remote SQL 阶段的 SQL 为：

```
Remote SQL: SELECT flag FROM pguser.t_fdw2
```

结合执行计划中的 Foreign Scan（rows=100000），说明将外部表对应的远程数据全部取到了 pghost1，之后在 pghost1 上进行聚合统计操作。

而 PostgreSQL10 版本此 SQL 执行计划中 Remote SQL 阶段的 SQL 为：

```
Remote SQL: SELECT flag, count(*) FROM pguser.t_fdw2 GROUP BY flag
```

从这个示例中很容易理解 PostgreSQL10 的这一新特性，即 postgres_fdw 支持聚合函数下推到远程库，提升了外部表的查询性能。

16.7　Citus

Citus 能够横向扩展多租户（B2B）数据库，或构建实时应用程序。Citus 通过使用分片、复制、查询并行化扩展 PostgreSQL 跨服务器来实现这一点。它是以前的开源扩展 pg_shard 的升级版本，目前有企业版和社区版本，本节主要介绍 Citus 特性、安装、管理、创建分布表、参数配置等方面。

16.7.1 Citus 特性

1. 业务场景与数据分布

分布式数据建模是指如何在多机器数据库集群中的节点之间分配信息，并高效查询。有一个很好理解的分布式数据库设计权衡的常见用例。 Citus 使用每个表中的列来确定如何在可用的分片之间分配其行。特别当数据被加载到表中时，Citus 将分配列用作哈希键，以将每行分配给分片。数据库管理员选择每个表的分发列。因此，分布式数据建模的主要任务是选择最佳的数据表划分及其分布列，以适应应用程序所需的查询。

2. 业务场景与数据模型

Citus 适合两种典型的应用场景，这两种典型的应用场景对应两种数据模型：多租户应用程序（Multi-tenant Application）和实时分析（Real-time Analytics）。

3. 多租户

此用例适用于为其他公司、账户或组织提供服务的 B2B 应用程序。例如，这个应用程序可能是一个网站，它为其他企业提供商店前端、数字营销解决方案或销售自动化工具。使用多租户架构进行水平缩放并没有租户数量限制，此外，Citus 的分片允许单个节点容纳多个租户，从而提高硬件利用率。

4. 实时分析

实时和多租户模式之间的选择取决于应用的需求。实时模型允许数据库获取大量的传入数据，在这种用例中，应用程序需要大量的并行性，协调数百个内核，以便快速统计查询结果。这种架构通常只有几个表格，通常以设备、站点或用户事件的大表为中心。它处理大容量读写，具有相对简单但计算密集的查找。

16.7.2 Citus 安装

从 yum 源安装，如下所示：

```
# 首先安装citus的yum源
curl https://install.citusdata.com/community/rpm.sh | sudo bash
sudo yum install -y citus72_10
```

配置环境变量，如下所示：

```
sudo su - postgres
export PATH=$PATH:/usr/pgsql-10/bin
```

创建数据目录，如下所示：

```
mkdir -p /pgdata/citus_cluster/coordinator /pgdata/citus_cluster/worker1 /
    pgdata/citus_cluster/worker2
```

实例化数据目录，如下所示：

```
/usr/pgsql-10/bin/initdb -D /pgdata/citus_cluster/coordinator/
/usr/pgsql-10/bin/initdb -D /pgdata/citus_cluster/worker1/
/usr/pgsql-10/bin/initdb -D /pgdata/citus_cluster/worker2/
```

修改 postgresql.conf 配置，如下所示：

```
-- shared_preload_libraries = 'citus'
echo "shared_preload_libraries = 'citus'" >> /pgdata/citus_cluster/coordinator/
    postgresql.conf
echo "shared_preload_libraries = 'citus'" >> /pgdata/citus_cluster/worker1/
    postgresql.conf
echo "shared_preload_libraries = 'citus'" >> /pgdata/citus_cluster/worker2/
    postgresql.conf
```

这里需要注意的一点是，如果 shared preload libraries 的项不止一个，需要把 citus 放置在第一位，否则会有如下的错误：

```
FATAL: Citus has to be loaded first
HINT: Place citus at the beginning of shared_preload_libraries.
```

启动所有节点，如下所示：

```
/usr/pgsql-10/bin/pg_ctl -D /pgdata/citus_cluster/coordinator -o "-p 9700" -l
    coordinator_logfile start
/usr/pgsql-10/bin/pg_ctl -D /pgdata/citus_cluster/worker1 -o "-p 9701" -l
    worker1_logfile start
/usr/pgsql-10/bin/pg_ctl -D /pgdata/citus_cluster/worker2 -o "-p 9702" -l
    worker2_logfile start
```

在 Coordinator 中创建数据库，如下所示：

```
/usr/pgsql-10/bin/psql -p 9700 postgres -c "CREATE DATABASE mydb;"
NOTICE:  Citus partially supports CREATE DATABASE for distributed databases
DETAIL:  Citus does not propagate CREATE DATABASE command to workers
HINT:  You can manually create a database and its extensions on workers.
CREATE DATABASE
```

在 Coordinator 中执行创建数据库命令时，只能在 Coordinator 一个节点中创建，因此还需要在每个 Worker 节点中进行创建。接下来我们在每个 Worker 节点分别创建数据库，并且在新创建的数据库中创建 Citus Extension。

在 Worker 节点中创建数据库，如下所示：

```
/usr/pgsql-10/bin/psql -p 9701 postgres -c "CREATE DATABASE mydb;"
/usr/pgsql-10/bin/psql -p 9702 postgres -c "CREATE DATABASE mydb;"
```

在每个节点中创建 Citus Extension，如下所示：

```
/usr/pgsql-10/bin/psql -p 9700 mydb -c "CREATE EXTENSION citus;"
/usr/pgsql-10/bin/psql -p 9701 mydb -c "CREATE EXTENSION citus;"
/usr/pgsql-10/bin/psql -p 9702 mydb -c "CREATE EXTENSION citus;"
```

16.7.3 Citus 管理

下面介绍在Citus集群中添加Work节点、剔除Work节点、禁用Work节点、启用Work节点。

在Citus集群中添加Worker节点，如下所示：

```
/usr/pgsql-10/bin/psql -p 9700 mydb -c "SELECT * FROM master_add_node('127.
    0.0.1', 9701);"
   nodeid | groupid | nodename  | nodeport | noderack | hasmetadata | isactive
----------+---------+-----------+----------+----------+-------------+----------
        1 |       1 | 127.0.0.1 |     9701 | default  | f           | t
(1 row)
/usr/pgsql-10/bin/psql -p 9700 mydb -c "SELECT * FROM master_add_node('127.
    0.0.1', 9702);"
   nodeid | groupid | nodename  | nodeport | noderack | hasmetadata | isactive
----------+---------+-----------+----------+----------+-------------+----------
        2 |       2 | 127.0.0.1 |     9702 | default  | f           | t
(1 row)
```

从Citus集群中剔除Worker节点，如下所示：

```
UPDATE pg_dist_shard_placement set shardstate = 3 where nodename = '127.0.0.1'
and nodeport = 9702;
SELECT master_remove_node('127.0.0.1', 9702);
    master_remove_node
--------------------

(1 row)
SELECT * FROM master_get_active_worker_nodes();
    node_name | node_port u
--------------+-----------
    127.0.0.1 |       9701
(1 row)
```

禁用Worker节点，如下所示：

```
SELECT master_disable_node('127.0.0.1','9702');
NOTICE:  Node 127.0.0.1:9702 has active shard placements. Some queries may fail
    after this operation. Use SELECT master_activate_node('127.0.0.1', 9702) to
    activate this node back.
    master_disable_node
---------------------

(1 row)
```

禁用Worker之后，对于公共引用表的查询不受影响，但对于分布式表，则不能正常工作。会输出以下错误信息：

```
ERROR: failed to assign 2 task(s) to worker nodes
```

这时就按照禁用 Worker 时给出的提示启用 Worker 即可。启用 Worker 节点，如下所示：

```
SELECT master_activate_node('127.0.0.1', 9702);
```

在 Coordinator 节点验证 Worker 节点，如下所示：

```
/usr/pgsql-10/bin/psql -p 9700 mydb -c " SELECT * FROM master_get_active_worker_
    nodes();"
    node_name | node_port
--------------+-----------
    127.0.0.1 |      9701
    127.0.0.1 |      9702
(2 rows)
```

16.7.4 创建分布表

在 Coordinator 中创建表，如下所示：

```
CREATE TABLE table_name (
    user_id integer NOT NULL,
    name character varying(32)
);
```

在 Coordinator 中创建分片，如下所示：

```
mydb=# SELECT create_distributed_table('table_name', 'user_id');
    create_distributed_table
--------------------------
(1 row)
```

默认的，使用哈希的分布方式，Citus 集群会创建 32 个分片，用户需要根据实际情况进行调整。Citus 有很多的配置选项，其中一个选项是配置分片的总数量，建议配置为 CPU 核数 × 希望每个物理节点的分片数 × 物理节点数。配置分片数量的代码如下所示：

```
set citus.shard_count = 64;
```

公共引用表适合在每个 Worker 节点上都可能需要运行 join 命令的小表，它通常是小型非分区表。在 Coordinator 节点创建好原始表之后，执行 create_reference_table 函数，将它创建为公共引用表。创建完成后可以看到在每一个 Worker 节点上，都会有这张表存在，如下所示：

```
CREATE TABLE rt(id serial primary key,ival int);
SELECT create_reference_table('rt');
```

对于已经存在的分片为 1 的表，如果希望将它转换为公共引用表，可以使用 upgrade_to_reference_table 这个 API，详细的用法请查阅文档说明。

16.7.5 Citus 参数配置

- citus.shard_replication_factor (integer)

这个参数用来设置分片数据的副本数量，默认为 1。例如两个物理节点，将此参数设置为 2，那么在每个物理节点上会分布同样的数据。

❑ citus.shard_count (integer)

设置了分片的数量，默认是 32，可以根据实际需求进行调整，对奇数偶数也没有要求，如果物理节点数是偶数，但是将此参数设置为奇数，Citus 会根据添加 Worker 节点的顺序，依次分发分片。例如有两个物理节点，分片数量设置为 3，那么在 Worker1 上会有 2 个分片，而 Worker2 上则只会有 1 个分片。

❑ citus.task_executor_type (enum)

设置执行器类型，它有两个选项：real-time 和 task-tracker，默认为 real-time。real-time 实时执行器是默认类型，在需要快速响应涉及跨多个分片的聚合和共同定位联接的查询时是最佳的。task-tracker 任务跟踪器执行器非常适合长时间运行的复杂查询，这些查询需要在 worker 节点之间进行数据整理和高效的资源管理。

在 Citus 集群中，还需要重点关注 postgresql.conf 中的 idle_in_transaction_session_timeout 参数。

在 Citus 的 Worker 节点中可能因为未提交的事务导致大量的连接被占用，导致连接资源被耗尽。为了防止这种情况发生，应当为这个参数设置适当的值，单位毫秒。

16.7.6 Citus 常用功能

查看表的大小，包括索引的大小，如下所示：

```
SELECT pg_size_pretty(citus_total_relation_size('table_name'::regclass));
```

查看表大小，但不包括索引的大小，如下所示：

```
SELECT pg_size_pretty(citus_relation_size('table_name'::regclass));
-- 或
SELECT pg_size_pretty(citus_table_size('table_name'::regclass));
```

查看表的分布键和数据的分布位置，用下面的语句进行查看，如下所示：

```
SELECT column_to_column_name(logicalrelid, partkey) AS dk
FROM pg_dist_partition
WHERE logicalrelid='table_name'::regclass;
```

根据分布键的值，找到这个值对应的分片表，如下所示：

```
SELECT get_shard_id_for_distribution_column('table_name', DK_value);
```

创建分片表的功能函数 create_distributed_table，如下所示：

```
mydb=# \df+ create_distributed_table
List of functions
-[ RECORD 1 ]-------+------------------------------------
Schema              | pg_catalog
```

```
Name                  | create_distributed_table
Result data type      | void
Argument data types | table_name regclass, distribution_column text, distribution_type citus.distribution_type DEFAULT 'hash'::citus.distribution_type, colocate_with text DEFAULT 'default'::text
Type                  | normal
Volatility            | volatile
Parallel              | unsafe
Owner                 | postgres
Security              | invoker
Access privileges     |
Language              | c
Source code           | create_distributed_table
Description           | creates a distributed table
```

查看表分布类型如下所示：

```
mydb=# \dT+ citus.distribution_type
List of data types
-[ RECORD 1 ]-----+------------------------
Schema            | citus
Name              | citus.distribution_type
Internal name     | distribution_type
Size              | 4
Elements          | hash                    +
                  | range                   +
                  | append
Owner             | postgres
Access privileges |
Description       |
```

默认情况下，Citus 中查看执行计划会省略大部分不同节点的相同的计划，如果想查看完整的查询计划，可以在会话中设置，如下所示：

```
SET citus.explain_all_tasks = 'TRUE';
```

DDL、维护任务和 Citus 的限制 ALTER TABLE ADD COLUMN、ALTER COLUMN、DROP COLUMN、ALTER COLUMN TYPE、RENAME COLUMN，这些操作都是与 PostgreSQL 完全兼容的，如下所示：

```
ALTER TABLE tbl ADD COLUMN col INT;
NOTICE: using one-phase commit for distributed DDL commands HINT: You can enable
    two-phase commit for extra safety with: SET citus.multi_shard_commit_protocol
    TO '2pc'
```

默认情况下，Citus 使用一阶段提交协议执行 DDL，为了更安全，可以设置两阶段提交执行 DDL，如下所示

```
SET citus.multi_shard_commit_protocol TO '2pc';
ALTER TABLE tbl ADD COLUMN col INT;
ALTER TABLE test ALTER COLUMN ival3 SET DEFAULT 1;
```

在 PostgreSQL 中创建索引可以省略索引名称，由系统自动为索引命名，但在 Citus 中不支持自动为索引命名，所以在创建索引时需要明确地加上索引的名称，否则会抛出如下错误：

```
ERROR: creating index without a name on a distributed table is currently unsupported
```

创建索引和 PostgreSQL 是一样的，如下所示：

```
CREATE INDEX CONCURRENTLY idx_name ON table_name (col1...col_n);
```

在 citus 中，只能在创建分区表之前创建唯一索引和唯一约束，这一点一定要注意，等数据都已经入库再想创建唯一索引就不行了，非空约束则可以在分配表之后再创建。

删除索引，如下所示：

```
DROP INDEX umch_user_id_name;
NOTICE: using one-phase commit for distributed DDL commands HINT: You can enable
    two-phase commit for extra safety with: SET citus.multi_shard_commit_protocol
    TO '2pc'
```

执行 VACUUM 和 ANALYZE，如下所示：

```
VACUUM table_name;
ANALYZE table_name;
```

在 Citus 中不支持 VERBOSE 语法，如果需要定时的 VACUUM 脚本需要稍加注意，如下：

```
ERROR: the VERBOSE option is currently unsupported in distributed VACUUM commands
```

使用 Citus 并不影响使用标准的 PostgreSQL Extensions 和数据类型，例如 PostGIS、hll、jsonb 等，有两点需要注意：

- ❑ 在 shared_preload_libraries 中要将 citus 设置为第一个；
- ❑ 在所有的 Coordinator 和 Worker 节点上安装这些扩展，Citus 不会自动进行分发。

要升级小版本，可以通过指定包的版本进行小版本升级，如下所示：

```
yum --showduplicates list citus72_10
Available Packages
citus72_10.x86_64   7.2.0.citus-1.el6   citusdata_community
citus72_10.x86_64   7.2.1.citus-1.el6   citusdata_community
```

可以看到两个小版本在源里，安装高版本，如下所示：

```
yum install -y 7.2.1.citus-1.el6
```

安装新的小版本之后重启 PostgreSQL 即可。

也可以通过 yum 直接升级到最新的小版本，如下所示

```
yum update citus72_10
```

16.8　本章小结

PostgreSQL 支持丰富的扩展模块，合理使用扩展模块可以完善 PostgreSQL 的功能，本章仅简单介绍常用扩展模块。

建议优先使用 PostgreSQL 内置的扩展模块，这些模块经过了大量测试并具备生产使用条件，尽管 GitHub 或第三方网站上开源项目的外部扩展提供强大的功能，但这些第三方扩展模块不一定经过了充分的测试，在生产环境使用前需慎重，并建议结合实际应用场景充分测试。

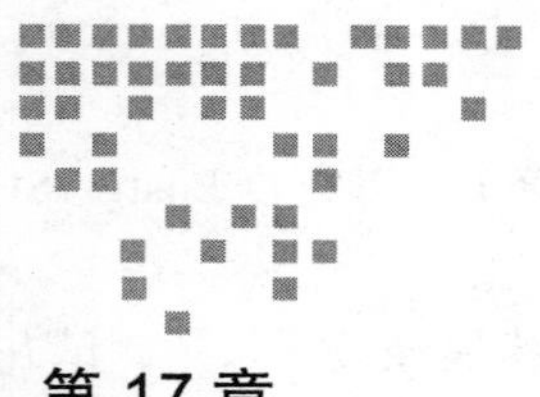

Chapter 17 第 17 章

Oracle 数据库迁移 PostgreSQL 实践

上一章介绍 SQL/MED 时提到 PostgreSQL 支持外部数据源，主要有文件、关系型数据库、非关系型数据库、大数据这几类。通过外部表 PostgreSQL 能够直接访问外部关系数据库，就像访问本地表一样，当其他类型数据库迁移到 PostgreSQL 时这一特性非常给力！本章将结合生产案例介绍 Oracle 数据库迁移到 PostgreSQL 实践。

本文的生产案例是一个 Oracle 数据库迁移 PostgreSQL 的项目，利用的核心技术为 PostgreSQL 的 oracle_fdw 外部表，迁移的 Oracle 数据库是一个小型数据库，大概 30 张表，存储过程 4 个，还包含少量序列和视图，单表数据量最大在 30G 左右，全库数据量在 100GB 以内，尽管这个数据库数据量不大，但承载着公司的重要业务，本章将围绕这个案例进行介绍，但不会介绍这个迁移项目的各个细节，主要介绍这个迁移项目的思路。虽然这个迁移项目是基于 PostgreSQL9.2 或 9.3 进行，但迁移思路和方法是一样的。

本章介绍的 Oracle 迁移 PostgreSQL 方法仅适用于中小型数据库（指全库数据库对象数量、全库数据量在一定范围内），大型数据库迁移到 PostgreSQL 需在此方案的基础上进行完善，或考虑其他方案。

17.1 项目准备

对于一个生产系统替换数据库的代价是很大的，涉及大量的改造和测试工作，主要包括以下几个方面：

- **数据库对象迁移**：大部分数据库系统主要用到表、索引、序列、存储过程、触发器等对象，不同数据库的数据库对象定义不一样，这部分工作主要涉及表重定义、函数或存储过程代码改造等工作。

- **应用代码改造**：不同数据库的 SQL 语法有差异，尽管 PostgreSQL 的语法和 Oracle 很相似，在 SQL 语法和函数方面仍然存在一定差异，因此 SQL 和应用代码的改写不可避免。
- **数据迁移测试**：当数据库对象迁移工作完成之后，需进行数据迁移测试，具体为迁移 Oracle 数据库数据到 PostgreSQL，同时验证迁移后数据的准确性，例如迁移后数据量是否和 Oracle 库中的数据量一致？是否存在乱码？中文是否能正常显示？
- **功能测试**：前三步工作完成之后需要对新系统进行功能测试，这块工作主要由测试人员进行，开发人员、DBA 配合。
- **性能测试**：前四步工作完成之后需要对新系统进行性能测试，包含业务代码的性能和数据库性能，这块工作主要由测试人员进行，开发人员、DBA 配合，性能测试对系统的最高业务吞吐量进行模拟测试。
- **生产割接**：以上步骤完成之后，基本具备生产割接的条件，正式割接前建议至少做两次割接演练，重点记录数据迁移测试时间、停服务时间，以及验证整个迁移步骤是否有问题。

在以上六项改造工作中，DBA 都承担着重要的角色。

17.2 数据库对象迁移

Oracle 和 PostgreSQL 支持的数据库对象的类型和定义不一样，对于大多数数据库系统，常用的数据库对象为表、索引、序列、视图、函数、存储过程等，首先需要将 Oracle 数据库的这些对象的定义迁移到 PostgreSQL 数据库中，这一小节主要介绍数据库表定义迁移涉及的改造工作。

1. 数据库表定义差异

数据库表是主要的数据库对象，这部分改造工作涉及的脚本量较大，越是复杂的系统，涉及的数据库表越多，改造工作量越大。数据库表的改造主要是数据类型的适配，Oracle 与 PostgreSQL 常见数据类型适配表参考表 17-1。

表 17-1　Oracle 与 PostgreSQL 常见数据类型适配表

数据类型	Oracle 11g	PostgreSQL 10
字符类型	VARCHAR、VARCHAR2、N VARCHAR、N VARCHAR2	character varying 或 text
	CHAR、NCHAR	character
	CLOB、NCLOB、LONG	text
数字类型	NUMBER	numeric
	FLOAT	real、double precision

（续）

数据类型	Oracle 11g	PostgreSQL 10
时间日期类型	DATE	date 或 timestamp
	TIMESTAMP	timestamp
二进制类型	BLOB、RAW	bytea

以上只是列出了常见的数据类型，关于 Oracle 其他数据类型读者可参考 Oracle 官方手册，关于 PostgreSQL 数据类型可参考本书第 2 章。

根据表 17-1 进行 PostgreSQL 建表脚本转换，这项工作通常由开发人员或开发 DBA 完成，管理 DBA 提供支持。

值得一提的是，Oracle 将对象名称默认转换成大写，而 PostgreSQL 将对象名称转换成小写，PostgreSQL 建表时表名不要用双引号，否则将带来使用、维护上的复杂度。

2. 存储过程代码差异

有些应用系统会将部分业务用数据库的存储过程实现，尤其是大型数据库系统使用的存储过程可能多达上百个，大型系统迁移将涉及大量的改造工作。PostgreSQL 没有存储过程的概念，可以用函数来实现存储过程中的逻辑，PostgreSQL 函数的语法和 Oracle 有一定的差异，因此，Oracle 的存储过程迁移到 PostgreSQL 中需要重写存储过程代码，所涉及的工作量还是相当大的。

关于 PostgreSQL 函数语法参考手册 https://www.postgresql.org/docs/10/static/plpgsql.html。

17.3 应用代码改造

应用改造主要包括两部分，一部分是 SQL 代码改造，另一部分是应用代码改造，本小节主要介绍 SQL 代码改造，SQL 代码改造主要包含 SQL 语法、函数两方面。

如果项目使用的 SQL 大部为 SELECT、UPDATE、INSERT、DELETE 等标准 SQL，SQL 代码的改造工作量将大大降低，如果使用了 Oracle 的一些特殊功能或函数，相应的改造量将大些，以下从 SQL 语法、函数两方面的差异举例介绍。

1. SQL 语法的差异

在标准 SQL 方面 PostgreSQL 与 Oracle 差异并不大，通常情况下大多数据系统不可避免会使用数据库的其他特性，这里仅列举典型的 SQL 语法差异例子。

Oracle 数据库中可以使用 ROWNUM 虚拟列限制返回的结果集记录数，例如限制仅返回一条记录，如下所示：

```
SQL> SELECT OBJECT_NAME FROM dba_objects WHERE ROWNUM < 2;
OBJECT_NAME
--------------------------------------------------------------------------------
ICOL$
```

PostgreSQL 可以使用 LIMIT 关键字限制返回的记录数，如下所示：

```
postgres=# SELECT relname FROM pg_class LIMIT 1;
 relname
---------
 test_sr
(1 row)
```

Oracle 中的 ROWNUM 和 PostgreSQL 的 LIMIT 语法虽然在功能上都可以限制返回的结果集，但两者原理不同，ROWNUM 是一个虚拟列，而 LIMIT 不是虚拟列。

Oracle 中的 ROWNUM 和 PostgreSQL 的 LIMIT 常用于分页查询的场景。

SQL 方面差异的另一个例子为序列使用上的差异。Oracle 与 PostgreSQL 都支持序列，两者使用上存在差异，例如 Oracle 使用以下 SQL 获取序列最近返回值：

```
SQL> SELECT SEQ_1.CURRVAL FROM DUAL;
 CURRVAL
----------
 2
```

而 PostgreSQL 获取序列最近返回值的语法如下所示：

```
postgres=# SELECT currval('seq_1');
 currval
---------
 2
(1 row
```

currval 显示序列最近返回的值，nextval 表示获取序列下一个值，从以上代码看出序列的使用上 PostgreSQL 与 Oracle 存在较大语法差异。

另外，Oracle 的子查询和 PostgreSQL 子查询语法不一样，Oracle 子查询可以不用别名，如下所示：

```
SQL> SELECT * FROM (SELECT * FROM table_1);
```

而 PostgreSQL 子查询必须使用别名，如下所示：

```
mydb=> SELECT * FROM (SELECT * FROM table_1) as b;
```

SQL 方面差异的另一典型例子为递归查询，Oracle 中通常使用 START WITH...CONNECT BY 进行递归查询，而 PostgreSQL 递归查询的语法完全不一样。

举一个简单的例子，Oracle 库中创建 t_area 表并插入测试数据，代码如下所示：

```
CREATE TABLE t_area(id numeric,name varchar(32),fatherid numeric);

INSERT INTO t_area VALUES (1, '中国'   ,0);
INSERT INTO t_area VALUES (2, '辽宁'   ,1);
INSERT INTO t_area VALUES (3, '山东'   ,1);
INSERT INTO t_area VALUES (4, '沈阳'   ,2);
INSERT INTO t_area VALUES (5, '大连'   ,2);
```

```
INSERT INTO t_area VALUES (6, '济南'   ,3);
INSERT INTO t_area VALUES (7, '和平区' ,4);
INSERT INTO t_area VALUES (8, '沈河区' ,4);
```

查询 ID 等于 4 及其所有子节点，代码如下所示：

```
SQL> SELECT id, name, fatherid
  2  FROM t_area
  3  START WITH id = 4
  4  CONNECT BY PRIOR id = fatherid;

        id name                                 fatherid
---------- -------------------------------- ----------
         4 沈阳                                  2
         7 和平区                                4
         8 沈河区                                4
```

PostgreSQL 也支持递归查询，使用 WITH RECURSIVE 实现，在 PostgreSQL 中创建 t_area 表并插入测试数据，代码如下所示：

```
CREATE TABLE t_area(id int4,name varchar(32),fatherid int4);
```

以上 id、fatherid 字段类型在 Oracle 中为 numeric 类型，在 PostgreSQL 中设置为 int4 类型，并插入同样数据，之后在 PostgreSQL 的 mydb 库中执行如下递归查询：

```
mydb=> WITH RECURSIVE r AS (
           SELECT * FROM t_area WHERE id = 4
        UNION  ALL
           SELECT t_area.* FROM t_area, r WHERE t_area.fatherid = r.id
        )
    SELECT * FROM r ORDER BY id;
    id |  name | fatherid
-------+-------+----------
     4 | 沈阳   |        2
     7 | 和平区 |        4
     8 | 沈河区 |        4
(3 rows)
```

关于 PostgreSQL 递归查询本书 4.1 节有详细介绍。

以上只是介绍常见的 Oracle 与 PostgreSQL 在 SQL 方面的差异，其他方面没有列出，在进行 Oracle 迁移 PostgreSQL 项目中可根据项目情况查阅相关资料。

2. 函数的差异

原 Oracle 的 SQL 代码中会使用到 Oracle 数据库特有的函数，这些 SQL 转换成 PostgreSQL 时需要考虑函数的适配，这里仅列出函数适配的几个例子。

例如，Oracle 使用 SYSDATE 或 CURRENT_DATE 函数获取当前日期，如下所示：

```
SQL> SELECT SYSDATE,CURRENT_DATE FROM DUAL;
SYSDATE       CURRENT_DATE
------------ ------------
13-11月-17    13-11月-17
```

以上只显示年月日，取当前时间戳使用 CURRENT_TIMESTAMP，如下所示：

```
SQL> SELECT CURRENT_TIMESTAMP FROM DUAL;
CURRENT_TIMESTAMP
---------------------------------------------------------------------------
13-11月-17 02.45.42.330637 下午 +08:00
```

PostgreSQL 也兼容 CURRENT_DATE 和 CURRENT_TIMESTAMP 函数，CURRENT_DATE 取当前日期，CURRENT_TIMESTAMP 或 now() 函数取当前时间戳，如下所示：

```
mydb=> SELECT CURRENT_DATE;
 current_date
--------------
 2017-11-12
(1 row)

mydb=> SELECT CURRENT_TIMESTAMP,now();
       current_timestamp         |              now
---------------------------------+-------------------------------
   2017-11-12 11:13:37.430499+08 | 2017-11-12 11:13:37.430499+08
(1 row)
```

下面介绍一个字符串函数的适配，Oracle 使用 INSTR 函数查找一个字符串中另一个字符串的位置，如果找不到字符串则返回为 0，INSTR 有四个参数，如下所示：

```
{INSTR} (string , substring [, position [, occurrence]])
```

- string：指源字符串。
- substring：指需要查找的字符或字符串。
- position：开始查找的位置，默认值为 1，表示从源字字符串第一个字符开始查找。
- occurrence：表示第几次出现的值，默认值为 1，表示第一次出现时匹配。

举例如下：

```
SQL> SELECT INSTR('Hello PostgreSQL!','o') FROM DUAL;
INSTR('HELLOPOSTGRESQL!','O')
-----------------------------
                            5
```

PostgreSQL 也提供类似函数实现以上功能，函数语法如下：

```
position(substring in string)
```

PostgreSQL 的 position 函数只有两个参数，相比 Oracle 的 INSTR 函数简单很多，示例如下：

```
mydb=> SELECT position('o' in 'Hello PostgreSQL!');
 position
----------
 5
(1 row)
```

以上的两个示例都可以在 PostgreSQL 中找到适配的函数，当然，Oracle 中的有些函数在 PostgreSQL 中找不到适配的函数，这时需要手工编写相关函数，代码量将增加。

另一方面，数据类型转换函数也有较大差异，这里不再举例。

17.4 数据迁移测试

另一块比较重要的工作是数据迁移，如何将 Oracle 数据库中表的数据迁移到 PostgreSQL 数据库中？数据迁移主要有以下几种方式。

- 方式一：将 Oracle 库中表数据按照一定格式落地到文件，文件格式为 PostgreSQL 可识别的 text 格式或 csv 格式，这种方式需要将 Oracle 数据进行落地。
- 方式二：在 PostgreSQL 库中安装 oracle_fdw 外部扩展，部署完成后，PostgreSQL 可以访问远端的 Oracle 库中的数据，通过 SQL 将远端 Oracle 表数据插入本地 PostgreSQL 库，这种方式不需要将 Oracle 数据进行落地。
- 方式三：使用其他 ETL 数据抽取工具。

方式一由于需要先将 Oracle 库数据落地，操作起来较为复杂，这里主要介绍方式二，下面演示 oracle_fdw 的部署和 Oracle 数据迁移到 PostgreSQL，演示环境如表 17-2 所示。

表 17-2 oracle_fdw 演示环境

角 色	主机名	IP	端 口	库 名	用户名	版 本	字符集
本地库 PostgreSQL	pghost1	192.168.28.74	1921	mydb	pguser	PostgreSQL10	UTF8
远程库 Oracle	pghost3	192.168.28.76	1521	oradb	community	Oracle 11g	UTF8

1. pghost1 主机上安装 Oracle 11g 客户端

在 pghost1 主机上部署 oracle_fdw 之前需要部署 Oracle 客户端，这里使用 RPM 包安装方式，安装 basic、devel、sqlplus 包即可，所需的 RPM 包下载地址为：http://www.oracle.com/technetwork/topics/linuxx86-64soft-092277.html

安装 RPM 包，如下所示：

```
[root@pghost1 soft_bak]# rpm -ivh oracle-instantclient11.2-basic-11.2.0.1.0-1.x86_64.rpm
[root@pghost1 soft_bak]# rpm -ivh oracle-instantclient11.2-sqlplus-11.2.0.1.0-1.x86_64.rpm
[root@pghost1 soft_bak]# rpm -ivh oracle-instantclient11.2-devel-11.2.0.1.0-1.x86_64.rpm
```

之后设置 postgres 操作系统用户环境变量，将 Oracle 相关环境变量加入，如下所示：

```
...PostgreSQL相关环境变量省略
export ORACLE_BASE=/usr/lib/oracle
export ORACLE_HOME=/usr/lib/oracle/11.2/client64
export LD_LIBRARY_PATH=$ORACLE_HOME/lib:$PGHOME/lib:/lib64:/usr/lib64:/usr/local/
    lib64:/lib:/usr/lib:/usr/local/lib
export PATH=$ORACLE_HOME/bin:$PATH:$PGHOME/bin:.
```

以上这步很关键，Oracle 环境变量设置有误后面会碰到不少问题。

之后在 pghost1 主机上测试是否可以连接远程主机 pghost3 上的 oracle 数据库，如下所示：

```
[postgres@pghost1 ~]$ sqlplus community/community@//192.168.28.76/oradb
SQL*Plus: Release 11.2.0.1.0 Production on Tue Nov 14 20:55:56 2017
Copyright (c) 1982, 2009, Oracle.  All rights reserved.
Connected to:
Oracle Database 11g Enterprise Edition Release 11.2.0.1.0 - 64bit Production
With the Partitioning, OLAP, Data Mining and Real Application Testing options

SQL>
```

以上说明 Oracle 客户端安装成功。

2. pghost1 主机上安装 oracle_fdw

在 https://api.pgxn.org/dist/oracle_fdw 中下载 oracle_fdw 介质，这里选择最新版本 oracle_fdw 2.0.0。

解压 oracle_fdw 包，如下所示：

```
# unzip oracle_fdw-2.0.0.zip
```

由于编译安装时需要用到 PostgreSQL 的 pg_config 等工具，使用 root 用户编译安装前，需载入 postgres 操作系统用户的环境变量，如下所示：

```
[root@pghost1 oracle_fdw-2.0.0]# source /home/postgres/.bash_profile
[root@pghost1 oracle_fdw-2.0.0]# which pg_config
/opt/pgsql/bin/pg_config
```

编译并安装 oracle_fdw，如下所示：

```
[root@pghost1 oracle_fdw-2.0.0]# make
...
[root@pghost1 oracle_fdw-2.0.0]# make install
/bin/mkdir -p '/opt/pgsql_10.0/lib'
/bin/mkdir -p '/opt/pgsql_10.0/share/extension'
/bin/mkdir -p '/opt/pgsql_10.0/share/extension'
/bin/mkdir -p '/opt/pgsql_10.0/share/doc/extension'
/usr/bin/install -c -m 755  oracle_fdw.so '/opt/pgsql_10.0/lib/oracle_fdw.so'
/usr/bin/install -c -m 644 .//oracle_fdw.control '/opt/pgsql_10.0/share/extension/'
/usr/bin/install -c -m 644 .//oracle_fdw--1.1.sql .//oracle_fdw--1.0--1.1.sql
    '/opt/pgsql_10.0/share/extension/'
/usr/bin/install -c -m 644 .//README.oracle_fdw '/opt/pgsql_10.0/share/doc/extension/'
```

这时 oracle_fdw 已安装成功，可查看 $PGHOME/share/extension 目录进行确认，如下所示：

```
[root@pghost1 oracle_fdw-2.0.0]# ll /opt/pgsql/share/extension/oracle_fdw*
-rw-r--r-- 1 root root  231 Nov 12 14:45 /opt/pgsql/share/extension/oracle_fdw--1.0--
    1.1.sql
-rw-r--r-- 1 root root 1003 Nov 12 14:45 /opt/pgsql/share/extension/oracle_fdw--
    1.1.sql
-rw-r--r-- 1 root root  133 Nov 12 14:45 /opt/pgsql/share/extension/oracle_fdw.control
```

可见，$PGHOME/share/extension 目录下多了 oracle_fdw 相关文件。

3. pghost1 的 mydb 库中部署 oracle_fdw

在 pghost1 上的 mydb 中创建 oracle_fdw 外部扩展，如下所示：

```
[postgres@pghost1 ~]$ psql mydb postgres
psql (10.0)
Type "help" for help.

mydb=# CREATE EXTENSION oracle_fdw;
CREATE EXTENSION
```

创建外部扩展需要使用超级用户权限，普通用户使用 oracle_fdw 需单独赋权，计划以普通用户 pguser 使用 oracle_fdw 外部扩展，给 pguser 用户赋 oracle_fdw 使用权限，如下所示：

```
mydb=# GRANT USAGE ON FOREIGN DATA WRAPPER oracle_fdw TO pguser;
GRANT
```

4. pghost3 的 Oracle 库创建测试表和只读用户

假设 community 为 oracle 库中的生产系统账号，以 community 用户创建一张业务表，如下所示：

```
CREATE TABLE T_ORA1(id numeric,info varchar2(32),create_time timestamp);

INSERT INTO T_ORA1 VALUES (1,'a',CURRENT_TIMESTAMP);
INSERT INTO T_ORA1 VALUES (2,'b',CURRENT_TIMESTAMP);
INSERT INTO T_ORA1 VALUES (3,'第三条记录',CURRENT_TIMESTAMP);
```

创建一个只读账号，并赋予表的查询权限，迁移 Oracle 数据到 PostgreSQL 时使用 READONLY 账号即可，而不需要使用 Oracle 库中的生产系统账号。

```
CREATE USER READONLY IDENTIFIED BY "readonly"
    DEFAULT TABLESPACE TS_COMMUNITY
    TEMPORARY TABLESPACE TEMP
    PROFILE DEFAULT
    ACCOUNT UNLOCK;

GRANT CONNECT TO READONLY;
GRANT SELECT ON COMMUNITY.T_ORA1 TO READONLY;
```

以上只将 T_ORA1 表的读权限赋予 READONLY 账号，实际项目中需要将所有需要迁移的表的查询权限进行赋权。

5. pghost1 的 mydb 库中创建外部服务、映射用户

以 pguser 用户登录 mydb 库创建外部服务，如下所示：

```
[postgres@pghost1 ~]$ psql mydb pguser
psql (10.0)
```

```
Type "help" for help.

mydb=> CREATE SERVER fs_oracle_pghost3 FOREIGN DATA WRAPPER oracle_fdw OPTIONS
    (dbserver '//192.168.28.76/oradb');
CREATE SERVER
```

在 OPTIONS 选项中的 dbserver 配置远程 Oracle 库的连接信息，以上是在 CREATE SERVER 命令中直接配置远程 Oracle 数据库的连接信息，也可以将远程 Oracle 库的连接信息配置到本地 Oracle 客户端的 tnsnames.ora 文件，之后 OPTIONS 中的 dbserver 属性直接配置服务名即可。

要配置 Oracle 客户端 tnsnames.ora，需增加以下 Oracle 连接串信息：

```
oradb=
    (DESCRIPTION=
        (ADDRESS=
            (PROTOCOL=TCP)
            (HOST=192.168.28.76)
            (PORT=1521)
        )
        (CONNECT_DATA=
            (SERVICE_NAME=oradb)
        )
    )
```

之后通过命令创建远程服务，如下所示：

```
mydb=> CREATE SERVER fs_oracle_pghost3 FOREIGN DATA WRAPPER oracle_fdw OPTIONS
    (dbserver 'oradb');
```

以上两种配置 dbserver 的方法都可以，本测试使用的是第一种方式。

创建映射用户，如下所示：

```
mydb=> CREATE USER MAPPING FOR pguser SERVER fs_oracle_pghost3 OPTIONS (user
    'readonly', password 'readonly');
CREATE USER MAPPING
```

以上命令中第一个用户 pguser 指本地 PostgreSQL 库的用户，OPTIONS 中的 readonly 指远端 Oracle 库中的用户。

6. pghost1 的 mydb 库中创建外部表

mydb 库定义一张外部表，表结构和 Oracle 库中的 T_ORA1 一致，如下所示：

```
mydb=> CREATE FOREIGN TABLE ft_t_ora1 (
    id    int4,
    info  text,
    create_time timestamp with time zone
) SERVER fs_oracle_pghost3 OPTIONS (schema 'COMMUNITY', table 'T_ORA1');
```

SERVER 属性配置外部数据源，这里配置成上一步中创建的 fs_oracle_pghost3 外部源。OPTIONS 支持的选项较多，主要选项值如下：

- Table：Oracle 库中的表名，必须和 Oracle 库中数据字典表名一致，由于 Oracle 库数据字典中表名存储为大写，因此这里的表名需大写，否则查询外部表时可能报远程表不存在。
- Schema：远程 Oracle 库的模式名，设置成大写。
- Readonly：设置外部表是否仅允许读操作，如果设置成 yes，则 INSERT、UPDATE、DELETE 操作将不允许执行，默认为 false。

以上仅设置 schema、table 属性，其他属性详见手册：https://pgxn.org/dist/oracle_fdw/

之后查询外部表进行测试，如下所示：

```
mydb=> SELECT * FROM ft_t_ora1;
  id |    info     |          create_time
-------+------------+-------------------------------
    1 | a          | 2017-11-12 15:02:54.465304+08
    2 | b          | 2017-11-12 15:02:54.477453+08
    3 | 第三条记录 | 2017-11-12 15:02:54.493603+08
(3 rows)
```

可见，在 PostgreSQL 库中能正常访问 Oracle 库中的数据，中文字符没出现乱码，时间字段信息也正确。

7. 将 Oracle 库中表数据迁移到 PostgreSQL 库中

之后在 PostgreSQL 数据库中定义表，和 Oracle 库中表结构保持一致，如下所示：

```
mydb=> CREATE TABLE t_ora1(id int4,info text,create_time timestamp with time zone);
CREATE TABLE
```

数据量小则可直接通过 INSERT 方式迁移数据，如下所示：

```
mydb=> INSERT INTO t_ora1 SELECT * FROM ft_t_ora1;
INSERT 0 3
```

如果数据量较大，迁移数据时间较长，可考虑分多条 INSERT 并行插入，例如根据主键选择迁移的记录，查询表数据进行验证，如下所示：

```
mydb=> SELECT * FROM t_ora1;
  id |    info     |          create_time
-------+------------+-------------------------------
    1 | a          | 2017-11-12 15:02:54.465304+08
    2 | b          | 2017-11-12 15:02:54.477453+08
    3 | 第三条记录 | 2017-11-12 15:02:54.493603+08
(3 rows)
```

可见 Oracle 库中的 T_OA1 表数据已成功迁移到 PostgreSQL。

17.5 功能测试和性能测试

数据库对象迁移、应用代码改造、数据迁移测试完成之后，接下来进行功能测试和性能测试，功能测试指对新系统进行功能测试，性能测试指对系统进行压力测试，这两块工作主要为测试人员，开发人员、DBA 配合，性能测试理论上可以测出系统的最高业务吞吐量。

功能测试过程中，出现 SQL 代码异常时 DBA 需要提供支撑，性能测试过程中，DBA 要做好数据库的性能监控工作，查找系统是否存在慢 SQL，是否能优化 SQL 提升系统的业务吞吐量。

对于核心业务涉及的 SQL，DBA 需要重点关注并优化。

17.6 生产割接

数据库对象迁移、应用代码改造、数据迁移测试、功能测试、性能测试完成之后，基本具备生产割接的条件了，正式割接前建议至少做两次割接演练，重点记录数据迁移测试时间、停服务时间，以及验证整个迁移步骤是否有问题。

如果停服务时间太长，业务方可能不接受，这时 DBA 要考虑如何减少停服务期间的数据迁移时间，例如，历史数据是否可以提前迁移？

在之前做的 Oracle 迁移 PostgreSQL 项目中，由于全库数据加索引总量在 100GB 以内，全量迁移停服务时间控制在两小时以内，业务方可接受，因此生产割接采取的是全量迁移方式。如果业务对停服务时间非常敏感，这时要考虑最小化数据迁移方案或增量数据迁移方案，本书不做介绍。

17.7 oracle_fdw 部署过程中的常见错误

这里总结几个 oracle_fdw 部署过程中常见的错误和处理方法。

常见错误一：创建 oracle_fdw 扩展时报相关 .so 文件找不到

在数据库中创建 oracle_fdw 外部扩展时可能碰到如下错误：

```
mydb=# CREATE EXTENSION oracle_fdw;
ERROR:  could not load library "/opt/pgsql_10.0/lib/oracle_fdw.so": libclntsh.
    so.11.1: cannot open shared object file: No such file or directory
```

报错信息显示找不到相应 lib 库，这些 lib 库在 Oracle 客户端相关目录中，检查 Oracle 环境变量是否正确设置，例如 $LD_LIBRARY_PATH、$ORACLE_HOME 等，如果这些环境变量已正确设置仍然无法解决此问题，可尝试将这些 lib 文件复制到 $PGHOME/lib 目录，如下所示：

```
[root@pghost1 ~]# cp /usr/lib/oracle/11.2/client64/lib/libclntsh.so.11.1 /opt/pgsql/lib/
[root@pghost1 ~]# cp /usr/lib/oracle/11.2/client64/lib/libnnz11.so /opt/pgsql/lib/
```

之后再次创建 oracle_fdw 扩展时通常能成功。

常见错误二：外部表可正常创建，但查询外部表时报错

外部表可正常创建，但查询外部表时报如下错误：

```
mydb=> SELECT * FROM ft_t_ora1;
ERROR:  error connecting to Oracle: OCIEnvCreate failed to create environment handle
DETAIL:
```

出现此错误时，通常是因为没有设置好 Oracle 相关环境变量，例如 $ORACLE_HOME、$LD_LIBRARY_PATH 等，本测试案例 Oracle 的环境变量设置如下所示：

```
...省略PostgreSQL相关环境变量
export ORACLE_BASE=/usr/lib/oracle
export ORACLE_HOME=/usr/lib/oracle/11.2/client64
export LD_LIBRARY_PATH=$ORACLE_HOME/lib:$PGHOME/lib:/lib64:/usr/lib64:/usr/local/
    lib64:/lib:/usr/lib:/usr/local/lib
export PATH=$ORACLE_HOME/bin:$PATH:$PGHOME/bin:.
```

环境变量设置完成后测试 sqlplus 是否可连接远程的 Oracle 库，如下所示：

```
sqlplus community/community@//192.168.28.76/oradb
```

如果 sqlplus 可正常连接远程 Oracle 数据库，说明 Oracle 环境变量配置正常，之后重启 PostgreSQL 数据库，最后再次查询外部表进行测试。

这个错误是部署 oracle_fdw 过程中的常见错误，通常需要花较多时间排查并解决，特别是 Oracle、PostgreSQL 环境变量调整过并已核实配置正确，之后可尝试重启 PostgreSQL 数据库。

常见错误三：查询外部表时报远程 Oracle 表不存在

创建 oracle_fdw 外部表时 OPTIONS 有 schema 和 table 选项，分别指 Oracle 库的模式名和表名，这个名称需大写，如果小写则会报远程表不存在，下面进行测试。

创建一张表结构和 ft_t_ora1 一样的外部表，只是表名小写，如下所示：

```
CREATE FOREIGN TABLE ft_t_ora2 (
    id    int4,
    info  text,
    create_time timestamp with time zone
) SERVER fs_oracle_pghost3 OPTIONS (schema 'COMMUNITY', table 't_ora1');
```

查询外部表 ft_t_ora2，如下所示：

```
mydb=> SElECT * FROM ft_t_ora2;
ERROR:  Oracle table "COMMUNITY"."t_ora1" for foreign table "ft_t_ora2" does not
    exist or does not allow read access
DETAIL:  ORA-00942: table or view does not exist
HINT:  Oracle table names are case sensitive (normally all uppercase)
```

以上提示外部表 ft_t_ora2 对应的 Oracle 表不存在或没有读的权限。

同样，将 schema 配置成小写也会出现以上错误，创建一张外部表 ft_t_ora3，表结构和 ft_t_ora1 一致，只是 schema 配置成小写，如下所示：

```
CREATE FOREIGN TABLE ft_t_ora3 (
    id    int4,
    info  text,
    create_time timestamp with time zone
) SERVER fs_oracle_pghost3 OPTIONS (schema 'community', table 'T_ORA1');
```

查询外部表 ft_t_ora3，如下所示：

```
mydb=> SElECT * FROM ft_t_ora3;
ERROR:  Oracle table "community"."T_ORA1" for foreign table "ft_t_ora3" does not
    exist or does not allow read access
DETAIL:  ORA-00942: table or view does not exist
HINT:  Oracle table names are case sensitive (normally all uppercase).
```

可见，查询外部表 ft_t_ora3 时报同样的错误。

17.8 本章小结

本章从实际案例出发，分享了一个 Oracle 数据库迁移到 PostgreSQL 数据库的实际项目，并介绍了此迁移项目的主要阶段和工作，一个在线系统替换后台数据库并非易事，涉及的工作量很大，主要包含数据库对象迁移、应用代码改造、数据迁移测试、功能和性能测试、生产系统割接等阶段性工作，越复杂的系统迁移工作量越大，本章给出的迁移案例只是一个很简单的 Oracle 迁移 PostgreSQL 案例。

本章的迁移实践主要基于 oracle_fdw 外部表迁移 Oracle 库数据到 PostgreSQL，有一些工具也可以辅助迁移，例如有一个名为 Ora2Pg 的免费工具用于将 Oracle 库中的数据迁移到 PostgreSQL，这个工具连接到 Oracle 库扫描 Oracle 库中的对象的定义和数据并生成 PostgreSQL 可识别的 SQL 脚本，之后将生成的脚本导入 PostgreSQL 库中，这个过程中虽然做到了自动化，但依然需要大量人工介入，特别是使用了 Oracle 特殊函数或特殊语法的 SQL 或存储过程，需要手工检查并调整脚本，有兴趣的读者可自行了解，项目地址为：http://ora2pg.darold.net/。

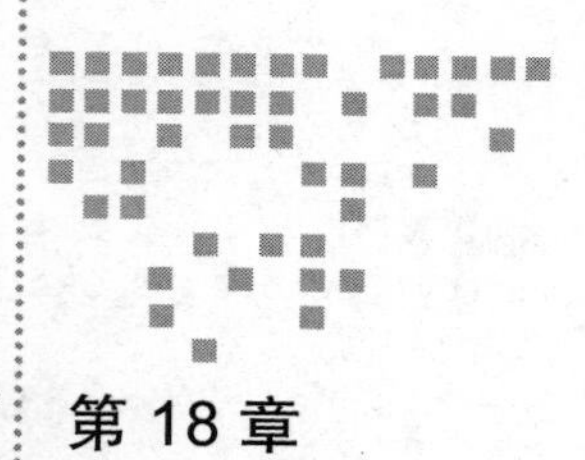

Chapter 18 第 18 章

PostGIS

空间数据是一类重要的数据，地图导航、打车软件、餐厅推荐、外卖快递这些我们日常生活中用到的软件，背后都与空间数据息息相关。空间数据通常结构复杂，数据量大，对于空间数据的分析查询，其模式也迥异于普通的数据，一般的 DBMS 难以满足要求。

PostgreSQL 已经内置了很多空间特性：几何数据类型、几何类型函数与运算符、空间数据索引。但对于现实世界的复杂需求仍力有不逮：有很多辅路支路的道路，需要用多条折线来表示；行政区域的飞地，需要用多个多边形的集合来表示；高效判断点是否在多边形内、两条折线是否有交点，两个区域相离、相邻、重叠还是包含。好在 PostgreSQL 强大的扩展机制为解决问题留下了一个窗口，PostGIS 为此而生，它已经成为 GIS 行业的事实标准。

本章将简单讨论 PostGIS 的安装方法和最简单的应用。

18.1 安装与配置

安装与配置并不是 PostGIS 的学习重点，然而它确实是许多新人入门的最大拦路虎。

建议通过 yum、apt-get、brew 等包管理器直接安装现成的二进制包，而不是手工编译，这会轻松很多。不同版本的 PostgreSQL 对 PostGIS 的版本也有要求，一般先查看目前 yum 源中有哪些版本可用，并安装合适的版本，如下所示：

```
[postgres@pghost1 ~]$ yum search postgis
Loaded plugins: fastestmirror, security
...
...
...
```

```
postgis24_10.x86_64 : Geographic Information Systems Extensions to PostgreSQL
    Name and summary matches only, use "search all" for everything.
```

我们安装 PostgreSQL 10 对应版本的 PostGIS，如下所示：

```
[postgres@pghost1 ~]$ yum install -y postgis24_10
```

安装大约持续一两分钟即可结束。

对于使用源码编译安装，这里不做赘述了，有兴趣的读者请自行实验。

18.2 创建 GIS 数据库

PostGIS 是 PostgreSQL 的一个扩展，连接并执行以下命令，创建 geo 数据库并加载 PostGIS 扩展：

```
postgres=# CREATE DATABASE geo;
CREATE DATABASE
postgres=# \c geo
geo=# CREATE EXTENSION postgis;
CREATE EXTENSION
```

连接 PostgreSQL 并执行以下查询，确认 PostGIS 扩展已经正确地安装，可以被数据库识别：

```
geo=# SELECT name,default_version FROM pg_available_extensions WHERE name ~ 'gis';
          name              | default_version
----------------------------+-----------------
    postgis                 | 2.4.3
    postgis_tiger_geocoder  | 2.4.3
    postgis_topology        | 2.4.3
    postgis_sfcgal          | 2.4.3
```

执行完毕后，执行 postgis_full_version 查看当前 PostGIS 版本，如下所示：

```
gis=# SELECT postgis_full_version();
POSTGIS="2.4.3 r16312" PGSQL="100" GEOS="3.6.2-CAPI-1.10.2 4d2925d6" PROJ="Rel.
    4.9.3, 15 August 2016" GDAL="GDAL 1.11.5, released 2016/07/01" LIBXML="2.9.7"
    LIBJSON="0.12.1" RASTER
```

现在 GIS 数据库已经准备好了，让我们进入主题。

18.3 几何对象

PostGIS 支持很多几何类型：点、线、多边形、复合几何体等，并提供了大量实用的相关函数。

注意 虽然 PostGIS 中的几何类型与 PostgreSQL 内建的几何类型非常像，但它们并不是一回事。所有 PostGIS 中的对象命名通常都以 ST 开头，是空间类型（Spatial Type）的缩写。

对于 PostGIS 而言，所有几何对象都有一个公共父类 Geometry，这种面向对象的组织形式允许在数据库中进行一些灵活的操作：例如在数据表中的同一列中存储不同的几何对象，每种几何对象实际上都是 PostGIS 底层几何库 geos 中对象的包装。

18.3.1 几何对象的输入

PostGIS 支持多种空间对象创建方式，大体上可以分为几类：

- 众所周知的文本格式（WKT, Well-Known-Text）
- 众所周知的二进制格式（WKB, Well-Known-Binary）
- GeoJSON 等编码
- 返回几何类型的函数

例如，创建几何点 (1,2)，可以通过以下四种方式，得到的结果都是一样的：

```
gis=# SELECT
    'Point(1 2)'::GEOMETRY                                              AS wkt,
    '0101000000000000000000F03F000000000000040'::GEOMETRY             AS wkb,
    ST_GeomFromGeoJSON('{"type":"Point","coordinates":[1,2]}') AS geo_json,
    ST_Point(1, 2)                                                      AS func;
```

18.3.2 几何对象的存储

PostGIS 的几何类型与 PostgreSQL 内建的几何类型使用了不同的存储方式。

以点为例，使用内置的 Point 与 ST_Point 创建一个点，返回的结果如下所示：

```
geo=# SELECT Point(1,2), ST_Point(1,2);
  point |                    st_point
---------+--------------------------------------------
  (1,2) | 0101000000000000000000F03F000000000000040
```

PostgreSQL 中的 Point 只是一个包含两个 Double 的结构体（16 字节）。但 PostGIS 的点类型 ST_Point 则采用了不同的存储方式（21 字节），除了两个坐标分量，还包括了一些额外的元数据：例如几何对象的实际类型、参考系的 ID 等。

当查询 PostGIS 空间数据类型时，PostgreSQL 会以十六进制的形式返回对象的二进制数据表示。这便于各类 ETL 工具以统一的方式处理空间数据类型。包含空间数据的表也可以使用 pg_dump 等工具以同样的方式处理。

如果需要人类可读的格式，则可以用 ST_AsText 输出 WKT，而非 WKB，如下所示：

```
geo=# SELECT ST_AsText(ST_Point(1,2));
 st_astext
------------
 POINT(1 2)
```

在实际使用中，通常 PostGIS 的空间数据类型使用统一的 Geometry 类型，无论是点、折线还是多边形，都可以放入 Geometry 类型字段中。例如：

```
gis=# CREATE TABLE geo (
    geom GEOMETRY
);
gis=# INSERT INTO geo VALUES
    (ST_Point(1.0, 2.0)),
    ('LineString(0 0,1 1,2 1,2 3)'),
    ('Polygon((0 0, 1 0, 1 1,0 1,0 0))'),
    ('MultiPoint(1 2,3 4)');
```

18.3.3 几何对象的输出

与几何对象的输入类似，几何对象也可以以多种方式输出，这里以最常见的 WKT 与 GeoJSON 为例：

```
gis=# SELECT
    ST_AsText(geom)    AS wkt,
    ST_AsGeoJSON(geom) AS json
FROM geo;
```

表 18-1 列出了集合对象的输出格式。

表 18-1　集合对象输出格式

wkt	json
POINT(1 2)	{"type":"Point","coordinates":[1,2]}
LINESTRING(0 0,1 1,2 1,2 3)	{"type":"LineString","coordinates":[[0,0],[1,1],[2,1],[2,3]]}
POLYGON((0 0,1 0,1 1,0 1,0 0))	{"type":"Polygon","coordinates":[[[0,0],[1,0],[1,1],[0,1],[0,0]]]}
MULTIPOINT(1 2,3 4)	{"type":"MultiPoint","coordinates":[[1,2],[3,4]]}

一些几何类型支持特殊的输出方式，例如以经纬度格式输出几何点：

```
geo=# SELECT ST_AsLatLonText(ST_Point(116.321367,39.966956));
         st_aslatlontext
-------------------------------
    39° 58'1.042"N 116° 19'16.921"E
```

18.3.4 几何对象的运算

PostGIS 提供了多种多样的关系判断与几何运算函数，功能非常强大。原本需要几千行业务代码才能实现的功能，可能现在只需要一行 SQL 就可以搞定。

几何对象之间有多种多样的关系，最简单的莫过于两点之间的距离了，如下所示：

```
geo=# SELECT ST_Point(1,1) <-> ST_Point(2,2);
1.4142135623730951
```

例如，计算点（1，1）和点（2，2）之间的距离，结果应该为根号二。

两个几何点的坐标计算相对容易，但两个地理坐标之间的距离就相当复杂了，需要计算一个不规则球体上的球面距离。例如，地点 A 的经纬度为：（116.321367, 39.966956），地点 B 的坐标为：（116.315346, 39.997398）。如果直接用几何距离计算，结果除了能用于粗略比较相对距离，没有太大意义，如下所示：

```
gis=# SELECT ST_Point(116.321367, 39.966956) <-> ST_Point(116.315346, 39.997398);
-- 0.0310317225593341 9结果没有任何意义
```

但通过引入地理坐标系，（4326 号坐标系，指代 WGS84 国际标准 GPS 坐标系），就可以计算出这两个地点间的地理距离（3.4km），如下所示：

```
gis=# SELECT ST_AsText(ST_GeomFromText('POINT(116.321367 39.966956)', 4326)) ::
GEOGRAPHY <->
    ST_AsText(ST_GeomFromText('POINT(116.315346 39.997398)', 4326)) :: GEOGRAPHY;
3423.653480690467
```

又比如，想要知道某条路 R 的总长度，可以使用 ST_length 统计 WGS84 坐标系下折线的总长度，如下所示：

```
-- 路R可以使用MultiLineString表示
gis=# SELECT ST_length(ST_GeomFromText('MULTILINESTRING((116.351494
    39.976407,116.353159 39.976395,116.353365 39.976479),(116.350712
    39.976471,116.350984 39.976406,116.351494 39.976407,116.351755
    39.976479),(116.351516 39.976558,116.346836 39.976502),(116.350984
    39.976406,116.345421 39.976355,116.344646 39.976304,116.343376
    39.976326,116.343353 39.976185,116.343285 39.976147,116.340918
    39.976076),(116.332306 39.976515,116.326279 39.976308),(116.354314
    39.976488,116.347592 39.976436,116.347855 39.97637),(116.354302
    39.976574,116.351516 39.976558,116.351407 39.976616,116.349808
    39.976603,116.346841 39.976569,116.346836 39.976502,116.34048
    39.976443,116.335918 39.976538),(116.343194 39.976399,116.340565
    39.976374,116.333921 39.976471,116.331997 39.976417,116.332003
    39.976342),(116.346841 39.976569,116.344304 39.97658,116.34256
    39.976526,116.336051 39.976581,116.335918 39.976538,116.333922
    39.976571,116.332306 39.976515,116.332108 39.976573,116.326431
    39.976373,116.326018 39.976391),(116.331997 39.976417,116.323548
    39.976145),(116.347592 39.976436,116.343194 39.976399,116.343376
    39.976326,116.340209 39.976302,116.336219 39.976364,116.335423
    39.976342,116.333617 39.976397,116.327658 39.976201,116.326968
    39.976147,116.325406 39.976134,116.324303 39.97606,116.323696
    39.976076),(116.317584 39.97613,116.320373 39.976186,116.323807
    39.976325,116.324613 39.976315,116.325891 39.976391,116.326018
    39.976391,116.326279 39.976308,116.317613 39.976048),(116.31983
    39.975958,116.32005 39.976033,116.317835 39.975977,116.317637
    39.975969,116.317777 39.97589,116.323696 39.976076,116.323548
    39.976145,116.32005 39.976033))',4326)::geography);
12314.809569165007
```

通过计算，得到路 R（含支路）的总长度约为 12 公里。

又比如某一景点（含内湖）的面积，可以通过 ST_Area 对 ST_Polygon 计算得出，如下所示：

```
gis=# SELECT ST_Area(ST_GeomFromText('POLYGON((116.402408 39.915326,116.402822
    39.91533,116.402847 39.915036,116.402434 39.915035,116.402426
    39.91495,116.402474 39.91397,116.402493 39.91367,116.402505
    39.913385,116.40251 39.913269,116.401675 39.91323,116.400835
    39.913238,116.400346 39.913231,116.398979 39.913198,116.398359
    39.913159,116.398337 39.913153,116.398352 39.912786,116.398317
    39.912738,116.398274 39.9127,116.398221 39.912661,116.39806
    39.912645,116.398029 39.912642,116.39792 39.912639,116.397909
    39.912638,116.397904 39.912668,116.3971 39.912644,116.396687
    39.91261,116.396659 39.912609,116.396553 39.912606,116.39653
    39.912605,116.396519 39.912746,116.396401 39.912747,116.396354
    39.912759,116.396331 39.91294,116.39632 39.913079,116.396302
    39.913093,116.396264 39.913105,116.396167 39.913097,116.394376
    39.91302,116.393154 39.912964,116.392198 39.912919,116.392031
    39.912918,116.392004 39.913377,116.391997 39.913535,116.391984
    39.91369,116.391974 39.91388,116.391967 39.914106,116.391962
    39.914287,116.391948 39.914579,116.391938 39.914699,116.391921
    39.915047,116.3919 39.915444,116.391854 39.916108,116.391789
    39.917649,116.391766 39.918064,116.391707 39.919443,116.391637
    39.920661,116.391595 39.921275,116.391579 39.921716,116.391521
    39.922832,116.391519 39.922907,116.39159 39.922907,116.392208
    39.922931,116.394282 39.923007,116.396813 39.923109,116.398056
    39.923155,116.40073 39.923241,116.400982 39.923244,116.401861
    39.923272,116.401931 39.923274,116.402009 39.923278,116.402013
    39.923148,116.402028 39.922837,116.402043 39.922627,116.402053
    39.922343,116.402065 39.922116,116.402075 39.921807,116.40208
    39.921672,116.402115 39.921004,116.402133 39.920698,116.402216
    39.918928,116.402229 39.918673,116.402269 39.91807,116.402291
    39.917566,116.402317 39.917029,116.402343 39.916641,116.402363
    39.916035,116.402366 39.915835,116.402408 39.915326))', 4326)::GEOGRAPHY);
1005170
```

该景点的面积约一平方公里。还有很多功能，在此不一一赘述。

18.4 应用场景：圈人与地理围栏

圈人是 LBS 服务中常见的需求：给出一个中心点，找出该点周围一定距离范围内所有符合条件的对象。例如，找出以用户为中心，周围 1 公里内所有的公交站，并按距离远近排序。

传统的关系型数据库，可能实现起来相当复杂，假设用户正在 A 地铁站：(116.321367, 39.966956) 常见的做法是，以用户为中心，经纬度各自加减一公里的偏移量（1 度约为 111 公里），然后使用经纬度上的索引进行初次过滤（这时过滤使用的是矩形范围），如下所示：

```
gis=# CREATE TABLE stations(
    name       TEXT,
```

```
    longitude DOUBLE PRICISION,
    latitude  DOUBLE PRICISION,
);
-- 使用矩形筛选
gis=# SELECT name FROM stations WHERE longitude BETWEEN 116.312358 AND 116.330376
AND latitude BETWEEN 39.957947 AND 39.975965;
```

然后，在应用代码中对每个符合条件的点计算几何距离，判断是否符合距离条件，最后排序输出。当然也可以使用 GeoHash 方法，将二维坐标化为一维字符串编码，查询时进行前缀匹配，这里不再详细讨论。

如果使用 PostGIS，调用 PostGIS 中计算距离的函数，一行 SQL 就可以解决这个问题，如下所示：

```
gis=# SELECT
    name,
    ST_Point(116.321367, 39.966956) :: GEOGRAPHY <-> position :: GEOGRAPHY AS
        distance
FROM stations
WHERE ST_Point(116.321367, 39.966956) :: GEOGRAPHY <-> position :: GEOGRAPHY < 500
ORDER BY ST_Point(116.321367, 39.966956) :: GEOGRAPHY <-> position :: GEOGRAPHY;
```

18.4.1 空间索引

在 100 万行的表上，执行暴力扫表也勉强堪用，但对于生产环境动辄几千万上亿的大表，就不能这么做了。例如，在 1 亿条记录的 POI 表上，查询距离 A 地铁站最近的 1000 个 POI 点，如下所示：

```
gis=# SELECT name FROM poi ORDER BY position <-> ST_Point(116.458855, 39.909863)
    LIMIT 1000;
```

这条查询执行了 3 分钟。现在使用 PostgreSQL 提供的 GIST 索引，如下所示：

```
gis=# CREATE INDEX CONCURRENTLY idx_poi_position_gist ON poi USING gist
    (position);
```

使用索引后的执行计划如下所示：

```
                              QUERY PLAN
--------------------------------------------------------------------------------
Limit  (cost=0.42..9.73 rows=10 width=31)
    ->  Index Scan using idx_poi_position_gist on poi   (cost=0.42..58440964.86
         rows=62750132 width=31)
         Order By: ("position" <-> '0101000000CAA65CE15D1D5D40946B0A6476F44340'::
             geometry)
```

同样的查询只要 1ms 不到了，快了几十万倍，如下所示：

```
geo=# SELECT name FROM poi ORDER BY position <-> ST_Point(116.458855, 39.909863)
    LIMIT 10;
            name
```

```
------------------------------
...
...
...
(10 rows)
Time: 0.993 ms
```

18.4.2 地理围栏

用点和距离画圆圈人是一种常见场景，另外一种常见的场景是，判断一个点落在了哪些地理围栏中。

例如有车辆和用户的位置坐标，现在希望从坐标得到用户所处的城市（或者区域、商圈等），又比如共享单车的禁停区检测，无人机的禁飞区识别，都是这种场景，如下所示：

```
-- 兴趣区域 (AOI, Area of Interest)
gis=# CREATE TABLE aoi(
    name    TEXT,
    bound   GEOMETRY
)
-- 检测A地铁站中心点所属的商圈
gis=# SELECT name FROM aoi WHERE ST_Contains(bound, ST_Point(116.458855,
    39.909863));
...
钟鼓楼商圈
百货商城
南大街商圈
...
```

18.5 本章小结

PostGIS 对与现在的应用越来越有意义，使用它可以很迅速地开发出很多有意思的基于地理位置信息的应用。本章讲解了如何快速安装和配置 PostGIS，通过简单的例子演示了 PostGIS 的功能。

上述内容仅仅是 PostGIS 功能的冰山一角，PostGIS 的功能远远不止这些，值得用几本书去专门讲，这里不妨先管中窥豹，PostGIS 多姿多彩的应用和功能还有待大家去发掘。

推荐阅读

数据库查询优化器的艺术：原理解析与SQL性能优化

作者：李海翔 ISBN：978-7-111-44746-7 定价：89.00元

本书是数据库查询优化领域的里程碑之作，数据库领域泰斗王珊教授亲自作序推荐，PostgreSQL中国社区和中国用户会发起人以及来自Oracle、新浪、网易、华为等企业的数位资深数据库专家联袂推荐。

本书从原理角度深度解读和展示数据库查询优化器的技术细节和全貌；从源码实现角度全方位深入分析MySQL和PostgreSQL两大主流开源数据库查询优化器的实现原理；从工程实践的角度对比了两大数据库的查询优化器的功能异同和实现异同。它是所有数据开发工程师、内核工程师、DBA以及其他数据库相关工作人员值得反复研读的一本书。

数据库事务处理的艺术：事务管理与并发控制

作者：李海翔 ISBN：978-7-111-58235-9 定价：99.00元

作者有近20年数据库内核研发经验，曾是Oracle公司MySQL全球开发组核心成员，现在是腾讯的T4级专家。数据库领域的泰斗杜小勇老师亲自为是本书作序，数据库学术界的知名学者张孝博士（中国人民大学）、卢卫博士后（中国人民大学）、彭煜玮博士（武汉大学），以及数据库工业界的知名专家盖国强和姜承尧等也给予了极高的评价。

全书共12章，首先介绍数据库事务管理与并发控制的基础理论和工作机制，然后再从工程实践的角度对比和分析了4个主流数据库的事务管理与并发控制的实现原理，最后通过源代码分析了PostgreSQL和MySQL在事务管理与并发控制上的技术架构。